城市行道树重金属富集效能研究

邱尔发　王荣芬　唐丽清　韩玉丽
马俊丽　赵　策　贺　烈　牛少锋　　著

U0389239

科学出版社

北　京

内 容 简 介

本书依托国家科技支撑计划课题"城镇景观防护林体系构建技术研究（2011BAD38B03）"和"环境友好型城镇景观林构建技术研究与示范（2015BAD07B06）"，根据近10年的研究成果整理而成。本书针对城市道路重金属净化的实际问题，以提升北京城市道路林净化土壤重金属的效能为目标，通过研究林带不同距离树木、不同配置模式的道路绿化植物、不同功能区常见乔木绿化树种对重金属的富集，探索重金属元素在树木不同器官的分布规律与季节动态、树木体内重金属元素垂直梯度和时间梯度的分布特征、不同配置模式群落对重金属元素的富集效率、重金属元素在树木体内的分布形态及其与土壤环境的关系，旨在揭示城市树木富集重金属的影响因素与机理，为城市森林重金属高效富集树种选择与配置提供参考。

本书适合作为大中专院校师生的参考书，也适合作为从事城市绿化建设人员的参考书籍及城市绿化与生态环境研究学者的参考资料。

图书在版编目（CIP）数据

城市行道树重金属富集效能研究/邱尔发等著. —北京：科学出版社，2022.5

ISBN 978-7-03-071841-9

Ⅰ.①城… Ⅱ.①邱… Ⅲ.①城市–重金属污染–绿化–研究 Ⅳ.① X5 ② S731.2

中国版本图书馆 CIP 数据核字（2022）第 041468 号

责任编辑：张会格 薛 丽/责任校对：郑金红
责任印制：吴兆东/封面设计：图阅盛世

科学出版社 出版
北京东黄城根北街 16 号
邮政编码：100717
http://www.sciencep.com

北京虎彩文化传播有限公司 印刷
科学出版社发行 各地新华书店经销

*

2022 年 5 月第 一 版 开本：889×1194 1/16
2022 年 5 月第一次印刷 印张：19
字数：643 000

定价：198.00 元
（如有印装质量问题，我社负责调换）

前　　言

20世纪五六十年代日本的"骨痛病""水俣病"开始让人们意识到重金属污染危害。近年来我国频频发生的"砷毒""血铅""镉米"等事件，如湖南浏阳、广东北江镉污染，云南曲靖铬渣非法倾倒等，都对人们的生产、生活及健康造成巨大伤害，让重金属污染成为最受关注的热点之一，这也使得学者们开始重视对土壤-植物系统重金属污染状况的研究。

随着城市化和工业化进程加快，城市人口比重不断加大，城市生态环境的负荷也日益加重。城市道路作为连接相邻城市、城郊以及城市不同片区之间的主要枢纽，为经济社会的稳定发展提供了有力支持和保障。但随着交通基础设施的不断完善，人流量、车流量以及运输量的大幅度增加，道路交通枢纽的承载量日趋加大，道路交通产生的重金属已成为城市主要的污染源之一。国内外大量的研究监测表明，公路两侧的土壤和植物已受到明显的重金属污染，如机动车燃油中使用的含铅汽油，使道路两侧土壤、大气颗粒物及植物中的铅浓度明显升高。

利用植物修复土壤重金属污染是当前最经济可行的方法，具有其他方法所不可替代的优点，因此也是当前普遍推崇和广泛应用的方法。树木与草本植物相比，可能不是最好的空气污染监测器，但由于它在城市中辨识度高、生物量大、生命周期较长，便于进行微量元素的时间分布趋势研究，因此在重金属监测方面有不可替代的作用。此外，城市中的树木通过树干将地上部分（进行光合作用的枝叶）和地下部分（根系）进行连接，从而建立起庞大的绿色空间和根系网络，将土壤、大气中的重金属吸收后贮藏在植物体内，不仅修复成本低、适合大面积治理，还能维持土壤生物活性和物理性质，而且不易造成二次污染，吸收的污染物也不参与食物链循环，避免了对人体产生的伤害，充分发挥了树木治理重金属污染廉价、清洁、生态、安全的优势。

目前有关道路两侧重金属污染状况的研究，多数集中在对道路两侧土壤及农作物中重金属污染状况的研究，对行道树的重金属污染研究多为行道树叶片中重金属的浓度比较，而关于行道树对重金属的吸附及净化效能还未见详细系统的研究报道；关于绿化植物单株或群落对重金属吸收及富集效能的研究也未有过系统的报道；从时间和空间位置变化，以及单株贮存量、单位面积或单位空间的富集效能方面探讨绿化树种对环境重金属的富集效能上也缺乏系统的研究。

本书是国家科技支撑计划课题"城镇景观防护林体系构建技术研究（2011BAD38B03）"和"环境友好型城镇景观林构建技术研究与示范（2015BAD07B06）"的部分研究内容。该项研究针对城市道路重金属净化的实际问题，主要以提升北京城市道路林对土壤重金属的净化效能为研究目标，通过研究林带不同距离树木、不同配置模式的道路绿化植物、不同功能区常见乔木绿化树种对重金属的富集，探索重金属在树木不同器官的分布规律与季节动态、树木体内垂直梯度和时间梯度的分布特征、不同配置模式对重金属富集效率、重金属在树木体内的分布形态及其与土壤的关系，旨在揭示城市树木对重金属富集的影响因素与机理，为城市森林重金属富集高效树种选择与配置提供参考。

参与本书撰写的人员有邱尔发博士（中国林业科学研究院林业研究所、国家林业和草原局城市森林研究中心研究员）、王荣芬（山东省枣庄市林业和绿化局工程师）、唐丽清（福建省永泰县林业局工程师）、韩玉丽（山西沃成生态环境研究所工程师）、贺烈（湖南省常德市林业局助理工程师）、马俊丽（北京市园林科学研究院助理工程师）、赵策（北京市延庆区井庄镇人民政府副主任科员）、牛少锋（新疆维吾尔自治区哈密市林业工作站助理工程师），具体的分工是：前言由邱尔发撰写；第一章重金属污染与研究方法概述由牛少锋、邱尔发撰写；第二章毛白杨道路林带重金属富集效能由王荣芬、邱尔发撰写；第三章不同配置模式中行道树重金属富集效能由唐丽清、邱尔发撰写；第四章城市功能区共有树种重金属富集效能由韩玉丽、邱尔发撰写；第五章城市行道树圆柏与国槐中重金属富集时空分布由贺烈、邱尔发撰写；第六章行道树国槐重金属富集形态特征由赵策、邱尔发撰写；第七章道路林带三种配置中植物根系重金属富集形态由马俊丽、邱尔发撰写；第八章城市行道树重金属富集效能与培育技术探讨由邱尔发撰写；本书整理和出版由牛少锋协助，英文前言由金佳莉博士校正。

本书根据著者近 10 年的研究成果整理而成，在研究方案确定过程中，得到了国家林业和草原局城市森林研究中心首席专家王成研究员、贾宝全研究员，西北农林科技大学王得祥教授等专家的无私指导和帮助；同时，国家林业和草原局城市森林研究中心各位同事也为研究提供了大力帮助，在此表示衷心感谢！

由于本书在撰写和整理出版过程中时间较为仓促，书中不足之处在所难免，敬请广大读者批评指正。

著 者

2020 年 4 月

Preface

In the 1950s-1960s, the"Itai-Itai disease" and "Minamata disease" in Japan made people aware of heavy metal pollution. In recent years, the "arsenic poison", "blood lead" and "cadmium rice" have occurred frequently in China, such as cadmium pollution in Liuyang of Hunan Province, Beijiang of Guangdong Province, and illegal dumping of chromium slag in Qujing of Yunnan Province. All these events have caused great harm to people's production, life and, health, making heavy metal pollution became one of the most popular hotspots. This also led to the research on heavy metal pollution in the soil-plant system.

With the acceleration of urbanization and industrialization, the proportion of urban population is increasing and the load of urban ecological environment has risen as well. The urban roads, as the main hinge that connects adjacent cities, suburbs and different urban areas, provide strong support and guarantee for the stable development of economy and society. However, the continuous improvement of traffic infrastructure is certainly accompanied by a considerable increase in the flow of people, vehicles, and transportation demand. Thus, the carrying capacity of road transportation hinge has aggravated gradually. The heavy metal pollution caused by road traffic has become one of the main pollution sources in cities. According to a large number of domestic and foreign studies and monitoring, the soil and plants on roadsides have been seriously polluted by heavy metals. For example, the leaded gasoline used in motor vehicle fuel has resulted in a distinct increase in the concentration of Pb in soil, atmospheric particles and plants on the roadside.

Phytoremediation is currently the most economical and feasible way for heavy metal pollution in soil, which has advantages that can't be replaced by other methods. It is also widely recommended and applied. Trees may not be the best air pollution monitor compared with herbs, but they play an irreplaceable role in heavy metal monitoring due to their high identification, large biomass and long-life cycle in the city, which could facilitate the study of the temporal distribution trend of trace elements. In addition, the trees in the city connect the aboveground (branches and leaves for photosynthesis) and underground part (roots) through the trunk, and thus establish a large green space and root system network to absorb and store the heavy metals in the atmosphere and soil in the plant body. It has a low repair cost and is suitable for large-scale governance. It can maintain the biological activity and physical properties of the soil as well. What's more, phytoremediation won't cause secondary pollution, and the absorbed pollutants won't participate in the food chain cycle, which can avoid harm to the human body. The advantages of trees in the treatment of heavy metal pollution are low-cost, clean, ecological and safe.

Currently, most researches on heavy metal pollution on the roadside have focused on the soil and crops. The heavy metal pollution on the roadside trees is mainly studying the comparison of heavy metal concentration in the leaves. However, there is no systematic study on the absorption and purification efficiency of heavy metals by the roadside trees. There is no systematic report on the research on the absorption and enrichment efficiency of heavy metals by a single plant or community of green plants as well. It also lacks a systematic study on the enrichment efficiency of tree species on environmental heavy metals in terms of temporal and spatial changes, the storage capacity of individual plant and the bioenrichment efficiency of unit area or space.

This book is partly supported by the National Science and Technology Support Project "Study on the construction technology of urban landscape shelterbelt system (2011BAD38B03)" and "Research and demonstration on the construction technology of environment-friendly urban landscape forests (2015BAD07B06)". Focused on the practical problems of heavy metal purification in urban roads, this study aims to improve the purification efficiency of urban road forests for the heavy metal in the soil of Beijing. The characteristics of heavy metal adsorption and distribution of trees with different distances, road plants with different configuration modes and common greening trees species in different functional areas were studied to explore the distribution law and seasonal dynamics of heavy metals in different organs of trees, to explain the distribution characteristics of vertical and time gradients in trees, to analyze the adsorption efficiency of heavy metals by different allocation models and the distribution patterns of heavy metals in trees and their relationship with soil. The purpose of this research is to reveal the impact factors and adsorption mechanism of heavy metal adsorption of urban trees, which can provide references for the selection and allocation of high-efficient tree species for heavy metal adsorption in urban forests.

The authors of this book are Dr. Qiu Erfa (professor of Research Institute of Forestry, Chinese Academy of Forestry, Urban Forest Research center of the National Forestry and Grassland Administration), Wang Rongfen (engineer of Forestry and Greening Bureau of Zaozhuang City, Shandong Province), Tang Liqing (engineer of Forestry Bureau of Yongtai County, Fujian Province), Han Yuli (engineer of Ecological Environment Research Institute of Shanxi Wocheng) , He Lie (assistant engineer of Changde Forestry Bureau of Hunan Province), Ma Junli (assistant engineer of Beijing Academy of Landscape Sciences), Zhao Ce (deputy director of the People's Government of Jingzhuang Town, Yanqing District, Beijing), Niu Shaofeng (assistant engineer of Forestry Workstation of Hami City, Xinjiang Uygur Autonomous Region). Specifically, the preface was written by Qiu Erfa; the overview of heavy metal pollution and research methods in Chapter 1 was written by Niu Shao Feng and Qiu Erfa; the heavy metal bioenrichment efficiency of *Populus tomentosa* road forest belt in Chapter 2 was written by Wang Rongfen and Qiu Erfa; the heavy metal bioenrichment efficiency of street trees with different configuration modes in Chapter 3 was written by Tang Liqing and Qiu Erfa; the comparison of heavy metal bioenrichment efficiency of common tree species in urban functional areas in Chapter 4 was written by Han Yuli and Qiu Erfa; the spatial and temporal distribution of heavy metals in urban street trees of *Sabina chinensis* and *Sophora japonica* in Chapter 5 was written by He Lie and Qiu Erfa; the heavy metal bioenrichment characteristics of street tree *Sophora japonica* in Chapter 6 was written by Zhao Ce and Qiu Erfa. The bioenrichment forms in roots of three plant configurations in road forest in Chapter 7 was written by Ma Junli and Qiu Erfa. Qiu Erfa wrote the discussion on heavy metal bioenrichment efficiency and cultivation technology of urban road trees in Chapter 8. All collation and publication of this book were assisted by Niu Shaofeng. The English preface was corrected by Dr. Jin Jiali.

This book is based on the research results of the National Science and Technology Support Project in the past decade. We highly appreciate the selfless guidance and assistance from Dr. Wang Cheng and Dr. Jia Baoquan, the chief experts of the Urban Forest Research Center of the National Forestry and Grassland Administration, and from Dr. Wang Dexiang, the professor of the Northwest Agricultural and Forestry University. We also thank all colleagues from the Urban Forest Research Center of National Forestry and Grassland Administration, who have provided great help for this research!

As this book was written and published in a limited time, all comments and correction are welcome.

Authors

April 2020

目　录

上篇　城市行道树重金属富集效能

下篇　行道树重金属富集效能机理

第一章　重金属污染与研究方法概述

第一节　重金属污染概述

一、何谓重金属污染

在认识重金属污染前，首先要了解重金属的概念。目前仍无相关权威机构，如国际理论与应用化学联合会（IUPAC）关于重金属的统一定义，不同学者对其有不同的定义，包括从原子序数、金属密度、化学性质、生物或毒理学特性等角度来阐述（Duffus，2002）。常见的一种定义是，重金属指密度大于 $5g/cm^3$ 的金属元素，包括 Pb、Cd、Cr、Cu、Ni、Mn、Zn、Hg 等约 45 种元素，这类金属元素的化学性质一般较为稳定（Morris，1992）。在环境污染中，重金属主要是指对生物有明显毒性的金属元素或类金属元素，如 Hg、Cd、Pb、Cr、Zn、Cu、Ni、As[①] 等，此类金属元素不易被微生物所降解（何强等，2004）。

自 20 世纪五六十年代日本因重金属镉和汞污染而导致的"骨痛病"和"水俣病"公害事件发生后，人们逐渐意识到重金属污染危害，近年来，国内重金属污染事件也频频曝光，如广州镉超标大米，湖南浏阳土壤镉污染致蔬菜瓜果镉超标、陕西宝鸡血铅超标等事件，引起民众广泛关注。重金属通过土壤-植物系统在植物中富集累积，再通过食物链传递被人体吸收，人体内长期积累大量重金属对身心健康造成严重危害。目前国内外学者对土壤-植物系统重金属的研究已陆续展开，大量研究结果显示城市道路交通是重金属污染的主要来源之一，特别是对城市道路两侧土壤和植物造成的不同程度的重金属污染（李剑等，2009；Saeedi et al.，2009；Bakirdere and Yaman，2008）。因此重金属污染主要是指经由人类活动将重金属带入土壤、水体、大气中，致使环境中的重金属元素浓度增加，超出正常范围，导致生态环境恶化，进而对人体健康构成威胁。

二、城市重金属污染的特征、来源与危害

（一）城市重金属污染的主要特征

1. 规律性

以交通排放为主要污染源的道路重金属污染在道路两侧分布具有一定规律性，随着距路肩距离逐步加大，环境中重金属元素浓度呈逐渐降低趋势，到一定距离后，相平于当地环境背景值。一般来说，大气总悬浮颗粒物（TSP）中 Cu、Zn、Cd、Pb 分布在路侧 150～200m，路基处 Pb 浓度高出距路基 200m 处 Pb 浓度 3 倍（闫军等，2008）；土壤中 Cu、Ni、Zn、Cd、Pb 污染主要集中在距路基两侧 50～150m。重金属所吸附的颗粒物大小影响了重金属污染物的扩散距离，如 Cu 主要附着在大粒径的颗粒物中，其迁移能力有限，而 Cr、Pb 因附着于细小颗粒物中，迁移能力强，扩散距离远（Fakayode and Olu-Owolabi，2003；Ross and Christina，2001）。此外，不同功能区的重金属元素浓度之间存在差异，有一定规律性。工业区、交通区、商业区环境中重金属元素浓度一般较高，居民区次之，城市绿地中一般较低，相对来说污染较轻，赵兴敏等（2009）通过对长春市大气降尘中重金属进行测试表明，重金属元素浓度由大至小的顺序为工业区、交通区、商业区、文化区与居民区；吴新民等（2003）对南京市不同区域土壤重金属污染进行研究并计算各区污染指数，结果表现为矿冶区＞老居民区＞商业区＞城市绿地＞新开发区。

2. 地域性

受经济水平、人口密度、交通量、土地利用形式等多因素影响，道路重金属物污染呈地域性分布特

[①] As，砷，密度不足 $5g/cm^3$，属类金属元素，但由于其有明显毒性，因此也被归为重金属。

征，一般发达城市和工业型城市道路重金属污染相对严重，如北京、上海、广州、沈阳、宝鸡等地；从城区中心地带往郊区农田延伸，随距城区中心距离增加，道路重金属污染呈减弱趋势；不同功能区之间，工业区和交通区道路受重金属污染程度也普遍高于居民区、公园、学校道路（方凤满，2011；Apeagyei et al.，2011；Wei and Yang，2010；Yang et al.，2006；黄勇等，2005；Pouyat and McDonnell，1991）。

3. 人为特点

现代文明社会中，人类活动对大气、土壤重金属的贡献占据主要地位，因此显著的人为特点是重金属污染在空间分布上呈现出的特征一般为燃煤较多的北方城市、以重工业为主的城市、大的综合型城市的大气颗粒物中重金属元素浓度会相对高于南方城市、中小型轻工业城市和农村地区。张金屯和Pouyat（1997）通过从纽约市区向外设置样带，并选取26个落叶阔叶林样方，分析其土壤中的重金属元素浓度，发现距市中心越远，土壤中重金属总量及种类越少，其中Pb、Ni、Cr等重金属元素浓度的下降非常明显。

（二）城市重金属污染的来源

城市是一个人类活动比较密集的区域，重金属污染显著。相比自然生态系统，城市生态系统中重金属污染来源非常复杂，一般可分为两类：自然因素和人为输入。

1. 自然因素

含有重金属的成土母质在长期物理、化学风化和生物作用下，以颗粒物的形式随风扩散，引起的重金属污染属于自然因素造成的污染（黄益宗和朱永官，2004）。自然源对重金属污染的贡献非常小，仅在一些特殊地点，受地理地质因素影响，重金属背景值较高，致使当地土壤、水体和人畜体内重金属元素浓度高于正常值（何连生等，2013）。

2. 人为输入

伴随着城市化进程加快，人类生产活动对环境造成频繁干扰，使得人为因素导致的环境重金属污染问题越发凸显。采矿冶金、煤炭、化石燃料、工业废水废气排放等是重金属污染的主要工业污染源；垃圾堆放、农业生产等也是土壤重金属污染的重要来源（Apeagyei et al.，2011；张乃明，2010；Wei and Yang，2010；史贵涛等，2006）；随着重污染工业迁离城市，交通运输成为目前城市重金属污染的主要来源，机动车尾气排放加重了道路大气重金属污染，汽车汽油、轮胎、发动机、刹车零件等因燃烧或磨损而释放出的Cu、Zn、Cd、Pb等重金属元素在道路两侧土壤中长期累积造成严重的土壤重金属污染（翟立群等，2010；闫军等，2008；刘廷良等，1996）。

（三）重金属污染的危害

1. 对人体健康的影响

重金属元素对环境和人体健康的影响是多方面、多层次的，直接或通过干湿沉降进入土壤的重金属元素，不仅会对土壤结构、理化性质产生影响，而且会经过多种途径进入食物链，威胁人类的生命安全。此外，进入水中的重金属元素也能够通过许多途径进入人体，如直接途径（喝水）、间接途径（食用在污水灌溉过的土地上生长的蔬菜和粮食），从而威胁人体健康。

重金属元素对人体的伤害程度与重金属种类有很大关系，铅主要损害小脑和大脑皮层，对代谢活动产生干扰，使营养物质和氧气供应不足，特别是对儿童、孕妇、免疫力低下人群的影响尤为严重；镉中毒可引起骨质疏松、骨软化和自发性骨折；汞主要对脑组织造成伤害，甲基汞虽大部分蓄积在肝和肾中，但对脑组织的损害高于其他各组织；铬对人体的毒害是全身性的，通过刺激皮肤黏膜、呼吸道，引起皮炎、湿疹、鼻炎、支气管炎，严重时会引起肺癌和鼻咽癌；锰污染可引起肺炎；铜过剩会抑制一些酶活性，影响机体正常代谢，导致心血管系统疾病（朱贤英，2006；付晓萍，2004；常学秀等，2000）。

2. 对动植物及微生物的影响

重金属元素不仅对人体健康有影响，而且会对陆地生态系统中的植物、动物和微生物的生长产生诸多不良影响。例如，通过根系进入植物内部的土壤重金属元素，能对植物的光合作用和酶活性产生抑制作用、加快 ATP 降解速率、改变细胞膜特性以及对植物内遗传物质（如 DNA）造成损伤等，以此来对植物的生长和繁殖产生影响。例如，Chatterjee 和 Chatterjee（2000）通过沙培种植花椰菜（*Brassica oleracea*）发现，当 Cu^{2+} 为 32mg/L 时花椰菜体内的叶绿素 a 和叶绿素 b 的浓度将降低；Bessonova（1993）认为在环境中存在过量铜元素时会降低欧洲女贞和丁香内含有的与开花有关的物质（内源细胞分裂素和赤霉素）的活性，进而影响花期。土壤重金属元素也会对微生物产生影响。例如，李淑英（2011）采用传统微生物培养方法研究发现，重金属元素浓度较低时能够对微生物蛋白质的合成起到促进作用，重金属元素浓度逐渐升高会在不同程度上对微生物蛋白质的合成产生影响。生态系统中的动物、微生物是重要的分解者，它们的种类、数量与环境因子（如土壤中的重金属、农药等）有着非常紧密的联系。张永志等（2006）的研究发现，土壤中动物的群落结构（种群数量、个体密度）和生态学指标（多样性指数、均匀度指数）都与土壤重金属（Cu 元素）污染指数呈显著负相关。

此外，重金属元素也能对生活在水中的动植物造成伤害。例如，重金属能抑制水生植物的酶活性及光合作用、呼吸作用，导致植物细胞体积减小，生长受到抑制。张继飞等（2011）用不同浓度重金属镉对野生粗梗水蕨进行处理后发现，高浓度下粗梗水蕨叶片出现黄化现象，蛋白质浓度降低，表明植物的生理生化过程和蛋白质的合成在镉浓度升高时受到抑制，粗梗水蕨的生长发育受到影响；重金属也会对水生动物产生影响，Al-Yousuf 等（2000）的研究发现，一定程度上鱼的性别、身长受 Zn、Cu、Mn 元素积累的影响，Kowk 等（1998）研究报道了重金属元素 Cu、Zn 对罗非鱼体内金属硫蛋白表达的显著影响。

（四）城市道路重金属污染特征

城市道路两侧重金属污染表现为严重的带状污染，一些研究表明，道路两侧土壤、大气及植物已普遍受到铅、镉、铜、锌等重金属元素的污染，尤其在交通密集地带（Li et al.，2001；秦俊发，1997；Rodriguez and Rodriguez，1982；Harrison et al.，1981）。Achilleas 和 Nikolaos（2009）测定了希腊卡瓦拉市区道路旁土壤中重金属 Pb、Cr、Cu、Zn、Cd、Ni、As、Hg 元素的浓度，发现均明显超过对照区水平，其中 Pb 污染最重，平均浓度为 571.3μg/g，是对照区的 9.6 倍。中国很多城市如北京、上海、沈阳、广州等已陆续对道路重金属污染展开调查研究（翟立群等，2010；李崇等，2008；刘春华和岑况，2007；管东生等，2001），大量结果显示道路两侧土壤、大气及植物受到不同程度重金属污染，尤其是车流量大、人口密集地带，污染情况十分严重。

道路林带可以通过滞留、吸附和过滤等方式阻止重金属颗粒物进一步扩散，对重金属污染起到生态防护作用（孙龙等，2009；郭广慧等，2008；Chan et al.，1997），因此研究道路两侧绿化带宽度、高度对提高绿化带对重金属的有效吸收及路基两侧重金属的防护作用具有一定生态意义。研究表明，高 6m、宽 10m 或高 12m、宽 25m 的绿化带可有效降低大气重金属颗粒物污染（郭广慧等，2008；邹良东和吴昊，1996）。不同宽度、郁闭度的防护林带在抑制重金属扩散能力方面存在差异。双行绿化带的防护作用要优于单行绿化带（徐永荣等，2002）。复层结构林带可使重金属污染范围集中在 20m 内，单层林带对重金属污染的防护效果较差（孙龙等，2009）。杜振宇等（2011）评价了不同配置模式林带对铅污染的防护作用，结果表明，由于树种、树龄、种植密度、林带宽度等因素的不同，防护效果也不同，对于锌、镍和铬，林带越宽、郁闭度越大，防护效果越好；对于铅，宽度较小、郁闭度较小的林带已具有明显的防护效果。此外，林带的适宜宽度与道路车流量，所处区域常年风向、降雨量等气候条件以及树木的高度等因素密切相关。王成等（2007）研究了北京市高速公路两侧植物枝叶和路边土壤中 Pb、Cd、Cr、Cu 的浓度，结果表明，车流量不同的京石高速（日均车流量 10 万）、京津塘高速（日均 5.9 万）和机场高速（日均 8 万）毛白杨叶片中的 Pb 浓度分别在距离公路 60m、80m 和 40m 处降到一个较低值，说明道路林带的防护效应与车流量大小有密切的关系。同时研究表明，林带高度对减小重金属的污染范围十分重要。

三、植物对重金属污染的响应与净化作用

绿化植物不仅能改善区域重金属污染，作为指示物，测定其体内重金属元素浓度还可间接判断环境重金属污染程度，对分析主要污染源具有一定生态学意义（Tomašević et al., 2004; El-Hasana et al., 2002）。随着人们对重金属污染危害的认识，也逐渐意识到绿化植物对重金属的吸附和防护作用的重要性，近年来越来越多学者致力于这方面的研究，而受地域差异影响，国内外学者的关注内容略有不同。

（一）植物不同器官对重金属的响应

植物吸收重金属的途径主要有两个：一是通过根系吸收土壤中的重金属；二是通过地上枝、叶、皮部分接触、吸附、吸收大气中的重金属颗粒物。由于重金属元素存在形式不同，受植物吸收途径及吸收后再分配等因素影响，植物各器官中重金属元素浓度分布不均一（骆永明等，2002）。通常表现为叶片和细根吸收重金属元素的能力较强，重金属元素浓度较高。陆东晖等（2006）测定了南京市公路边杨树林带树木不同器官中重金属的浓度，结果表明，杨树树叶中各重金属元素浓度（mg/kg）大小依次为 Mn（63.06）＞Zn（61.90）＞Cu（13.56）＞Pb（3.0）＞Cr（2.18）＞Cd（1.55）；杨树各部位重金属元素浓度变化趋势，Mn、Cu 和 Zn 为叶片＞细根＞树干皮＞树枝皮＞侧根皮＞树枝木质部＞侧根木质部＞树干木质部，Cr、Pb 和 Ni 的变化趋势为细根＞侧根皮＞树干皮＞叶片＞树枝皮＞树干木质部＞树枝木质部＞侧根木质部。另外，树木各器官吸收重金属的能力也有所差异，Unterbrunner 等（2007）研究了中欧城市树木垂柳（*Salix babylonica*）、毛白杨（*Populus tomentosa*）、白桦（*Betula platyphylla*）不同器官对重金属的吸收，结果显示不同器官间重金属吸收能力大小依次为树干＜树皮＜树叶，根系中细根＜中根＜粗根，研究认为以上 3 种乔木对重金属吸收能力较强，可广泛用于重金属污染地区修复。

1. 根系

根系是养分吸收的主要器官，吸收土壤中水分及各种矿质营养元素的同时附带吸收土壤中有害重金属元素，因此根系中重金属元素浓度一般较其他器官高（周群英等，2010），这在很多研究结果中都得到了证实（万坚等，2008；刘维涛等，2008）。树木根系对不同重金属元素存在选择性吸收，Zn、Mn、Cu 是植物生长的必需营养元素，在植物生理生长及代谢活动中发挥着重要作用，而 Cd、Cr、Ni、Pb 是非必需营养元素，虽然低浓度对植物代谢有一定促进作用，但在植物体内过量富集会对其生长造成毒害，因此树木中 Zn、Mn、Cu 浓度普遍高于其他重金属元素。不同直径的根系对重金属富集略有差异，胡海辉等对紫丁香和暴马丁香根系重金属吸收能力的研究结果显示，小根和中根对 Cu、Zn 的吸收能力大于大根，而大根对 Pb 的吸收能力相对较强（胡海辉和徐苏宁，2013）。

2. 叶片

叶片是树木的主要组成部分，由于其构造特性，如有的树种能分泌油脂和黏液因而具有较强的吸滞粉尘的能力，有的树种叶面积较大，表面粗糙或有绒毛，因此在滞尘方面有很大优势，成为监测和控制大气污染物的重要分析材料。目前已发现多个树种叶片可以作为监测器。例如，Aksoy 等发现刺槐和沙枣叶片可以有效监测土耳其开塞利省的重金属污染（Aksoy et al., 2000; Aksoy and Sahin, 1999）；Dmuchoswski 和 Bytnerowicz（1995）通过测定欧洲赤松松针中的 Zn、Cd、Pb、Cu 及 As 的浓度绘制了波兰重金属分布图，以了解空气污染的来源和扩散方向；Dongarra 等（2003）研究了意大利墨西拿市夹竹桃叶片及道路粉尘中重金属的浓度，发现均为交通密集区重金属元素浓度最高；Lombardo 等（2001）通过对意大利巴勒莫市内黑松的针叶分析及细胞诊断，发现交通密集区等高度城市化区域，针叶内 Pb、Zn、Cu 及 Fe 的浓度较高，且细胞受到一定损伤。

近年来，一些学者也开始使用叶片灰尘来研究交通污染物的扩散和转移，或采用环境磁学方法来识别叶片灰尘的来源等（Maher et al., 2008）。树叶中的重金属一部分来自根系蒸腾拉力作用下水分和矿质营养

的输送，一部分来自对大气颗粒物的吸收（刘维涛等，2008），有些学者认为叶片对重金属的迁移吸收能力较弱，植物通过根系吸收的土壤重金属主要滞留在根部（王焕校，2002），而叶片中的重金属主要来自对空气中的污染物的吸收，黄会一等（1982）的试验研究也证实木本植物叶片对大气重金属污染物有很强的吸收能力，因此树叶中吸收和累积的重金属来源还有待进一步研究。

3. 树干

树干中各重金属元素浓度普遍低于其他器官，对重金属的富集效能弱于其他器官。部分研究表明受交通污染影响，树干两侧重金属元素浓度在径向分布上略有差异，靠近路侧部分重金属元素浓度高于背离路侧部分（李寒娥等，2005），而关于重金属元素浓度在树干垂直分布上的差异研究还未见报道。不同器官重金属富集量同各重金属元素浓度及相应器官的生物量相关，树干占地上部分的分配比最大（一般为65%～70%），而枝、叶部分的分配比约各占15%，凭借其巨大的生物量，树干对重金属的富集量普遍高于树枝和树叶。而且随着树木生长，树干生物量在树木总生物量中的比例会随着树龄的增加逐年增大（周群英等，2010；莫江明等，1999），因此树干对重金属的累积量也会因生物量增加而提高，重金属污染物通过树干的富集作用得到长期稳固，能有效避免重金属重新回归到环境中再次造成污染。

为研究道路重金属污染的长期变化趋势，年轮也成为分析研究的对象。Ault 等（1970）以榆树和红橡木为研究材料，发现最新形成的几个年轮中，铅的浓度很高，这与不断增长的交通流量有很大的关系；Ward 等（1974）研究了新西兰一主干道旁的悬铃木、七叶树、白蜡树等年轮中 Pb 的浓度，发现在 1910～1970 年均呈增长趋势，并将其归因于汽油中四乙基铅的使用。Szopa 等（1973）研究了高速路旁白桦树干中铅的浓度，发现高速路旁白桦树干中铅的浓度在径向和垂直向分布中无明显的规律，且距离道路较近和较远的树干中铅的浓度差异很小，认为树木年轮不适合用来研究铅浓度的长期变化史。但是由于树木对重金属元素的吸收规律比较复杂，与环境有很大的关系，且重金属在年轮中的迁移规律至今仍在研究中，因此能否根据行道树年轮中的重金属元素变化情况来推测道路的重金属污染史仍值得探讨。

4. 树枝

目前关于树枝对重金属吸收的深入研究还比较少，但现有研究表明树枝也具有一定的重金属累积能力，树枝表皮多皮孔，直接暴露在空气中能吸滞和累积空气中的重金属颗粒物，累积在表皮层的重金属颗粒可通过表皮进入皮层和髓，而且随着枝条年龄增加具有累积效应，尤其是悬铃木树枝表皮多皮孔，且表皮蜡质覆有绒毛，对空气中重金属的吸附能力更强，其一年生的枝条可作为空气污染监测材料。蒋高明分析了承德木本植物不同部位的重金属元素浓度，结果显示当年生的枝条重金属元素浓度高于叶片（Schulz et al.，1999；蒋高明，1996；Baes and McLaughlin，1987）。

5. 树皮

树皮也是空气污染物的直接吸收体，相对于树叶，树皮中的化学成分则是长期积累的结果。当树木处于污染的大气环境中时，树皮表层的化学成分会发生变化，这时树皮就可以作为监测器来研究大气污染程度。最初对树皮的研究，发现树皮的酸度，即树皮 pH，与大气中的二氧化硫浓度呈显著相关性（Skye，1968），后来发现树皮的电导率更能反映大气中二氧化硫的变化（Grill，1981）。在交通污染区，树皮也被用于重金属污染的研究，Laaksovirta（1976）研究发现高速路旁松树树皮中 Pb 的浓度在 20～200m 呈下降趋势，且与交通密度呈显著相关性；Berlizov 等（2007）通过对比乌克兰基辅市区黑杨树皮和地衣体内重金属 As、Au、Ce、Co、Cr、Cu、La、Mn、Mo、Ni、Sb、Sm、Ti、Th、U、V、W 的浓度及富集效应，结果显示绝大多数元素在二者之间有很好的相关性，因此黑杨树可以代替地衣作为指示空气重金属污染的树种。

据报道（El-Hasana et al.，2002；Barnes et al.，1976），阔叶树和针叶树树皮也是有效的生物监测器，并且粗糙树皮对重金属的吸收比光滑树皮强。近年来行道树树皮广泛用于大气重金属污染监测和评价。大气沉降的重金属颗粒物能直接吸附在树皮表面，通过皮层吸收和运输进入树体内（王爱霞等，2010），因此树皮对重金属的富集作用明显，阮宏华和姜志林（1999）对城郊公路两侧树木各器官 Pb 吸收量进行测定，结果表明树皮对 Pb 的吸收量高于枝、叶，很多研究也得到了类似结果（李寒娥等，2005；蒋高明，1996），但由于树皮结构复杂，理化性质特殊，目前对树皮吸收重金属机理的研究还不是很完善。

（二）植物对重金属的净化作用

通常采用的净化土壤重金属的物理、化学方法，不仅耗资巨大，还会破坏土壤结构、降低土壤肥力和生物活性，针对这些不足，国内外学者提出了植物修复技术。植物修复具有修复成本低、适合大面积治理、维持土壤理化性质、不易造成二次污染及吸收的污染物不参与食物链循环等优点，充分发挥了植物治理重金属污染廉价、清洁、生态、安全的优势。

1. 耐重金属污染植物的选择研究

超富集植物由 Brooks 等（1977）提出，Chaney（1983）就提出了将超富集植物应用于治理土壤重金属污染的想法，此后这方面的研究逐渐增多。目前，已发现的超富集植物中大多数为镍的超富集植物，这些植物多数发现于欧洲、美国、新西兰及澳大利亚。而且，基于超富集植物而兴起的植物修复技术已成为国际学术界的研究热点之一。但是，由于目前发现的超富集植物多集中在草本植物上，使得植物修复技术在实际中的应用受到很大限制。鉴于此，利用有高耐受性或较高重金属吸收能力的木本植物成为植物修复的研究热点之一，国外有关此方面的研究有一些报道。例如，蒿柳的根和叶对 Cd 有较大的固定量及高耐受性（Cosio et al.，2006），大叶桉、栾树、杜英、印度黄檀、马占相思和盾柱木则在金属矿山废弃地的生态恢复上卓有成效（Tian et al.，2009；Maiti，2007）。

黄会一等（1984）的研究表明，木本植物对环境中的重金属有很强的吸收潜能。但是植物吸收、富集多少重金属元素与植物种类、重金属种类有关。不同树种，生物学特性不同，其对重金属元素的累积能力有显著区别，刘云鹏等（2010）对杞柳、水杨梅等 7 个树种进行造林试验，并测定各树种 1 年生根部组织内 9 种重金属元素的浓度，最后通过综合吸滞能力评价，结果表明，7 个树种对重金属污染的综合吸滞能力排序为杞柳＞池杉＞垂柳＞落羽杉＞湿地松＞水杨梅＞毛白杨。不同树种对环境中重金属元素的耐受性也有所差异，当环境中重金属数量超过某一阈值时，对环境污染比较敏感的树种就会出现代谢过程紊乱、生长发育受到抑制，严重的可能导致树木的死亡。例如，通过对比污染区和无污染区榉树叶片中元素的浓度表明，在重度污染情况下榉树虽能继续生长，但是与对照相比，平均地径、树高、冠幅的生长量分别下降了 117.56%、66.31%、214.43%（毕波等，2011）。所以，利用树木吸收、积累和修复大气、土壤中重金属污染的关键在于，要进行耐重金属污染树种的筛选，一方面选择的树种要有一定的抗污染能力，能在污染环境条件下生长发育良好；另一方面要有一定的吸污能力，能最大限度地降解环境中的污染物。

2. 植物配置结构对重金属的净化作用

复杂的植物群落结构稳定性强、抗逆性高。与单层植被相比，乔灌草复层结构配置不仅具有丰富的植物种类和空间立体感，也增加了垂直空间的生物量，各层间与污染源的接触面积增大，滞留和吸收重金属的能力也得到增强（陈玉梅等，2010）。研究表明，多层结构的行道树中下层树叶的滞尘量更大，由于对地面飞尘的阻滞，低矮灌木的滞尘量并不少于乔木（方颖等，2007；张建强等，2006），粉尘中携带重金属，叶片滞尘量越多，对重金属的滞留和吸收浓度也越大（王丹丹等，2010）。随着平面绿化往空间立体绿化延伸，越来越多学者关注到了乔灌草复层结构配置对生态防护的重要性，地被花卉及垂直绿化植物重金属污染吸收作用的研究也逐步展开。据报道，南京常见的 3 种地被植物秋海棠、万寿菊、一串红对重金属有一定的富集作用，其中秋海棠富集效能最强（Ding and Hu，2011）；万欣等（2010）研究了立交桥等多个地段的交通污染区中垂直绿化植物爬山虎、多花蔷薇、云南黄馨对重金属 Zn、Cu、Pb 吸收的季节变化特征，Pb 在植物体中随时间推移具有累积性，而且综合比较 3 种垂直绿化植物，爬山虎的重金属吸收能力最强。

四、影响树木对重金属吸收的因素

（一）环境因素

影响重金属在树木体内富集的因素很多，其中与富集关系最密切的是环境污染的强度，即进入土壤或空气中的重金属量。例如，道路重金属污染主要来源于交通运输，相比清洁区，交通区大气中的重金属元素浓度较高。解宇（2007）测定了抚顺市不同功能区 TSP 样品中 10 种重金属元素的浓度，其中交通区各重金属元素的浓度均高于清洁区。李寒娥等（2005）研究了交通密集区 8 种行道树叶片和树皮中的 Pb、Cd 浓度，均呈现快车道一侧生长的植物器官中的重金属高于人行道一侧生长的植物器官。树种对重金属元素的吸收净化能力与所处环境中重金属元素浓度之间有很大的相关性，对南京市常用绿化植物雪松和龙柏在不同功能区的重金属积累能力进行探讨表明，化工厂区、交通繁忙区的雪松和龙柏对重金属元素的积累量相对高于居民住宅区与公园区的雪松和龙柏（苏继申等，2011）；张炜鹏等（2007）研究表明，随市区—近郊—远郊环境污染程度的逐渐降低，树种中重金属元素浓度也逐渐下降，市区树种中 Pb、Cd、Hg、As 重金属元素的浓度平均值分别比远郊的高 62%、103%、187%、104%。

（二）绿化树木

绿化树木对重金属的吸收受自身形态结构、树种特性、生长季节、树龄等多方面因素影响。树木叶表面结构、粗糙度和分泌物影响重金属颗粒物的附着吸收，针叶树的鳞形叶片表层有较厚的蜡质和松脂分泌物，有助于阻滞大量飘尘，因此能吸收较多的重金属（方颖等，2007；张翠萍和温琰茂，2005；庄树宏和王克明，2000）。圆柏和侧柏对大气中重金属 Pb、Cd 的富集效能明显高于阔叶植物（庄树宏和王克明，2000）。对常绿树种油松和侧柏树叶中污染物进行测定后发现，油松、侧柏秋季叶片对 Cu、Zn、Pb 和 Hg 的吸附能力高于其他季节叶片的吸附能力（褚建民等，2012）。生物量大、生长迅速且生长周期长的乔木对重金属吸收量大，同龄级火炬松生物量大于杉木，火炬松各器官对 Pb 的吸收量明显高于杉木（阮宏华和姜志林，1999）；杨树作为速生树种，生物量大、生长周期长，故重金属的富集效能强于落叶松（王新和贾永锋，2007）。不同龄级树木对重金属污染物的吸收能力不同，处于 20～30 龄级的枫香树富集重金属的能力高于其他龄级（吉启轩等，2013）；3 年生、5 年生和 10 年生的毛白杨中，3 年生的毛白杨重金属吸收能力最强（徐学华等，2009）。

（三）其他因素

影响树木吸收、富集重金属能力的因素很多，除与环境重金属元素浓度、树木生长季节、树龄等因素有关外，相关研究表明，重金属存在的形态及活性、土壤理化性质（如酸碱性、有机质浓度）、阳离子代换量及机械组成等也会对重金属的吸收能力产生一定影响（智颖飙等，2007）。例如，道路环境中，除受交通流量影响外，道路两侧树木对重金属元素的吸收还受公路运营时间、公路类型、气候条件等因素的影响（卢宁川等，2010）。综合现有影响树木对重金属吸收的因素的研究，多是从树木不同器官对重金属的吸收、转移、富集效能，以及重金属污染环境对树木生长状况（植株大小、生长速率等）、生理生化指标（叶绿素浓度、保护酶活性等）的影响来评价树木吸收重金属能力的。例如，庞静（2008）开展的耐土壤重金属污染的北京市绿化植物的筛选与评价。

第二节　研究区及研究方法概况

一、研究区概况

本书有 6 部分研究内容，分别为：毛白杨道路林带重金属富集效能、不同配置模式行道树重金属富集效能、城市功能区共有树种重金属富集效能、城市行道树圆柏与国槐中重金属富集时空分布、行道树国槐重金属富集形态特征、道路林带三种配置植物根系重金属富集形态，根据每项内容研究目标的不同，在北京市选择不同的区域开展试验研究。

（一）毛白杨道路林带重金属富集效能

1. 研究目的

针对我国当前道路林建设宽度无据可依的乱象，为了给道路林在重金属防护和净化方面的作用提供理论支撑，选择首都机场高速公路旁毛白杨林带为研究对象，从水平与垂直两个空间尺度，以春、夏、秋三季为时间轴线，研究树木体内重金属元素的分布特征，探讨影响重金属元素分布的因素和道路林带建设宽度，为我国道路林带合理宽度的确定提供参考。

2. 研究区概况

通过对首都机场高速公路不同路段的道路林带建设及周围环境状况进行的广泛调查，根据林带的宽度、毛白杨的年龄、树木的管护情况、周围环境有无其他重金属污染源等条件选定北皋段为研究路段。

毛白杨道路林带样地内的主要植被组成为：乔木仅有毛白杨；在路肩和第一排毛白杨间栽有花灌木紫丁香（*Syringa oblata*）、黄刺玫（*Rosa xanthina*）、连翘（*Forsythia suspensa*）、金银木（*Lonicera maackii*）、珍珠梅（*Sorbaria sorbifolia*）等；毛白杨林下草本植物主要有半枝莲（*Scutellaria barbata*）、波斯菊（*Cosmos bipinnata*）、大丁草（*Leibnitzia anandria*）等。

样地的林带宽度最宽为100m，最窄为30m。经每木调查，其中林带较窄区域的毛白杨林树龄相对较大，栽植时为6年生苗木，2012年树龄为29年，平均胸径为45.5cm，平均树高21.0m，平均枝下高3.0m，株行距为4m×4m。

林带较宽区域的毛白杨林树龄相对较小，栽植时也为6年生苗木，2012年树龄为19年，平均胸径为25.1cm，平均树高为19.1m，平均枝下高2.5m，株行距也为4m×4m。同时，在此区域内，距路肩第一排毛白杨中有管护过程中采取截干措施的植株，截干植株的平均胸径26.3cm，平均树高12m。

（二）不同配置模式行道树重金属富集效能

1. 研究目的

为了揭示不同配置模式重金属富集效能，通过分析北京城区道路两侧不同配置模式中的绿化植物重金属元素浓度，计算不同树木单株和不同配置模式植物群体的重金属富集量，从平面富集效能和立体富集效能两个指标，评价不同道路配置模式的重金属富集效能。同时，对行道树乔木树种，通过比较不同胸径、不同生长期、不同修剪方式对树木重金属富集效能的差异性，探讨树木个体大小、生长季节、修剪方式及环境因子对树木重金属吸收的影响，为道路绿化树种选择、植物配置和行道树经营管理提供理论依据。

2. 研究区概况

选取北京市海淀区北四环中路、清华东路、学院路及东城区台基厂大街4条道路（乔木型、灌木型、乔草型、乔灌草型）为试验样地（图1-1）。

北四环中路：西至展春桥，东至安慧桥，道路总长约6km，主要行道树种有国槐（*Styphnolobium japonicum*）、臭椿（*Ailanthus altissima*）、栾树（*Koelreuteria paniculata*）、毛白杨（*Populus tomentosa*），乔木型配置模式，株行距5m×5m；国槐平均胸径21.85cm，平均树高6.9m；臭椿平均胸径23.33cm，平均树高9.7m；栾树平均胸径22.48cm，平均树高7.7m；毛白杨平均胸径31.26cm，平均树高15.0m。

清华东路：道路长度约3km，宽度20m，两侧行道树为国槐，两侧分车绿带配置模式为灌木型，大叶黄杨（*Buxus megistophylla*）、金叶女贞（*Ligustrum×vicaryi*）和铺地柏（*Juniperus procumbens*）间种。分车绿带平均宽度2m，种植宽度约1.8m，绿带上的大叶黄杨和金叶女贞大小均一，经过修剪平均高度0.84m，

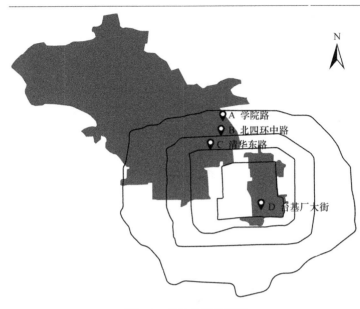

图 1-1　样地位置示意图

大叶黄杨约 15 株/m²；金叶女贞约 17 株/m²；铺地柏平均覆盖度 59%，约 1 株/m²，高度约 0.5m。

台基厂大街：毗邻天安门广场，北起东长安街，南至前门东大街，道路总长约 0.78km，宽 10m，两侧分别种植国槐，平均胸径 32.93cm，平均树高 12.8m，株距 3m。

学院路：道路总长 4.2km，道路为四板五带式，行道树主要为国槐、白蜡树，两侧分车绿带上种植大叶黄杨和月季，中央分车绿带上主要为乔草型和乔灌草型的配置模式，植物配置丰富多样。具体调查结果如表 1-1 所示。

表 1-1　不同配置模式植物组成及基本情况

配置模式	序号	配置植物类型	树种	平均胸径（cm）	平均树高（m）	平均冠幅（m）	株数	地被植物	绿化面积（m²）
乔草型	1	乔+草	臭椿	19.38	8.0	3.08	6	黑麦草	69.6
	2	乔+草	白蜡树	33.12	10.1	8.89	4	麦冬	147.2
	3	乔+草	紫叶李	17.23	3.0	3.70	3	早熟禾	40.0
	4	大乔+小乔+草	白蜡树	16.62	8.5	5.65	9	麦冬	155.2
			紫叶李	15.27	3.1	3.43	8		
乔灌草型	1	乔+稀疏灌木+草	臭椿	24.20	7.9	3.30	3	黑麦草	128.0
			木槿		2.5	0.64	25		
	2	乔+多种列植灌木+草	白蜡树	15.56	8.6	6.43	10	麦冬	181.6
			大叶黄杨						
			女贞						
			铺地柏						
	3	大乔+小乔+灌木+草	白蜡树	16.47	7.9	5.43	7	黑麦草	125.6
			紫叶李	15.92	3.0	3.60	6		
			铺地柏						
	4	乔+灌木+草	臭椿	18.78	7.9	3.58	10	萱草、黑麦草	192.0
			大叶黄杨						
			女贞						

（三）城市功能区共有树种重金属富集效能

1. 研究目的

以北京市交通区、居民区、工业区和公园区4个功能区5种常见乔木绿化树种为研究对象，分析、测定树木体内7种重金属元素浓度随时间和功能区的变化特征，以及与土壤和TSP中重金属的相关性，并借助生长模型测算树木重金属元素浓度，探讨树种对重金属元素的富集效能，揭示不同重金属污染条件下乔木树种对重金属的吸收特征、富集效能差异，为城市不同功能区树种选择与配置提供理论依据。

2. 研究区概况

结合北京市土地利用方式现状，选取朝阳区朝阳公园南路、海淀区魏公村社区、石景山区高井热电厂附近绿地和北京植物园作为交通区、居民区、工业区和公园区4个功能区的代表（表1-2），进行布点和取样（图1-2）。

表1-2 采样点的基本情况

采样点	位置	方位	主要植物种类
朝阳公园南路	朝阳区（39°55′N，116°28′E）	北京市东部，三环与四环之间	油松、毛白杨、银杏、国槐、圆柏、垂柳
魏公村社区	海淀区（39°57′N，116°18′E）	北京市西部，靠近三环	油松、毛白杨、银杏、国槐、圆柏
高井热电厂	石景山区（39°56′N，116°07′E）	北京市西部，靠近六环	毛白杨、国槐、圆柏、雪松、油松
北京植物园	海淀区（40°00′N，116°12′E）	北京市西北部，靠近五环	油松、毛白杨、银杏、圆柏、国槐

图1-2 采样点分布示意图

朝阳公园南路紧靠北京市四环以内最大的城市公园——朝阳公园，该路段车流量大、绿化较好、树种较多、养护管理工作相对到位。北京市旧居住区的典型代表——魏公村社区，建成年代久，人口较为密集。高井热电厂始建于1959年，在北京市发电厂中规模较大。北京植物园建于1955年，坐落在西山脚下，距市中心23km，园内栽种有大量类型各异的树木和花草，环境质量良好，基本保持着自然土壤和生态环境特征。

（四）行道树圆柏与国槐中重金属富集的时空分布

1. 研究目的

为了揭示行道树中重金属富集的时空分布格局，探索重金属在树木体内转移、固定等过程，为行道树国槐和圆柏对重金属的防护、监测和净化作用提供理论依据，选择北京市使用频度较高的阔叶树种（国槐）和针叶树种（圆柏）为研究对象，测定分析各器官及垂直梯度树芯中重金属元素浓度，从时间尺度和空间尺度，研究重金属在行道树体内的分布特征。

2. 研究区概况

样地设置在北京市海淀区万柳东路（万泉庄路南侧），土壤类型为褐土，测定的表层土壤（0～40cm）中各重金属元素浓度如表 1-3 所示。

表 1-3　表层土壤中重金属元素浓度（mg/kg）

元素	Cd	Cr	Cu	Mn	Ni	Pb	Zn
浓度	2.54	85.4	32.5	460.07	17.37	30.95	206.73

经调查，道路两侧植物群落主要树种为国槐、圆柏、麦冬等，其中国槐作为行道树均匀地分布在道路两侧，株距约为 5m，圆柏则在街边绿地中无规律点状分布。经每木调查，其中国槐树龄较大，栽植时为 9 年生实生苗，在 2014 年树龄为 18 年，平均胸径为 25.7cm，平均树高 11.3m，平均冠幅为 9.5m，平均枝下高为 3.4m；圆柏栽植时为 6 年生实生苗，在 2014 年树龄为 14 年，平均胸径为 12.3cm，平均树高为 6.4m，平均冠幅为 3.5m。行道树国槐和圆柏均为 2006 年移栽至万柳东路。

（五）行道树国槐及三种配置模式中植物根系对不同形态重金属的富集特征

1. 研究目标

通过测定植物、土壤和 TSP 中的不同形态重金属元素浓度，一方面，分析国槐器官内不同形态重金属元素浓度变化特征、分布格局、富集效能及以国槐为主要树种的不同配置模式对不同形态重金属富集效能的差异；另一方面，研究在城市特殊环境条件下，植物根系吸收和不同形态土壤重金属的富集特征，比较 3 种道路林带配置，即国槐-金银木-麦冬（乔灌草）、国槐-梨树-麦冬（乔乔草）、国槐-蔷薇（乔灌）中植物根系对不同形态重金属的富集特征及其相关关系，揭示植物-土壤重金属循环机理和植物对土壤重金属净化的机理，为道路防护林带树木配置的选择提供依据。

2. 研究区概况

试验样地位于北京市海淀区蓝靛厂北路，西北四环南侧，为北京重要供水线路京密引水渠（昆玉河段）沿岸道路，向北连接西北四环，向南经远大路连接北三环。采样点设置在昆玉河东岸和蓝靛厂北路之间的道路防护林，林带树木以国槐为主，另外还有金银木、梨树、蔷薇等，地被植物为麦冬。国槐、金银木、梨树全部进行胸径、冠幅、树高等的测量；蔷薇以绿篱的形式存在，宽度为 2m，长度为 72m，调查了其在 2m×2m 样方内的株数，平均为 13 株，样地内总株数约为 468 株；地被植物主要是麦冬，只有少量玉簪，麦冬在样地内基本实现全覆盖，且生长状况良好。

道路林带自南向北包括多种不同配置模式，选择乔灌草、乔乔草和乔灌 3 种绿化配置林带作为研究样地。乔灌草林带主要绿化植物为国槐、金银木、麦冬，国槐为单行栽植；乔乔草林带主要绿化植物为国槐、梨树和麦冬，国槐单行栽植；乔灌林带由国槐和蔷薇构成，国槐双行栽植，样地植被具体情况如表 1-4 所示。林木日常养护管理工作包括定期的浇水、施肥、除草等，根据生长情况进行适当修剪，目前林带基本保持健康良好的生长状态。三种配置模式土壤各重金属元素浓度如表 1-5 所示。

表 1-4　样地植被调查

配置模式	植物	平均胸径（cm）	平均树高（m）	平均冠幅（m）	密度
乔灌草	国槐	32.35	7.85	8.90	585 株/hm²
	金银木	6.52	2.64	3.25	1170 株/hm²
	麦冬	—	0.19	—	184 株/m²
乔乔草	国槐	31.65	9.50	9.70	410 株/hm²
	梨树	13.08	3.99	3.15	1012 株/hm²
	麦冬	—	0.22	—	259 株/m²
乔灌	国槐	18.67	8.46	5.54	787 株/hm²
	蔷薇	—	1.30	—	3 株/m²

表 1-5　三种配置模式土壤各重金属元素浓度（mg/kg）

配置模式	土层深度（cm）	Cr	Mn	Ni	Cu	Zn	Cd	Pb
乔灌草	0～20	25.222	244.929	12.289	21.733	65.024	0.101	12.070
	20～40	24.297	236.655	11.615	14.271	62.087	0.070	11.112
	40～60	25.251	328.146	12.359	13.791	47.942	0.078	11.004
乔乔草	0～20	27.978	215.096	10.677	32.105	61.309	0.092	15.694
	20～40	31.744	208.617	10.850	28.468	60.540	0.050	15.417
	40～60	33.973	223.465	8.882	31.338	50.604	0.050	9.828
乔灌	0～20	21.401	202.263	10.408	19.249	36.120	0.045	10.011
	20～40	22.830	237.346	11.417	13.357	34.235	0.060	10.388
	40～60	23.890	245.941	12.174	12.463	34.335	0.054	9.850

二、研究方法概况

（一）样品的采集与处理

1. 植物样品的采集与处理

（1）毛白杨道路林带样品采集

1）树干样品采集

以树龄 29 年毛白杨为研究对象，在平均胸径 5% 的误差范围内，选择 3 棵长势良好、无病虫害，树高、树粗大体一致的平均木为研究材料，其胸径分别为 45.8cm、45.3cm 和 45.4cm。

树干水平样品的采集在 2012 年 4 月 22 日进行，使用直径为 12mm 的生长锥钻取树芯样，分别采自树干胸径处的东南西北 4 个方向，钻取长度超过髓心，采样完成后，封好树木的采样口。

将所采样品装入自制的纸筒，带回实验室，从树皮向髓心的方向沿年轮线每隔 5 年划分为一段，得到以下 5 组年轮段样品：1986～1991 年轮段、1992～1996 年轮段、1997～2001 年轮段、2002～2006 年轮段、2007～2011 年轮段。测量每段的鲜重，风干后，用游标卡尺测量每段的长度。将不同方向中同一年轮段的样品作为一个混合样保存于干燥器中以备重金属测定。

在树干垂直样品的采集中，以 2m 为一个区分段，于 2012 年 11 月 18 日采集了上述同样木不同高度东西两个方向的树芯样，包括 0.5m、1.3m、3.5m、5.5m、7.5m、9.5m、11.5m、13.5m、15.5m、17.5m、19.5m 共 11 个高度点，将同一高度处两个方向的树芯样混合作为一个样品待测。在附近远离道路的清洁区（疗养区内）选择 3 棵同等大小的平均木，作为对照进行采样。

2）叶片及其他样品采集

选择林带较宽的区域，设定 5 个与公路平行的取样带，与路肩距离分别为 5m、15m、35m、50m、100m，在每一距离处，以平均胸径 5% 的误差范围为标准，选择 3 棵长势良好、无病虫害，树高、树粗大体一致的平均木为研究材料。

2012 年 4 月 15 日、7 月 15 日、9 月 15 日，分别采集树冠中部靠近道路一侧的叶片，由于实际操作困难，实际采集叶片高度距地面 6～8m，并于 11 月 3 日收集落叶（现落现收），每一距离处 3 棵样木的样品作为一个混合样。

同样在此区域内，2012 年 10 月 13 日分别采集与路肩距离 5m 处样木的树叶、树枝、树皮、树干和树根样品，其中，树叶、树枝为距地面 6～8m 处靠近道路一侧和背离道路一侧的混合样品，树皮和树干为胸径（1.3m 处）靠近道路一侧和背离道路一侧的混合样品，树根为距地面 0～40cm 细根（≤2.0mm）、小根（2.0～5.0mm）、中根（5.0～10.0mm）、大根（>10.0mm）的混合样。同时，在与路肩距离 5m 处，选择长势状况大致相同的 3 棵截干植株，采集相应的树叶、树枝、树皮、树干和树根样品作为对照。

（2）城市行道树不同配置模式中的植物样品采集

1）乔木、灌木、乔草、乔灌草型配置植物样品采集

乔木型：对北四环中路 4 种行道树（国槐、毛白杨、栾树、臭椿）进行每木检尺调查，根据调查结果，取与各树种平均胸径和平均树高相近样木 3～5 株（表 1-6），分东南西北 4 个方向均匀采集样木根系（细根≤2.0mm、小根 2.0～5.0mm、中根 5.0～10.0mm、大根>10.0mm）、枝、叶、干、皮，树皮采自胸径部位，树干则用生长锥于胸径部位采集。

表 1-6　样木生长情况

树种	平均胸径（cm）	平均树高（m）	平均冠幅（m）	绿化覆盖面积（m²）	绿化辐射空间（m³）
国槐	21.43	7.53	6.70	34.60	260.56
毛白杨	31.33	15.03	4.12	13.32	200.27
栾树	23.42	7.38	7.70	46.04	339.78
臭椿	25.10	11.60	7.42	43.18	500.90

灌木型：在中关村东路上分别选取 3 块样地，于每块采样地上分别采集完整的 3 株大叶黄杨、3 株女贞，由于单株铺地柏覆盖面积较大，每块样地上仅挖取 1 株。于室内将各株灌木按根、枝、干、叶器官分别进行处理。

乔草型、乔灌草型：对学院路中央绿带上不同乔、灌、草组成的 8 种典型配置分别进行植物样品采集。样方大小为 8m×4m，保证尽可能多的植物种类和株数落在该样方中，对样方内的乔、灌、草分别采样，乔木、灌木采集方法参考乔木型和灌木型植物样品采集，草本植物则设 0.2m×0.2m 小样方，在每个样方内的植株全部挖取，每个样地上分别设 3 个样方。以上样品均采集于 2013 年 10 月下旬。

2）不同径级国槐样品采集

按胸径（DBH）大小，将台基厂大街国槐分成 3 个径级：小径级（20cm≤DBH<30cm），中径级（30cm≤DBH<40cm），大径级（40cm≤DBH<50cm）。根据每木调查结果，每个径级各选取与该径级平均胸径、树高相近的样木 3～5 株（表 1-7）。采样时间为 2013 年 8 月中旬，采集方法同乔木型植物样品采集。

表 1-7　不同径级样木生长情况

径级大小	径级分布范围（cm）	胸径（cm）	树高（m）	冠幅（m）
小	20≤DBH<30	26.67±1.61	12.5±1.87	6.5
中	30≤DBH<40	36.23±1.97	14.8±0.77	10.3
大	40≤DBH<50	44.9±1.45	15.1±2.46	10.55

注：表中数值为均值 ± 标准差

3）生长期与落叶期国槐样品采集

选取台基厂大街行道树小径级国槐（平均胸径 26.67cm、平均树高 12.5m）样木 3～5 株，于 2013 年 8 月中旬（生长期）、10 月下旬（落叶期）对国槐进行样品采集，采集方法同乔木型植物样品采集。

4）不同修剪方式国槐样品采集

按照 3 种不同的修剪方式：截干（在树高 4m 处截去树干以上部分，原有树冠全部截除）、截枝（枝下高 2m 处截去部分主枝，破坏原有树冠，造成树冠稀疏，枝叶数量大幅减少）、修枝（在不破坏原有树冠、树形的基础上对部分枯死枝、病虫枝、重叠枝、徒长枝、过密枝等进行适当疏剪），分别选择 3～5 株样木，国槐样木生长情况如表 1-8 所示。2013 年 8 月中旬进行样品采集，采集方法同乔木型植物样品采集。

表 1-8 不同修剪方式样木生长情况

修剪方式	胸径（cm）	树高（m）	冠幅（m）
截干	31.27±2.84	6.93±1.01	3.60
截枝	31.87±3.65	11.97±1.14	8.32
修枝	33.23±6.70	13.26±2.51	8.75

注：表中数值为均值 ± 标准差

（3）城市功能区的植物样品采集

1）树种选择

通过对 4 个功能区绿化树种进行实地调查，并结合当前北京市城市绿化树种的应用频率，选择国槐、毛白杨、油松、圆柏、银杏 5 个城市绿化常见栽植树种为研究对象。对北京城区城市森林的调查显示，国槐的应用频度为 23.3%，在乔木树种中位居首位（黄广远，2012），各类杨树的应用频度为 22.4%，油松应用频度为 20.7%，圆柏应用频度为 22.5%，银杏应用频度为 19.3%。

2）样品采集

在每个功能区，根据树木的生长状况，每个树种分别选取 3 棵长势良好、健康、无病虫害，树高、胸径都大体一致的树木进行采样（表 1-9）。

表 1-9 各功能区样木基本情况

功能区	树种	平均胸径（cm）	平均树高（m）	平均冠幅（m）
居民区	毛白杨	45.6	18.9	9.7
	国槐	30.4	10.9	9.6
	油松	23.6	7.3	6.4
	圆柏	23.2	10.8	4.1
	银杏	23.0	12.3	6.9
交通区	毛白杨	34.3	15.9	7.7
	国槐	30.9	12.1	8.3
	油松	19.1	7.4	5.4
	圆柏	23.0	10.0	4.2
	银杏	26.1	11.2	6.9
工业区	毛白杨	36.8	19.2	7.3
	国槐	30.0	15.0	9.8
	油松	30.3	9.2	7.8
	圆柏	24.3	11.6	4.1

续表

功能区	树种	平均胸径（cm）	平均树高（m）	平均冠幅（m）
公园区	毛白杨	33.1	18.1	8.0
	国槐	27.3	9.5	8.8
	油松	24.2	6.0	5.3
	圆柏	21.2	8.7	3.1
	银杏	25.0	9.8	5.9

2014年春季（4月）、夏季（7月）、秋季（10月），分别在4个功能区各样木的东南西北4个方向用高枝剪剪取4～5个枝条，采集生长较好的树叶，放入塑料袋，标注采样时间、采样地点，带回实验室，各区域相同树种采集到的样品作为一个混合样；另外，于11月中旬，收集各功能区5个树种的落叶或树叶。

树木生长具有明显的季节性，10月植物基本停止生长，进入休眠阶段，此时，树木很少从外界吸收养分，各器官中重金属元素浓度已基本稳定。2014年10月，分别采集各样木的树枝、树干、树皮和地下根系，其中，树皮和树干均采自胸径部位，树皮用硬质小刀采集，树干用生长锥钻取超过半径的树芯，树根用铲子挖取。

（4）行道树国槐与圆柏重金属富集时空分布研究的树木样品采集

选取3棵长势良好、无病虫害、胸径与树高基本一致的国槐和圆柏样木作为平均木，国槐胸径分别为25.8cm、25.7cm、25.5cm，圆柏的胸径分别为11.0cm、11.3cm、11.2cm。

树芯：利用12mm直径的生长锥，在样木0m、0.5m、1.3m、2.1m、3.1m、4.1m、5.1m、6.1m、7.1m、8.1m、9.1m、10.1m处采集年轮树芯，每处采集不同方向的两根树芯，称重后装入自制塑料管中保存，编号标记。

树枝、树叶：用高枝剪在不同的高度区，分段剪取样品，分开称重、封装保存、编号标记。

（5）西北四环外行道树的样品采集

试验样品分别于2016年10月上旬落叶前生长稳定期、11月下旬落叶期、2017年4月下旬生长初期和7月下旬生长旺盛期采集。在样地内选择长势良好、无明显病虫害的国槐、金银木、梨树（与林分平均胸径和平均树高误差不超过5%）各3株作为平均木，所有植物样品均为3株平均木样品等量混合。

叶片、树枝和树枝表皮的采集：用高枝剪分别在树冠中部的东南西北4个方向各采集一个标准枝，取下标准枝所有叶片均匀混合后称取等量叶片，将4个方向叶片均匀混合，然后将3株标准木采集的样品等量混合；树枝和树枝表皮的采样方法和叶片相同。

树皮样品采集：用大号美工刀在胸径高度东南西北4个方位各取一块树皮等量混合；再将三株标准木采集的样品等量混合；采样时间为2016年10月上旬落叶前生长稳定期。

树干样品采集：在胸径处分别在东南西北4个方向用直径5mm的生长锥钻取树芯，钻取长度超过髓心，并去掉超出部分后混合，再将三株标准木采集的样品等量混合；采样时间为2016年10月上旬落叶前生长稳定期。

年轮木质部样品采集：在胸径处分别在东南西北4个方向用直径5mm的生长锥钻取树芯，钻取长度超过髓心，并去掉超出部分后，从韧皮部一侧每5年划分一个年轮段，将4个方向样品混合，再将三株标准木采集的样品等量混合；采样时间为2016年10月上旬落叶前生长稳定期。

树根样品采集：尽可能在标准木四周分别挖50cm×50cm，深60cm的土坑，采集所有0.5～1cm粗细的树根，等量混合，然后三株标准木采集的样品等量混合；采样时间为2016年10月上旬落叶前生长稳定期。

3种配置模式中国槐不同径级根系样品的采集：在乔灌草、乔乔草和乔灌3种配置中，分别选取平均胸径误差不超过5%的3株国槐作为样木，挖取根系，带回实验室后先用自来水冲洗至无土壤黏附，随后用蒸馏水漂洗3～5遍，再用卫生纸吸干水分，最后用数显游标卡尺将根系分为细根<2mm（Ⅰ）、小根2～5mm（Ⅱ）、中根5～10mm（Ⅲ）、大根>10mm（Ⅳ）4个级别，分别放进信封并标号。

以上所有采集的植物样品在室内用去离子水清洗，待吸水纸吸干表面水分后放入恒温烘箱中105℃杀青，80℃烘干至恒重，烘干后分别称量每个样品干重，并做好记录。所有植物样品用高速万能粉碎机粉碎并过 60 目筛后放入纸袋干燥保存、待测。

2. 土壤样品的采集及处理

（1）毛白杨道路林带

与研究行道树叶片中重金属元素浓度的水平分布相对应，在同一距离梯度，即距路肩 5m、15m、35m、50m 和 100m 处，于 2012 年 3 月，使用土壤采样器沿垂直地面方向分别采集土壤，由于受大气污染所引起的土壤重金属污染多集中于土壤表层 0～40cm，因此采集 0～40cm 的混合土样，每一距离选择 3 个采样点，并设置在两棵样木之间的位置，每个距离的 3 个样品作为一个混合样。

（2）城市行道树不同配置模式

采用混合取样法，用土钻收集样木周围的生长土壤，土层深度 0～40cm，其中学院路道路土壤按 8 种不同配置模式分别进行土壤样品采集，每条道路分别采集 3 个土壤样品（学院路 24 个土壤样品），每个样品为至少来自 5 个不同点的混合样。

（3）城市功能区

按照随机多点混合的原则，在每个功能区样木附近布设 5 个采样点进行取样。为便于进行比较分析及考虑城市土壤的混杂性，在每个采样点采用深度间隔采样法，按 0～20cm、20～40cm、40～60cm 的层次，用土钻分层取样，将各层次采集到的 5 个土壤样品就地混合为一个样品，4 个功能区共有 12 个土壤样品；此外，为避免气候（如降雨、高温、风力传送等因素）带来的差异，样品采集在 3～4d 完成。

（4）行道树国槐与圆柏

利用土壤采样器垂直于地面进行 0～40cm 土壤样品采集，在每段距离选取两棵样木之间的 3 个采样点，每段距离的 3 个采样点样品混合为一个混合样。

（5）西北四环外行道树国槐

采用五点取样法分别采集样地 0～20cm、20～40cm、40～60cm 土层深度的土壤，相同土层样品等量混合；采样时间为 2016 年 10 月上旬落叶前生长稳定期。土壤样品常温下阴干，过 170 目筛，干燥保存。

（6）西北四环外道路林带 3 种配置植物根系

不同层次土壤样品的采集：2016 年 10～11 月（落叶前），在不同配置模式上分别选择 3～5 棵生长状况、树龄等基本一致的国槐作为样本植物，并在每个样本木下挖取 80cm（长）×40cm（宽）×70cm（高）的土壤剖面，将土壤划分为 4 层：0～20cm、20～40cm、40～60cm、60cm 以上，在每个剖面每层采集的土壤样品进行混合，然后用四分法取出 500kg 土样，进行自然风干，分别测定各层土样不同形态重金属元素浓度及重金属总量；另外采集直径小于 2mm 的根系附近 1cm 内的土壤作为根际土，采用 Riley 等的抖落法采集根际土壤约 500g，并采集直径小于 2mm 的根系。

根际土的收集：在 2016 年 10 月中旬（落叶前）、2016 年 11 月下旬（落叶后）、2017 年 4 月下旬（生长初期）和 2016 年 7 月下旬（生长盛期），挖掘不同配置模式下样本木周围根系，将直径小于 2mm 的根系附近 1cm 内的土壤作为根际土进行收集，同时收集根系。

将以上所有采到的土样样品装入塑料袋，注明采样日期、采样人、采样地点和采样土壤层后，带回实验室。将土壤样品在白纸上摊开，经自然风干后，去除杂质，用高速万能粉碎机粉碎，并过 100 目筛，装入纸袋中于干燥器内保存。

3. TSP 样品的采集及处理

毛白杨道路旁 TSP 样品于 2012 年 4 月 15 日、7 月 15 日和 9 月 15 日在距路肩 5m、15m、35m、50m

和 100m 5 个距离梯度处采样，每次采样 24h；城市功能区采样时间为 2014 年春季（4 月）、夏季（7 月），选择晴朗、静风或微风的天气采样。

西北四环外国槐道路林带 3 种配置模式 TSP 样品采集时间分别为 2016 年秋季（11 月）、2016 年春季（4 月）和 2017 年夏季（6 月）。TSP 样品采集使用青岛崂山电子仪器总厂有限公司生产的 KB-120F 型智能中流量采样器。空气环境粉尘（TSP、PM10、PM2.5、PM1）浓度的监测选择英国 Turnkey Instruments 公司生产的 Dustmate 手持式环境粉尘检测仪。仪器高度均为人体呼吸带 1.5m 处，采集流量为 100L/min，采样滤膜为直径 90mm（有效直径 80mm）的玻璃纤维滤膜，采样后将滤膜对折放入滤膜袋中。同时，每隔 2h 记录一次空气环境粉尘浓度，每次测 3 组数据。

（二）重金属测定方法

1. 重金属元素浓度测定

植物样品：采用硝酸-高氯酸（4∶1）湿法消解法（鲁如坤，2000）。准确称取 0.5g 植物样品于洁净锥形瓶中，在每个样品中分别加入 16mL HNO_3 和 4mL $HClO_4$，加盖短颈漏斗，常温下放置 24h 后，将锥形瓶放置在 230℃ 电热板（远红外耐酸碱数显恒温热板 MEA-3) 上，加热至瓶内冒大量白烟，维持几分钟，样品蒸至 1～2mL 时取下，冷却后加蒸馏水至 20mL，重新放在 230℃ 电热板上加热至样品剩余 1～2mL。冷却，蒸馏水定容到 50mL 容量瓶内。过滤至塑料离心管内，将样品放置于冰箱中保存。每个样品作两个平行样，同时作 3 份试剂空白。使用美国 PE7000ICP-OES 型全谱直读电感耦合等离子体发射光谱仪，通过等离子体发射光谱法测定重金属 Pb、Cr、Cd、Cu、Zn、Ni、Mn 的浓度。

土壤样品：采用混合酸（HF-$HClO_4$）消解（鲁如坤，2000）。称取 1.000g 样品于聚四氟乙烯坩埚中，然后加入 7mL $HClO_4$ 和 7mL HF 溶液，在电热板上消煮至近干时，取下坩埚。冷却后，沿坩埚壁加入 7mL HF 溶液，继续消煮至近干，取下坩埚。冷却后，加入 20mL 去离子水，再次加热至近干。冷却后，加入 3% HNO_3 溶液 5mL，加热溶解残渣，溶液澄清后（若溶液仍浑浊，说明消煮不完全，需加 HF 继续消煮）蒸馏水定容至 50mL 容量瓶中，摇匀，过滤至 10mL 塑料管中待测。使用美国 PE7000ICP-OES 型全谱直读电感耦合等离子体发射光谱仪测定重金属 Cr、Mn、Ni、Cu、Zn、Cd、Pb 的浓度。

TSP 样品：采集了大气总悬浮颗粒物的滤膜在恒温箱中恒重 24h 后称重，然后将滤膜小心地剪成小块，置于烧杯中，加入硝酸-过氧化氢混合液（1∶1）10mL 浸泡 2h 以上，加热至微沸（勿使其迸溅），保持 10min，冷却。滴加 40% 氢氟酸 2mL，加热蒸至近干，使氢氟酸挥发殆尽，冷却。加硝酸溶液 5mL，加热至残渣溶解，冷却。用蒸馏水将溶液定容至 50mL 容量瓶中［《环境空气 铅的测定 石墨炉原子吸收分光光度法（暂行）》（HJ 539—2009）］。Pb、Cd 元素用原子吸收分光光度法测定。其余元素用等离子体发射光谱法来测定。

2. 重金属形态及浓度测定

采用欧共体标准物质局提出并经 Rauret 等（1999）改进的社区参考局（Bureau Community of Reference, BCR）连续提取法，对土壤及植物样品中 Cr、Ni、Mn、Cu、Zn、Cd 和 Pb 7 种重金属的形态进行分级提取。按加入提取液种类及提取顺序的不同，样品中所含重金属被分为 4 种形态，包括可交换态及碳酸盐结合态即酸溶态（B1）、Fe/Mn 氧化物结合态即可还原态（B2）、有机物及硫化物结合态即可氧化态（B3）、残渣态（B4）。提取液或消解后的溶液定容后在中国林业科学研究院林木遗传育种国家重点实验室上机测定重金属元素浓度；测定仪器为美国安捷伦科技公司生产的 Agilent 7700s 型 ICP-MS 电感耦合等离子体质谱仪。

（三）计算方法

1. 植物生物量及重金属贮量的计算方法

毛白杨生物量的计算方法：为测算行道树毛白杨各器官中重金属元素的现贮量，采用相对生长模型来估算毛白杨各器官的生物量。相对生长模型是指用指数或对数关系反映林木维量之间按比例协调增长的模型。采用李建华等（2007）研究所得的杨树各器官生物量与D^2H的拟合方程来测算，具体方程如下：

$$树干：W_干=0.006\times(D^2H)^{1.098}；R^2=0.995$$

$$树枝：W_枝=0.001\times(D^2H)^{1.157}；R^2=0.984$$

$$树叶：W_叶=0.012\times(D^2H)^{0.685}；R^2=0.955$$

$$树根：W_根=0.083\times(D^2H)^{0.636}；R^2=0.915$$

国槐生物量的计算方法：参考毕君等（1993）刺槐单株生物量动态研究，对不同径级国槐的生物量进行估算，根据生物量与重金属元素浓度的乘积推算单株国槐重金属贮量。由于尚未找到适合国槐树皮的生物量估算模型，因此并未对树皮重金属现贮量进行估算。其回归方程如下：

$$\ln W_干=-2.895\,531+0.867\,64\ln(D^2H) \quad R^2=0.989$$

$$\ln W_枝=-3.719\,16+0.790\,79\ln(D^2H) \quad R^2=0.932$$

$$\ln W_叶=-2.908\,72+0.457\,39\ln(D^2H) \quad R^2=0.795$$

$$\ln W_根=-2.167\,46+0.632\,76\ln(D^2H) \quad R^2=0.956$$

式中，W表示国槐各器官的生物量（kg），D表示胸径（cm），H表示树高（m），R^2表示方程的拟合系数。

其他乔木生物量的计算方法：采用赵丽琼（2010）的《北京山区森林碳储量遥感估测技术研究》中阔叶树、针叶树单木生物量模型来进行估算，具体估算公式为：阔叶树，$\ln B=0.811\times\ln(D^2H)-1.355$；针叶树，$\ln B=0.758\times\ln(D^2H)-1.434$，式中$B$表示乔木生物量（kg），$D$表示胸径（cm），$H$表示树高（m）。其中，城区树木因经过人为修剪等原因，应用山区树木生物量进行计算时，乘以系数0.8。

灌木生物量的计算方法：采用直接收获法，每个样地上每种灌木挖取3株作为样木（由于单株铺地柏覆盖面积较大，因此每个样地上仅挖取1～2株），单株灌木生物量等于各样木平均干重之和。

草本植物生物量的计算方法：采用直接收获法，草本植物设0.2m×0.2m小样方，在每个样方内的植株全部挖取，每个样地上分别设置3个样方。单位面积草本植物生物量则根据每个小样方草本植物干重平均值推算。

乔木树种各器官生物量的计算方法：参考王迪生（2009）的《基于生物量计测的北京城区园林绿地净碳储量研究》中落叶乔木根、干、枝、叶、树皮各器官占单株生物量的百分比估算乔木树种各器官生物量。

植物重金属贮量的计算方法：植物重金属贮量为植物通过各器官长期吸收而累积在体内的重金属量，根据生物量与各重金属元素浓度乘积之和估算得到植物重金属的总贮量。

树干生物量的计算方法：根据树干生长曲线，采用区分求积法测算树干各区段的生物量。

树干各区段重金属元素现贮量的计算方法：用不同高度树干中各重金属元素的浓度乘以不同区段树干的生物量。

树干重金属含量的计算方法：计算方法为树干生物量和重金属元素浓度的乘积。

通过计算树干中各年轮段重金属元素的贮量，求得单株行道树树干中各种重金属元素的累积量，具体计算公式如下：

$$M=\sum_{i=1}^{5}w_iN_i=\sum_{i=1}^{5}\frac{w_im_iV_i}{\pi r^2 l_i}$$

式中，i为按时间序列所分割的年轮段（i=1、2、3、4、5），w_i为第i段年轮中重金属元素的平均浓度，N_i为第i段树干的生物量，m_i为第i段树芯样的干重，V_i为第i段树干的材积，l_i为第i段树芯样的平均宽度，r为6mm（所采树芯样直径均为12mm）。

同样的，利用标准枝法确定不同高度树木的标准枝数，将测得的标准枝中重金属元素浓度乘以标准枝干重（表1-10）得到标准枝中重金属元素的量；计算不同高度的枝叶富集重金属元素的量时，将该高度的标准枝系数乘以相应的重金属元素的量即得到不同高度树木枝叶中的重金属元素的现贮量。

表 1-10　枝叶样品的干湿比

编号	鲜重（g）	干重（g）	干湿比	编号	鲜重（g）	干重（g）	干湿比
GH1 枝	124.20	78.50	0.63	YB1 枝	21.10	11.20	0.53
GH2 枝	139.10	80.50	0.58	YB2 枝	26.20	14.60	0.56
GH3 枝	76.90	44.90	0.58	YB3 枝	10.70	6.30	0.59
GH1 叶	86.00	27.90	0.32	YB1 叶	65.40	25.70	0.39
GH2 叶	144.80	41.50	0.29	YB2 叶	42.90	16.80	0.39
GH3 叶	104.60	30.00	0.29	YB3 叶	30.90	11.40	0.37

2. 植物重金属富集相关系数及净化能力

富集系数：富集系数=树木体内器官某元素浓度（mg/kg）/土壤中该元素浓度（mg/kg）（刘维涛等，2008；栾以玲等，2008）。

转移系数：转移系数=地上部分重金属元素浓度/地下部分同种元素浓度（Fayiga and Ma，2005）。

重金属转移率：对生长期结束前后树叶中重金属元素转移率的计算，参考林木养分转移率的计算方法（郭峰和周运超，2010；Sun and Chen，2001），采用以下公式：重金属转移率=（生长末期叶片重金属元素浓度−秋季叶片重金属元素浓度）/秋季叶片重金属元素浓度×100%。

当转移率为正值时，表明某树种将该种重金属元素通过落叶部分转移出体内，从而对重金属污染起到净化作用。当转移率为负值时，则表示在落叶时，叶片中该重金属元素转移到了树木的其他器官，起到对重金属的富集作用。

3. 平面富集效能与立体富集效能

城市土地资源非常紧缺，用于改善城市环境的生态用地有限，为了科学、客观评价城市道路林对重金属的富集效能，著者首次提出单位绿化面积重金属富集量（简称平面富集效能）和单位绿化立体空间重金属富集效能（简称立体富集效能）用于评价不同道路配置模式重金属富集效能，具体计算方法如下：

$$平面富集效能=\sum 植物群落中各植物重金属总贮量/其所占绿化面积$$
$$立体富集效能=\sum 植物群落中各植物重金属总贮量/其所占绿化空间$$

其中，植物群落中乔木树种由单株乔木计算而得。单株乔木平面富集效能=单株重金属含量/单株绿化覆盖面积；单株乔木立体富集效能=单株重金属含量/单株绿化空间辐射占有量。而乔木树种单株绿化覆盖面积为树冠垂直投影面积；单株绿化空间辐射占有量（ROGS）即树木正常生长的生存空间及发挥多种生态功能的空间范围（郗光发和王成，2007），其计算方法参考郗光发等的研究，计算公式如下：$V=\pi R^2 H$（式中，V 为单株绿化空间辐射占有量，单位为 m^3；R 为树冠半径，单位为 m；H 为树高，单位为 m。）

4. 土壤重金属污染指数

为评价土壤的重金属污染程度，引入单因子指数评价法（陈江等，2010），将某一元素的实测值与土壤环境质量标准比较，其比值表示土壤中该污染物的污染程度，称为该元素的污染指数，即 $P_i=C_i/S_i$，式中，P_i 为某一元素的污染指数；C_i 为实测土壤中该元素浓度；S_i 为该元素的质量标准，这里采用《土壤环境质量标准》（GB 15618—1995）中各重金属的一级标准限值。

上 篇

城市行道树重金属富集效能

第二章　毛白杨道路林带重金属富集效能

交通运输在给人们带来生活便利的同时，产生了一系列的环境问题，其中大气污染是尤为突出的一个，在人口数量多、机动车保有量高、交通密集度大的北京，严重的大气污染是一个亟待解决的难题。据联合国环境保护组织调查结果表明，全世界的大气污染大约有 50% 是由机动车尾气造成的。我国 2010 年发布的《第一次全国污染源普查公报》中显示，2007 年度，全国机动车尾气排放中，颗粒物高达 59.06 万 t。机动车尾气排放、汽车零部件的摩擦、刹车制动、汽车轮胎与地面的摩擦中夹杂的重金属离子的排放，使得交通运输成为城市重金属污染的一个重要来源。林木不仅具有较强的抗重金属胁迫能力，还具有生物量大、生命周期长的优势，使得林木在净化大气重金属污染、修复土壤重金属污染方面具有重要作用。当前，关于树木对重金属具有一定的净化作用已成为共识，但是，对于高速路两侧的道路林带而言，究竟应该建设多宽，众说纷纭。在我国各地，有的地方种植了一行或两行，有的地方道路林带宽度达几十米，有的地方甚至达一二百米甚至五六百米，难以形成共识。因此，著者试图以北京市首都机场高速公路旁毛白杨林带为研究对象，从水平与垂直两个空间尺度，以春、夏、秋三季为时间轴线，研究树木体内重金属元素的分布特征，从重金属净化角度，为毛白杨在道路重金属监测、防护和净化方面的作用提供理论依据，以期为高速路防护林带宽度建设提供参考。

第一节　叶片重金属元素浓度动态

一、水平分布

（一）春季叶片

各重金属元素浓度的水平分布总体趋势，随距路肩水平距离的增加，叶片中 Cd、Mn 和 Pb 元素浓度逐渐下降，Cr、Cu 和 Ni 元素的浓度则逐渐上升，而 Zn 元素的浓度先下降后上升（图 2-1）。

从各元素浓度的水平波动情况来看，不同重金属呈现不同的分布趋势。Cr、Cu 和 Ni 元素最高浓度值均出现在 50m 处，最低值出现在 15m 处；Mn 和 Pb 元素浓度最高值出现在 35m 处，最低值出现在 50m 处；Cd 元素浓度在 15m 处为最高值，100m 处降为最低值；Zn 元素浓度则在 100m 处达到最高值，最低值出现在 50m 处。比较行道树毛白杨叶片中各重金属元素浓度的水平波动幅度大小，各元素浓度最高值与最低值

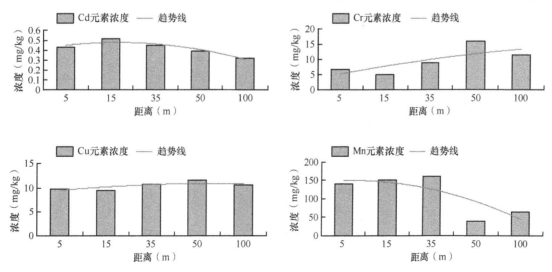

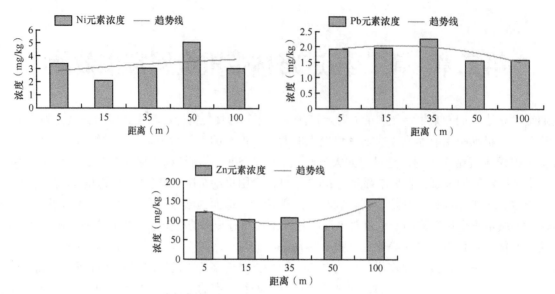

图 2-1　春季叶片中重金属元素浓度的水平分布

的比值从大到小依次为：Mn（4.30）＞Cr（3.14）＞Ni（2.41）＞Zn（1.84）＞Cd（1.62）＞Pb（1.44）＞Cu（1.23）。可以看出，Mn、Cr、Ni 的波动幅度较大，而 Pb 和 Cu 元素的波动幅度相对较小。

　　各重金属元素浓度之间的相关性表明（表 2-1），Cr 与 Cu，Pb 与 Mn 呈极显著正相关，Ni 与 Cr、Cu 均在 0.05 水平上显著正相关，Cd 与 Mn 在 0.1 水平上显著正相关。

表 2-1　春季叶片中各重金属元素浓度的相关系数

	Cd	Cr	Cu	Mn	Ni	Pb	Zn
Cd	1.0000						
Cr	−0.7060	1.0000					
Cu	−0.5831	0.9415***	1.0000				
Mn	0.7686*	−0.8937**	−0.6912	1.0000			
Ni	−0.4865	0.8728**	0.8470**	−0.7316	1.0000		
Pb	0.6882	−0.6691	−0.3806	0.9296***	−0.5398	1.0000	
Zn	−0.5975	−0.1340	−0.2471	−0.0837	−0.3698	−0.2188	1.0000

* 表示在 0.1 水平上相关；** 表示在 0.05 水平上相关；*** 表示在 0.01 水平上相关，下同

（二）夏季叶片

　　图 2-2 为夏季行道树毛白杨叶片中各重金属元素浓度的水平分布趋势，可以看出，除 Zn 元素外，叶片中其余 6 种重金属元素浓度随距路肩水平距离的增加，均表现为总体逐渐下降的趋势，其中 Ni 元素浓度的峰值出现在 5m 处，随距离的增加呈单调递减趋势，而另外 5 种重金属元素浓度的峰值则均出现在 15m 处，谷值出现在 50 或 100m 处。叶片中 Zn 元素浓度的最高值出现在 100m 处，最低值出现在 50m 处。各重金属元素浓度最高值与最低值的比值从大到小依次为：Mn（3.67）＞Cd（2.88）＞Zn（2.80）＞Ni（2.38）＞Cr（2.02）＞Pb（1.88）＞Cu（1.86）。

　　分析各重金属元素浓度之间的相关性（表 2-2），Cr 和 Cd，Pb 和 Mn 之间呈极显著正相关，Pb 和 Cu 在 0.05 水平上显著正相关，Mn 和 Cu 在 0.1 水平上显著正相关。

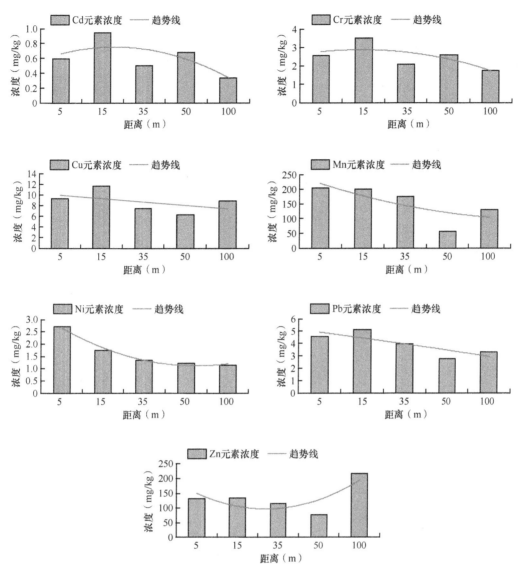

图 2-2　夏季叶片中重金属元素浓度的水平分布

表 2-2　夏季叶片中各重金属元素浓度的相关系数

	Cd	Cr	Cu	Mn	Ni	Pb	Zn
Cd	1.0000						
Cr	0.9896***	1.0000					
Cu	0.4822	0.5870	1.0000				
Mn	0.2087	0.3050	0.7489*	1.0000			
Ni	0.2717	0.3684	0.4412	0.6524	1.0000		
Pb	0.5590	0.6424	0.8590**	0.9243***	0.6487	1.0000	
Zn	-0.5236	-0.4288	0.4327	0.2599	-0.0963	0.0740	1.0000

（三）秋季叶片

行道树毛白杨秋季叶片中重金属元素浓度的水平分布特征见图 2-3，可以看出，Cd、Mn 和 Ni 元素浓度随距路肩距离增加，总体呈下降趋势，其余 4 种元素则表现为先降低后升高的趋势。

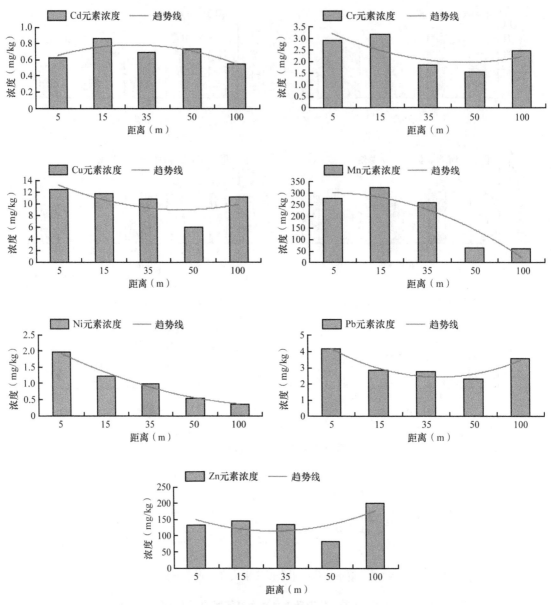

图2-3　秋季叶片中重金属元素浓度的水平分布

随距路肩距离的增加，树叶中Ni元素的浓度呈单调递减的水平分布趋势，由1.96mg/kg降到0.35mg/kg，最高值约为最低值的5.60倍。Cd元素由0.62mg/kg上升到15m处的0.86mg/kg，之后在100m处降到最低值0.55mg/kg，波动幅度较小，峰值约为谷值的1.57倍。Mn元素的峰值也出现在15m处，高达325.85mg/kg，在50m处急剧降低到63.61mg/kg，之后随距离增加，其浓度值基本保持稳定，在100m处为59.26mg/kg，最高值约为最低值的5.50倍。

Cr、Cu、Pb和Zn表现为两边高而中间低的分布特征，4种元素浓度的谷值均出现在50m处。

从各重金属元素浓度之间的相关性来看（表2-3），仅Pb和Cu，Ni和Mn之间在0.1水平上显著正相关。

表2-3　秋季叶片中各重金属元素浓度的相关系数

	Cd	Cr	Cu	Mn	Ni	Pb	Zn
Cd	1.0000						
Cr	0.1772	1.0000					
Cu	−0.1642	0.8002	1.0000				
Mn	0.5138	0.6128	0.6538	1.0000			

续表

	Cd	Cr	Cu	Mn	Ni	Pb	Zn
Ni	0.1457	0.5860	0.5805	0.7954*	1.0000		
Pb	−0.6121	0.6114	0.7438*	0.2107	0.5682	1.0000	
Zn	−0.4714	0.4867	0.6840	−0.0304	−0.1639	0.5400	1.0000

二、季节变化

对照 4 月、7 月、10 月及 11 月各采样点行道树毛白杨叶片中重金属元素的浓度，得到行道树毛白杨叶片中重金属元素浓度的季节变化趋势。

（一）距路肩 5m 处叶片

从首都机场高速公路旁距路肩 5m 处毛白杨叶片中重金属元素浓度的季节变化可以看出（图 2-4），随叶片生长季节的变化，各重金属元素浓度的变化趋势不尽相同。Cd、Cu、Mn、Pb、Zn 5 种重金属元素的

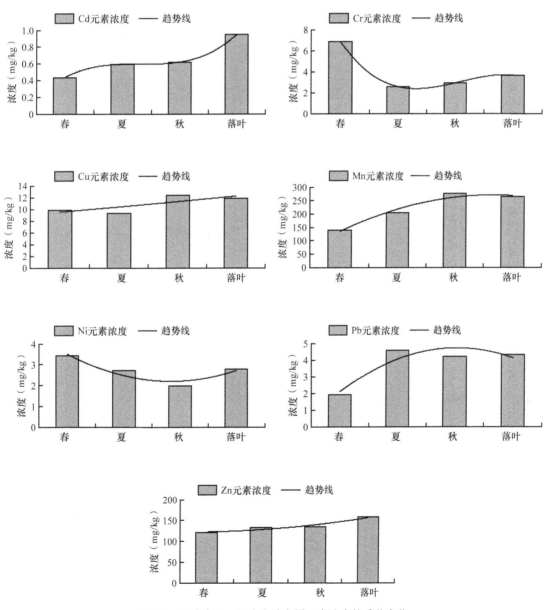

图 2-4 距路肩 5m 处叶片重金属元素浓度的季节变化

浓度总体呈递增趋势，其中 Cu 在夏季的浓度值最低，秋季最高；Cd、Mn、Pb 和 Zn 的最低浓度值均在春季，最高值分别出现在落叶中、秋季、夏季和落叶中。Cr 和 Ni 元素的浓度则为先降低后升高的趋势，在春季的浓度值最大，最低值分别出现在夏季和秋季。

重金属转移率计算结果为 Cd（52.79%）＞ Ni（41.90%）＞ Cr（25.18%）＞ Zn（17.92%）＞ Pb（2.55%）＞ Cu（−4.31%）＞ Mn（−4.54%）。可以看出，在距路肩 5m 采样点处，行道树毛白杨叶片中的 Cd 和 Ni 元素浓度在落叶前后的转移程度较大，而 Pb、Cu 和 Mn 的转移率则相对较小。

（二）距路肩 15m 处叶片

距路肩 15m 处行道树毛白杨叶片中重金属元素浓度的季节动态变化特征见图 2-5。同 5m 采样点类似，Cd、Cu、Mn、Pb、Zn 5 种重金属元素的浓度随生长季节的变化，总体呈增长趋势，春季的浓度值最低，落叶中元素浓度值相对较高，浓度最高值则出现在夏季或秋季。在春夏秋三个季节中，Cd、Cu、Mn、Pb、Zn 5 种重金属元素浓度的最高值与最低值比值分别为 1.83、1.24、2.17、2.63、1.44，落叶前后 5 种重金属元素的转移率从大到小依次为 Pb（47.66%）＞ Cd（6.00%）＞ Mn（2.61%）＞ Cu（−4.02%）＞ Zn（−4.95%）。

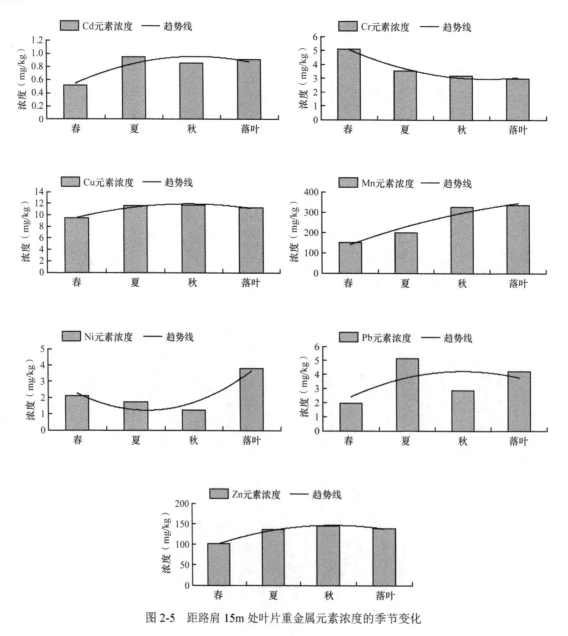

图 2-5　距路肩 15m 处叶片重金属元素浓度的季节变化

Cr 元素在叶片中的浓度为 2.9771 ～ 5.1037mg/kg，随生长季节的变化，叶片中 Cr 元素浓度值逐渐降低，春季约为秋季的 1.60 倍，落叶前后 Cr 元素的转移率为 6.67%。

Ni 元素浓度在叶片中随生长季节的变化呈单调递减趋势，由春季的 2.1033mg/kg 降到秋季的 1.2200mg/kg，而落叶中的 Ni 元素浓度又急剧升高到 3.8208mg/kg，落叶前后的转移率高达 213.18%。

（三）距路肩 35m 处叶片

距路肩 35m 处毛白杨叶片中重金属元素浓度的季节变化特征如图 2-6 所示。Cd、Mn 和 Zn 元素随叶片的生长，在叶片中的浓度值不断增高。其中 Cd 元素浓度由春季的 0.4487mg/kg 上升到秋季的 0.6888mg/kg，落叶前后 Cd 的转移率为 40.55%，落叶中的浓度值为 0.9681mg/kg。Mn 元素浓度由春季的 160.9793mg/kg 逐渐上升到秋叶中的 258.6844mg/kg，落叶中的浓度值小于落叶前，转移率为 -8.49%。Zn 元素在叶片中的浓度值也随叶片生长不断增大，春夏秋三季节的浓度为 106.5087 ～ 135.3663mg/kg，落叶中 Zn 元素的浓度急剧增加到 229.1517mg/kg，转移率为 69.28%。

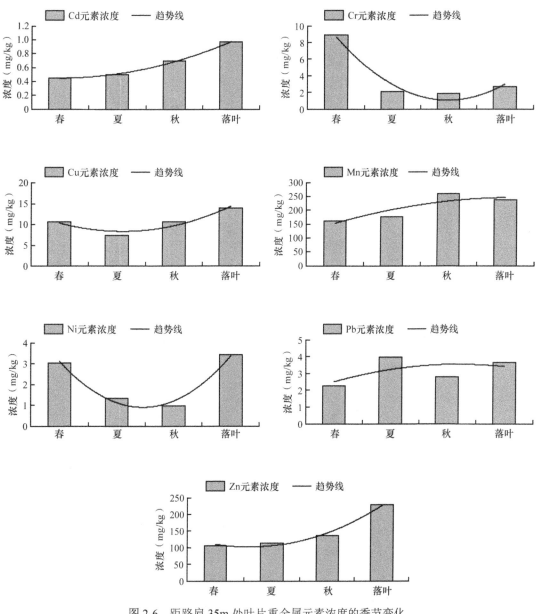

图 2-6　距路肩 35m 处叶片重金属元素浓度的季节变化

Cr元素和Ni元素浓度在生长季节中随叶片的生长逐渐下降，春季浓度与秋季浓度的比值分别为4.77和3.10，落叶中的浓度值均高于落叶前，转移率分别为43.82%和251.78%。Cu元素在落叶中的浓度值最高，秋季次之，夏季浓度值最小，各季节的浓度为7.4185～14.0818mg/kg，落叶前后Cu元素的转移率为30.62%。Pb元素的浓度为2.2537～3.9692mg/kg，最高浓度值出现在夏季，其次为落叶中，春季的浓度最低，落叶前后的转移率为30.80%。

（四）距路肩50m处叶片

图2-7为距路肩50m处毛白杨叶片中重金属元素浓度的季节动态变化。随季节的变化，叶片中Cd、Mn、Pb和Zn元素的浓度总体呈上升趋势，而Cr、Cu和Ni元素浓度总体呈下降趋势。

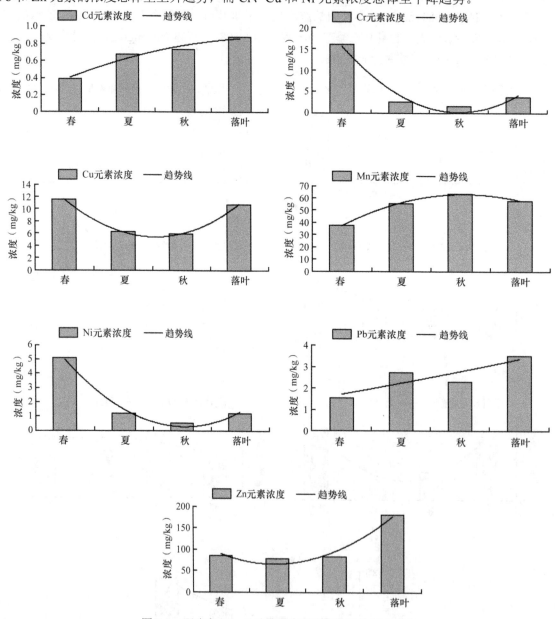

图2-7　距路肩50m处叶片重金属元素浓度的季节变化

在春夏秋叶片生长季节中，Cd和Mn元素的浓度均随叶片的生长逐渐上升，Cd由0.3895mg/kg上升到秋季的0.7297mg/kg，之后在落叶中又持续上升到0.9681mg/kg，落叶前后的转移率为32.67%；Mn元素由春季的37.4351mg/kg在秋季上升到63.6146mg/kg，落叶中的Mn元素浓度降为57.597mg/kg，转移率为-9.46%。

Cr、Cu、Ni 元素均为在春季的浓度最高,在秋季降为最低值,而落叶中的浓度又较秋季升高。三种元素浓度最高值与最低值的比值分别为 10.21、1.97 和 9.40。落叶前后 Cr、Cu 和 Ni 元素的转移率分别为 130.98%、82.70% 和 125.06%。

Pb 元素在落叶中的浓度最高,为 3.5362mg/kg,其次为夏季,春季的浓度最低,为 1.5681mg/kg,落叶前后 Pb 元素的转移率为 53.14%。

Zn 元素在春夏秋三季的波动幅度不大,浓度为 77.2591 ～ 84.6984mg/kg,但落叶前后的转移率高达 118.96%。

(五)距路肩 100m 处叶片

从距路肩 100m 处毛白杨叶片中重金属元素浓度随季节的变化情况看(图 2-8),Cd 元素和 Pb 元素在叶片中的浓度随季节的变化逐渐上升,在落叶中的浓度最高,春季的浓度最低。二者落叶前后元素的转移率分别为 87.02% 和 33.27%。

Mn 元素和 Zn 元素的浓度最高值均出现在夏季,落叶前后元素的转移率分别为 1.19% 和 -31.55%。

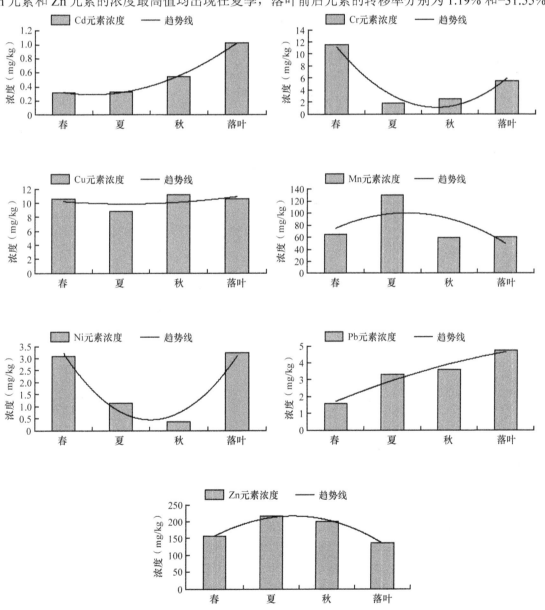

图 2-8　距路肩 100m 处叶片重金属元素浓度的季节变化

Ni 元素在落叶中的浓度最高，为 3.2312mg/kg，其次为春季（3.0745mg/kg），随春、夏、秋的变化，在秋季降为最低值 0.3497mg/kg。Cr 元素浓度最高值出现在春季，高达 11.5193mg/kg，约为最低值的 6.63 倍，落叶前后 Cr 的转移率为 121.86%。

Cu 元素的浓度为 8.8141 ～ 11.1289mg/kg，最高值和最低值分别出现在秋季与夏季，落叶前后 Cu 元素的转移率为 -5.26%。

三、重金属元素浓度的变化特征

为研究机场高速公路旁行道树毛白杨叶片中重金属元素浓度分布的影响因素，分析了机场高速公路旁土壤中相应重金属元素浓度的水平变化特征，以及总悬浮颗粒物（TSP）中重金属元素浓度的水平和季节变化特征。通过比较行道树毛白杨叶片、土壤及 TSP 中重金属元素浓度之间的相关性，来探讨行道树毛白杨叶片中重金属元素分布的机理。

（一）土壤中重金属元素浓度的水平变化特征

土壤中重金属一般不易迁移，由大气沉降所引起的重金属颗粒大多集中于土壤表层，另外考虑到毛白杨的根系分布特征，采集 0 ～ 40cm 的混合土壤样品作为研究对象来分析当地土壤重金属污染状况。首都机场高速公路旁表层土壤中重金属元素浓度的水平分布见表 2-4，比较各元素间的平均浓度值，从大到小依次为 Mn > Zn > Cr > Ni > Cu > Pb > Cd。元素浓度峰值出现的距离，除 Pb、Cu 在 15m 处外，其他元素都在 100m 处；元素浓度谷值出现的距离，除 Zn 和 Cu 外，其他元素都在 50m 处；在 0 ～ 50m，随距路肩距离的增加，Mn 和 Ni 浓度呈递减趋势，其余 5 种元素在 15 ～ 50m 呈递减趋势。

表 2-4　土壤中重金属元素浓度（mg/kg）的水平分布

样号	Cd	Cr	Cu	Mn	Ni	Pb	Zn
5m	1.58	53.65	13.59	450.88	21.45	11.94	50.30
	(7.90)	(0.60)	(0.39)	—	(0.54)	(0.34)	(0.56)
15m	1.59	55.39	20.10	443.18	21.13	17.78	57.62
	(7.95)	(0.62)	(0.57)	—	(0.53)	(0.51)	(0.64)
35m	1.50	51.97	16.92	424.19	20.53	13.79	56.50
	(7.50)	(0.58)	(0.48)	—	(0.51)	(0.39)	(0.63)
50m	1.38	47.21	16.90	393.27	18.30	9.69	53.52
	(6.90)	(0.52)	(0.48)	—	(0.46)	(0.28)	(0.59)
100m	1.68	61.08	19.47	452.34	23.83	10.77	57.89
	(8.40)	(0.68)	(0.56)	—	(0.60)	(0.31)	(0.64)
平均值	1.55	53.86	17.40	432.77	21.05	12.79	55.17
	(7.75)	(0.60)	(0.50)	—	(0.53)	(0.37)	(0.61)
标准	0.20	90	35	—	40	35	90
北京市土壤背景值	0.12	29.80	18.70	419.00	26.80	24.60	57.50

注：数据下方括号中为污染指数；"—" 标准中没有 Mn，所以无法计算评价

可能原因是高速公路路面高于路旁土壤，使得一些重金属颗粒随大气扩散一定距离之后才被截留沉降到土壤中，因此 Cd、Cr、Cu、Pb 和 Zn 在 50m 范围内的最高值出现在 15m 处，而非 5m 处。另外，道路交通所产生的重金属进入沿线土壤的扩散方式是影响垂直公路不同距离土壤中重金属元素浓度变化的主要原因，由道路交通所引起的重金属颗粒通常存在于小粒径大气悬浮颗粒物中，随大气的干湿沉降而降到地面。已有许多研究表明公路沿线土壤中重金属元素浓度随距路肩距离的增大而降低，到一定范围时，降到与当地背景值持平。测定结果显示在 100m 处，除 Pb、Cu 外，其他各元素的浓度值为最大，说明 100m 处的土壤可能受到了除交通之外的其他人类活动影响，也可能是林带的边缘效应，导致靠近林带边缘的土壤环境

中重金属元素浓度高于林带中间的值。

从表 2-4 中可以看出 Cd 元素严重超标，污染指数高达 6.90 ～ 8.40；其他元素的污染指数均在 0.7 之内，处于低污染水平；单因子污染指数均值从大到小依次为 Cd ＞ Zn ＞ Cr ＞ Ni ＞ Cu ＞ Pb。进一步将各元素的浓度值与前人对北京市土壤背景值的调查结果相比，由表 2-4 可知，Cd、Cr 和 Mn 的平均浓度值均高于相应的土壤背景值，Cu、Zn 在 15m 和 100m 处的浓度值高于背景值，Pb 和 Ni 在各距离处的浓度值均在背景值以内。

分析表层土壤中各重金属元素之间的相关性（表 2-5），Cd、Cr、Mn、Ni 4 种重金属元素两两之间呈显著或极显著正相关，Cu 和 Zn 元素之间呈极显著正相关。

表 2-5　土壤中重金属元素浓度的相关系数

	Cd	Cr	Cu	Mn	Ni	Pb	Zn
Cd	1.0000						
Cr	0.9739***	1.0000					
Cu	0.3202	0.4624	1.0000				
Mn	0.9546***	0.8629**	0.0920	1.0000			
Ni	0.9742***	0.9817***	0.2970	0.8938**	1.0000		
Pb	0.2717	0.1861	0.4155	0.3526	0.0972	1.0000	
Zn	0.3575	0.5038	0.9319***	0.1387	0.3774	0.4228	1.0000

（二）TSP 中重金属元素浓度的水平变化特征

1. 春季

从首都机场高速公路旁 TSP 中重金属元素浓度在春季的水平分布可以看出（图 2-9），随距路肩距离的增加，TSP 中的 Zn 元素浓度呈逐渐上升的趋势，由 5m 处的 1.3266μg/m³ 增加到 100m 处的 7.5934μg/m³，最高值约为最低值的 5.72 倍。其余 6 种重金属元素浓度在水平分布上则呈抛物线趋势，峰值出现在距路肩 15m 或 35m 处，100m 处的浓度值次之，在 5m 和 50m 处的浓度值相对较低。比较各重金属元素浓度在水平分布中最高值与最低值的比值，从大到小依次为 Cr（6.53）＞ Zn（5.72）＞ Ni（2.39）＞ Mn（2.27）＞ Pb（2.18）＞ Cd（2.08）＞ Cu（1.50）。

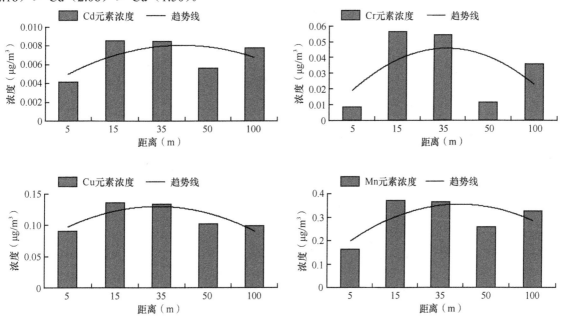

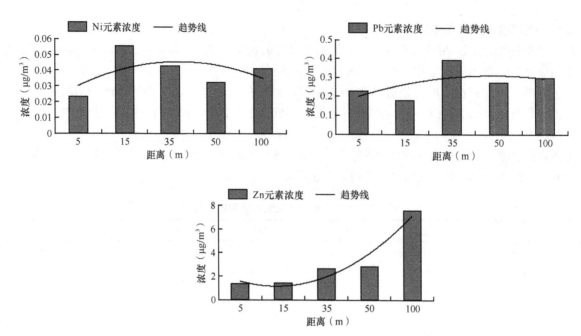

图 2-9　春季 TSP 中重金属元素浓度的水平分布

分析春季 TSP 中各重金属元素之间的相关性（表 2-6），Cd、Cr、Cu、Mn 和 Ni 5 种重金属元素两两之间呈显著或极显著正相关。

表 2-6　春季 TSP 中各重金属元素浓度的相关系数

	Cd	Cr	Cu	Mn	Ni	Pb	Zn
Cd	1.0000						
Cr	0.9536***	1.0000					
Cu	0.8122**	0.8985**	1.0000				
Mn	0.9906***	0.9270***	0.8310**	1.0000			
Ni	0.9234***	0.9135**	0.8408**	0.9283***	1.0000		
Pb	0.2893	0.2065	0.1453	0.2848	−0.0825	1.0000	
Zn	0.2884	0.0567	−0.3183	0.2509	0.0781	0.3508	1.0000

2. 夏季

从夏季 TSP 中重金属元素浓度的水平变化特征来看（图 2-10），Cd 元素和 Pb 元素的分布趋势相似，随距路肩距离的增加，TSP 中这两种重金属元素的浓度逐渐增加，到 50m 处达到峰值，其次在 100m 处的浓度值较高。

Cu 和 Mn 元素浓度的水平分布表现为，距路肩 35m 处的浓度值最高，其次为 5 ～ 15m，50m 处的浓度值最低，最高浓度与最低浓度的比值分别为 4.32 和 5.00。

Cr 和 Ni 元素浓度随距路肩距离增加，总体表现为下降趋势，在 100m 处的浓度值最低，最高浓度值分别出现在 5m 和 50m 处。

Zn 元素浓度则总体表现为随距路肩距离的增加而增加，峰值出现在 35m 处，最高浓度与最低浓度的比值高达 38.68。

比较夏季 TSP 中各重金属元素分布之间的相关性（表 2-7），其中 Mn 和 Cu，Pb 和 Cd 之间呈极显著正相关性，而 Cd 与 Cu、Mn 之间，以及 Pb 与 Cu、Mn 之间呈显著或极显著负相关性。

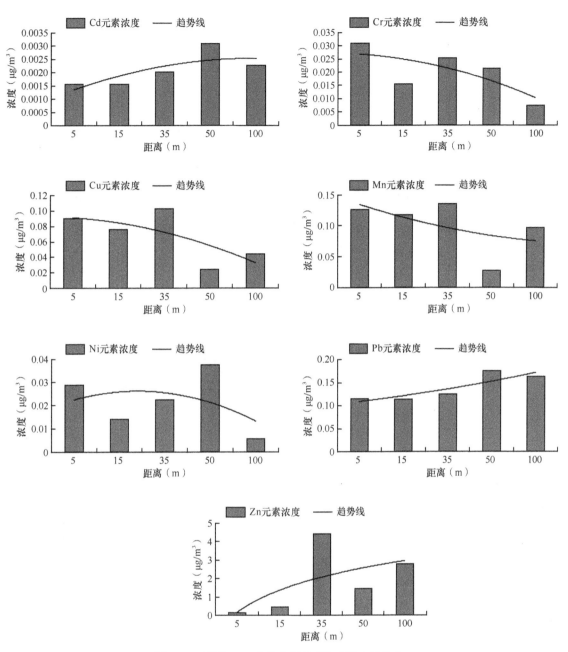

图 2-10　夏季 TSP 中重金属元素浓度的水平分布

表 2-7　夏季 TSP 中各重金属元素浓度的相关系数

	Cd	Cr	Cu	Mn	Ni	Pb	Zn
Cd	1.0000						
Cr	−0.2048	1.0000					
Cu	−0.8063*	0.5353	1.0000				
Mn	−0.9010**	0.2073	0.9193***	1.0000			
Ni	0.4181	0.7562*	−0.1121	−0.4755	1.0000		
Pb	0.9303***	−0.4590	−0.9082**	−0.8602**	0.1387	1.0000	
Zn	0.2712	−0.1767	0.1546	0.1636	−0.2426	0.2267	1.0000

3. 秋季

秋季 TSP 中重金属元素浓度的水平分布见图 2-11，可以看出，Cd、Cr、Cu、Mn 和 Pb 元素表现为"两边高中间低"的分布趋势，即距路肩 100m 处 TSP 中重金属元素的浓度最高，其次为 5m 处，而 15m、35m 和 50m 处的浓度相对较低。

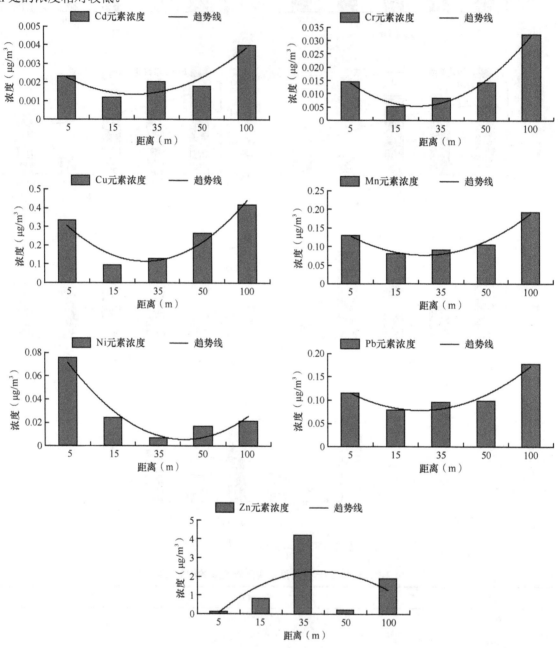

图 2-11　秋季 TSP 中重金属元素浓度的水平分布

Ni 则表现为距路肩 5m 处的浓度值最高，为 0.0754μg/m³，之后急剧降低，到 35m 处降为谷值（0.0067μg/m³），最高值约为最低值的 11.25 倍。

Zn 元素浓度最高值出现在距路肩 35m 处，且其浓度水平波动较大，由距路肩 5m 处的 0.1066μg/m³ 上升到 35m 处的 4.1989μg/m³，在 50m 处急剧降为 0.2083μg/m³，而后在 100m 处又增加到 1.8970μg/m³，最高浓度约为最低浓度的 39.39 倍。

计算 TSP 中各重金属元素之间的相关系数（表 2-8），Cd、Cr、Cu、Mn 和 Pb 5 种重金属元素之间呈显著或极显著正相关性。

表 2-8 秋季 TSP 中各重金属元素浓度的相关系数

	Cd	Cr	Cu	Mn	Ni	Pb	Zn
Cd	1.0000						
Cr	0.9585***	1.0000					
Cu	0.8422**	0.9042**	1.0000				
Mn	0.9675***	0.9829***	0.9219***	1.0000			
Ni	0.0465	0.0388	0.4032	0.1866	1.0000		
Pb	0.9896***	0.9821***	0.8754**	0.9914***	0.0857	1.0000	
Zn	0.1918	−0.0316	−0.3126	−0.0572	−0.5964	0.0696	1.0000

（三）TSP 中重金属元素浓度的季节变化特征

1. 距路肩 5m 处

从距路肩 5m 处 TSP 中重金属元素浓度随季节的动态变化可以看出（图 2-12），Cu 和 Ni 元素浓度在秋季最高，其次为夏季，春季浓度值最低，秋季浓度值约为春季浓度值的 3.69 倍和 3.24 倍。Cd、Mn、Pb 和 Zn 4 种重金属元素春季浓度值最高，其中 Cd 和 Mn 元素秋季浓度值次之，夏季浓度值最低，最高值约为最低值的 2.65 倍和 1.29 倍；Pb 和 Zn 元素浓度值则在夏季次之，秋季浓度值最低，最高值约为最低值的 1.98 倍和 12.44 倍。距路肩 5m 处 TSP 中的 Cr 元素表现为夏季浓度值最高，其次为秋季，春季的浓度值最低。

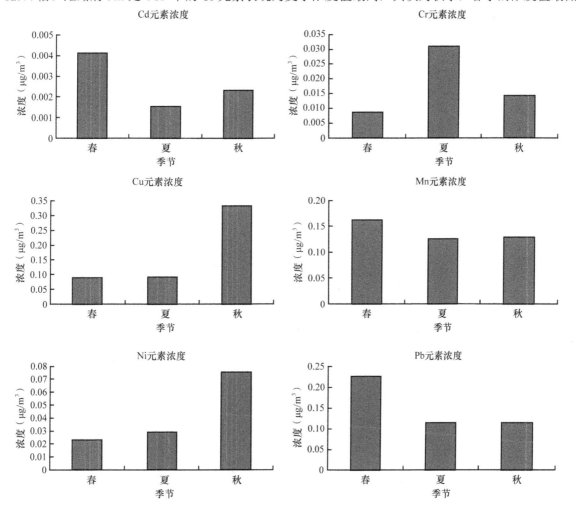

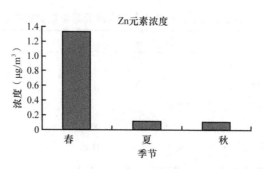

图2-12 距路肩5m处TSP中重金属元素浓度的季节变化

2. 距路肩 15m 处

图 2-13 为距路肩 15m 处 TSP 中重金属元素浓度随季节的动态变化，可以看出，所有元素均表现为春季的浓度值明显高于夏季和秋季。Cd、Cr、Mn、Pb 元素在秋季的浓度值最低，Cu、Ni 和 Zn 元素表现为在夏季的浓度值最低。

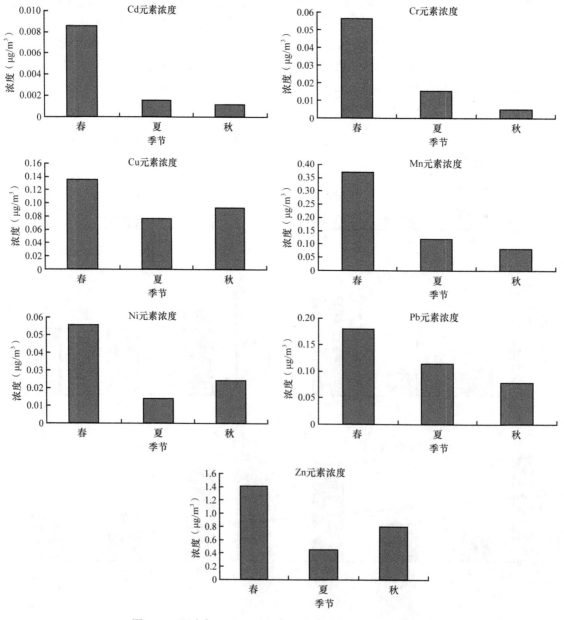

图2-13 距路肩15m处TSP中重金属元素浓度的季节变化

3. 距路肩35m处

如图2-14所示，在距路肩35m处的TSP中，Cd、Cr、Cu、Mn、Ni和Pb 6种重金属元素在春季的浓度值最高，其中Cu元素在夏季的浓度值最低，而另外5种重金属则在秋季的浓度值最低。Zn元素浓度表现为在夏季最高，其次为秋季，春季的浓度值最低。

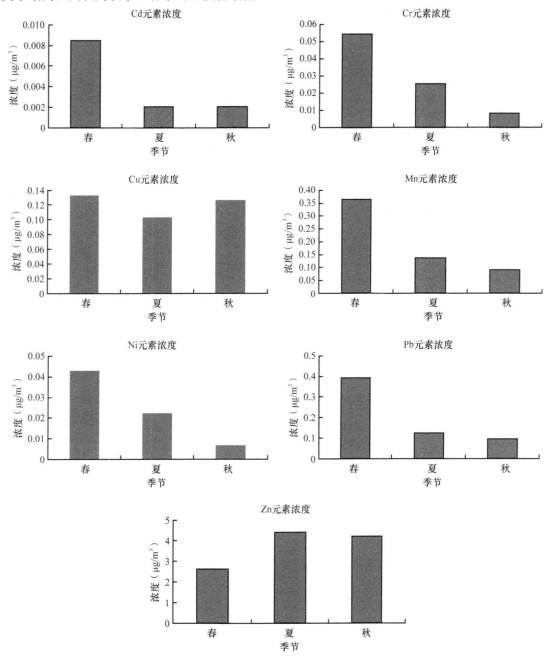

图2-14 距路肩35m处TSP中重金属元素浓度的季节变化

4. 距路肩50m处

从距路肩50m处TSP中重金属元素浓度的季节变化特征看（图2-15），Cd、Mn、Pb和Zn元素均为春季的浓度值最高。Cr和Ni元素表现为夏季的浓度值最高。Cu元素则在秋季的浓度值最高。

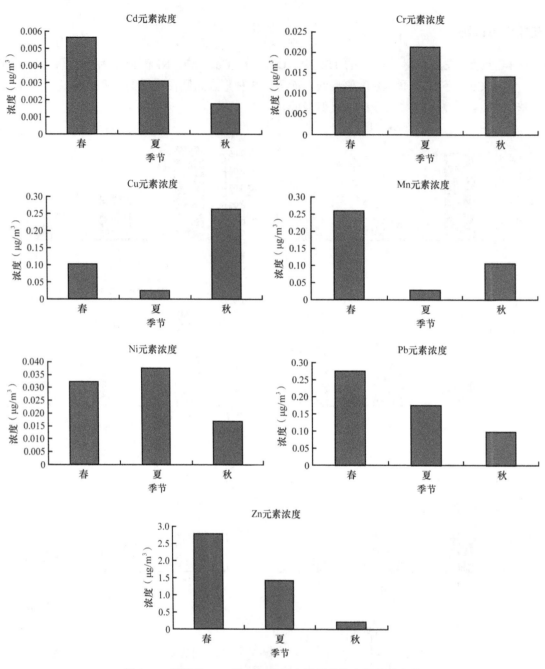

图 2-15　距路肩 50m 处 TSP 中重金属元素浓度的季节变化

5. 距路肩 100m 处

距路肩 100m 处 TSP 中重金属元素浓度的季节变化见图 2-16。Cd、Cr、Mn、Ni、Pb 的浓度在春季最高，秋季次之，夏季的浓度值最低。Zn 元素浓度也在春季最高，其次为夏季，秋季浓度最低。Cu 元素则表现为秋季浓度值最高，其次为春季，夏季浓度值最低。

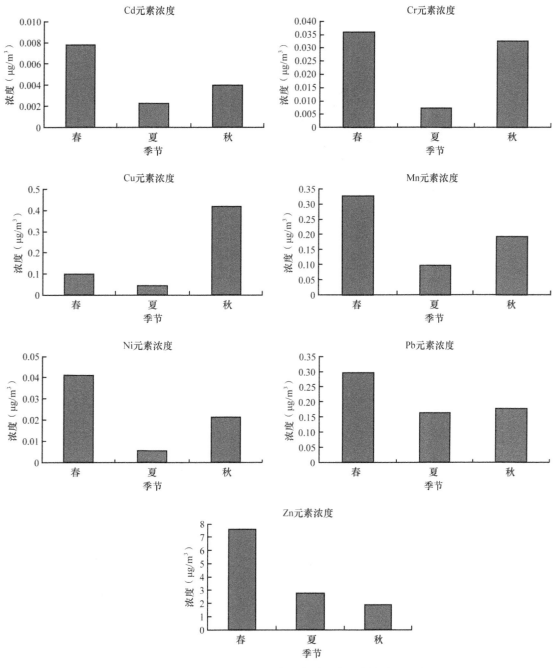

图 2-16　距路肩 100m 处 TSP 中重金属元素浓度的季节变化

（四）粉尘（TSP、PM10、PM2.5、PM1）浓度的变化特征

为揭示机场高速公路旁 TSP 中重金属元素浓度与公路旁不同粒径粉尘浓度的相关性，在对 TSP 进行采样的同时，测定了同一采样点同一高度处不同粒径粉尘的浓度，包括 TSP、PM10、PM2.5 和 PM1，每两小时测一次，每次重复三次，根据测得数据绘制图表。由于此部分内容仅作为本书的辅助说明部分，故对此只进行简单分析。

1. 粉尘浓度的日变化特征

图 2-17 至图 2-24 分别为夏季和秋季距路肩不同距离处 TSP、PM10、PM2.5 以及 PM1 浓度的日变化特征。可以看出，各粒径粉尘浓度基本呈现相同的日变化特征。

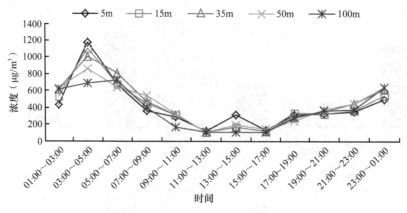

图 2-17　夏季 TSP 浓度的日变化特征

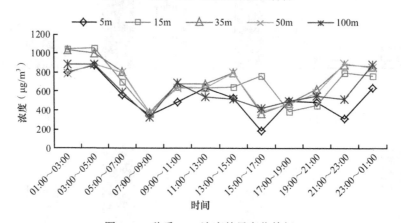

图 2-18　秋季 TSP 浓度的日变化特征

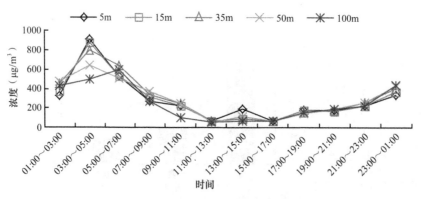

图 2-19　夏季 PM10 浓度的日变化特征

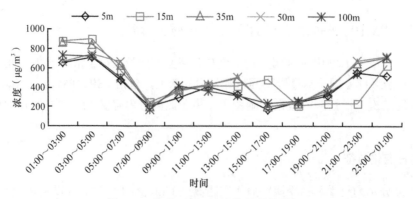

图 2-20　秋季 PM10 浓度的日变化特征

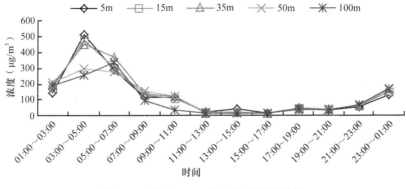

图 2-21　夏季 PM2.5 浓度的日变化特征

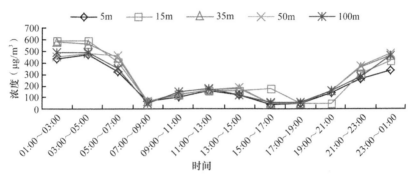

图 2-22　秋季 PM2.5 浓度的日变化特征

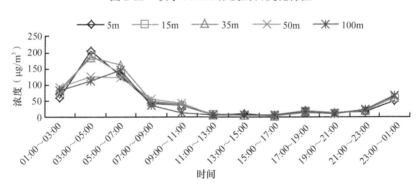

图 2-23　夏季 PM1 浓度的日变化特征

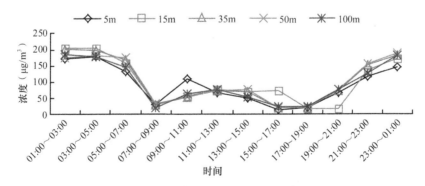

图 2-24　秋季 PM1 浓度的日变化特征

在夏季，距路肩各距离处粉尘浓度整体表现为一峰一谷型，浓度峰值出现在 03:00 ～ 05:00，谷值出现在 11:00 ～ 17:00。在秋季，各距离处粉尘浓度则基本表现为两峰两谷型，峰值分别出现在 23:00 ～ 05:00 和 13:00 ～ 15:00，谷值出现在 07:00 ～ 09:00 和 15:00 ～ 17:00。

2. 粉尘浓度的水平变化特征

计算道路旁距路肩各距离处粉尘浓度的日平均值，据此绘制夏季和秋季不同粒径粉尘浓度的水平分布图，如图2-25所示。可以看出，TSP、PM10、PM2.5和PM1在秋季的浓度均高于夏季。各粒径粉尘的浓度为：夏季TSP为378.33～439.78μg/m³，秋季TSP为528.88～715.92μg/m³；夏季PM10为260.31～381.39μg/m³，秋季PM10为408.30～505.74μg/m³；夏季PM2.5为107.41～136.30μg/m³，秋季PM2.5为208.78～266.81μg/m³；夏季PM1为44.65～54.60μg/m³，秋季PM1为92.40～126.48μg/m³。在夏秋两季，各粒径粉尘浓度的水平分布趋势基本相同，大致呈抛物线样式，在距路肩15m或35m处达到峰值，且在夏季浓度最低值出现在距路肩100m处，而在秋季均为距路肩5m处的浓度值最低。

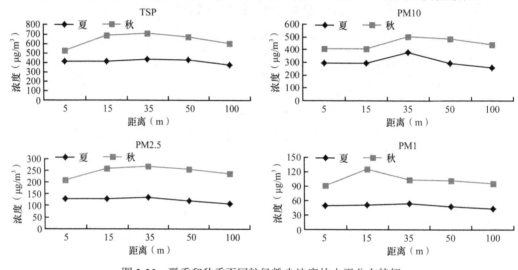

图2-25　夏季和秋季不同粒径粉尘浓度的水平分布特征

第二节　树干中重金属元素分布特征

一、水平分布

取行道树毛白杨胸径高度处的树芯样，去除树皮，以5年为一个年轮段从髓心向树皮方向将树芯样分为5段，其中第一段包含6年，将每段作为一个样品进行分析并测定重金属元素浓度。测得各年轮段的宽度为3.977～4.699cm，含水率为39.73%～50.64%（表2-9）。

表 2-9　各年轮段的宽度及含水率

年轮段	宽度（cm）	鲜重（g）	干重（g）	含水率（%）
1986～1991	4.699	47.15	25.02	46.94
1992～1996	3.977	41.65	21.95	47.30
1997～2001	4.009	44.79	22.11	50.64
2002～2006	4.042	40.77	22.77	44.15
2007～2011	4.102	39.37	23.73	39.73

图2-26是毛白杨年轮中7种重金属元素的水平分布，即年轮中重金属元素浓度随时间的变化趋势，可以看出，不同重金属元素有不同的变化特点。

从总体趋势来看，Cd、Cu、Pb、Zn 4种元素浓度从髓心到树皮的方向逐渐降低，而Cr、Mn和Ni则呈升高的趋势。

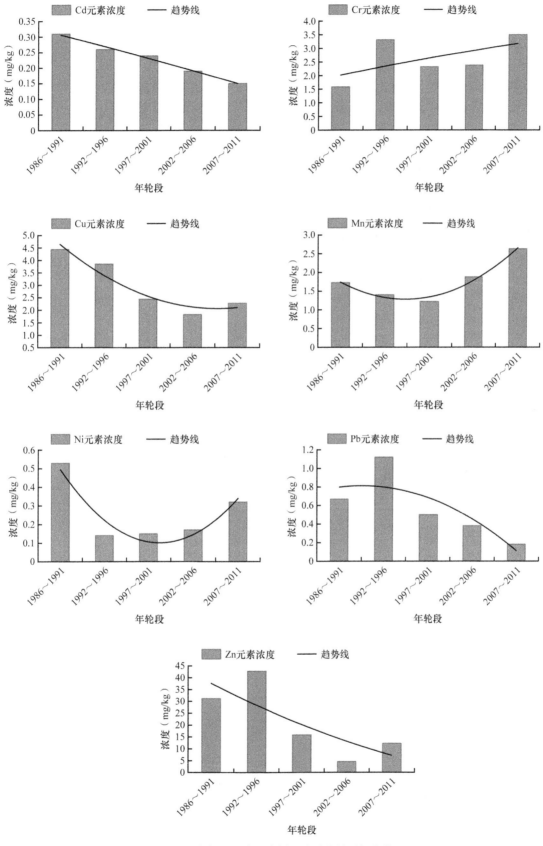

图 2-26 各年轮段中重金属元素浓度的时间变化

Zn 元素最大浓度值出现在 1992～1996 年轮段，为 42.6585mg/kg，之后急剧降低，最小浓度值出现在 2002～2006 年轮段，为 4.5155mg/kg，最大值约为最小值的 9.44 倍，但 2007～2011 年轮段与 2002～2006 年轮段相比，又上升了 1.90 倍。

Pb 是植物非必需元素，汽油燃烧是城市大气及土壤中 Pb 污染的主要来源。可以看到，自机场高速公路通车以来，虽然车流量逐年增加，但是年轮中 Pb 的浓度并没有随之增加。在 1992～1996 年轮段出现的峰值可以解释为，道路通车后，引起道路旁土壤和大气中的 Pb 浓度显著增加，这一环境信息表现在毛白杨年轮段中浓度值约为前一年轮段的 2 倍。在 1992 年，北京开始要求使用无铅汽油，随着土壤及大气中可供给的铅量逐渐减少，相应年轮段中所积累的量也逐渐减少。

Cu 元素浓度在 2002～2006 年轮段之前，随时间推移，由 4.4338mg/kg 下降到 1.8182mg/kg，2007～2011 年又上升到 2.2668mg/kg。

Cd 也为植物非必需元素，但它很容易通过根部、叶部被吸收，然后转移到植物其他器官，许多研究结果都一致表明生长基质中的 Cd 浓度和植物组织中的浓度之间有显著的线性相关关系（许嘉琳和杨居荣，1995）。毛白杨年轮中 Cd 浓度总体呈逐渐下降的趋势，由 0.3095mg/kg 下降到 0.1496mg/kg，且其值与时间有较高的线性关系，经线性拟合，R^2 等于 0.9881，说明随时间的推移，环境中可供给的 Cd 逐渐减少，这对当地土壤环境来说是一个有利的变化趋势。

Mn 的总体变化趋势呈 "V" 形，谷值出现在 1997～2001 年轮段，为 1.2195mg/kg，其余各年轮段浓度值在 1.4003～2.6263mg/kg。

Cr 元素浓度随时间增长由 1.5878mg/kg 波动上升到 3.4951mg/kg，其中在 1992～1996 年轮段有一个峰值，为 3.3107mg/kg。

Ni 元素在 1992～1996 年轮段由 0.5292mg/kg 急剧下降到 0.1400mg/kg，之后随时间增长逐渐上升到 0.3190mg/kg。

进一步分析各重金属元素浓度两两之间的相关性，Zn、Cu、Pb、Cd 浓度之间呈显著正相关（表 2-10），这种相关性解释为这几种重金属元素受共同的环境因子所影响。

表 2-10　各重金属元素浓度在不同年轮段上分布的相关性

	Cd	Cr	Cu	Mn	Ni	Pb	Zn
Zn	0.729**	0.046	0.898**	-0.445	0.164	0.907**	1
Pb	0.711**	0.003	0.728**	-0.676	-0.159	1	
Ni	0.379	-0.487	0.549	0.371	1		
Mn	-0.688	0.397	-0.337	1			
Cu	0.865**	-0.307	1				
Cr	-0.642	1					
Cd	1						

二、垂直分布

（一）毛白杨树干中重金属元素浓度的垂直分布特征

对毛白杨树干按 2m 为区分段进行树干解析，各段进行树芯的取样。将所取得的样品进行重金属元素浓度测定。测定结果发现，重金属在毛白杨树干中的垂直分布有一定的分布趋势（图 2-27）。

从树基到树梢的方向，随树干高度的上升，Cd、Mn 和 Zn 元素的浓度总体呈上升趋势，其中 Cd 的浓度范围值为 0.1836～0.3266mg/kg，Mn 的浓度范围值为 73.1229～105.5121mg/kg，Zn 的浓度范围值为 16.7277～56.4855mg/kg，三种元素的最小浓度值均出现在树干 1.3m 高处，最大浓度值出现在 5.5m 处。

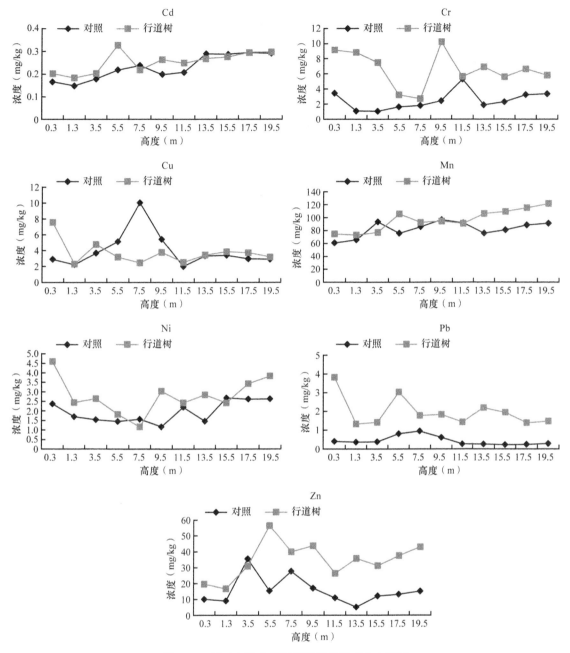

图 2-27   树干中重金属元素浓度的垂直分布特征

Cu 和 Pb 元素在树干中的垂直分布特征为,在树基处的浓度值最高,分别为 7.5627mg/kg 和 3.8230mg/kg,在胸径处浓度急剧降低,之后随高度的增加而变化。元素浓度值在 1.3 ~ 19.5m 高度波动的幅度不大,Cu 元素为 2.3003 ~ 4.7696mg/kg,Pb 元素为 1.3271 ~ 4.7696mg/kg,但分别在树干 7.5m 和 5.5m 高处有一个峰值。

Cr 元素的浓度范围在 2.7051 ~ 10.2441mg/kg,最低和最高浓度值分别出现在树干 7.5m 和 9.5m 高处,在 0.3 ~ 7.5m 高度内,随树干高度的增加,Cr 元素浓度逐渐降低,而后在 9.5m 高处急剧升高,之后浓度保持稳定水平。

Ni 元素的浓度范围值为 1.1571 ~ 4.5964mg/kg,总体为先降低后升高的趋势,谷值出现在树干 7.5m 高度处。

将行道树树干中重金属元素的垂直分布与对照区相比可以看出,二者的分布趋势基本相似,但行道树树干中各重金属元素的浓度普遍高于对照区,经方差分析,行道树和对照区树干中 Zn、Pb 和 Cr 元素浓度均有极显著差异($P < 0.01$),Mn、Ni 元素浓度存在显著差异($P < 0.05$)。

（二）不同区分段毛白杨树干中重金属元素的富集量

为研究行道树毛白杨不同区分段树干中重金属元素的富集量，需要测算树干各区分段的生物量，按照树干解析生长过程计算的行道树和对照区毛白杨树干生物量见表 2-11。

表 2-11　毛白杨树干生长过程

树干区分段（m）	直径（cm）		生物量（kg）	
	行道树	对照	行道树	对照
0～0.3	24.5	24.5	48.86	46.34
0.3～1.3	22.3	22.5	19.11	26.93
1.3～3.5	22.0	21.5	30.20	27.39
3.5～5.5	20.3	20.0	27.67	22.07
5.5～7.5	18.0	18.5	22.86	20.52
7.5～9.5	15.0	16.3	13.14	15.99
9.5～11.5	12.5	13.5	7.24	9.09
11.5～13.5	10.5	11.0	4.21	4.59
13.5～15.5	8.5	9.0	2.20	2.47
15.5～17.5	6.0	6.5	0.35	0.39
17.5～19.5	4.0	5.0	0.06	0.10

由图 2-28 可以看出，行道树毛白杨树干中各重金属元素富集量的垂直分布趋势大致相同，均为 0～0.3m 处的富集量最大，在 0.3～19.5m，随树干高度的增加，重金属元素富集量先升高后降低，其中峰值出现在 3.5～7.5m。

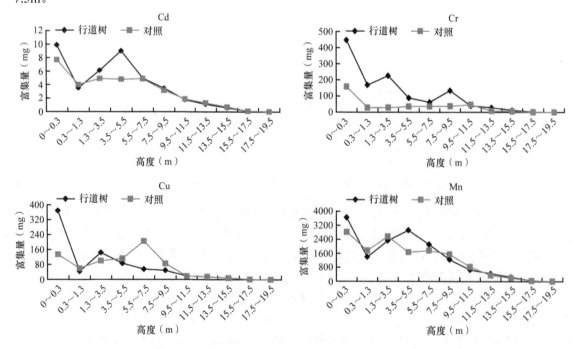

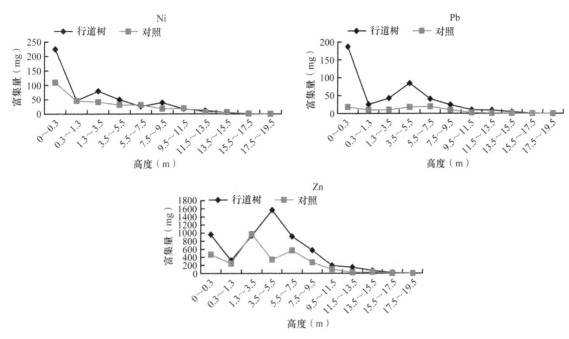

图 2-28 不同高度行道树毛白杨树干中重金属元素的富集量

第三节 毛白杨重金属元素富集效能

一、各器官中重金属元素浓度

行道树毛白杨各器官中重金属元素的平均浓度见表 2-12,可以看出,同一器官内不同重金属元素的浓度不同,同种重金属元素在不同器官中的浓度分布不同,且浓度最高值与浓度最低值相差很大。7 种重金属元素的浓度范围分别为,Cd 元素:0.22 ～ 0.73mg/kg;Cr 元素:2.03 ～ 30.10mg/kg;Cu 元素:1.76 ～ 16.82mg/kg;Mn 元素:5.00 ～ 114.25mg/kg;Ni 元素:0.32 ～ 3.45mg/kg;Pb 元素:0.07 ～ 3.53mg/kg;Zn 元素:17.05 ～ 153.34mg/kg。不同器官中 Cd 的浓度从大到小依次为:枝＞叶＞皮＞根＞干;Cr 的浓度从大到小依次为:根＞干＞皮＞叶＞枝;Cu 的浓度从大到小依次为:叶＞枝＞根＞皮＞干;Mn 的浓度从大到小依次为:叶＞根＞枝＞皮＞干;Ni 的浓度从大到小依次为:叶＞根＞枝＞干＞皮;Pb 的浓度从大到小依次为:叶＞根＞枝＞皮＞干;Zn 的浓度从大到小依次为:皮＞叶＞枝＞根＞干。

表 2-12 重金属在行道树毛白杨各器官的平均浓度（mg/kg）

器官	Cd	Cr	Cu	Mn	Ni	Pb	Zn
根	0.44	30.10	6.81	41.14	3.06	1.41	38.80
叶	0.65	2.46	16.82	114.25	3.45	3.53	145.13
枝	0.73	2.03	16.70	19.03	2.66	1.26	93.82
干	0.22	6.87	1.76	5.00	1.24	0.07	17.05
皮	0.57	4.61	3.36	12.86	0.32	0.50	153.34
落叶	1.03	5.88	17.85	517.84	4.82	5.43	172.27

由以上分析可知,不同重金属元素在行道树毛白杨不同器官中的分布不同。Cu、Mn、Ni 和 Pb 均在行道树毛白杨叶片中的浓度最高,Zn 在树皮中的浓度最高,Cd 在树枝中的浓度最高,Cr 则在树根中的浓度最高。

二、各器官重金属元素富集效能比较

计算所得各重金属元素在行道树毛白杨各器官中的富集系数如表 2-13 所示。从各器官来看，树根对各重金属元素的富集系数从大到小依次为 Zn > Cr > Cu > Cd > Ni > Pb > Mn；树叶对各重金属元素的富集系数从大到小依次为 Zn > Cu > Cd > Pb > Mn > Ni > Cr；树枝对各重金属元素的富集系数从大到小依次为 Zn > Cu > Cd > Ni > Pb > Cr > Mn；树干对各重金属元素的富集系数从大到小依次为 Zn > Cd > Cu > Cr > Ni > Pb > Mn；树皮对各重金属的富集系数从大到小依次为 Zn > Cd > Cu > Cr > Pb > Mn > Ni。

表 2-13　重金属元素在行道树毛白杨各器官的富集系数

器官	Cd	Cr	Cu	Mn	Ni	Pb	Zn
树根	0.28	0.56	0.50	0.09	0.14	0.12	0.77
树叶	0.41	0.05	1.24	0.25	0.16	0.30	2.89
树枝	0.46	0.04	1.23	0.04	0.12	0.11	1.87
树干	0.14	0.13	0.13	0.01	0.06	0.01	0.34
树皮	0.36	0.09	0.25	0.03	0.01	0.04	3.05
平均	0.33	0.17	0.67	0.09	0.10	0.11	1.78

可以看出，7 种重金属元素中，毛白杨各器官均为对 Zn 的富集系数最高，从表 2-13 也可以看出，Zn 的富集系数明显高于其他重金属元素。富集系数最小的元素则为 Mn 元素和 Ni 元素，其中树根、树枝和树干对 Mn 的富集系数最小，树叶对 Cr 元素的富集系数最小，树皮则对 Ni 元素的富集系数最小。从各器官中重金属富集系数的平均值来看，行道树毛白杨对各重金属元素的富集系数从大到小依次为 Zn > Cu > Cd > Cr > Pb > Ni > Mn。

三、各器官中重金属元素现贮量

为测算行道树毛白杨各器官中重金属元素的现贮量，采用相对生长模型来估算毛白杨各器官的生物量。相对生长模型是指用指数或对数关系反映林木维量之间按比例协调增长的模型。在生物量估测中，经常采用林木胸径、树高等测树因子建立林木生物量回归估计方程，本书采用李建华等（2007）的杨树各部分生物量与 D^2H 的拟合方程来测算，具体方程如下：

$$树干：W_干 = 0.006 \times (D^2H)^{1.098}；R^2 = 0.995$$

$$树枝：W_枝 = 0.001 \times (D^2H)^{1.157}；R^2 = 0.984$$

$$树叶：W_叶 = 0.012 \times (D^2H)^{0.685}；R^2 = 0.955$$

$$树根：W_根 = 0.083 \times (D^2H)^{0.636}；R^2 = 0.915$$

式中，W 表示各器官的生物量，D 表示胸径，H 表示树高，R^2 表示方程的拟合系数。

根据公式计算求得行道树毛白杨树干、树枝、树叶和树根的生物量分别为 313.3kg、93.6kg、10.5kg 和 44.9kg，各器官的生物量之比约为树干∶树枝∶树根∶树叶=68∶20∶10∶2。

单株毛白杨各器官中重金属元素的现贮量计算结果见表 2-14。在树干中，各元素的现贮量从大到小依次为 Zn > Cr > Mn > Cu > Ni > Cd > Pb，Zn 元素的现贮量最大，高达 5340.64mg/株，其次为 Cr，现贮量为 2153.78mg/株，约为 Zn 元素的 2/5，富集量最小的元素为 Pb 元素，仅为 21.90mg/株，是 Zn 元素的 0.41%。在树枝中，各元素的现贮量从大到小依次为 Zn > Mn > Cu > Ni > Cr > Pb > Cd，富集量最大的元素也为 Zn，高达 8781.20mg/株，是 Cd 元素含量的 128.64 倍。在树叶中，各元素的现贮量从大到小依次为 Zn >

Mn＞Cu＞Pb＞Ni＞Cr＞Cd，Zn 元素现贮量为 1523.89mg/株，其次为 Mn（1199.66mg/株）。在树根中，各元素的现贮量从大到小依次为 Mn＞Zn＞Cr＞Cu＞Ni＞Pb＞Cd，Mn 元素在根中的富集量最高，为 1847.03mg/株，Zn 元素次之，为 1742.28mg/株，Pb 和 Cd 的富集量最少，分别为 63.12mg/株和 19.70mg/株。从单株毛白杨对重金属的现贮量来看，各元素从大到小依次为 Zn＞Mn＞Cr＞Cu＞Ni＞Pb＞Cd。

表 2-14 单株毛白杨各器官重金属元素现贮量（mg/株）

器官	Cd	Cr	Cu	Mn	Ni	Pb	Zn
树干	68.86	2 153.78	550.97	1 565.25	388.18	21.90	5 340.64
树枝	68.26	189.82	1 563.43	1 781.30	248.72	117.81	8 781.20
树叶	6.81	25.87	176.57	1 199.66	36.24	37.07	1 523.89
树根	19.70	1 351.48	305.75	1 847.03	137.43	63.12	1 742.28
全株	163.63	3 720.95	2 596.72	6 393.24	810.57	239.91	17 388.01

同一种重金属元素在毛白杨各器官内的浓度分布不同，导致同一种重金属元素在各器官内的现贮量并非同各器官的生物量分配成正比。毛白杨各器官内重金属现贮量占全株的百分比见图 2-29，Cd 元素在各器官中的分配为：树干＞树枝＞树根＞树叶，树枝的生物量虽仅为树干生物量的近 1/3，但树枝内 Cd 的现贮量几乎与树干内 Cd 的现贮量持平，说明树枝对 Cd 元素的富集效能较强。Cu 元素也为树枝中的现贮量最大，高达 60%。Cr 元素在各器官内的分配为：树干＞树根＞树枝＞树叶，说明树干和树根对 Cr 元素的富集效能较强。Mn 元素在各器官中的富集量较为均衡，说明树枝和树根对 Mn 元素的富集效能较强。Ni 元素在各器官内的分配为树干＞树枝＞树根＞树叶。Pb 元素在各器官中的分配为树枝＞树根＞树叶＞树干，可以看出树枝对 Pb 元素的富集效能最强，而生物量最大的器官树干对 Pb 元素的富集效能最弱。同样，Zn 元素也表现为在树枝中的现贮量最高，其次为树干，树根和树叶中 Zn 元素的现贮量则相对较小。

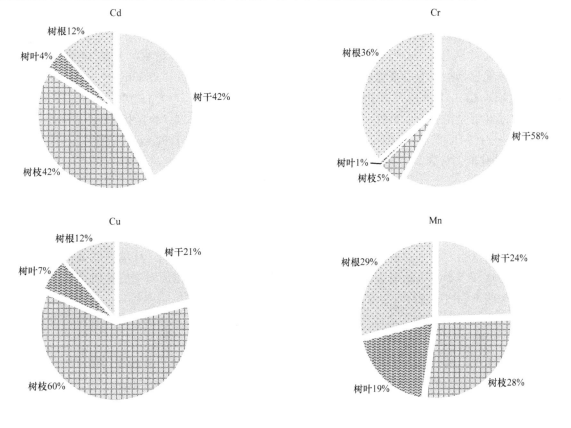

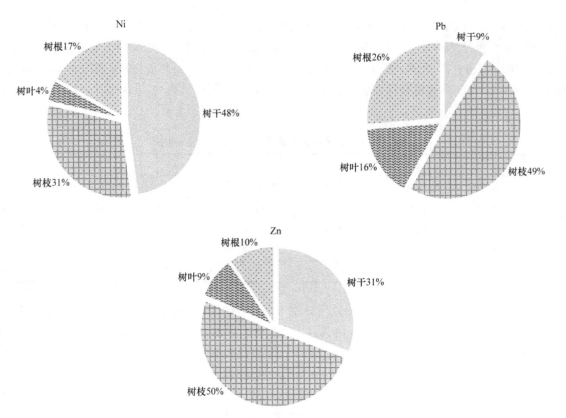

图 2-29　毛白杨各器官中重金属元素现贮量比例

四、落叶前后叶片中重金属元素的转移量

比较落叶前后叶片中重金属元素的浓度发现（表 2-12），落叶中各重金属元素的浓度均高于落叶前的浓度，说明行道树毛白杨通过落叶将部分重金属转移至体外，一方面减少重金属元素对植株的健康损害，另一方面通过此种途径也达到了对当地重金属污染的净化作用。假设落叶前后叶片的生物量（干重）不变，计算单株行道树毛白杨落叶中各重金属元素的量从大到小依次为 Mn（5437.32mg）＞ Zn（1808.84mg）＞ Cu（187.43mg）＞ Cr（61.74mg）＞ Pb（57.02mg）＞ Ni（50.61mg）＞ Cd（10.82mg），各重金属元素落叶的输出量占落叶前全树树干、树枝、树叶和树根总量的百分比依次为 Mn（85.05%）＞ Ni（76.24%）＞ Pb（23.77%）＞ Zn（10.40%）＞ Cu（7.21%）＞ Cd（6.61%）＞ Cr（1.66%）。说明行道树毛白杨对 Mn 元素和 Ni 元素的净化能力最强，对 Cd 和 Cr 元素的净化能力则相对较弱。

五、截干与未截干毛白杨重金属元素富集效能比较

在城市环境中，为保护交通安全，增加道路景观美化效果等，对行道树的修剪是一种常见的养护手段，但其中的截干措施又会对树木的正常生长产生一定的影响。因此，选择同一环境下的截干和未截干的毛白杨植株，测定并比较各器官内的重金属元素浓度，以期了解截干这一措施对毛白杨植株富集重金属能力的影响。截干与未截干毛白杨各器官中重金属元素浓度分配情况见图 2-30。

由图 2-30 可以看出，随原子序数的递增（Cr → Pb），截干和未截干毛白杨各器官中的重金属元素浓度均表现为双峰型，具有 Zn ＞ Mn ＞ Cu（Cr）＞ Pb ＞ Ni ＞ Cd 的基本规律。

截干和未截干毛白杨植株相同器官中各重金属的浓度分布特征表明，在树根中，截干和未截干毛白杨各器官中各重金属元素浓度表现为一致的分布趋势，但截干植株中的 Zn 浓度要明显高于未截干植株，约为未截干植株的 2 倍。在树叶中，各重金属元素浓度在截干和未截干毛白杨植株的分布趋势也一致，但未截干植株叶片中的 Zn 浓度约为截干的 1.6 倍。在树枝中，二者也呈现一致的变化趋势，但截干树枝中的 Mn 浓度高于

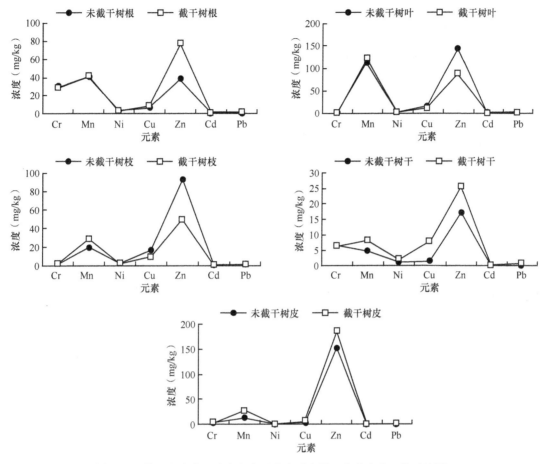

图 2-30　截干和未截干毛白杨各器官中重金属元素浓度分配的对比图

未截干树枝，而未截干树枝中的 Cu 和 Zn 则高于截干树枝，其中 Zn 浓度约为截干树枝中的 2 倍。在树干中，二者也基本表现为一致的变化趋势，但截干毛白杨植株树枝中的 Mn、Ni、Cu 和 Zn 均高于未截干植株。同样，在树皮中，截干和未截干植株中的重金属分布也呈一致的变化趋势，但截干中的 Mn 和 Zn 要高于未截干植株。

从上述分析可以看出，截干措施对毛白杨吸收重金属元素产生了一定的影响，其中影响最为明显的元素是 Zn 元素，其次为 Mn 元素和 Cu 元素。在所有毛白杨器官中，由于截干，均导致截干植株中的 Mn 元素浓度升高。在树根、树干和树皮中，截干中的 Zn 和 Cu 浓度要高于未截干植株。而在树叶和树枝中，则表现为截干植株中的 Cu 和 Zn 浓度低于未截干植株。

第四节　重金属元素浓度相关性

一、TSP 中重金属元素浓度水平分布与不同粒径粉尘浓度水平分布

TSP 中各重金属元素浓度的水平分布与不同粒径粉尘浓度水平分布之间的相关分析见表 2-15。

表 2-15　TSP 中重金属元素浓度水平分布与不同粒径粉尘浓度水平分布的相关系数表

季节		Cd	Cr	Cu	Mn	Ni	Pb	Zn
夏季	TSP	0.0605	0.6841	0.3995	0.0320	0.6610	−0.3088	0.1533
	PM10	−0.1040	0.5333	0.6528	0.4017	0.2694	−0.3850	0.6077
	PM2.5	−0.4776	0.6929	0.7995*	0.533	0.3276	−0.7631*	0.0530
	PM1	−0.4496	0.5995	0.8009*	0.5562	0.2357	−0.7293*	0.1874

续表

季节		Cd	Cr	Cu	Mn	Ni	Pb	Zn
秋季	TSP	-0.4714	-0.4773	-0.7582	-0.5995	-0.8960**	-0.5121	0.5206
	PM10	0.0165	-0.0377	-0.1764	-0.1700	-0.6924	-0.0843	0.6295
	PM2.5	-0.4186	-0.4197	-0.7205	-0.5459	-0.913***	-0.4563	0.5271
	PM1	-0.6668	-0.6177	-0.7940*	-0.630	-0.3909	-0.6200	-0.0092

在夏季，TSP 中重金属 Cr、Cu、Mn、Ni 和 Zn 元素浓度的水平分布与不同粒径粉尘浓度的水平分布均呈正相关关系，其中 Cu 元素与 PM2.5 和 PM1 在 0.1 水平上显著相关。TSP 中 Pb 元素浓度的水平分布与各粒径大气颗粒物浓度则呈负相关，其中与 PM2.5 和 PM1 呈显著负相关。

在秋季，TSP 中 Cr、Cd、Cu、Mn、Ni 和 Pb 浓度的水平分布特征与不同粒径大气颗粒物的水平分布呈负相关，其中 Ni 元素与 TSP 和 PM2.5 的分布在 0.01 水平上极显著负相关。

二、叶片、土壤、TSP 中重金属元素浓度相关性

将各重金属元素在土壤、行道树毛白杨叶片以及 TSP 中浓度的水平分布进行相关分析比较，得到表 2-16。各重金属元素分析如下。

表 2-16　土壤、TSP 与叶片中重金属元素浓度的相关系数

（a）：Cd

	TSP 春	TSP 夏	TSP 秋	春叶	夏叶	秋叶	土壤
TSP 春	1.0000						
TSP 夏	-0.1217	1.0000					
TSP 秋	-0.0148	0.1423	1.0000				
春叶	0.2025	-0.5850	-0.8746**	1.0000			
夏叶	0.0477	-0.2420	-0.8896**	0.8282**	1.0000		
秋叶	0.3211	-0.1220	-0.9070**	0.8276**	0.9374***	1.0000	
土壤	0.2682	-0.6360	0.5800	-0.1480	-0.2877	-0.3830	1.0000

（b）：Cr

	TSP 春	TSP 夏	TSP 秋	春叶	夏叶	秋叶	土壤
TSP 春	1.0000						
TSP 夏	-0.3990	1.0000					
TSP 秋	-0.3015	-0.5642	1.0000				
春叶	-0.4794	-0.1871	0.4378	1.0000			
夏叶	0.1608	0.1503	-0.7360*	-0.4730	1.0000		
秋叶	0.2062	-0.1098	-0.0949	-0.8379**	0.5101	1.0000	
土壤	0.3591	-0.6468	0.6021	-0.3913	-0.2768	0.5882	1.0000

（c）：Cu

	TSP 春	TSP 夏	TSP 秋	春叶	夏叶	秋叶	土壤
TSP 春	1.0000						
TSP 夏	0.4466	1.0000					
TSP 秋	-0.9135**	-0.4647	1.0000				
春叶	-0.2543	-0.5700	0.2240	1.0000			

	TSP 春	TSP 夏	TSP 秋	春叶	夏叶	秋叶	土壤
夏叶	0.3015	0.3744	−0.2277	−0.9642***	1.0000		
秋叶	0.1508	0.7365*	−0.0149	−0.8607**	0.7538*	1.0000	
土壤	0.5225	−0.3196	−0.2399	−0.1274	0.3584	−0.0188	1.0000

（d）: Mn

	TSP 春	TSP 夏	TSP 秋	春叶	夏叶	秋叶	土壤
TSP 春	1.0000						
TSP 夏	0.1974	1.0000					
TSP 秋	−0.2202	−0.0879	1.0000				
春叶	0.1985	0.8995**	−0.5080	1.0000			
夏叶	0.0567	0.9427***	−0.2015	0.9171**	1.0000		
秋叶	0.0943	0.7621*	−0.6319	0.9486***	0.8831**	1.0000	
土壤	−0.0188	0.7347*	0.4539	0.4518	0.7555*	0.3860	1.0000

（e）: Ni

	TSP 春	TSP 夏	TSP 秋	春叶	夏叶	秋叶	土壤
TSP 春	1.0000						
TSP 夏	−0.6309	1.0000					
TSP 秋	−0.6384	0.2153	1.0000				
春叶	−0.6704	0.7689*	−0.0238	1.0000			
夏叶	−0.4645	0.2546	0.9337***	−0.1939	1.0000		
秋叶	−0.3186	0.2669	0.8026*	−0.2975	0.9619***	1.0000	
土壤	0.1832	−0.8724**	0.1979	−0.6293	0.0686	−0.0257	1.0000

（f）: Pb

	TSP 春	TSP 夏	TSP 秋	春叶	夏叶	秋叶	土壤
TSP 春	1.0000						
TSP 夏	0.2586	1.0000					
TSP 秋	0.2073	0.4650	1.0000				
春叶	0.3066	−0.8091*	−0.5328	1.0000			
夏叶	−0.5036	−0.9479***	−0.4379	0.6303	1.0000		
秋叶	−0.2366	−0.3974	0.5113	0.0277	0.3671	1.0000	
土壤	−0.3566	−0.7650*	−0.5642	0.6280	0.8616**	−0.0941	1.0000

（g）: Zn

	TSP 春	TSP 夏	TSP 秋	春叶	夏叶	秋叶	土壤
TSP 春	1.0000						
TSP 夏	0.4607	1.0000					
TSP 秋	0.2602	0.9341	1.0000				
春叶	0.7672*	0.2027	0.1888	1.0000			
夏叶	0.7568*	0.1387	0.1591	0.9582***	1.0000		
秋叶	0.6774	0.2380	0.3182	0.9166**	0.9756***	1.0000	
土壤	0.5001	0.5095	0.5423	0.2589	0.4578	0.5518	1.0000

从表 2-16（a）可以看出，行道树毛白杨叶片与土壤之间、TSP 中与土壤之间的重金属元素浓度均未达到显著相关性。从不同季节毛白杨叶片中 Cd 浓度的水平分布与相应季节 TSP 中 Cd 浓度的水平分布之间的相关性来看，在秋季呈显著负相关。

从表 2-16（b）可以看出，Cr 元素浓度在行道树毛白杨叶片、土壤以及 TSP 中的水平分布之间无显著相关性。

从表 2-16（c）可以看出，Cu 元素浓度在行道树毛白杨叶片、土壤以及 TSP 中的水平分布之间也无显著相关性。

从土壤与 TSP 的相关性来看 [表 2-16（d）]，土壤中 Mn 元素浓度的水平分布与夏季 TSP 中 Mn 浓度的分布在 0.1 水平上显著相关；从叶片与土壤中 Mn 的相关性来看，春夏秋三季毛白杨叶片中重金属 Mn 元素浓度的水平分布与土壤中 Mn 的水平分布均呈正相关，其中夏季在 0.1 水平上显著相关；从叶片与 TSP 中 Mn 的相关性来看，夏季叶片与夏季 TSP 中 Mn 的水平分布呈极显著正相关。

比较 Ni 元素浓度在土壤与 TSP 中水平分布的相关性 [表 2-16（e）]，夏季 TSP 中 Ni 的水平分布与土壤在 0.05 水平上显著负相关；比较毛白杨叶片中与 TSP 中 Ni 元素浓度的水平分布间的相关性，其中秋季二者在 0.1 水平上显著正相关；比较叶片与土壤中 Ni 元素浓度间的相关性，无统计上的显著相关。

从表 2-16（f）可以看出，土壤中 Pb 元素浓度的水平分布与各季节 TSP 中 Pb 元素浓度的水平分布均呈负相关，其中夏季在 0.1 水平上显著相关；春季和夏季叶片中 Pb 元素浓度与土壤呈正相关，其中夏季在 0.05 水平上显著相关；从叶片与 TSP 的相关性来看，夏季叶片与夏季 TSP 中 Pb 的水平分布呈极显著负相关。

从表 2-16（g）可以看出，Zn 元素浓度在土壤、叶片和 TSP 三者之间均呈两两正相关性，其中春季叶片中的 Zn 与春季 TSP 中的 Zn 元素浓度水平距离上的分布在 0.1 水平上显著相关。

三、树干中重金属水平分布与环境因子的相关性

为了探讨毛白杨树干年轮中重金属元素随时间的变化与交通环境及气候要素之间的关系，著者收集了相关方面的数据，见表 2-17。其中交通数据来源于新闻报道及网上相关资料，气象资料采用了北京市气象局公布的北京市 1986 ～ 2011 年的气象数据，包括年平均气温、年均降水量、年最高气温、年最低气温、年平均日照时数、年平均大风日数和年平均雨日数，表 2-17 为各时间段内各气象因子年均值、交通数据。1986 ～ 2011 年，北京市年平均气温 13.04℃，年均降水量 535.8mm，最高气温 41.9℃，最低气温 -17.0℃。

表 2-17　北京市 1986 ～ 2011 年不同时间段气象因子年均值、交通数据

时间段	降水量（mm）	平均气温（℃）	最高气温（℃）	最低气温（℃）	日照时数（h）	大风日数（日）	雨日数（日）	车流量（万辆/天）
1986 ～ 1991	651.7	12.6	38.5	-15.5	2580.3	14	97	4.0
1992 ～ 1996	627.0	13.1	37.5	-13.0	2558.1	12	95	4.5
1997 ～ 2001	427.9	13.0	41.9	-17.0	2578.0	10	83	5.0
2002 ～ 2006	405.5	13.2	41.1	-15.0	2426.6	9	87	10.6
2007 ～ 2011	566.8	13.3	40.6	-16.7	2424.6	9	87	17.4

结合主要气象因子在相同时间段的变化情况，分析树干中重金属元素的水平分布与交通及气象因子之间的相关性（表 2-18）。

表 2-18　重金属元素的水平分布与交通数据及气象因子的相关性

元素	降水量	平均气温	最高气温	最低气温	日照时数	大风日数	雨日数	车流量
Zn	0.801*	-0.475	-0.800*	0.654	0.811*	0.709	0.800*	-0.642
Pb	0.508	-0.363	-0.800*	0.817*	0.674	0.678	0.673	-0.768*
Ni	0.607	-0.669	0.307	-0.237	0.598	0.151	0.545	-0.002

续表

元素	降水量	平均气温	最高气温	最低气温	日照时数	大风日数	雨日数	车流量
Mn	0.135	0.439	0.143	−0.309	−0.397	−0.798*	−0.092	0.915**
Cu	0.858**	−0.774	−0.858**	0.457	0.978***	0.724	0.900**	−0.658
Cr	0.097	0.822*	−0.085	0.201	−0.496	−0.452	−0.192	0.567
Cd	0.486	−0.909**	−0.586	0.346	0.929***	0.894**	0.680	−0.920**

　　除 Mn 和 Cr 外，其余重金属元素均与降水量、雨日数、日照时数和大风日数呈正相关，其中 Cu 与雨日数在 0.05 水平显著正相关，与日照时数在 0.01 水平上极显著正相关；Cd 与日照时数达到极显著正相关，与大风日数在 0.05 水平显著正相关；Zn 元素与降水量、雨日数和日照时数在 0.1 水平上显著相关。

　　从气温来看，除 Mn 和 Cr 外，其他几种元素均与年平均气温呈负相关，其中 Cd 在 0.05 水平上显著负相关。对于年最高气温和年最低气温，Zn、Pb、Cu、Cd、Cr 的表现相似，均与年最高气温呈负相关，与年最低气温呈正相关，Ni、Mn 则相反。

　　Mn 元素除与年大风日数在 0.05 水平显著负相关外，与其他气象因子之间无统计上的显著相关性。

　　Cr 元素与年平均气温在 0.1 水平上显著正相关，与其他气象因子之间无统计上的显著相关性。

　　从行道树毛白杨树干年轮中重金属元素分布与车流量变化的相关性分析结果来看（表2-18），Mn 和 Cr 元素浓度与车流量的变化呈正相关，其中 Mn 与车流量在 0.05 水平上显著相关；Zn、Pb、Ni、Cu 和 Cd 则与车流量的变化呈负相关，其中 Pb 在 0.1 水平显著相关，Cd 在 0.05 水平显著相关。

第三章　不同配置模式中行道树重金属富集效能

目前城市道路两侧的绿化建设主要是从景观美化和生态防护（如降噪、安全隔离等）角度考虑，对道路绿化植物重金属吸收的研究也仅局限于不同树种各器官中重金属元素浓度水平的比较，而从植株个体或群落水平探讨不同树种、不同配置模式植物群体重金属富集效能的还甚少。因此，本章以北京城区道路两侧不同配置模式中的绿化植物为研究对象，分析不同乔、灌、草树种中 Cr、Mn、Ni、Cu、Zn、Cd 和 Pb 7 种重金属元素浓度，结合生物量方程，估算不同树种单株和不同配置模式植物群体的重金属富集量，并从道路绿化面积和绿化空间两个角度，评价不同配置模式的重金属富集效能。同时，通过比较不同胸径、不同生长期、不同修剪方式的乔木重金属富集效能的差异性，探讨树木个体大小、生长季节、修剪方式及土壤等因素对树木重金属富集效能的影响，为道路绿化树种选择、行道树经营管理以及道路绿化植物配置模式的选择提供理论依据，对提高城市行道树重金属污染防护效能具有重要的现实意义。

第一节　道路绿化植物对重金属的吸收与富集

一、4 种行道树重金属富集作用比较

国槐、毛白杨、栾树、臭椿是北京市道路绿化常用树种，试验地点在车流量大、道路重金属污染情况严重的北四环中路，主要比较该路段上这 4 种不同绿化树种对重金属的吸收与富集效能。

（一）4 种行道树各器官中的重金属元素浓度

4 种乔木行道树不同器官中 7 种重金属元素浓度分布规律比较一致，行道树各器官中重金属 Zn、Mn 浓度较高，而 Cd 浓度最低（图 3-1）。各器官中重金属元素浓度分别为，树枝 0.060～78.377mg/kg，树叶 0.096～124.408mg/kg，树干 0.013～13.247mg/kg，树根 0.146～93.722mg/kg，树皮 0.176～179.016mg/kg，总体上以上 4 种行道树各器官中重金属元素浓度由大到小依次为树皮＞树根＞树叶＞树枝＞树干。

树枝中，同一重金属元素浓度在 4 种不同行道树中差异极显著（$P < 0.01$）。从树枝中 7 种重金属元素浓度均值来看，毛白杨（15.33mg/kg）＞栾树（14.48mg/kg）＞臭椿（11.99mg/kg）＞国槐（8.96mg/kg）。其中，臭椿树枝中 Cd 浓度最低，仅 0.060mg/kg，是毛白杨树枝中 Cd 浓度（0.362mg/kg）的 16.57%；毛白杨树枝中 Zn 浓度（78.377mg/kg）最高，是国槐相同器官 Zn 浓度（27.383mg/kg）的 2.86 倍；国槐树枝中 Cr、Pb 浓度高于其他 3 个树种，分别达 3.592mg/kg、3.727mg/kg；毛白杨树枝中 Cr、Ni、Cu 浓度低于其他树种，分别为 1.699mg/kg、0.695mg/kg、5.589mg/kg。

树叶中，7 种重金属元素浓度在各树种之间达极显著差异（$P < 0.01$），其中臭椿、国槐、栾树中 Cd 浓度差异不显著（$P > 0.05$），但与毛白杨中 Cd 浓度呈显著差异（$P < 0.05$）。从树叶中 7 种重金属元素浓度均值来看，毛白杨（28.36mg/kg）＞栾树（18.08mg/kg）＞臭椿（17.16mg/kg）＞国槐（13.91mg/kg）。毛白杨树叶中 Zn、Cd 浓度高于其他树种，分别达 124.408mg/kg、0.327mg/kg，分别是国槐树叶中相应元素（30.020mg/kg、0.098mg/kg）的 4.14 倍、3.34 倍。臭椿树叶中 Pb、Mn 浓度均高于其他树种，分别达 14.557mg/kg、57.845mg/kg，但臭椿和毛白杨中 Mn 浓度差异不显著（$P > 0.05$），Pb 浓度则是毛白杨的 3.23 倍。

从树干中 7 种重金属元素浓度均值来看，毛白杨（3.97mg/kg）＞国槐（2.03mg/kg）＞臭椿（1.75mg/kg）＞栾树（1.74mg/kg）。除毛白杨中 Zn 浓度达 13.247mg/kg 外，各重金属元素浓度均小于 10mg/kg，其中国槐、栾树、臭椿树干中 Cd 浓度均小于 0.1mg/kg，国槐中 Cd 浓度最低，仅 0.013mg/kg。以上 4 种行道树树干中 Ni 浓度均高于树枝和树叶中相应元素（栾树除外），其中毛白杨树干中 Ni 浓度达 2.776mg/kg。此外，树干

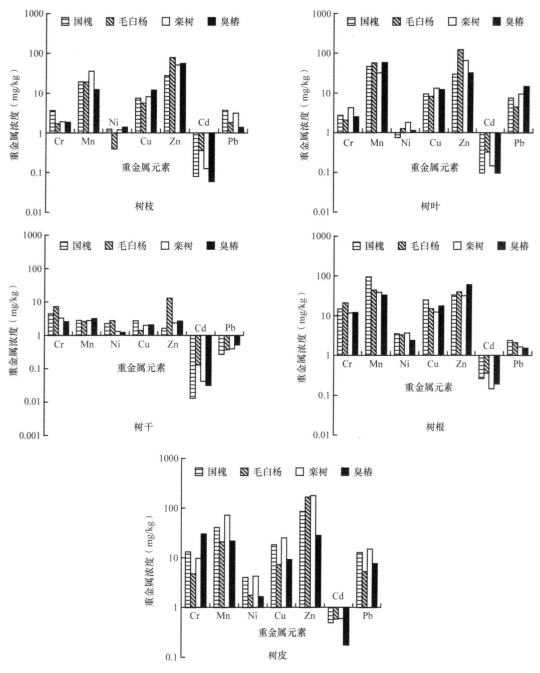

图 3-1 不同行道树种各器官重金属元素浓度

中 Cr、Zn、Cd 浓度也是毛白杨最高。

从树根中 7 种重金属元素浓度均值来看，国槐（24.55mg/kg）＞臭椿（18.03mg/kg）＞毛白杨（17.92mg/kg）＞栾树（14.21mg/kg）。树根中 Cr、Mn、Cu、Zn 浓度明显高于 Ni、Cd、Pb，其中国槐树根中 Mn 浓度最高，达 93.722mg/kg，其 Cu、Pb 浓度也高于其他树种，分别为 24.530mg/kg、2.406mg/kg。毛白杨树根中 Cr、Cd 浓度高于其他树种，分别为栾树树根中相应元素的 1.81 倍、2.46 倍。臭椿树根中 Zn 浓度高于其他树种，达 59.455mg/kg，但其中 Ni、Pb 浓度均比其他树种树根中相应元素低。

从 4 种行道树树皮中 7 种重金属元素浓度均值来看，栾树（43.81mg/kg）＞毛白杨（30.01mg/kg）＞国槐（25.14mg/kg）＞臭椿（14.12mg/kg）。总体上，栾树树皮中重金属元素浓度普遍较高，尤其 Mn、Ni、Cu、Zn、Cd、Pb 浓度均高于其他树种，分别为 72.707mg/kg、4.291mg/kg、25.258mg/kg、179.016mg/kg、0.601mg/kg、14.993mg/kg，其中 Mn、Cu、Pb 浓度在毛白杨树皮中最低，分别相差 2.45 倍、2.43 倍、1.82 倍。Ni、Cd、Zn 浓度在臭椿树皮中最低，分别仅占栾树树皮相应元素浓度的 39.0%、29.3%、15.8%，而树皮中

Cr 浓度则是臭椿最高，达 30.119mg/kg，高于臭椿树皮中其他重金属元素浓度，是毛白杨树皮中相同元素的 6.29 倍。

从以上 4 种行道树各器官中 7 种重金属元素浓度均值来看，总体上重金属元素浓度大小排序为毛白杨＞栾树＞国槐＞臭椿，其中毛白杨树枝、树叶、树干中重金属元素浓度较高，尤其是 Zn、Cd 浓度明显高于其他树种相应元素；栾树树皮中重金属元素浓度较高，除 Cr 外，其余 6 种重金属元素浓度均高于其他树种。

（二）行道树重金属富集系数

从不同行道树各器官重金属富集系数（CF）看（图 3-2），不同器官对重金属的富集效能不同。总体为树皮＞树根＞树叶＞树枝＞树干。其中栾树树皮对各重金属的富集效能较强，富集系数均值为 0.62，而臭

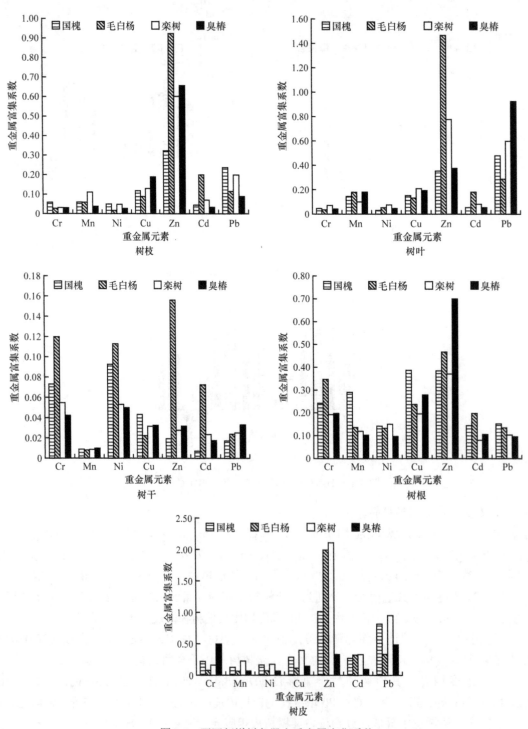

图 3-2　不同行道树各器官重金属富集系数

椿树干中重金属富集效能最弱，富集系数均值仅 0.03。同一器官对不同重金属富集效能不同，行道树对各重金属富集效能大小依次为 Zn ＞ Pb ＞ Cu ＞ Cr ＞ Cd ＞ Mn ＞ Ni，除树干外，其余各器官均表现出对 Zn 富集效能较强的特征，尤其是毛白杨树叶、树皮中 Zn 的富集系数分别达到 1.46、1.99，国槐、栾树树皮中 Zn 的富集系数均大于 1，分别为 1.01 和 2.11。行道树树枝和树叶对 Cr、Ni 的富集效能较低，树枝、树叶中 Cr、Ni 富集系数均小于 0.01，其中毛白杨树枝对 Cr、Ni 的富集效能最低，富集系数分别为 0.03、0.02，栾树树叶对 Cr、Ni 的富集效能最高，富集系数分别为 0.07、0.08；相反地，树干对 Cr、Ni 的富集效能较强，均为毛白杨树干对这两种重金属元素的富集系数最高，分别为 0.12、0.11。除树干外，各器官对 Pb、Cu 富集系数也较高，仅次于 Zn，其中栾树树皮对 Pb 富集系数为 0.95，接近于 1，对 Cu 富集系数为 0.40，其富集系数高于 Cr、Mn、Ni、Cd 4 种元素。虽然各树种器官中 Cd 浓度不高，但从对 Cd 平均富集系数看，高于 Mn、Ni 元素，而且各器官（除树皮外）中，毛白杨对 Cd 的富集效能均高于其他树种。

从重金属富集系数均值来看，不同树种对 7 种重金属富集效能大小依次为毛白杨（0.26）＞栾树（0.25）＞国槐（0.20）＞臭椿（0.18），其富集系数均小于 0.3，属于中度吸收范围（0.1 ＜ CF ＜ 1）（Perleman，1972），远低于超富集植物的标准（CF ＞ 1）。7 种重金属元素中，毛白杨对 Cd、Zn 的富集效能较强，其树干对各种重金属（Pb 除外）的富集效能普遍高于其他树种的相应器官，国槐树根、栾树树皮对 7 种重金属（Cr 除外）的富集效能也高于其他树种相应器官。

（三）行道树地上器官对重金属的转运吸收

植物根系吸收重金属元素后通过蒸腾拉力等作用向地上器官转运和输送，转运系数可用于评价植物对重金属的转运能力。不同树种对同一重金属元素的转运吸收有所差异（图 3-3），栾树对 Pb、Cd、Cu、Mn 转运系数均高于国槐、毛白杨和臭椿，可见栾树对这 4 种重金属的转运能力较强。其中对 Pb 的转运能力最强，转运系数达 4.27。毛白杨对 Zn 的转运能力较强，但对 Cr、Ni、Cu、Pb 的转运能力较弱，其中毛白杨对 Cr 的转运系数仅 0.19。总体上 4 种行道树对 7 种重金属的转运能力强弱依次为：Pb ＞ Zn ＞ Cd ＞ Mn ＞ Cu ＞ Ni ＞ Cr。从各重金属转运系数均值来看，栾树（1.59）＞臭椿（1.06）＞毛白杨（0.92）＞国槐（0.86）。

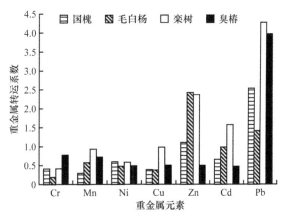

图 3-3　不同行道树重金属转运系数

二、3 种绿化灌木对重金属的吸收和富集

通过比较清华东路路旁 3 种绿化灌木大叶黄杨、金叶女贞、铺地柏中重金属元素浓度、重金属富集系数和地上部分的转运系数，评价不同灌木对重金属的吸收和富集效能。

（一）绿化灌木各器官中重金属元素浓度

绿化灌木中各重金属元素浓度范围分别为：Cr 7.437～198.508mg/kg；Mn 11.121～159.326mg/kg；Ni 1.976～12.835mg/kg；Cu 9.301～59.931mg/kg；Zn 38.580～112.668mg/kg；Cd 0.183～1.601mg/kg；Pb

1.958～5.227mg/kg。各器官中重金属元素浓度大小因树种不同而存在差异，从重金属元素浓度均值看，大叶黄杨和铺地柏各器官中重金属元素浓度大小排序为树根＞树叶＞树枝＞树干，金叶女贞中则为树叶＞树根＞树枝＞树干。各重金属元素浓度大小顺序依次为 Zn ＞ Mn ＞ Cr ＞ Cu ＞ Pb ＞ Ni ＞ Cd（图 3-4）。

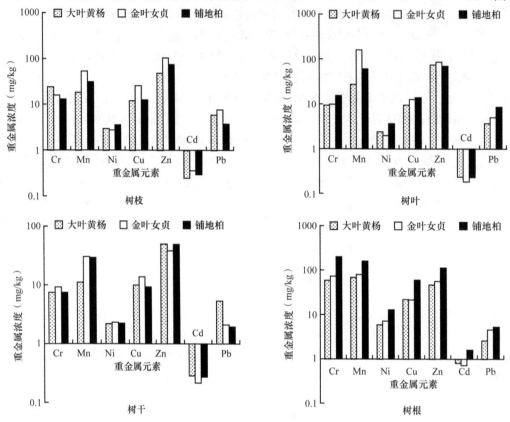

图 3-4 路旁绿化灌木各器官重金属元素浓度

树枝中，3 种灌木之间 Cd 浓度差异不显著（$P > 0.05$），大叶黄杨与金叶女贞树枝中 Ni 浓度差异不显著（$P > 0.05$），而树枝中 Cr、Mn、Cu、Zn、Pb 浓度因树种不同两两呈极显著差异（$P < 0.01$）。其中金叶女贞树枝中 Mn、Cu、Zn、Cd、Pb 浓度均高于大叶黄杨与铺地柏树枝中相应元素，Mn、Cu、Zn 浓度为53.187mg/kg、25.751mg/kg、103.566mg/kg，分别是大叶黄杨树枝中相应重金属元素浓度的 2.89 倍、2.12 倍、2.14 倍；Pb 浓度达 7.716mg/kg，高出铺地柏相应器官 Pb 浓度 1.07 倍。因此，3 种灌木树枝中的重金属元素浓度总体金叶女贞最高，而大叶黄杨最低。

树叶中，3 种灌木中 Cd 浓度差异均不显著（$P > 0.05$），而其余 6 种重金属元素浓度因树种不同差异显著（$P < 0.05$）。Cr、Ni、Cu、Pb 在树叶中的浓度铺地柏最高，其中 Cr、Cu、Pb 浓度分别为 15.371mg/kg、13.954mg/kg、8.547mg/kg，分别是大叶黄杨相应器官中的 1.64 倍、1.48 倍、2.32 倍。Mn、Zn 浓度金叶女贞树叶中浓度最高，其中金叶女贞树叶中 Mn 浓度高达 159.326mg/kg，是大叶黄杨树叶中相同元素的 5.84 倍。总体上，3 种灌木树叶中重金属元素浓度金叶女贞最高，铺地柏次之，而大叶黄杨最低。

树干中，Ni、Cd 浓度在 3 种灌木之间差异均不显著（$P > 0.05$），Cr 浓度在大叶黄杨与铺地柏树干中差异不显著（$P > 0.05$），铺地柏与金叶女贞树干中 Pb 浓度差异也不显著（$P > 0.05$），而 Zn、Mn、Cu 浓度因树种不同呈极显著差异（$P < 0.01$）。树干中 Cr、Mn、Cu 浓度金叶女贞最高，分别达 9.252mg/kg、30.450mg/kg、13.803mg/kg；Zn、Cd、Pb 均以大叶黄杨中浓度最高，分别为 50.060mg/kg、0.286mg/kg、5.419mg/kg。从 3 种灌木树干中重金属元素浓度均值来看，铺地柏树干中浓度最高，金叶女贞次之，而大叶黄杨最低。

树根中，Cr、Mn、Ni、Cu、Zn 浓度在 3 种灌木间差异极显著（$P < 0.01$），而 Cd 浓度在大叶黄杨与金叶女贞之间差异不显著（$P > 0.05$），金叶女贞与铺地柏树根中 Pb 浓度差异也不显著（$P > 0.05$）。从树根中重金属元素浓度分布看出（图 3-4），铺地柏树根中 7 种重金属浓度均高于其他两种灌木，各重金属元素浓度大小排序为 Cr ＞ Mn ＞ Zn ＞ Cu ＞ Ni ＞ Pb ＞ Cd，其中 Cr、Mn、Zn 浓度分别为 198.505mg/kg、158.833mg/kg、112.668mg/kg，均高于 100mg/kg，而大叶黄杨树根中 Cr、Mn、Ni、Zn、Pb 浓度均最低，分别仅是铺地柏树根中相应元素的 29.7%、43.3%、45.7%、41.6%、49.6%。总体上，树根中重金属元素浓度铺地柏最高，大叶黄杨最低。

（二）绿化灌木重金属富集系数

重金属富集系数是灌木各器官中重金属元素与土壤中相应元素的浓度之比，能够反映灌木对各重金属的富集效能。重金属的富集因树种、器官、重金属元素种类不同而差异显著（图 3-5）。总体上绿化灌木各器官的重金属富集效能为树根＞树枝＞树叶＞树干。各重金属元素中，绿化灌木对 Cr、Zn、Pb 的富集效能较强，而对 Mn、Ni 的富集效能较弱。

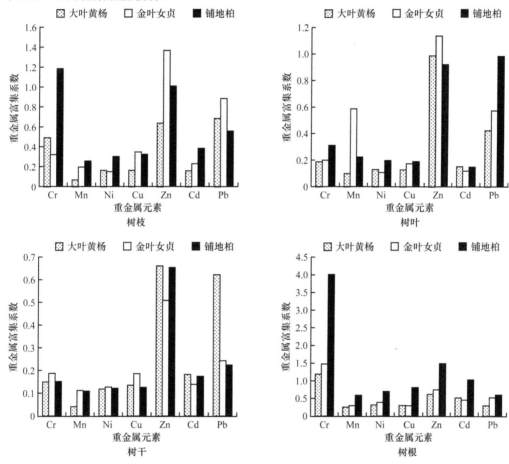

图 3-5　路旁绿化灌木各器官重金属富集系数

树枝中，金叶女贞对 Cu、Zn、Pb 的富集效能高于其他灌木，尤其是 Zn，其富集系数达 1.37（＞1）；铺地柏对 Cr、Mn、Ni、Cd 的富集效能高于其他灌木，尤其是 Cr，富集系数高于 1，是金叶女贞树枝中相同元素的 3.67 倍。

树叶中，铺地柏对 Cr、Ni、Cu、Pb 的富集效能强于其他灌木，金叶女贞对 Mn、Zn 的富集效能较强，尤其对 Zn，富集系数为 1.135（＞1）。

树干中，除了 Zn、Pb，3 种绿化灌木树干对重金属的富集系数均小于 0.2，可见树干对重金属的富集效能比较弱。其中，大叶黄杨对 Zn、Pb、Cd 的富集效能强于其他灌木，而 Cr、Cu、Ni、Mn 的富集系数金叶女贞最高。总体上，大叶黄杨树干对重金属的富集效能强于铺地柏和金叶女贞。

树根中，铺地柏对 7 种重金属的富集效能均最强，各金属元素富集系数大小顺序依次为 Cr ＞ Zn ＞ Cd ＞ Cu ＞ Ni ＞ Pb ＞ Mn，其中 Cr 的富集系数达 4.0，Zn、Cd 的富集系数也都大于 1，可见铺地柏对 Cr、Zn、Cd 有较强的富集效能。

（三）绿化灌木地上器官对重金属的转运吸收

重金属转运系数可反映植物地上器官对地下器官重金属的转移和运输能力，从 3 种不同绿化灌木地上器官对重金属元素的转运系数看出（图 3-6），不同灌木对 7 种重金属元素的转运能力不同，大叶黄杨对 7 种重金属元素转运能力的大小依次为 Pb > Zn > Cu > Ni > Cd > Mn > Cr；金叶女贞对 7 种重金属元素转运能力的大小依次为 Zn > Pb > Mn > Cu > Cd > Ni > Cr；铺地柏对 7 种重金属元素转运能力的大小依次为 Pb > Zn > Mn > Ni > Cu > Cd > Cr，由此可见 3 种灌木地上器官对 Zn、Pb 的转运能力比较强，其中大叶黄杨和金叶女贞对 Zn、Pb 的转运系数分别达到 1.230、1.084 以上，而对 Cr 的转运能力比较弱，各树种对 Cr 的转运系数均小于 0.300。总体上大叶黄杨对 Cr、Ni、Pb 的转运能力比其他两种灌木强，金叶女贞对 Zn、Mn、Cu、Cd 的转运能力强于大叶黄杨和铺地柏，铺地柏对各重金属元素的转运系数均最小，其中 Cr 的转运系数仅 0.060，间接说明铺地柏根系对重金属有较好的吸收、固定作用。

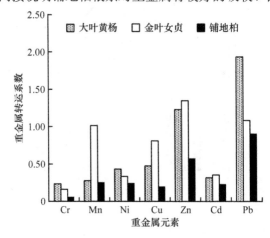

图 3-6　路旁绿化灌木地上器官重金属转运系数

三、11 种不同绿化植物重金属富集效能比较

为了研究不同配置模式中绿化树种对重金属的富集效能，以学院路中央绿化带上的两种配置模式（乔草型、乔灌草型）中的绿化植物为研究对象，比较乔、灌、草共 11 种绿化植物中的重金属元素浓度和富集系数。

（一）不同绿化植物中的重金属元素浓度

根据试验测得的学院路乔草型和乔灌草配置模式共 8 种类型的 11 种绿化植物中 7 种重金属元素浓度（其中乔木按器官根、枝、叶、干、皮，灌木按器官根、枝、叶、干，草本植物为地上部分和地下部分的混合样，分别测定）（表 3-1），综合比较这 11 种绿化植物中的重金属元素浓度。根据学院路 11 种绿化植物各器官重金属元素浓度（表 3-1），作图 3-7。

从图 3-7 看出，11 种绿化植物中黑麦草中 7 种重金属元素的浓度均明显高于其他树种，其次是早熟禾，其中重金属 Cr、Mn、Ni、Zn、Cd 浓度均仅次于黑麦草，萱草对 Cr、Ni、Cd 的吸收能力也较强，白蜡树和铺地柏中 Cu 的浓度分别为 38.563mg/kg、29.088mg/kg，大小仅次于黑麦草。不同绿化植物对同一重金属元素浓度的吸收存在差异。绿化植物中 Cr 浓度以金叶女贞中最低，仅是黑麦草中的 10%；Mn、Cu、Cd 均以臭椿中的浓度最低，与黑麦草中相应重金属元素的浓度相比，分别是其浓度的 8.77%、24.33%、8.95%；与其他植物相比，紫叶李中 Ni 浓度最低，浓度不到黑麦草的 1/5；Zn、Pb 浓度均以麦冬中的浓度最低。

从绿化植物中重金属元素浓度均值来看，11 种绿化植物按浓度均值的大小排序为黑麦草>早熟禾>萱草>铺地柏>金叶女贞>白蜡树>麦冬>木槿>大叶黄杨>紫叶李>臭椿。

表 3-1　学院路 11 种绿化植物各器官重金属元素浓度（mg/kg）

配置模式	类型	树种器官	Cr	Mn	Ni	Cu	Zn	Cd	Pb
乔草型	1 大乔+草	臭椿树枝	6.589	24.521	9.605	11.961	68.321	0.120	2.995
		臭椿树叶	2.098	59.640	0.889	9.810	30.629	0.120	5.554
		臭椿树干	19.804	17.156	12.980	5.536	31.175	0.080	0.460
		臭椿树根	18.121	27.456	3.435	10.463	51.757	0.210	1.128
		臭椿树皮	13.932	22.656	4.247	11.503	39.167	0.310	4.447
		平均值	12.109	30.286	6.231	9.855	44.210	0.168	2.917
		黑麦草	99.011	459.031	14.326	51.489	182.687	1.938	12.028
	2 大乔+草	白蜡树枝	2.688	27.164	3.248	31.331	52.359	0.100	2.339
		白蜡树叶	2.309	44.522	4.278	8.637	56.967	0.110	2.209
		白蜡树干	5.628	4.908	3.259	22.081	26.539	0.080	0.510
		白蜡树根	9.796	114.430	5.153	36.239	73.008	0.220	1.558
		白蜡树皮	13.394	44.856	4.694	51.328	89.732	0.360	6.562
		平均值	6.763	47.176	4.126	29.923	59.721	0.174	2.635
		麦冬	14.904	76.299	4.158	16.463	46.951	0.370	1.919
	3 小乔+草	紫叶李树枝	3.398	24.026	2.618	18.979	66.700	0.170	5.896
		紫叶李树叶	3.237	71.179	1.479	9.940	34.066	0.070	4.935
		紫叶李树干	11.028	3.929	3.529	9.548	57.988	0.060	1.830
		紫叶李树根	16.107	43.355	4.556	12.160	60.731	0.340	1.249
		紫叶李树皮	11.581	30.875	5.815	19.005	99.790	0.360	7.244
		平均值	9.070	34.673	3.600	13.926	63.855	0.200	4.231
		早熟禾	53.127	211.778	11.508	24.026	140.529	1.129	8.901
	4 大乔+小乔+草	白蜡树枝	2.807	30.683	2.637	21.974	50.250	0.210	2.577
		白蜡树叶	3.518	50.899	2.059	11.613	52.209	0.140	2.449
		白蜡树干	8.379	35.285	15.734	47.383	14.635	0.130	0.789
		白蜡树根	13.085	205.308	5.978	45.592	104.728	0.680	2.029
		白蜡树皮	25.204	110.202	12.650	104.956	201.908	1.299	17.436
		平均值	10.598	86.475	7.811	46.303	84.746	0.492	5.056
		紫叶李树枝	3.686	21.904	1.828	14.103	49.221	0.110	4.515
		紫叶李树叶	2.340	74.430	1.280	9.760	35.020	0.070	4.050
		紫叶李树干	3.108	3.638	3.638	10.824	64.501	0.060	0.590
		紫叶李树根	18.615	50.110	4.277	7.944	47.582	0.320	2.468
		紫叶李树皮	17.619	29.984	3.775	11.726	80.433	0.270	5.194
		平均值	9.074	36.013	2.960	10.871	55.352	0.166	3.363
		麦冬	7.263	70.300	2.338	11.578	51.149	0.270	1.339
乔灌草型	1 大乔+灌木+草	臭椿树枝	2.947	16.553	1.029	11.419	58.841	0.060	1.009
		臭椿树叶	1.768	48.742	1.338	8.238	27.871	0.110	6.032
		臭椿树干	15.241	8.555	3.198	7.695	69.638	0.070	0.090
		臭椿树根	25.105	36.513	3.916	12.028	77.373	0.310	0.290
		臭椿树皮	13.724	31.562	3.366	16.330	79.025	0.320	5.993
		平均值	11.757	28.385	2.569	11.142	62.550	0.174	2.683

续表

配置模式	类型	树种器官	Cr	Mn	Ni	Cu	Zn	Cd	Pb
乔灌草型	1 大乔+灌木+草	木槿树枝	1.668	13.591	1.078	11.943	69.063	0.180	0.729
		木槿树叶	14.183	41.400	4.075	11.926	44.736	0.210	4.185
		木槿树干	3.817	11.571	1.289	8.493	54.966	0.190	1.829
		木槿树根	14.814	86.046	5.908	44.362	128.519	0.860	3.259
		平均值	8.620	38.152	3.088	19.181	74.321	0.360	2.500
	2 大乔+多种灌木+草	黑麦草	97.282	306.245	18.096	39.928	183.523	2.068	14.538
		白蜡树枝	0.730	16.210	1.489	21.467	42.495	0.070	0.810
		白蜡树叶	2.807	44.676	2.926	12.275	29.415	0.090	1.388
		白蜡树干	2.409	2.508	1.149	37.537	34.100	0.030	0.150
		白蜡树根	15.671	225.419	3.825	50.779	103.646	0.330	0.989
		白蜡树皮	23.966	70.578	5.547	69.029	119.298	0.700	11.853
		平均值	9.116	71.878	2.987	38.218	65.791	0.244	3.038
		大叶黄杨枝	7.137	16.503	2.519	15.664	64.254	0.250	9.666
		大叶黄杨叶	2.728	26.824	0.939	6.426	30.702	0.030	1.989
		大叶黄杨干	6.725	22.592	2.488	19.375	62.200	0.290	9.013
		大叶黄杨根	24.735	71.527	4.787	18.949	26.904	0.480	2.269
		平均值	10.331	34.362	2.683	15.103	46.015	0.262	5.734
		金叶女贞枝	7.157	188.963	7.631	26.089	47.543	0.240	6.233
		金叶女贞叶	2.569	149.130	1.020	7.917	64.084	0.120	2.859
		金叶女贞茎	3.179	24.070	1.779	10.466	55.408	0.120	3.079
		金叶女贞根	7.604	51.689	2.408	13.769	52.458	0.260	2.158
		平均值	5.127	103.463	3.209	14.560	54.873	0.185	3.582
		铺地柏枝	20.712	56.467	7.697	28.938	116.923	0.550	11.875
		铺地柏叶	5.678	29.068	2.259	8.507	53.219	0.110	4.818
		铺地柏茎	13.629	21.423	2.108	9.382	36.471	0.220	2.378
		铺地柏根	2.848	40.855	3.038	14.851	47.392	0.350	1.739
		平均值	10.717	36.954	3.776	15.420	63.501	0.307	5.203
	3 大乔+小乔+灌木+草	麦冬	12.950	76.958	3.967	19.015	42.226	0.470	2.308
		白蜡树枝	1.218	38.149	1.048	22.754	92.722	0.040	2.137
		白蜡树叶	1.978	90.877	1.978	9.992	34.742	0.160	3.058
		白蜡树干	3.626	2.907	2.038	41.780	50.969	0.070	0.400
		白蜡树根	28.881	121.968	4.376	71.089	90.779	0.470	1.918
		白蜡树皮	34.726	75.390	7.357	53.429	114.424	0.920	16.443
		平均值	14.086	65.858	3.359	39.809	76.727	0.332	4.791
		紫叶李树枝	3.158	25.805	2.279	17.330	59.174	0.190	6.446
		紫叶李树叶	2.839	101.370	1.920	11.328	27.664	0.110	4.649
		紫叶李树干	3.978	1.539	1.120	4.588	12.955	0.024	0.460
		紫叶李树根	12.143	29.702	2.578	9.844	24.355	0.230	0.480
		紫叶李树皮	9.048	15.617	2.430	8.858	41.312	0.170	2.220
		平均值	6.233	34.807	2.065	10.390	33.092	0.145	2.851

续表

配置模式	类型	树种器官	Cr	Mn	Ni	Cu	Zn	Cd	Pb
	3 大乔+小乔+灌木+草	铺地柏枝	21.082	102.249	12.245	48.661	207.087	1.000	26.949
		铺地柏叶	3.778	54.588	2.179	9.586	44.522	0.170	7.487
		铺地柏干	31.144	29.944	14.477	15.877	57.229	0.350	4.559
		铺地柏根	19.202	119.842	10.746	96.901	151.110	1.259	11.255
		平均值	18.802	76.656	9.912	42.756	114.987	0.695	12.563
		黑麦草	17.911	128.684	7.758	24.840	117.682	0.769	4.353
乔灌草型	4 大乔+多种灌木+草	臭椿树枝	1.139	17.696	0.889	8.074	52.748	0.070	6.845
		臭椿树叶	1.129	51.239	1.258	11.067	27.567	0.070	4.734
		臭椿树干	6.555	4.267	1.769	3.727	13.609	0.010	0.060
		臭椿树根	11.918	28.374	2.569	9.068	52.320	0.230	0.420
		臭椿树皮	9.310	22.220	2.510	7.370	43.060	0.300	4.800
		平均值	6.010	24.759	1.799	7.861	37.861	0.136	3.372
		大叶黄杨枝	4.470	17.960	2.460	15.920	42.660	0.310	8.040
		大叶黄杨叶	1.958	28.292	0.909	8.621	28.821	0.100	1.848
		大叶黄杨干	4.314	19.353	2.487	17.366	55.173	0.290	5.392
		大叶黄杨根	17.876	138.879	7.934	54.826	83.553	0.809	6.455
		平均值	7.154	51.121	3.447	24.183	52.552	0.377	5.434
		金叶女贞枝	6.223	56.942	3.346	21.724	91.660	0.320	7.291
		金叶女贞叶	1.748	204.045	1.348	10.228	57.871	0.180	3.506
		金叶女贞茎	8.658	64.540	2.686	13.701	44.138	0.280	5.213
		金叶女贞根	20.531	119.023	5.962	30.617	72.728	0.649	4.444
		平均值	9.290	111.137	3.336	19.067	66.599	0.357	5.113
		黑麦草	73.265	374.715	20.126	41.962	161.538	2.340	14.327
		萱草	32.357	101.649	7.587	18.063	77.339	0.580	3.549

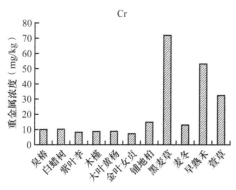

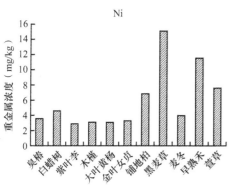

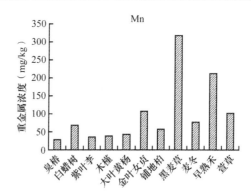

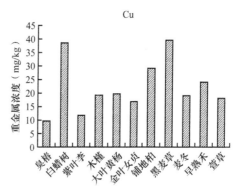

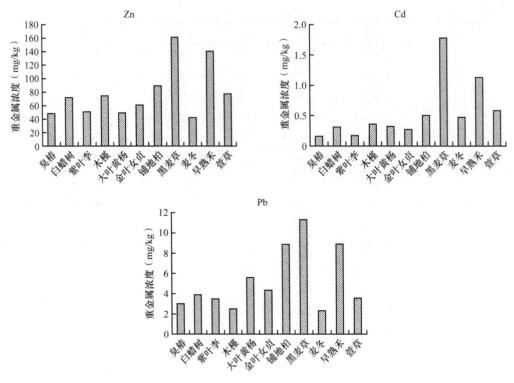

图 3-7 绿化植物中重金属元素浓度分布

（二）不同植物对重金属的吸收和富集

不同绿化植物对同一种重金属元素的富集效能不同（图 3-8），总体上对 7 种重金属元素的富集效能依次为 Zn＞Pb＞Cu＞Cr＞Cd＞Mn＞Ni，与绿化植物中重金属元素浓度大小顺序差异较大，可见绿化植物对 Mn 的富集效能较弱，而对 Pb、Zn 的富集效能较强。

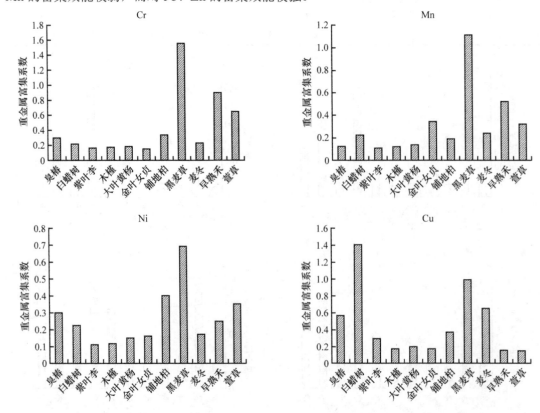

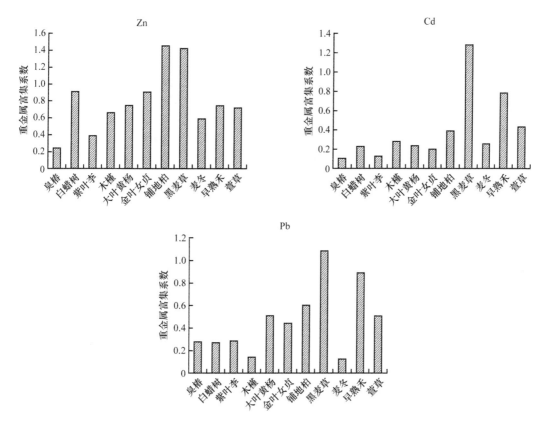

图 3-8 绿化植物对 7 种重金属元素的富集系数比较

除 Cu、Zn 外，黑麦草对其余 5 种重金属元素的富集系数均高于其他绿化植物，其中 Cr、Mn、Zn、Cd、Pb 的富集系数均大于 1，达到超富集植物的标准（CF > 1），可见黑麦草对重金属的富集作用较强；白蜡树对 Cu 的富集系数达 1.41，铺地柏对 Zn 的富集系数达 1.45，均高于其他绿化植物，可见不同绿化植物对重金属存在选择性吸收，白蜡树对 Cu 的富集作用以及铺地柏对 Zn 的富集作用都较高。植物对重金属的富集除了与树种本身特性有关外，还受周围环境、土壤特性等多方面因素的影响。与其他树种相比，金叶女贞对 Cr 的富集系数最低（0.15），与黑麦草相比，相差 9.54 倍；紫叶李对 Mn、Ni 的富集效能低于其他绿化植物，富集系数均为 0.11，其中对 Mn 的富集与黑麦草差异较大，富集效能不到黑麦草的 1/10；臭椿对 Zn、Cd 的富集系数同黑麦草相比，分别相差 4.89 倍、11.59 倍；麦冬对 Pb 的吸收能力较弱，其富集系数仅 0.12。早熟禾对重金属的总体富集效能仅次于黑麦草，尤其对 Cr、Zn、Cd、Pb 的富集效能较强，其富集系数分别为 0.90、0.74、0.78、0.89。总体上，11 种绿化植物的重金属富集效能依次为黑麦草＞早熟禾＞铺地柏＞白蜡树＞萱草＞金叶女贞＞麦冬＞大叶黄杨＞臭椿＞木槿＞紫叶李。

第二节 不同配置模式中植物重金属富集效能比较

一、乔木型配置中植物重金属富集效能

（一）单株行道树重金属现贮量估算

根据生物量估算方程对北四环中路行道树国槐、毛白杨、栾树、臭椿的单株生物量进行估算，其单株生物量分别为：195.08kg、632.67kg、221.66kg、357.90kg。根据生物量与行道树各器官中重金属元素浓度估算单株行道树重金属现贮量（表 3-2）。按单株行道树重金属现贮量大小排序，毛白杨＞臭椿＞栾树＞国槐，毛白杨重金属现贮量为国槐的 3.63 倍。单株毛白杨各重金属元素现贮量均高于其他 3 种行道树，尤其是 Zn、Cd 贮量，分别是国槐中相应元素的 7.31、7.46 倍。虽然臭椿中重金属元素浓度低于栾树和国槐，但

由于单株臭椿生物量比较大，因此重金属总贮量高于这两种行道树。总体上，各重金属元素现贮量的大小排序为 Zn＞Mn＞Cu＞Cr＞Pb＞Ni＞Cd，与重金属元素浓度的大小顺序比较相似。

表 3-2　单株行道树重金属现贮量估算

树种	器官	生物量（kg）	各重金属元素现贮量（mg）							总量（mg）
			Cr	Mn	Ni	Cu	Zn	Cd	Pb	
国槐	树枝	40.19	144.51	773.28	49.75	300.37	1 100.43	3.21	149.78	2 521.32
	树叶	6.05	16.79	282.21	4.56	57.80	181.55	0.59	45.57	589.06
	树干	92.86	412.06	264.06	211.40	253.78	151.79	1.21	25.21	1 319.50
	树根	48.58	714.13	4 552.55	170.13	1191.57	1 589.08	12.72	116.87	8 347.05
	树皮	9.75	130.17	398.18	39.67	179.42	838.64	4.84	125.78	1 716.69
	总和	197.42	1 417.66	6 270.28	475.51	1 982.93	3 861.48	22.56	463.20	14 493.63
毛白杨	树枝	130.33	221.47	2 488.10	51.46	728.47	10 214.90	47.12	236.24	13 987.76
	树叶	19.61	41.28	1 130.65	25.01	162.39	2 440.00	6.41	88.39	3 894.13
	树干	301.15	2 190.60	785.55	836.10	421.79	3 989.47	39.53	113.08	8 376.13
	树根	157.54	3 318.96	6 917.25	514.79	2 371.04	6 252.86	56.58	335.24	19 766.72
	树皮	31.63	151.57	665.47	56.66	232.73	5 352.44	18.68	168.39	6 645.96
	总和	640.26	5 923.89	11 987.02	1 484.02	3 916.43	28 249.68	168.32	941.34	52 670.69
栾树	树枝	45.66	86.90	1 633.36	54.45	374.14	2 331.97	5.76	143.24	4 629.82
	树叶	6.87	29.39	219.32	12.63	90.73	452.08	1.00	64.63	869.79
	树干	105.51	350.14	293.10	137.72	209.58	246.75	4.47	41.72	1 283.49
	树根	55.19	643.72	2 121.80	204.29	684.07	1739.64	8.05	90.15	5 491.72
	树皮	11.08	108.78	805.80	47.55	279.93	1 984.00	6.67	166.16	3 398.90
	总和	224.32	1 218.93	5 073.38	456.64	1 638.45	6 754.45	25.95	505.92	15 673.72
臭椿	树枝	73.73	136.78	908.02	47.10	881.18	4 108.55	4.39	102.25	6 188.26
	树叶	11.09	28.12	641.79	12.49	134.68	353.36	1.07	161.51	1 333.03
	树干	170.36	437.24	540.65	208.34	347.47	456.10	5.38	88.44	2 083.62
	树根	89.12	1 067.69	2 940.78	212.82	1 572.40	5 298.52	17.10	135.54	11 244.85
	树皮	17.90	538.98	388.13	29.95	165.40	505.40	3.15	137.35	1 768.36
	总和	362.20	2 208.81	5 419.37	510.69	3 101.12	10 721.93	31.10	625.09	22 618.12

（二）不同行道树重金属富集效能比较

根据单株行道树绿化覆盖面积、绿化空间占用量以及重金属现贮量估算行道树单位绿化面积和绿化空间重金属富集量，分别简称为平面富集效能和立体富集效能（表 3-3）。从重金属总平面富集效能来看，毛白杨＞臭椿＞国槐＞栾树，单株毛白杨重金属贮量高，且绿化覆盖面积又低（仅是栾树的 28.9%），因此其平面重金属总富集量最高，达 3952.80mg/m²，是栾树的 12.98 倍，其中重金属 Zn 平面富集效能最大（2120.07mg/m²），而 Cd 最低，仅是 Zn 的 0.6%。从重金属总立体富集效能来看，毛白杨＞国槐＞栾树＞臭椿，虽然单株臭椿的重金属贮量高于国槐和栾树，但由于绿化空间占用量较高，达 500.90m³，约是国槐绿化空间占用量的两倍，因而臭椿立体富集效能比较低，仅是毛白杨的 17.17%。各重金属元素平面富集效能和总立体富集效能大小均呈 Zn＞Mn＞Cr＞Cu＞Pb＞Ni＞Cd 的趋势，其中 Zn、Cd 之间差异最大，平面富集效能 Zn 是 Cd 的 180.40 倍，立体富集效能 Zn 是 Cd 的 184.27 倍。

表3-3　不同行道树重金属富集效能比较

树种	指标	Cr	Mn	Ni	Cu	Zn	Cd	Pb	总量
国槐	平面富集效能（mg/m²）	40.97	181.21	13.74	57.31	111.59	0.65	13.39	418.86
	立体富集效能（mg/m³）	5.44	24.06	1.82	7.61	14.82	0.09	1.78	55.63
毛白杨	平面富集效能（mg/m²）	444.57	899.60	111.37	293.92	2120.07	12.63	70.65	3952.80
	立体富集效能（mg/m³）	29.58	59.85	7.41	19.56	141.06	0.84	4.70	262.99
栾树	平面富集效能（mg/m²）	26.48	110.19	9.92	35.59	146.71	0.56	10.99	340.44
	立体富集效能（mg/m³）	3.59	14.93	1.34	4.82	19.88	0.08	1.49	46.13
臭椿	平面富集效能（mg/m²）	51.15	125.50	11.83	71.82	248.30	0.72	14.48	523.79
	立体富集效能（mg/m³）	4.41	10.82	1.02	6.19	21.41	0.06	1.25	45.15

从不同行道树重金属总富集效能来看，毛白杨的重金属富集效能最高，其次是臭椿，而国槐和栾树的重金属富集效能较低；平面富集效能和立体富集效能均以毛白杨的最高。总体上，毛白杨对重金属的富集效能强于其他树种，由于生物量大、速生性强，是重金属污染净化的优良树种。实际应用中，以道路重金属污染防治为主要目的时，可优先考虑选用毛白杨树种。

二、灌木型配置中植物重金属富集效能

（一）单株灌木各器官重金属现贮量估算

根据3种绿化灌木各器官生物量估算（表3-4），单株灌木生物量大小为铺地柏>大叶黄杨>金叶女贞，其中大叶黄杨与金叶女贞各器官中树干生物量最大，占单株总生物的比重较高，分别占41.67%、40%，树枝和树叶的生物量比较低；而铺地柏中树叶生物量高于其他器官，占单株总生物量的47.62%。

表3-4　路旁灌木各器官重金属现贮量

树种	器官	生物量（kg）	各重金属元素现贮量（mg）							总量（mg）
			Cr	Mn	Ni	Cu	Zn	Cd	Pb	
大叶黄杨	树根	0.02	1.16	1.35	0.12	0.44	0.92	0.02	0.05	4.06
	树干	0.05	0.38	0.57	0.11	0.52	2.57	0.01	0.28	4.45
	树叶	0.02	0.18	0.51	0.04	0.18	1.40	0.00	0.07	2.38
	树枝	0.03	0.67	0.50	0.08	0.33	1.32	0.01	0.16	3.08
	总和	0.12	2.39	2.94	0.36	1.46	6.22	0.04	0.56	13.97
金叶女贞	树根	0.04	2.59	2.84	0.25	0.76	2.01	0.03	0.16	8.64
	树干	0.04	0.36	1.18	0.09	0.54	1.50	0.01	0.08	3.76
	树叶	0.01	0.10	1.56	0.02	0.12	0.84	0.00	0.05	2.69
	树枝	0.01	0.23	0.77	0.04	0.38	1.51	0.01	0.11	3.05
	总和	0.10	3.28	6.35	0.40	1.80	5.85	0.04	0.41	18.13
铺地柏	树根	0.04	7.71	6.17	0.50	2.33	4.38	0.06	0.20	21.34
	树干	0.05	0.39	1.55	0.12	0.49	2.59	0.01	0.10	5.24
	树叶	0.10	1.49	5.85	0.35	1.35	6.73	0.02	0.83	16.62
	树枝	0.03	0.33	0.79	0.09	0.32	1.88	0.01	0.09	3.50
	总和	0.21	9.91	14.35	1.06	4.48	15.57	0.11	1.23	46.70

由于 3 种绿化灌木各器官中重金属元素浓度存在差异，因此各重金属元素现贮量同各器官生物量不成正比，3 种灌木各器官重金属现贮量差异较大，大叶黄杨中树干＞树根＞树枝＞树叶，尽管树干中重金属元素浓度最低，但由于生物量大，树干重金属现贮量为树叶的 1.87 倍；金叶女贞中树根＞树干＞树枝＞树叶，树根中重金属现贮量为树叶的 3.21 倍；铺地柏中树根＞树叶＞树干＞树枝，树根中重金属现贮量是树枝的 6.10 倍，虽然铺地柏树叶的生物量是树根生物量的 2.5 倍，但由于其树根对重金属的富集效能较强，因此树根中重金属现贮量为树叶的 1.28 倍。从单株灌木重金属现贮量来看（表 3-4），铺地柏＞金叶女贞＞大叶黄杨，由于生物量大以及体内重金属元素浓度高，单株铺地柏重金属现贮量比较高，是大叶黄杨的 3.34 倍。

（二）灌木型配置中植物重金属富集效能比较

从平面富集效能来看（表 3-5），金叶女贞＞大叶黄杨＞铺地柏，金叶女贞平面富集效能是铺地柏的 2.20 倍，由于铺地柏类似匍匐生长，单株占地面积比较大，因此重金属平面富集效能就相对较低，而大叶黄杨和金叶女贞单位面积里栽植密度比较大，相应的单位面积生物总量高，尽管单株重金属富集量不高，但总体上单位面积里多株植株累积得到重金属富集量就高于铺地柏。但从立体富集效能来看，金叶女贞＞铺地柏＞大叶黄杨，金叶女贞立体富集效能是大叶黄杨 1.47 倍，可见金叶女贞对土地空间的利用效率比较高。

表 3-5　3 种不同绿化灌木重金属富集效能比较

树种	指标	Cr	Mn	Ni	Cu	Zn	Cd	Pb	总量
大叶黄杨	平面富集效能（mg/m²）	35.82	44.13	5.33	21.94	93.27	0.63	8.43	209.53
	立体富集效能（mg/m³）	42.64	52.53	6.34	26.11	111.03	0.75	10.03	249.44
金叶女贞	平面富集效能（mg/m²）	55.75	107.98	6.84	30.60	99.52	0.69	6.89	308.28
	立体富集效能（mg/m³）	66.37	128.55	8.15	36.43	118.47	0.83	8.20	367.00
铺地柏	平面富集效能（mg/m²）	29.74	43.05	3.17	13.44	46.71	0.32	3.68	140.11
	立体富集效能（mg/m³）	59.48	86.10	6.34	26.88	93.42	0.64	7.35	280.21

虽然金叶女贞的重金属富集效能弱于铺地柏，但从土地和空间的有效利用角度出发，单位面积和单位空间里金叶女贞富集了更多的重金属，尤其是对 Mn 的富集，平面富集效能和立体富集效能分别达 107.98mg/m²、128.55mg/m³，是大叶黄杨和铺地柏中 Mn 的富集量的 1.49 ～ 2.51 倍。因此，总体上金叶女贞重金属富集效能更强，对道路进行重金属污染防治的绿化时，选择栽植金叶女贞能有效提高对该地区重金属污染的净化。

三、乔草型配置中不同植物重金属富集效能比较

（一）乔草型配置中不同植物重金属现贮量估算

4 种不同配置类型中植物群落每公顷生物量，分别为 149.53t、136.83t、39.3t、110.60t，故单位面积生物量里以配置 1（臭椿+黑麦草）生物量最高，而配置 3（紫叶李+早熟禾）生物量最低。由于不同配置类型中乔木生物量占植物群落中总生物量比重大，因此相比于草本植物，乔木的重金属现贮量要高得多（表 3-6）。总体上 4 种配置类型中配置 4（白蜡树+紫叶李+麦冬）重金属现贮量最大，其次是配置 2（白蜡树+麦冬）、而配置 3（紫叶李+早熟禾）重金属现贮量最低。不同植物配置类型中重金属贮量差异较大，主要是受生物量影响，但配置 4 中植物群落总生物量低于配置 2，而重金属现贮量却高于配置 2，可见生物量并不是决定植物群落中重金属现贮量高低的唯一因素，受组成植物种类影响，不同配置中同一种植物重金属富集效能存在差异，重金属元素浓度大小影响植物群落重金属贮量。

表 3-6　乔草型配置中不同植物重金属现贮量（mg）

序号	配置模式	植物类型	Cr	Mn	Ni	Cu	Zn	Cd	Pb	合计
1	大乔+草	臭椿	12 646.32	31 630.31	6 507.65	10 292.02	46 172.15	175.27	3 046.44	110 470.16
		黑麦草	82.69	383.38	11.96	43.00	152.58	1.62	10.05	685.29
		合计	12 729.01	32 013.70	6 519.61	10 335.03	46 324.73	176.89	3 056.49	111 155.45
2	大乔+草	白蜡树	13 589.69	94 795.06	8 291.63	60 127.69	120 003.04	349.28	5 295.74	302 452.13
		麦冬	70.29	359.85	19.61	77.65	221.44	1.74	9.05	759.63
		合计	13 659.98	95 154.91	8 311.24	60 205.33	120 224.48	351.03	5 304.79	303 211.76
3	小乔+草	紫叶李	1 766.64	6 753.48	701.12	2 712.54	12 437.53	38.93	824.08	25 234.32
		早熟禾	92.28	367.86	19.99	41.73	244.10	1.96	15.46	783.39
		合计	1 858.93	7 121.34	721.11	2 754.27	12 681.63	40.89	839.54	26 017.71
4	大乔+小乔+草	白蜡树	13 599.63	110 963.82	10 023.55	59 415.78	108 744.75	630.87	6 487.75	309 866.15
		紫叶李	3 874.50	15 377.99	1 263.75	4 642.14	23 635.71	70.82	1 436.13	50 301.04
		麦冬	46.73	452.35	15.04	74.50	329.12	1.74	8.61	928.10
		合计	17 520.86	126 794.16	11 302.35	64 132.42	132 709.59	703.43	7 932.49	361 095.28

（二）乔草型配置中不同植物重金属富集效能比较

根据平面和立体空间的重金属富集量大小评价 4 种不同的乔草型植物配置的重金属富集效能。4 种不同配置重金属平面富集效能按大小依次为：配置 1（臭椿+黑麦草）>配置 4（白蜡树+紫叶李+麦冬）>配置 2（白蜡树+麦冬）>配置 3（紫叶李+早熟禾）（表 3-7），其中配置 1 中重金属平面富集效能是配置 3 的 3.09 倍；重金属立体富集效能按大小依次为：配置 4>配置 1>配置 3>配置 2（表 3-8），其中配置 4 中重金属立体富集效能比配置 2 高了 1.86 倍。总体上，配置 1 和配置 4 重金属富集效能较高，这是由于配置 1 的单位面积生物量最高，生物量大小影响了重金属富集量，而配置 4 中，不仅白蜡树重金属富集效能强，树种也相对其他配置较多，增加了立体空间上对重金属的富集。

表 3-7　乔草型配置中不同植物重金属平面富集效能（mg/m²）

序号	配置模式	树种	Cr	Mn	Ni	Cu	Zn	Cd	Pb	合计
1	大乔+草	臭椿	283.04 (11.4%)	707.92 (28.6%)	145.65 (5.9%)	230.34 (9.3%)	1033.37 (41.8%)	3.92 (0.2%)	68.18 (2.8%)	2472.42 (100.0%)
		黑麦草	1.19 (12.1%)	5.51 (55.9%)	0.17 (1.7%)	0.62 (6.3%)	2.19 (22.3%)	0.02 (0.2%)	0.14 (1.5%)	9.85 (100.0%)
		合计	284.22	713.42	145.82	230.96	1035.57	3.95	68.33	2482.27
2	大乔+草	白蜡树	54.76 (4.5%)	381.99 (31.3%)	33.41 (2.7%)	242.29 (19.9%)	483.57 (39.7%)	1.41 (0.1%)	21.34 (1.8%)	1218.77 (100.0%)
		麦冬	0.48 (9.3%)	2.44 (47.4%)	0.13 (2.6%)	0.53 (10.2%)	1.50 (29.2%)	0.01 (0.2%)	0.06 (1.2%)	5.16 (100.0%)
		合计	55.24	384.44	33.55	242.82	485.07	1.42	21.40	1223.94
3	小乔+草	紫叶李	54.80 (7.0%)	209.48 (26.8%)	21.75 (2.8%)	84.14 (10.7%)	385.78 (49.3%)	1.21 (0.2%)	25.56 (3.3%)	782.70 (100.0%)
		早熟禾	2.31 (11.8%)	9.20 (47.0%)	0.50 (2.6%)	1.04 (5.3%)	6.10 (31.2%)	0.05 (0.3%)	0.39 (2.0%)	19.58 (100.0%)
		合计	57.10	218.67	22.25	85.18	391.88	1.26	25.95	802.29

续表

序号	配置模式	树种	Cr	Mn	Ni	Cu	Zn	Cd	Pb	合计
4	大乔+小乔+草	白蜡树	60.30	492.01	44.44	263.45	482.17	2.80	28.77	1373.93
			(4.4%)	(35.8%)	(3.2%)	(19.2%)	(35.1%)	(0.2%)	(2.1%)	(100.0%)
		紫叶李	52.44	208.14	17.10	62.83	319.90	0.96	19.44	680.81
			(7.7%)	(30.6%)	(2.5%)	(9.2%)	(47.0%)	(0.1%)	(2.9%)	(100.0%)
		麦冬	0.30	2.91	0.10	0.48	2.12	0.01	0.06	5.98
			(5.0%)	(48.7%)	(1.6%)	(8.0%)	(35.5%)	(0.2%)	(0.9%)	(100.0%)
		合计	113.04	703.06	61.65	326.76	804.19	3.77	48.26	2060.73

注：括号中的数据为植物中该重金属富集效能占所有重金属富集效能的百分比。由于存在四舍五入，因此各项占比之和可能不为100%，下同

表 3-8　乔草型配置模式中不同植物重金属立体富集效能（mg/m³）

序号	配置模式	树种	Cr	Mn	Ni	Cu	Zn	Cd	Pb	合计
1	大乔+草	臭椿	35.38	88.49	18.21	28.79	129.17	0.49	8.52	309.05
			(11.4%)	(28.6%)	(5.9%)	(9.3%)	(41.8%)	(0.2%)	(2.8%)	(100.0%)
		黑麦草	3.96	18.36	0.57	2.06	7.31	0.08	0.48	32.82
			(12.1%)	(55.9%)	(1.7%)	(6.3%)	(22.3%)	(0.2%)	(1.5%)	(100.0%)
		合计	39.34	106.85	18.78	30.85	136.48	0.57	9.00	341.87
2	大乔+草	白蜡树	5.41	37.75	3.30	23.94	47.78	0.14	2.11	120.43
			(4.5%)	(31.3%)	(2.7%)	(19.9%)	(39.7%)	(0.1%)	(1.8%)	(100.0%)
		麦冬	2.39	12.22	0.67	2.64	7.52	0.06	0.31	25.80
			(9.3%)	(47.4%)	(2.6%)	(10.2%)	(29.2%)	(0.2%)	(1.2%)	(100.0%)
		合计	7.80	49.97	3.97	26.58	55.31	0.20	2.42	146.24
3	小乔+草	紫叶李	18.27	69.83	7.25	28.05	128.59	0.40	8.52	260.90
			(7.0%)	(26.8%)	(2.8%)	(10.7%)	(49.3%)	(0.2%)	(3.3%)	(100.0%)
		早熟禾	9.23	36.79	2.00	4.17	24.41	0.20	1.55	78.34
			(11.8%)	(47.0%)	(2.6%)	(5.3%)	(31.2%)	(0.3%)	(2.0%)	(100.0%)
		合计	27.49	106.61	9.25	32.22	153.00	0.60	10.07	339.24
4	大乔+小乔+草	白蜡树	7.09	57.85	5.23	30.98	56.69	0.33	3.38	161.54
			(4.4%)	(35.8%)	(3.2%)	(19.2%)	(35.1%)	(0.2%)	(2.1%)	(100.0%)
		紫叶李	17.48	69.38	5.70	20.94	106.63	0.32	6.48	226.94
			(7.7%)	(30.6%)	(2.5%)	(9.2%)	(47.0%)	(0.1%)	(2.9%)	(100.0%)
		麦冬	1.51	14.57	0.48	2.40	10.60	0.06	0.28	29.90
			(5.0%)	(48.7%)	(1.6%)	(8.0%)	(35.5%)	(0.2%)	(0.9%)	(100.0%)
		合计	26.08	141.80	11.41	54.32	173.93	0.70	10.14	418.38

从土地和空间合理利用的角度出发，学院路乔草型配置模式中配置1与配置4分别从单位面积和单位立体空间里合理地丰富了群落生物量，提高了重金属富集量，因此重金属富集效能较好；而配置3中乔木植株矮小，单位面积里生物量低，配置2中乔木白蜡树高大粗壮，但该配置对空间的利用率不高，因此二者重金属富集效能都较低。

四、乔灌草型配置中不同植物重金属富集效能比较

(一)乔灌草型配置不同植物重金属现贮量估算

通过估算得到 4 种不同配置类型中植物群落每公顷生物量分别为 60.08t、79.02t、77.16 t、108.01t，其中配置 4（臭椿+大叶黄杨+金叶女贞+萱草+黑麦草）中单位面积里生物量最高，是配置 1（臭椿+木槿+黑麦草）的 1.80 倍。不同配置中植物重金属贮量同生物量与重金属元素浓度相关，乔灌草型配置不同植物重金属现贮量估算结果如表 3-9 所示，由于植物配置中乔木生物量占植物群落中总生物量比重大，因此相比于灌木、地被草，乔木的重金属贮量要高得多。各配置类型按重金属现贮量大小排序依次为配置 2（白蜡+大叶黄杨+金叶女贞+铺地柏+麦冬）>配置 3（白蜡树+紫叶李+铺地柏+黑麦草）>配置 4>配置 1。但配置 4 中植物群落的总生物量高于配置 2 和配置 3，而重金属现贮量却仅是配置 2 的 55.4%，可见生物量并不是决定植物群落中重金属贮量高低的唯一因素，受组成植物种类的影响，不同配置中同一种植物重金属富集效能存在差异，其重金属元素浓度大小变化也影响了植物群落的重金属现贮量。

表 3-9　乔灌草型配置不同植物重金属现贮量（mg）

序号	配置模式	植物类型	Cr	Mn	Ni	Cu	Zn	Cd	Pb	合计
1	大乔+灌木+草	臭椿	8 712.65	21 035.52	1 904.15	8 257.18	46 353.97	128.81	1 988.01	88 380.29
		木槿	237.41	1 050.70	85.03	528.25	2 046.80	9.91	68.86	4 026.96
		黑麦草	36.48	114.84	6.79	14.97	68.82	0.78	5.45	248.13
		合计	8 986.54	22 201.06	1 995.97	8 800.40	48 469.60	139.49	2 062.32	92 655.37
2	大乔+绿篱+草	白蜡树	11 763.43	92 749.89	3 854.85	49 314.76	84 894.23	314.60	3 920.01	246 811.76
		大叶黄杨	308.78	1 026.99	80.20	451.40	1 375.28	7.84	171.38	3 421.87
		金叶女贞	525.00	10 593.98	328.63	1 490.86	5 618.68	18.93	366.79	18 942.86
		铺地柏	121.41	418.66	42.78	174.70	719.43	3.48	58.94	1 539.41
		麦冬	12.42	73.79	3.80	18.23	40.49	0.45	2.21	151.40
		合计	12 731.04	104 863.31	4 310.26	51 449.95	92 648.12	345.30	4 519.33	270 867.29
3	大乔+小乔+绿篱+草	白蜡树	13 088.63	61 195.57	3 121.56	36 990.27	71 295.17	308.29	4 451.84	190 451.33
		紫叶李	2 135.93	11 926.85	707.65	3 560.10	11 339.41	49.60	976.88	30 696.43
		铺地柏	735.87	3 000.21	387.93	1 673.42	4 500.44	27.19	491.69	10 816.76
		黑麦草	13.50	96.98	5.85	18.72	88.68	0.58	3.28	227.58
		合计	15 973.93	76 219.62	4 222.99	42 242.52	87 223.71	385.66	5 923.69	232 192.11
4	大乔+绿篱+草	臭椿	9 840.17	40 537.85	2 945.77	12 870.92	61 989.06	222.61	5 520.53	133 926.91
		大叶黄杨	452.02	3 229.82	217.80	1 527.90	3 320.22	23.83	343.31	9 114.90
		金叶女贞	262.67	3142.34	94.31	539.12	1 883.05	10.09	144.58	6 076.17
		萱草	39.53	124.18	9.27	22.07	94.48	0.71	4.34	294.58
		黑麦草	79.13	404.69	21.74	45.32	174.46	2.53	15.47	743.33
		合计	10 673.51	47 438.89	3 288.89	15 005.33	67 461.28	259.77	6 028.23	150 155.89

(二)乔灌草型配置中不同植物重金属富集效能比较

4 种不同配置重金属平面富集效能按大小依次为：配置 1（臭椿+木槿+黑麦草）>配置 4（臭椿+大叶黄杨+金叶女贞+萱草+黑麦草）>配置 3（白蜡树+紫叶李+铺地柏+黑麦草）>配置 2（白蜡树+大叶黄杨+金叶女贞+铺地柏+麦冬）（表 3-10），其中配置 1 中重金属平面富集效能是配置 2 的 2.90 倍；重金属立体富集效能按大小依次为：配置 4>配置 2>配置 3>配置 1（表 3-11），与单位面积里生物量大小排序相同，其中配置 4 重金属立体富集效能是配置 1 的 1.97 倍。

表 3-10　不同乔灌草配置模式重金属平面富集效能（mg/m²）

序号	配置模式	植物类型	Cr	Mn	Ni	Cu	Zn	Cd	Pb	合计
1	大乔+稀疏灌木+草	臭椿	339.73	820.23	74.25	321.97	1807.46	5.02	77.52	3446.17
			(9.9%)	(23.8%)	(2.2%)	(9.3%)	(52.4%)	(0.1%)	(2.2%)	(100.0%)
		木槿	29.53	130.71	10.58	65.72	254.63	1.23	8.57	500.96
			(5.9%)	(26.1%)	(2.1%)	(13.1%)	(50.8%)	(0.2%)	(1.7%)	(100.0%)
		黑麦草	1.17	3.67	0.22	0.48	2.20	0.02	0.17	7.94
			(14.7%)	(46.3%)	(2.7%)	(6.0%)	(27.7%)	(0.3%)	(2.2%)	(100.0%)
		合计	370.59	955.11	85.09	388.39	2065.32	6.28	86.30	3957.07
2	大乔+绿篱+草	白蜡树	36.24	285.77	11.88	151.94	261.57	0.97	12.08	760.46
			(4.8%)	(37.6%)	(1.6%)	(20.0%)	(34.4%)	(0.1%)	(1.6%)	(100.0%)
		大叶黄杨	18.13	60.30	4.71	26.51	80.76	0.46	10.06	200.93
			(9.0%)	(30.0%)	(2.3%)	(13.2%)	(40.2%)	(0.2%)	(5.0%)	(100.0%)
		金叶女贞	8.63	174.13	5.40	24.50	92.35	0.31	6.03	311.36
			(2.8%)	(55.9%)	(1.7%)	(7.9%)	(29.7%)	(0.1%)	(1.9%)	(100.0%)
		铺地柏	6.85	23.61	2.41	9.85	40.58	0.20	3.32	86.83
			(7.9%)	(27.2%)	(2.8%)	(11.3%)	(46.7%)	(0.2%)	(3.8%)	(100.0%)
		麦冬	0.34	2.03	0.10	0.50	1.11	0.01	0.06	4.17
			(8.2%)	(48.7%)	(2.5%)	(12.0%)	(26.7%)	(0.3%)	(1.5%)	(100.0%)
		合计	70.44	547.36	24.59	213.83	477.88	1.96	31.68	1367.74
3	大乔+小乔+绿篱+草	白蜡树	80.78	377.70	19.27	228.31	440.04	1.90	27.48	1175.48
			(6.9%)	(32.1%)	(1.6%)	(19.4%)	(37.4%)	(0.2%)	(2.3%)	(100.0%)
		紫叶李	34.99	195.39	11.59	58.32	185.77	0.81	16.00	502.88
			(7.0%)	(38.9%)	(2.3%)	(11.6%)	(36.9%)	(0.2%)	(3.2%)	(100.0%)
		铺地柏	12.01	48.98	6.33	27.32	73.48	0.44	8.03	176.60
			(6.8%)	(27.7%)	(3.6%)	(15.5%)	(41.6%)	(0.3%)	(4.5%)	(100.0%)
		黑麦草	0.21	1.54	0.09	0.30	1.41	0.01	0.05	3.62
			(5.9%)	(42.6%)	(2.6%)	(8.2%)	(39.0%)	(0.3%)	(1.4%)	(100.0%)
		合计	128.21	624.61	37.36	314.71	701.85	3.17	51.66	1861.59
4	大乔+绿篱+草	臭椿	97.81	402.93	29.28	127.93	616.14	2.21	54.87	1331.17
			(7.3%)	(30.3%)	(2.2%)	(9.6%)	(46.3%)	(0.2%)	(4.1%)	(100.0%)
		大叶黄杨	12.56	89.72	6.05	42.44	92.23	0.66	9.54	253.19
			(5.0%)	(35.4%)	(2.4%)	(16.8%)	(36.4%)	(0.3%)	(3.8%)	(100.0%)
		金叶女贞	15.63	187.04	5.61	32.09	112.09	0.60	8.61	361.68
			(4.3%)	(51.7%)	(1.6%)	(8.9%)	(31.0%)	(0.2%)	(2.4%)	(100.0%)
		萱草	1.18	3.70	0.28	0.66	2.81	0.02	0.13	8.77
			(13.4%)	(42.2%)	(3.1%)	(7.5%)	(32.1%)	(0.2%)	(1.5%)	(100.0%)
		黑麦草	0.88	4.50	0.24	0.50	1.94	0.03	0.17	8.26
			(10.6%)	(54.4%)	(2.9%)	(6.1%)	(23.5%)	(0.3%)	(2.1%)	(100.0%)
		合计	128.35	689.48	41.55	204.05	826.66	3.53	73.43	1967.06

表 3-11　不同乔灌草配置模式重金属立体富集效能（mg/m³）

序号	配置模式	植物类型	Cr	Mn	Ni	Cu	Zn	Cd	Pb	合计
1	大乔+稀疏灌木+草	臭椿	43.00 (9.9%)	103.83 (23.8%)	9.40 (2.2%)	40.76 (9.3%)	228.79 (52.4%)	0.64 (0.1%)	9.81 (2.2%)	436.22 (100.0%)
		木槿	1.18 (5.9%)	5.23 (26.1%)	0.42 (2.1%)	2.63 (13.1%)	10.19 (50.8%)	0.05 (0.2%)	0.34 (1.7%)	20.04 (100.0%)
		黑麦草	3.89 (14.7%)	12.25 (46.3%)	0.72 (2.7%)	1.60 (6.0%)	7.34 (27.7%)	0.08 (0.3%)	0.58 (2.2%)	26.47 (100.0%)
		合计	48.23	121.80	10.59	45.21	247.35	0.77	10.78	484.73
2	大乔+绿篱+草	白蜡树	4.22 (4.8%)	33.31 (37.6%)	1.38 (1.6%)	17.71 (20.0%)	30.49 (34.4%)	0.11 (0.1%)	1.41 (1.6%)	88.63 (100.0%)
		大叶黄杨	21.59 (9.0%)	71.79 (30.0%)	5.61 (2.3%)	31.56 (13.2%)	96.14 (40.2%)	0.55 (0.2%)	11.98 (5.0%)	239.20 (100.0%)
		金叶女贞	10.27 (2.8%)	207.30 (55.9%)	6.43 (1.7%)	29.17 (7.9%)	109.94 (29.7%)	0.37 (0.1%)	7.18 (1.9%)	370.66 (100.0%)
		铺地柏	13.70 (7.9%)	47.23 (27.2%)	4.83 (2.8%)	19.71 (11.3%)	81.15 (46.7%)	0.39 (0.2%)	6.65 (3.8%)	173.65 (100.0%)
		麦冬	1.71 (8.2%)	10.16 (48.7%)	0.52 (2.5%)	2.51 (12.0%)	5.57 (26.7%)	0.06 (0.3%)	0.30 (1.5%)	20.84 (100.0%)
		合计	51.73	371.29	18.85	101.18	324.81	1.49	27.64	896.99
3	大乔+小乔+绿篱+草	白蜡树	10.18 (6.9%)	47.60 (32.1%)	2.43 (1.6%)	28.77 (19.4%)	55.46 (37.4%)	0.24 (0.2%)	3.46 (2.3%)	148.14 (100.0%)
		紫叶李	11.66 (7.0%)	65.13 (38.9%)	3.86 (2.3%)	19.44 (11.6%)	61.92 (36.9%)	0.27 (0.2%)	5.33 (3.2%)	167.63 (100.0%)
		铺地柏	24.03 (6.8%)	97.97 (27.7%)	12.67 (3.6%)	54.64 (15.5%)	146.95 (41.6%)	0.89 (0.3%)	16.06 (4.5%)	353.20 (100.0%)
		黑麦草	0.72 (5.9%)	5.15 (42.6%)	0.31 (2.6%)	0.99 (8.2%)	4.71 (39.0%)	0.03 (0.3%)	0.17 (1.4%)	12.08 (100.0%)
		合计	46.80	216.83	19.35	104.31	270.20	1.44	25.13	684.05
4	大乔+绿篱+草	臭椿	12.38 (7.3%)	51.00 (30.3%)	3.71 (2.2%)	16.19 (9.6%)	77.99 (46.3%)	0.28 (0.2%)	6.95 (4.1%)	168.50 (100.0%)
		大叶黄杨	14.95 (5.0%)	106.81 (35.4%)	7.20 (2.4%)	50.53 (16.8%)	109.80 (36.4%)	0.79 (0.3%)	11.35 (3.8%)	301.42 (100.0%)
		金叶女贞	18.61 (4.3%)	222.67 (51.7%)	6.68 (1.6%)	38.20 (8.9%)	133.44 (31.0%)	0.72 (0.2%)	10.25 (2.4%)	430.57 (100.0%)
		萱草	2.94 (13.4%)	9.24 (42.2%)	0.69 (3.1%)	1.64 (7.5%)	7.03 (32.1%)	0.05 (0.2%)	0.32 (1.5%)	21.92 (100.0%)
		黑麦草	2.93 (10.6%)	14.99 (54.4%)	0.81 (2.9%)	1.68 (6.1%)	6.46 (23.5%)	0.09 (0.3%)	0.57 (2.1%)	27.53 (100.0%)
		合计	52.11	406.31	19.18	108.67	336.17	1.94	29.56	953.94

4 种配置中不同生活型植物重金属元素富集效能差异较大。从重金属平面富集效能指标看，乔木的重金属平面富集效能均高于灌木和草本植物，以草本植物重金属平面富集效能最低；在重金属立体富集效能指标中，与重金属平面富集效能有所不同，部分灌木比乔木富集效能高，如除配置 1 外，配置 2、配置 3 和配置 4 中灌木都比乔木树种高。

第三节　影响道路绿化植物对重金属富集的因素

一、不同径级国槐重金属富集效能比较

国槐是北京市道路绿化的高频树种，选取北京市台基厂大街行道树国槐为研究对象，研究其不同径级、不同器官重金属元素浓度，分析不同径级国槐对重金属的富集作用，探讨胸径大小对树木吸收重金属能力的影响。

（一）不同径级国槐中重金属元素浓度的比较

重金属元素浓度在国槐中因器官、元素种类不同而存在差异（表 3-12），各元素浓度大小顺序为 Zn ＞ Mn ＞ Cu ＞ Pb ＞ Cr ＞ Ni ＞ Cd，总体上各器官中树皮和树根中重金属元素浓度较高，叶和枝次之，树干中则普遍较低，其中 Cd、Cr、Ni 和 Pb 4 种非必需营养元素在树皮中浓度较高，而 Zn、Mn、Cu 3 种营养元素在树根中浓度较高。

表 3-12　不同径级国槐各器官重金属元素浓度（mg/kg）

径级	重金属	枝	叶	干	根	皮
小	Cd	0.123±0.058Ab	0.179±0.040Ab	0.136±0.032Ab	0.921±0.077Aa	1.021±0.061Aa
	Cr	6.711±0.306Ac	3.903±0.231Cd	1.974±0.036Ce	11.107±0.586Ab	25.486±0.590Ba
	Cu	7.568±0.194Ac	8.098±0.300Bc	2.596±0.330Ad	180.149±1.649Aa	84.199±0.639Ab
	Mn	17.059±0.184Ad	59.427±0.597Cc	3.028±0.006Ae	125.877±0.579Ba	73.549±0.192Ab
	Ni	5.398±0.100Ab	0.943±0.169Cd	1.183±0.155Bd	4.694±0.409Ac	13.365±0.166Aa
	Pb	2.468±0.341Ac	5.713±0.286Bb	0.858±0.812Ad	6.058±0.585Bb	34.006±1.163Ba
	Zn	25.733±0.183Bd	32.344±0.593Cc	5.179±0.0090Ce	172.459±0.882Ba	105.415±0.399Ab
中	Cd	0.120±0.053Ac	0.163±0.0230Ac	0.173±0.031Ac	0.733±0.100Ba	0.672±0.110Bb
	Cr	2.231±0.231Cd	4.904±0.060Bc	4.626±0.063Bc	7.511±0.367Bb	32.694±0.128Aa
	Cu	4.395±0.012Cd	6.779±0.347Cc	2.629±0.050Ae	164.489±0.568Ba	26.468±0.951Cb
	Mn	15.447±0.051Bd	68.654±0.410Bb	2.925±0.036Be	165.567±0.921Aa	50.573±0.290Cc
	Ni	2.427±0.074Bc	1.533±0.070Bd	0.922±0.045Ce	4.644±0.184Ab	7.078±0.090Ba
	Pb	1.739±0.086Bc	7.518±0.767Ab	0.739±0.751Ac	9.096±0.378Ab	54.847±1.789Aa
	Zn	29.689±0.234Ad	76.458±1.009Ac	14.417±0.020Be	190.378±1.018Aa	87.175±0.106Cb
大	Cd	0.090±0.010Ad	0.199±0.034Ac	0.140±0.029Acd	0.349±0.031Cb	0.513±0.110Ba
	Cr	3.427±0.182Bd	9.904±0.147Ab	2.654±0.135Be	7.183±0.297Bc	20.179±0.321Ca
	Cu	7.198±0.168Bd	9.218±0.170Ac	2.053±0.062Be	125.208±0.447Ca	77.296±0.271Bb
	Mn	17.193±0.445Ad	73.963±0.316Ab	2.587±0.006Ce	117.609±0.948Ca	52.019±0.457Bc
	Ni	2.445±0.095Bc	1.989±0.071Ad	1.538±0.058Ae	4.572±0.485Ab	6.930±0.161Ba
	Pb	1.256±0.168Bd	7.878±0.440Ab	0.498±0.208Ae	3.381±0.506Cc	14.194±0.354Ca
	Zn	21.483±1.094Cd	57.442±0.115Bc	20.733±0.670Ad	107.482±1.119Ca	91.377±0.117Bb

注：表中数值为均值 ± 标准差；不同小写字母表示同一径级不同器官相同重金属元素浓度差异达到显著水平（$P < 0.05$）；不同大写字母表示不同径级同一器官相同重金属元素浓度差异达到显著水平（$P < 0.05$）；下同

不同径级国槐相同器官对同一元素吸收存在差异（表3-12），除树皮、树根外，其余器官中 Cd 浓度在不同径级间差异不显著（$P > 0.05$）；Cr、Zn、Mn 在各器官中浓度因径级不同存在极显著差异（$P < 0.01$），其中小径级树枝中 Cr 浓度、树皮中 Mn 浓度分别是中径级相应器官中的 3.01 倍、1.45 倍，大径级树干中 Zn 浓度是小径级相应器官中的 4 倍；Cu、Pb、Ni 在部分器官中浓度也因径级不同存在极显著差异（$P < 0.01$），尤其是树皮中，Cu 在小径级中浓度比中径级高了 2.18 倍，中径级 Pb 浓度则是大径级的 3.86 倍，树枝中小径级 Ni 浓度是中径级的 2.22 倍。总体上，重金属元素浓度在各径级国槐中大小顺序为：中径级＞小径级＞大径级，尤其是中径级国槐树根对 Mn、Zn，树皮对 Cr、Pb，树叶对 Zn 的吸收都高于其他径级相应器官。

（二）不同径级国槐重金属富集系数比较

国槐不同器官对重金属元素的富集效能存在差异，依次为树皮＞树根＞树叶＞树枝＞树干。各径级国槐相同器官对不同重金属元素的富集效能不同，而且各器官对重金属表现出极显著的选择性吸收（图3-9），其对重金属的富集系数分布范围为：树枝：0.015 ~ 0.194，对 Ni 的富集效能最强，而对 Cu 最弱（大径级

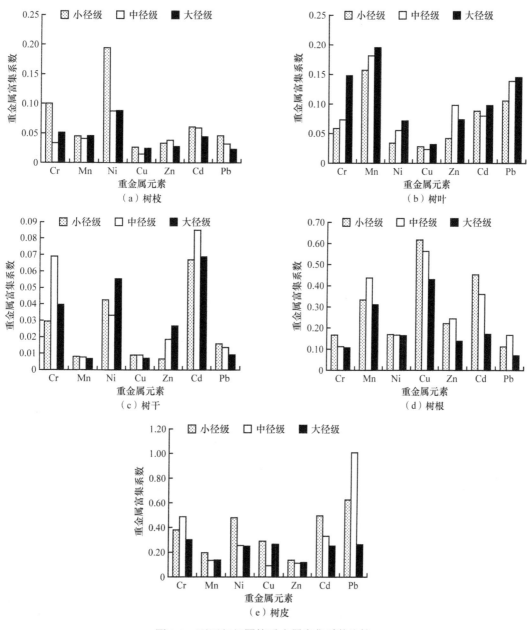

图3-9　不同径级国槐重金属富集系数比较

国槐除外）；树叶：0.023 ～ 0.195，对 Mn 的富集效能最强，而对 Cu 最弱；树干：0.007 ～ 0.085，对 Cd 的富集效能最强，对 Mn 较弱（小径级除外）；树根：0.070 ～ 0.617，对 Cu 的富集效能最强，对 Pb 较弱（中径级除外）；树皮：0.112 ～ 1.010，树皮对 Pb 的富集效能较强，尤其是中径级国槐树皮对 Pb 的富集系数大于 1，表现出超富集植物的特征。

同一器官中，不同径级国槐对同一重金属的富集效能不同（图 3-9）。尤其是对 Cr 的吸收和富集，不同径级国槐间差异明显。其中，小径级国槐树枝对 Cr 的富集系数是中径级国槐树枝的 3.03 倍；大径级国槐树叶对 Cr 的富集系数是小径级国槐的 2.55 倍；树干中，中径级国槐对 Cr 的富集系数是小径级国槐的 2.38 倍。

从重金属富集系数均值来看，不同径级国槐对重金属的富集效能大小为小径级（0.17）＞中径级（0.16）＞大径级（0.12），除树叶和树干外，小径级国槐各器官 Cu、Ni、Cd 的富集系数普遍高于其他两个径级。可见随着胸径不断扩大，国槐对重金属的富集效能呈下降趋势。

（三）不同径级国槐重金属现贮量估算

不同径级国槐单株重金属现贮量为 22 777.65 ～ 47 263.70mg/株（表 3-13），重金属现贮量随着径级扩大而增加。从不同重金属元素现贮量来看，单株国槐中 Zn、Mn、Cu 3 种重金属现贮量最高，Cr、Ni、Pb 其次，Cd 最低。

表 3-13 不同径级国槐单株各器官生物量及重金属现贮量

径级	器官	生物量（kg）	各重金属元素现贮量（mg）							合计（mg）
			Cd	Cr	Cu	Mn	Ni	Pb	Zn	
小	枝	32.18	3.96	215.94	243.52	548.95	173.72	79.43	828.07	2 093.58
	叶	3.49	0.63	13.62	28.27	207.47	3.29	19.94	112.92	386.14
	干	147.49	20.10	291.21	382.89	446.62	174.53	126.49	763.82	2 205.66
	根	36.09	33.24	400.90	6 502.14	4 543.29	169.41	218.67	6 224.60	18 092.26
	合计	219.25	57.92	921.68	7 156.83	5 746.33	520.95	444.53	7 929.40	22 777.65
中	枝	59.71	7.15	133.19	262.42	922.24	144.91	103.82	1 772.61	3 346.33
	叶	4.99	0.81	24.48	33.84	342.69	7.65	37.53	381.64	828.63
	干	290.58	50.29	1 344.23	763.98	850.05	267.88	214.69	4 189.34	7 680.46
	根	59.18	43.40	444.54	9 735.26	9 799.05	274.88	538.37	11 267.49	32 103.00
	合计	414.47	101.65	1 946.44	10 795.50	11 914.03	695.32	894.40	17 611.09	43 958.42
大	枝	85.17	7.66	291.89	613.00	1 464.27	208.21	106.94	1 829.63	4 521.60
	叶	6.13	1.22	60.71	56.50	453.39	12.18	48.29	352.12	984.41
	干	429.07	60.02	1 138.65	880.71	1 110.15	659.80	213.76	8 895.67	12 958.77
	根	78.64	27.46	564.89	9 846.36	9 248.78	359.54	299.44	8 452.44	28 798.92
	合计	599.00	96.36	2 056.14	11 396.57	12 276.59	1 239.75	668.44	19 529.86	47 263.70

为了说明重金属在单株国槐各器官中的分配情况以及与生物量的关系，根据表 3-13 数据作图 3-10。图 3-10 显示国槐各器官中重金属现贮量与相应器官生物量不成正比，树根生物量仅占总生物量的 13.13% ～ 16.46%，但其重金属现贮量最大，占 60.93% ～ 79.43%；树干生物量最大，占总生物量的 67.27% ～ 71.63%，但重金属现贮量不到单株国槐总贮量的 1/3；树枝和树叶生物量之和占 15.24% ～ 16.27%，其重金属现贮量却低于 15%。

随着径级扩大，国槐各器官生物量也相应增加，其中树干生物量占总生物量的比重逐渐增大，而其余器官呈减小趋势，因此相应器官中的重金属累积量也随之发生增大或减小的变化，其中大径级国槐树干重金属现贮量（12 958.77mg）占总贮量的百分比（27.42%）几乎比小径级国槐（2205.66mg，9.68%）增长了两倍，而树根同比却减少了 18.5%。各径级国槐单株重金属现贮量随着径级扩大不呈线性增加（类似抛物

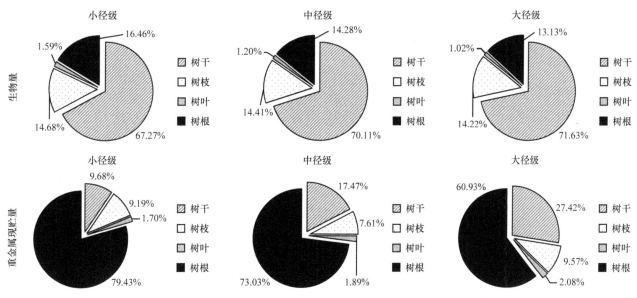

图 3-10　不同径级国槐各器官重金属现贮量与相应生物量分配规律

线状），其中中径级国槐重金属累积量同小径级国槐相比增加了 92.99%，而大径级同比中径级相比仅增加 7.52%，研究表明树木生物量随着树龄增大呈抛物线状增长（周群英等，2010），因而单株国槐重金属总贮量的增长随着胸径扩大可能受生物量增长率大小影响。

二、落叶前后国槐重金属富集效能比较

为了解国槐落叶前后各器官中重金属元素浓度变化情况，选取北京市台基厂大街行道树国槐为研究对象，研究不同生长季节国槐中重金属吸收及迁移变化。

（一）落叶前后国槐中重金属元素浓度变化

落叶前后国槐不同器官中各重金属元素浓度几乎都发生了变化（图 3-11）。①树枝：相比于生长期，落叶期树枝中仅 Cu、Zn 的浓度增加，增幅分别为 41.1% 和 139%。②树叶：落叶中各重金属元素浓度均高于生长期的树叶，各重金属元素浓度增幅的大小顺序依次为 Zn（45.9%）＞ Ni（43.6%）＞ Cd（31.7%）＞ Cr（21.8%）＞ Cu（16.4%）＞ Pb（4.0%）＞ Mn（1.8%）。③树干：落叶期树干中各重金属元素浓度高于生长期（Cd 除外），其中以 Ni 的增幅最大，Cd 相比于生长期降低了 21.8%。④树根：落叶期树根中 Cu、Zn、Cd 浓度均下降，其中以 Cu 的降幅最大（49.3%），其余 4 种元素浓度均高于生长期，落叶期树根中 Cr 浓度比生长期高了 2 倍多。⑤树皮：树皮中 Cr、Mn、Zn、Cd 浓度均为落叶期大于生长期，以 Cr 的增幅最大，比生长期高了 1.4 倍多。

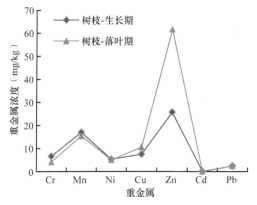

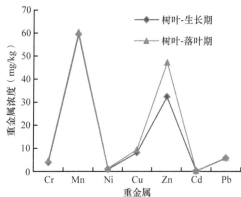

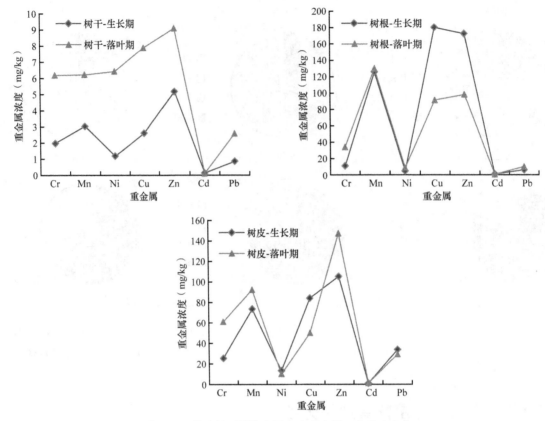

图 3-11 落叶前后国槐各器官中重金属元素浓度变化

总体上，落叶期各器官中 Cr、Mn 两种重金属元素浓度高于生长期，从图 3-11 看出，落叶前后 Zn 浓度变化最为显著。

（二）落叶前后国槐各器官重金属富集系数

落叶前后国槐各器官对重金属元素的富集效能发生了一定变化（图 3-12）。落叶期树枝对 Cu、Zn 的富集效能提高了，尤其是 Zn，落叶期国槐树枝对其富集效能高于生长期 1.39 倍；树叶中，落叶期国槐树叶对 7 种重金属富集效能均有所提高，以 Zn 元素差异最为显著，高出生长期 0.46 倍，而 Mn 富集效能差异最小，仅为生长期国槐树叶的 0.12 倍；树干中，除 Cd 外，落叶期国槐树干对其余 6 种重金属的富集效能均增强了，其中对 Ni 的富集效能提高最为显著，落叶期为生长期的 5.43 倍，其次是 Cr，相差 2.13 倍；落叶期国槐树根对 Cu、Zn、Cd 的富集效能减弱，而对 Cr 的富集效能明显增强，落叶期国槐树根对 Cr 的富集效能是生长期的 3.07 倍；落叶期的国槐树皮对重金属 Cu 表现出低的富集效能，与生长期相比降了 40.2%，而对 Cr 表现出高的富集效能，是生长期的 2.40 倍。

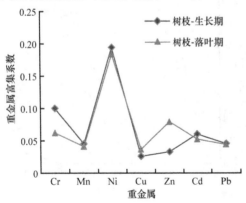

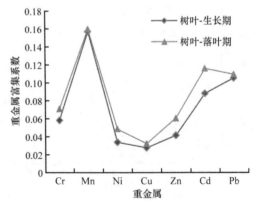

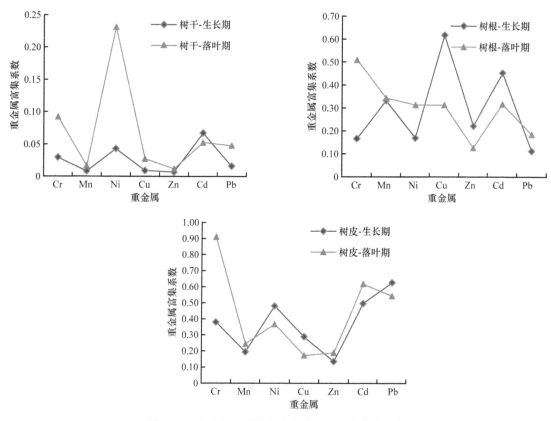

图3-12　落叶前后国槐各器官重金属元素富集系数

总体上，相比于生长期，落叶期国槐对 Cr、Mn 的富集效能均有所提高，尤其对 Cr 的富集，落叶前后差异比较显著。

（三）落叶前后国槐各器官重金属转运系数

重金属转运系数可用于评价植物从地下器官向地上器官运输和转移重金属的能力。通过比较落叶前后国槐地上器官（树枝、树叶、树干、树皮）转运系数，分析和评价落叶前后国槐根系向地上部分运输和转移重金属能力。

落叶前后国槐地上部分器官转运系数变化如图3-13所示：树枝中，落叶期 Cu、Zn 的转运系数都增大，分别是生长期的 2.78 倍、4.21 倍，Cr、Mn、Ni、Cd、Pb 的转运系数都减小，其中 Cr、Ni、Pb 的降幅较大，分别比生长期低了 79.82%、49.10%、41.15%；树叶中，落叶期 Cu、Zn、Cd 的转运系数都增大，其中 Zn 的转运系数是生长期的 2.57 倍，Cr、Mn、Ni、Pb 的转运系数都减小，以 Cr 和 Pb 的降幅最大，分别比生长期低了 60.39%、37.07%；树干中，落叶期各重金属元素的转运系数都高于生长期，其中 Zn、Ni 的转运系数分别是生长期的 3.09 倍、2.92 倍；树皮中，落叶期仅 Cu、Zn、Cd 的转运系数高于生长期，其余 4 种重金属的转运系数均降低，以 Pb 的降幅最大，降低了 47.50%。

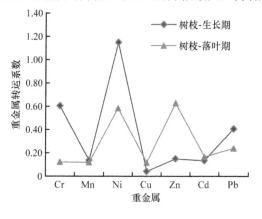

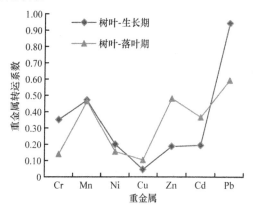

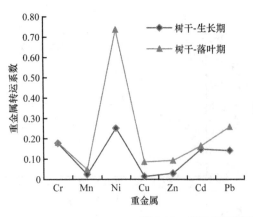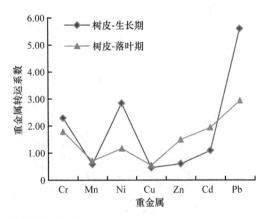

图 3-13　落叶前后国槐地上部分器官转运系数变化

总体上，生长期国槐各器官重金属转运能力大小依次为：树皮＞树枝＞树叶＞树干；落叶期国槐各器官重金属转运能力大小依次为：树皮＞树叶＞树干＞树枝，可见在落叶前后国槐各器官对重金属元素的转运能力发生了变化，生长期转入休眠期期间，国槐树叶和树干对重金属的转运能力都有所提高，而树枝的转运能力下降。从对重金属元素的转移运输方面来看，落叶期国槐地上器官 Cu、Zn 的转运系数都高于生长期，尤其是落叶期 Zn 的运输和转移明显高于生长期，但对有害重金属 Cr、Ni、Pb 的转运能力降低。

（四）落叶前后国槐各器官重金属现贮量变化

假设落叶前后国槐各器官生物量不变，采用生物量方程计算得到国槐树枝、树叶、树干、树根的生物量分别为：29.164kg、24.498kg、134.156kg、37.266kg，各器官生物量之比约为：13∶11∶60∶16（树皮不计）。

国槐不同器官落叶前后重金属现贮量变化情况显示（表 3-14），生长期各器官重金属现贮量占比依次为树根（79.42%）＞树干（9.68%）＞树枝（9.19%）＞树叶（1.69%）；落叶期依次为树根（59.05%）＞树干（24.91%）＞树枝（14.06%）＞树叶（1.98%），可见除了国槐树根，落叶期国槐单株树枝、树叶、树干中重金属现贮量都高于生长期，其中以树干中重金属现贮量的增幅最大。

表 3-14　落叶前后单株国槐各器官重金属现贮量（mg）变化

器官	时间	Cr	Mn	Ni	Cu	Zn	Cd	Pb	合计
树枝	生长期	215.94	548.95	173.72	243.52	828.07	3.95	79.43	2 093.58
	落叶期	133.98	498.50	164.31	343.51	1 983.37	3.43	77.28	3 204.38
	增幅（%）	−37.96	−9.19	−5.42	41.06	139.52	−13.27	−2.71	53.06
树叶	生长期	13.62	207.47	3.29	28.27	112.92	0.63	19.94	386.14
	落叶期	16.59	211.19	4.73	32.90	164.78	0.82	20.75	451.77
	增幅（%）	21.77	1.80	43.60	16.39	45.93	31.74	4.04	17.00
树干	生长期	291.21	446.62	174.53	382.89	763.82	20.10	126.49	2 205.66
	落叶期	912.23	917.14	947.59	1 163.25	1 341.84	15.72	380.71	5 678.48
	增幅（%）	213.25	105.35	442.94	203.81	75.68	−21.80	200.99	157.45
树根	生长期	400.90	4 543.29	169.41	6 502.14	6 224.60	33.242	218.67	18 092.26
	落叶期	1 232.42	4 693.87	314.83	3 296.53	3 538.81	23.30	361.56	13 461.32
	增幅（%）	207.41	3.31	85.84	−49.30	−43.15	−29.90	65.34	−25.60
合计	生长期	921.67	5 746.33	520.95	7 156.82	7 929.41	57.922	444.53	22 777.64
	落叶期	2 295.22	6 320.70	1 431.46	4 836.19	7 028.80	43.27	840.30	22 795.95
	增幅（%）	149.03	10.00	174.78	−32.43	−11.36	−25.30	89.03	0.08

生长期各重金属元素在国槐中的现贮量大小顺序依次为：Zn ＞ Cu ＞ Mn ＞ Cr ＞ Ni ＞ Pb ＞ Cd；落叶

期为 Zn > Mn > Cu > Cr > Ni > Pb > Cd；比较落叶前后各重金属元素的现贮量，除了 Cd、Cu、Zn，其余 4 种元素均表现为落叶期高于生长期。总体上看，国槐生长期各重金属元素现贮量为 22 777.64mg，比落叶期减少了 0.08%，说明国槐由生长期转入落叶期间，重金属的吸收能力差别不大。

各重金属元素输出量（落叶）占单株相应元素总量的百分比依次为 Pb（4.67%）> Mn（3.68%）> Zn（2.08%）> Cr（1.80%）> Cd（1.42%）> Ni（0.91%）> Cu（0.46%），落叶中重金属输出量占单株重金属现贮总量的 1.98%。

三、不同修剪方式国槐重金属富集效能比较

选取行道树国槐为研究对象，比较不同修剪方式的国槐各器官中重金属的浓度，分析修剪方式对国槐重金属富集及转运迁移的影响，结合行道树国槐对环境重金属的净化作用，确定合适的修剪措施，同时为今后城市行道树科学的经营管护提供理论参考。

（一）不同修剪方式的国槐各器官中重金属元素浓度

3 种修剪方式的国槐各器官重金属元素浓度差异较大（表 3-15），树根是养分及重金属元素吸收的主要器官，其重金属元素浓度最高（尤其是必需矿质营养元素 Mn、Zn、Cu），树皮次之，有害重金属元素如 Cr、Ni、Pb 在树皮中浓度甚至高于树根中，树皮吸收的重金属一部分来源于根系输送，一部分还来自对空气重金属颗粒物的附着吸收，有研究表明大气沉降是树皮重金属吸收的主要来源，因此该地区大气环境状况及行道树国槐体内的重金属与之的相关性有待进一步深入研究。从 3 种修剪方式不同器官重金属元素总浓度排序看，由大到小依次为树根>树皮>树叶>树枝>树干。

表 3-15　不同修剪方式的国槐各器官重金属元素浓度（mg/kg）

修剪方式	重金属	树枝	树叶	树干	树根	树皮
截枝	Cr	5.955±0.231b	5.109±0.420b	1.908±0.230a	6.194±1.551b	18.526±0.300c
	Mn	20.088±0.147b	70.947±0.533d	2.197±0.080a	89.436±0.407e	39.184±0.333c
	Ni	3.188±0.183c	1.036±0.094a	0.781±0.095a	1.920±0.277b	6.690±0.261d
	Cu	7.516±0.250b	8.423±0.035c	2.174±0.177a	132.024±0.405e	20.285±0.110d
	Zn	33.622±0.251b	58.913±0.305c	1.470±0.049a	200.253±18.228e	68.986±0.330c
	Cd	0.136±0.041a	0.183±0.032a	0.120±0.037a	0.599±0.145c	0.373±0.011b
	Pb	3.932±0.332b	6.022±0.503c	0.130±0.040a	10.839±0.493d	10.236±0.910d
截干	Cr	4.730±0.156a	7.043±0.173b	5.331±0.092a	12.973±1.901c	25.279±0.163d
	Mn	18.340±0.104b	56.940±0.597c	3.857±0.031a	85.055±1.330e	72.978±0.310d
	Ni	3.336±0.050c	1.322±0.038a	2.370±0.036b	5.019±0.245d	10.974±0.139e
	Cu	7.078±0.234b	7.797±0.319b	3.319±0.194a	102.578±0.884d	44.380±0.557c
	Zn	31.547±0.112b	30.863±0.398b	2.038±0.028a	104.54±9.942c	119.287±0.263d
	Cd	0.147±0.011a	0.149±0.075a	0.282±0.050b	0.533±0.058b	0.945±0.061c
	Pb	3.236±0.694b	5.841±0.277c	0.398±0.285a	5.918±1.235c	45.730±0.732d
修枝	Cr	3.906±0.123b	3.898±0.187b	3.097±0.221a	6.720±0.272c	24.863±0.359d
	Mn	20.785±0.084b	68.112±0.390d	3.174±0.026a	117.687±0.591e	51.073±0.166c
	Ni	2.885±0.104c	0.977±0.121a	1.624±0.075b	2.983±0.356c	8.344±0.094d
	Cu	5.829±0.248b	6.809±0.251c	2.678±0.077a	187.015±0.779e	32.480±0.513d
	Zn	21.770±0.177b	30.984±0.059c	1.105±0.038a	185.196±0.145e	105.238±0.351d
	Cd	0.080±0.026a	0.169±0.009ab	0.246±0.025b	0.554±0.069c	0.740±0.091d
	Pb	2.756±0.301b	6.670±0.790c	0.815±0.067a	9.659±1.088d	75.137±0.810e

　　总体上，各重金属元素在国槐中浓度大小顺序为 Zn > Mn > Cu > Pb > Cr > Ni > Cd，与土壤中重金属元素浓度的大小变化规律比较一致（Zn > Mn > Cu > Cr > Pb > Ni > Cd），可见国槐中重金属的吸收可能受土壤重金属元素浓度大小影响，这在很多研究中得到了证实，即植物对重金属的吸收同环境中重金属元素浓度大小呈正相关。

　　修剪方式对国槐体内重金属元素浓度差异影响很大，从重金属元素浓度均值比较来看，总体上表现为修枝（28.459mg/kg）>截枝（23.983mg/kg）>截干（23.778mg/kg）。国槐各器官中重金属元素浓度因修剪方式不同差异显著，这可能是由于修剪方式的不同影响了树木对重金属的吸收及在各器官中的分配。Cr、Mn、Cu、Zn 在各器官中的浓度因修剪方式不同呈极显著差异（$P < 0.01$），Cr 以树干中浓度差异最大，截干国槐树干中 Cr 浓度为截枝国槐树干中的 2.79 倍。Mn、Cu、Cd 和 Pb 元素以树皮中浓度差异最大，均以国槐截枝树皮中的浓度最低，其中，Mn、Cu、Cd 元素分别只有截干国槐的 0.54、0.46 和 0.39，而 Pb 元素则只有修枝国槐的 0.14；Zn 则以树叶中浓度差异最大，表现为截枝国槐的是截干国槐的 1.91 倍；Ni 元素除树枝外（差异显著，$P < 0.05$），其余器官中 Ni 浓度均因修剪方式不同呈极显著差异（$P < 0.01$），以树根中浓度差异最大，截干国槐中 Ni 元素浓度是截枝的 2.61 倍；树枝与树叶对 Cd、Pb 元素的吸收以及树根对 Cd 的吸收受修剪方式的影响不大（浓度差异不显著，$P > 0.05$）。

（二）不同修剪方式的国槐重金属富集系数

　　不同修剪方式国槐 7 种重金属元素的富集系数大小（图 3-14），表明不同器官对不同重金属元素的富集效能存在差异，选择性吸收作用明显，总体上富集效能由大到小依次为树皮>树根>树叶>树枝>树干。国槐各器官 7 种重金属的富集系数分别为：树枝 0.020 ～ 0.120，对 Ni 的吸收能力最强，而对 Cu 的吸收最弱；树叶 0.023 ～ 0.187，对 Mn 的吸收能力最强，而对 Cu 的吸收能力最弱；树干 0.001 ～ 0.138，对 Cd 的吸收能力最强，对 Zn 的吸收最弱；树根 0.069 ～ 0.641，3 种修剪方式国槐树根均表现为对 Cu 的吸收能力强；树皮 0.070 ～ 1.384，对 Cu 的吸收能力最弱，而对 Pb 的吸收能力较强，尤其是采用修枝修剪方式的国槐，其树皮富集系数达 1.384，研究表明树皮是营养元素吸收和转化比较活跃的器官，参与养分循环及代谢活动（任继凯等，1985），同时对大气中重金属颗粒物的吸附能力较强，这在很多研究中得到了证实（王爱霞等，2010；李寒娥等，2005；蒋高明，1996），该研究中国槐树皮表现出对 Pb 的高富集特征，可能与大气沉降有关，但具体原因还有待深入研究。

　　修剪方式对国槐富集重金属作用存在一定影响（图 3-14），从重金属富集系数均值比较来看，总体上表现为修枝（0.166）>截干（0.153）>截枝（0.133）。其中截枝国槐对 Cr、Ni、Cd 的富集效能高于其他两种修剪方式的国槐，其富集系数均值分别为 0.165、0.166、0.202；截干国槐对 Zn 的富集效能较强，尤其是树叶、树根，其富集系数分别是截枝国槐相应器官中的 1.91 倍、1.92 倍；采用修枝修剪方式的国槐对 Mn、Cu、Pb 的富集效能较强，其中树根对 Mn、Cu 的富集系数分别为截干国槐相应器官的 1.38 倍、1.82 倍，而树皮对 Pb 的富集系数为截干国槐树皮的 7.34 倍。

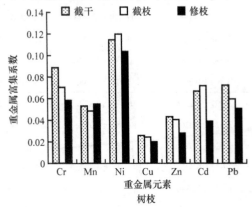

树枝

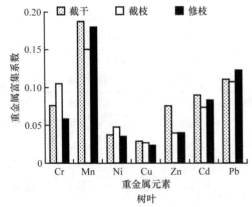

树叶

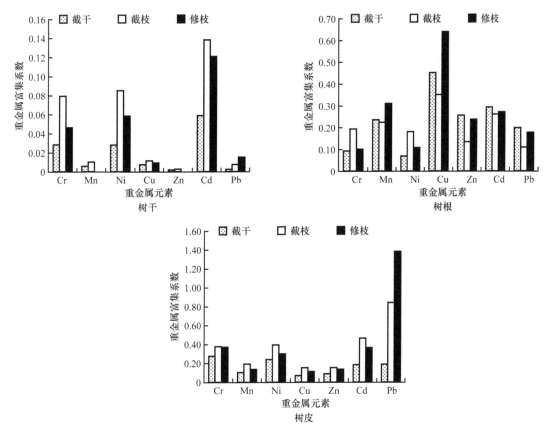

图 3-14　不同修剪方式国槐重金属富集系数比较

（三）不同修剪方式的国槐重金属转运系数

转运系数越大，则国槐地上器官从根系转运重金属的能力越强。不同修剪方式国槐对各重金属元素转运系数大小的变化规律比较一致，总体上对 Cr、Ni、Pb 的转运能力较强，而对 Mn、Cu、Zn 的转运能力较弱（图 3-15），其中采用截干与修枝修剪方式的国槐对 Cr、Ni 的转运系数均＞1，采用截枝与修枝修剪方式的国槐对 Pb 的转运系数均＞2；国槐对 Cu、Mn、Zn 的转运能力较差（转运系数均＜0.5），尤其是 Cu，截枝修剪国槐中的转运系数高于其他两种修剪方式，但也仅 0.153。从转运系数均值看，截干（0.607）＜截枝（0.828）＜修枝（0.834），采用修枝与截枝修剪方式的国槐地上器官对重金属的转运能力差异不大。

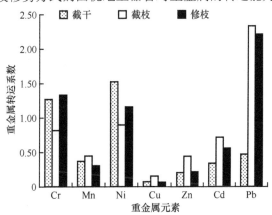

图 3-15　不同修剪方式国槐重金属转运系数比较

四、道路土壤与绿化植物重金属元素浓度的相关性分析

（一）道路土壤重金属元素浓度分析

从各条道路土壤重金属元素浓度值看出（表 3-16），该 4 条道路土壤中 7 种重金属元素的浓度范围分别为：Cd 为 1.42～2.04mg/kg，Cr 为 49.53～67.08mg/kg，Cu 为 63.32～291.87mg/kg，Mn 为 271.22～378.43mg/kg，Ni 为 18.40～27.82mg/kg，Pb 为 8.71～54.31mg/kg，Zn 为 75.72～778.99mg/kg；除了台基厂大街土壤中各重金属元素浓度大小排序为 Zn > Mn > Cu > Cr > Pb > Ni > Cd，其余 3 条道路均为 Mn > Zn > Cu > Cr > Ni > Pb > Cd；台基厂大街土壤中各重金属元素浓度值均高于其他 3 条道路，尤其是 Zn、Cu 和 Pb 3 种重金属元素，其浓度值远大于其他 3 条道路相应元素的浓度值，这可能受道路周围的建筑施工影响。根据调查，在采样期间台基厂大街附近有建筑施工，其带来的重金属颗粒物可经大气沉降富集在道路土壤表层，造成土壤表层重金属元素浓度增大，此外台基厂大街位于北京市东城区，建成年代久远，而且毗邻天安门广场，车流量和人流量也较大，也可能是造成土壤重金属元素浓度较高的原因。各采样点土壤重金属元素浓度值与北京市土壤背景值调查结果相比（表 3-16），4 条道路土壤中 Cd、Cr、Cu、Zn 均高于背景值，Mn 元素浓度值均低于背景值，除台基厂大街外，其他 3 条道路土壤中 Ni 和 Pb 也均低于背景值。

表 3-16　道路土壤重金属元素浓度（mg/kg）

道路名称		Cr	Mn	Ni	Cu	Zn	Cd	Pb
北四环中路	均值	60.72	322.58	24.60	63.32	84.93	1.81	15.76
	标准差	2.99	79.81	0.72	12.56	23.93	0.18	2.26
中关村东路	均值	49.53	271.22	18.40	73.92	75.72	1.56	8.71
	标准差	2.41	48.19	0.08	5.84	14.40	0.09	1.49
学院路	均值	49.55	313.35	24.34	75.08	119.65	1.42	13.51
	标准差	6.14	44.54	9.37	54.50	50.06	0.14	5.39
台基厂大街	均值	67.08	378.43	27.82	291.87	778.99	2.04	54.31
	标准差	2.53	49.58	0.73	10.18	57.61	0.12	1.95
《土壤环境质量标准》一级标准		90	—	40	35	90	0.2	35
北京市土壤背景值（郭广慧等，2008）		29.8	419	26.8	18.7	57.5	0.12	24.6

（二）土壤重金属单项污染指标评价

道路土壤重金属单项污染指数计算结果（表 3-17）表明该 4 条道路土壤中 Cd 污染严重（土壤重金属污染指数 $P_i > 7$），其次是 Cu、Zn 污染，Cr、Ni 元素均未超出污染限值；总体上，中关村东路的土壤重金属污染程度低于其他 3 条道路（Cu、Cd 除外），台基厂大街土壤重金属污染最严重，其各重金属元素单项污染指数均最高，其中 Cd 污染指数达 10.186，除受到 Cd、Cu、Zn 污染外，该道路土壤还受到 Pb 轻度污染。

表 3-17　道路土壤重金属单项污染指数

道路名称	单项污染指数					
	Cr	Ni	Cu	Zn	Cd	Pb
北四环中路	0.675	0.615	1.809	0.944	9.057	0.450
中关村东路	0.550	0.460	2.112	0.841	7.782	0.249
学院路	0.551	0.608	2.145	1.329	7.078	0.386
台基厂大街	0.745	0.695	8.339	8.655	10.186	1.552

（三）道路土壤与植物重金属元素浓度相关性分析

1. 道路土壤重金属元素浓度间的相关性

对道路土壤重金属元素浓度进行相关分析以了解各元素之间的相关性以及重金属污染来源（表 3-18）。Pearson 相关性分析表明，土壤中重金属 Mn-Cr、Ni-Mn 相关性极显著（$P < 0.01$），Cu-Mn 相关性显著（$P < 0.05$），可见 Mn、Cr、Ni、Cu 污染来源可能比较相似，可能主要来源于交通排放、土壤母质和工业排放，这一相关性同各元素的化学性质、土壤理化性质、环境因素等相关，此外这几种元素间可能存在复合污染，其作用机制有待进一步研究（智颖飙等，2007）。

表 3-18　道路土壤重金属元素浓度相关性分析

	Cr	Mn	Ni	Cu	Zn	Cd	Pb
Cr	1.000						
Mn	0.851**	1.000					
Ni	0.688	0.837**	1.000				
Cu	0.375	0.731*	0.618	1.000			
Zn	0.212	0.175	0.647	0.039	1.000		
Cd	0.099	−0.229	0.049	−0.543	0.470	1.000	
Pb	−0.229	−0.113	−0.201	−0.114	−0.499	−0.298	1.000

2. 道路土壤与植物重金属元素浓度的相关性

对学院路道路绿化植物与土壤中各重金属元素间的相关性进行分析（表 3-19），Pearson 相关性分析表明，土壤中 Cr、Mn 同植物中 Cu 之间呈显著负相关（$P < 0.05$），相关系数分别达−0.790 和−0.787，可能土壤中 Cr、Mn 浓度影响了植物对 Cu 的吸收，但是否存在 Cr、Mn 复合污染的影响还有待进一步研究。

表 3-19　道路绿化植物与土壤重金属元素浓度的相关性分析

		土壤						
		Cr	Mn	Ni	Cu	Zn	Cd	Pb
	Cr	−0.242	−0.192	0.267	0.154	0.645	0.339	−0.311
	Mn	−0.372	−0.343	0.131	0.009	0.645	0.456	−0.397
	Ni	−0.234	−0.141	0.291	0.238	0.685	0.221	−0.486
绿化植物	Cu	−0.790*	−0.787*	−0.563	−0.497	0.081	0.155	−0.212
	Zn	−0.201	0.009	0.415	0.370	0.642	0.015	−0.302
	Cd	−0.288	−0.185	0.213	0.285	0.560	0.134	−0.373
	Pb	−0.346	−0.024	0.281	0.524	0.430	−0.161	−0.304

第四章　城市功能区共有树种重金属富集效能

城市内的半自然区域——城市绿地在吸收重金属、净化环境及促进城市可持续发展方面发挥着至关重要的作用，但是城市土地资源有限，特别是对于寸土寸金的北京城区，可用于开发城市绿地的空间有限，因此，提升城市绿地质量对城区环境至关重要。林木个体大、生命周期长、适应性强，通过合理规划，选择适宜树种，在进行城市绿化、美化的同时，可使城市绿地生态效益发挥到最大。目前关于不同绿化树种对大气、土壤重金属的吸收、累积、净化的分析研究，多是通过比较植物叶片中重金属元素浓度高低来判断树种重金属富集效能的强弱，而从时间和空间位置变化，以及单株贮存量、平面富集效能或立体富集效能方面探讨绿化树种对环境重金属的富集效能上还缺乏较为系统的研究。因此，本章以北京市不同功能区5种常见绿化中的乔木树种为研究对象，通过分析、测定树木体内7种重金属元素浓度随时间和功能区的变化特征，分析其与土壤和TSP中重金属的相关性，探讨不同功能区各树种对重金属元素的富集效能，揭示不同重金属污染条件下乔木树种对重金属的吸收特征、富集效能差异，为不同重金属污染条件下树种选择与配置提供参考，同时也为北京市城市绿地的有效利用以及不同功能区的生态环境保护和治理提供理论依据。

第一节　叶片中重金属元素浓度的种间变化

一、春季变化特征

从北京市不同功能区5个乔木树种春季叶片中重金属元素浓度（图4-1）看，各树种树叶中重金属总浓度在交通区和公园区整体上相对高于居民区和工业区，交通区毛白杨叶片中浓度值最大（390.31mg/kg），居民区银杏叶片中浓度值最小（82.22mg/kg），最大值为最小值的4.75倍；计算各区5个树种叶片中重金属的总平均浓度，依次为毛白杨253.70mg/kg、圆柏140.57mg/kg、国槐138.93mg/kg、油松131.74mg/kg、银杏128.53mg/kg。

Cd元素表现为：最大、最小浓度值分别出现在居民区毛白杨、银杏树叶中，分别为0.80mg/kg、0.01mg/kg。计算各区5个树种叶片中Cd元素的平均浓度值，由大到小依次为毛白杨＞圆柏＞国槐＞油松＞银杏。

Cr元素表现为：最大浓度值（6.91mg/kg）出现在交通区银杏叶片中，最小值（0.58mg/kg）出现在公园区毛白杨叶片中，4个功能区其他树种叶片中Cr元素浓度相差较小，变化幅度不大。计算各区5个树种叶片中Cr元素的平均浓度值，由大到小依次为银杏＞圆柏＞油松＞国槐＞毛白杨。

Cu元素表现为：4个功能区Cu元素浓度最大值出现在交通区国槐叶片中，为16.27mg/kg，最小值出现在居民区圆柏叶片中，为3.28mg/kg。计算各区5个树种叶片中Cu元素的平均浓度值，由大到小依次为国槐＞毛白杨＞银杏＞油松＞圆柏。

Mn元素表现为：Mn元素的最大、最小浓度值分别在工业区毛白杨叶片、居民区油松叶片中，最小值（21.91mg/kg）为最大值（66.76mg/kg）的32.8%。计算各区5个树种叶片中Mn元素平均浓度值，由大到小依次为毛白杨＞国槐＞圆柏＞油松＞银杏。

Ni元素表现为：居民区和交通区的5个乔木树种叶片中浓度值要高于工业区和公园区，其中居民区圆柏叶片中浓度最大，为11.50mg/kg，公园区油松和圆柏叶片中浓度最小，为0.95mg/kg，最大值是最小值的12.11倍。计算各区5个树种叶片中Ni元素的平均浓度值，依次为圆柏＞国槐＞毛白杨＞银杏＞油松。

Pb元素表现为：最大浓度值（2.26mg/kg）出现在居民区圆柏叶片，其次，交通区5个树种叶片对Pb的吸收量都相对较大，其他3个功能区的毛白杨叶片中Pb浓度都较小，其中工业区仅有0.08mg/kg。计算各区 5 个树种叶片中 Pb 元素的平均浓度值，由大到小依次为圆柏＞银杏＞国槐＞油松＞毛白杨。

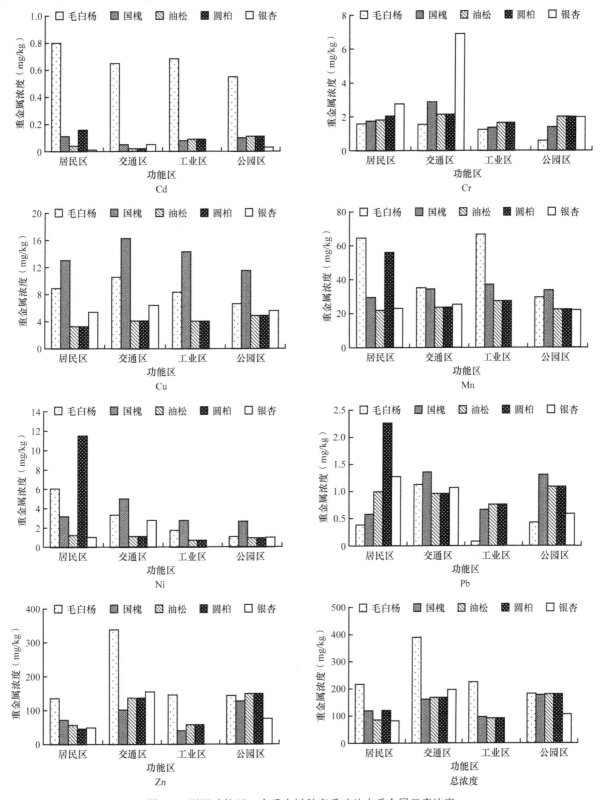

图 4-1　不同功能区 5 个乔木树种春季叶片中重金属元素浓度

　　Zn 元素表现为：交通区和公园区的 5 个树种叶片中 Zn 元素浓度值高于居民区和工业区，其中交通区毛白杨叶片中浓度值最大，为 337.84mg/kg，工业区国槐叶片中值最小，为 40.04mg/kg，交通区是工业区的 8.44 倍。计算各区 5 个树种叶片中 Zn 元素的平均浓度值，由大到小依次为毛白杨＞油松＞圆柏＞银杏＞国槐。

　　春季各功能区 5 个树种叶片重金属元素浓度间的相关关系如表 4-1 所示，居民区各树种叶片中，Mn、Zn 元素在 5 个树种之间差异显著；交通区各树种叶片中，毛白杨中 Cd 元素、圆柏中 Pb 元素与其余 4 个树种差异显著，Cu、Mn、Zn 元素在 5 个树种之间差异显著；工业区各树种叶片中，毛白杨中 Cd、圆柏中 Cr 与其余 2 个树种差异显著，Cu、Ni 元素在 4 个树种之间无显著差异，Mn、Zn 元素在 4 个树种之间差异显著；公园区各树种叶片中，毛白杨 Cd 元素与其他 4 个树种差异显著，Cu、Mn、Zn 元素在 5 个树种之间差异显著。

表 4-1　春季各功能区 5 个树种叶片中重金属元素浓度间的方差分析

功能区	树种	Cd	Cr	Cu	Mn	Ni	Pb	Zn
居民区	毛白杨	a	b	b	a	b	c	a
	国槐	bc	b	a	c	c	bc	b
	油松	cd	b	d	e	d	bc	c
	圆柏	b	ab	d	b	a	a	e
	银杏	d	a	c	d	d	b	d
交通区	毛白杨	a	d	b	b	b	b	a
	国槐	b	c	a	c	a	b	e
	油松	b	d	e	e	d	b	c
	圆柏	b	b	d	b	d	b	d
	银杏	b	a	c	d	c	b	b
工业区	毛白杨	a	b	a	a	a	c	a
	国槐	b	b	a	b	a	b	c
	油松	b	b	a	d	b	b	b
	圆柏	b	a	a	c	a	a	d
公园区	毛白杨	a	c	b	c	c	d	b
	国槐	b	b	a	b	a	b	d
	油松	b	a	d	d	c	bc	a
	圆柏	b	a	e	a	b	a	c
	银杏	b	a	c	e	c	cd	e

注：同列中不同小写字母表示差异显著（$P < 0.05$），下同

二、夏季变化特征

　　北京市不同功能区夏季 5 个乔木树种叶片中各重金属元素浓度如图 4-2 所示，从树叶中重金属总浓度来看，交通区毛白杨树叶中浓度值最高，达 358.41mg/kg，居民区银杏叶片中浓度值最低，仅 51.06mg/kg，最高值是最低值的 7.02 倍；计算各区 5 个树种叶片中重金属的总平均浓度，依次为毛白杨 246.59mg/kg、国槐 95.24mg/kg、圆柏 93.84mg/kg、油松 79.66mg/kg、银杏 58.85mg/kg。

　　Cd 元素表现为：居民区毛白杨叶片中 Cd 浓度为最高值，为 0.80mg/kg，工业区圆柏叶片中 Cd 元素浓度最小，为 0.02mg/kg，最高值与最低值的比值为 40。计算各区 5 个树种叶片中 Cd 元素的平均浓度值，表现为毛白杨（0.572mg/kg）＞银杏（0.057mg/kg）＞国槐（0.052mg/kg）＞油松（0.045mg/kg）＞圆柏（0.040mg/kg）。

　　Cr 元素表现为：相对而言，交通区 5 个树种叶片中 Cr 元素浓度较高，居民和公园区 Cr 浓度次之，工业区 Cr 浓度较低；最高值（2.97mg/kg）出现在交通区圆柏叶片中，最低值（0.66mg/kg）出现在工业区油松叶片中。计算各区 5 个树种叶片中 Cr 元素的平均浓度值，依次为圆柏＞银杏＞国槐＞毛白杨＞油松。

　　Cu 元素表现为：Cu 元素浓度的最高值（12.08mg/kg）出现在交通区国槐叶片中，最低值（3.18mg/kg）出现在工业区圆柏叶片中。计算各区 5 个树种叶片中 Cu 元素的平均浓度值，由大到小依次为毛白杨＞国槐＞圆柏＞银杏＞油松。

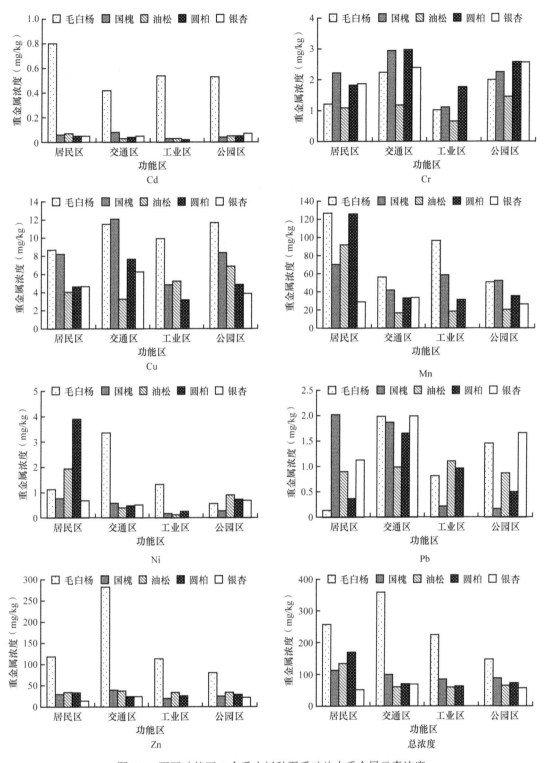

图4-2　不同功能区5个乔木树种夏季叶片中重金属元素浓度

Mn元素表现为：居民区树种（除银杏外）叶片中Mn元素浓度均高于其他功能区；毛白杨叶片中Mn元素浓度最高，为126.95mg/kg，交通区油松叶片中Mn浓度最低，仅16.96mg/kg。计算各区5个树种叶片中Mn元素平均浓度值，依次为毛白杨＞圆柏＞国槐＞油松＞银杏。

Ni元素表现为：居民区圆柏叶片、工业区油松叶片中分别出现Ni元素浓度最高值（3.90mg/kg）、最低浓度值（0.12mg/kg），两者的比值为32.5。计算各区5个树种叶片中Ni元素的平均浓度值，依次为毛白杨＞圆柏＞油松＞银杏＞国槐。

Pb元素表现为：总体来看，交通区5个树种对Pb元素都有较强的吸附能力，银杏叶片中浓度最高，为 1.99mg/kg，最低值在居民区毛白杨叶片中，为 0.14mg/kg，最低值为最高值的 7.03%。计算各区 5 个树种叶片中 Pb 元素的平均浓度值，由大到小为银杏＞毛白杨＞国槐＞油松＞圆柏。

Zn 元素表现为：在 4 个功能区的毛白杨叶片中 Zn 元素浓度都远超其他树种，而且交通区的浓度值最大，达 282.50mg/kg；其余 4 个树种叶片中 Zn 元素浓度相差不大，最小值出现在居民区的银杏叶片中，仅 13.69mg/kg。计算各区 5 个树种叶片中 Zn 元素的平均浓度值，由大到小依次为毛白杨＞油松＞国槐＞圆柏＞银杏。

夏季各功能区 5 个树种叶片重金属元素浓度间的相关关系如表 4-2 所示，居民区、交通区、工业区和公园区毛白杨叶片中 Cd 元素与其余 4 个树种差异显著；工业区圆柏叶片中 Cr 元素与其余 3 个树种差异显著，交通区和公园区树种叶片中 Cu 元素、工业区和公园区树种叶片中 Mn 元素表现为，在 5 个树种之间差异显著；交通区、工业区毛白杨叶片中 Ni 元素与其余树种差异显著，居民区树种叶片中 Ni 元素在 5 个树种之间差异显著；工业区 4 个树种叶片中 Pb 元素浓度差异不显著；居民区和公园区 5 个树种叶片中的 Zn 元素之间差异显著。

表 4-2　夏季各功能区 5 个树种叶片中重金属元素浓度间的方差分析

功能区	树种	Cd	Cr	Cu	Mn	Ni	Pb	Zn
居民区	毛白杨	a	c	a	a	c	b	a
	国槐	b	a	b	c	d	a	e
	油松	b	c	d	b	b	ab	b
	圆柏	b	b	c	a	a	b	c
	银杏	b	ab	c	d	e	ab	d
交通区	毛白杨	a	b	b	a	a	a	a
	国槐	b	a	a	b	b	a	b
	油松	b	c	e	d	b	b	c
	圆柏	b	a	c	c	b	ab	d
	银杏	b	b	d	c	b	a	d
工业区	毛白杨	a	b	a	a	a	a	a
	国槐	b	b	b	b	b	a	d
	油松	b	b	b	d	b	a	b
	圆柏	b	a	c	c	b	a	c
公园区	毛白杨	a	b	a	b	a	a	a
	国槐	b	ab	b	a	c	b	d
	油松	b	c	c	e	a	ab	b
	圆柏	b	a	d	c	ab	b	c
	银杏	b	a	e	d	ab	a	e

三、秋季变化特征

北京市不同功能区 5 个乔木树种秋季叶片中各重金属元素浓度如图 4-3 所示，从叶片中重金属总浓度来看，居民区 5 个乔木树种中叶片重金属元素浓度相对较高；最大重金属总浓度值出现在交通区毛白杨叶片中，达 355.74mg/kg，最小浓度值出现在公园区银杏叶片中，为 35.93mg/kg，最大值为最小值的 9.90 倍；计算各区 5 个树种叶片中重金属的总平均浓度，依次为毛白杨 246.74mg/kg、国槐 95.83mg/kg、圆柏 87.25mg/kg、油松 65.50mg/kg、银杏 42.60mg/kg。

Cd 元素表现为：居民区毛白杨叶片中浓度值最大，为 0.78mg/kg，公园区油松叶片中的浓度值最小，仅有 0.01mg/kg，最小值为最大值的 1.28%。计算各区 5 个树种叶片中 Cd 元素的平均浓度值，表现为毛白杨＞圆柏＞国槐＞银杏＞油松。

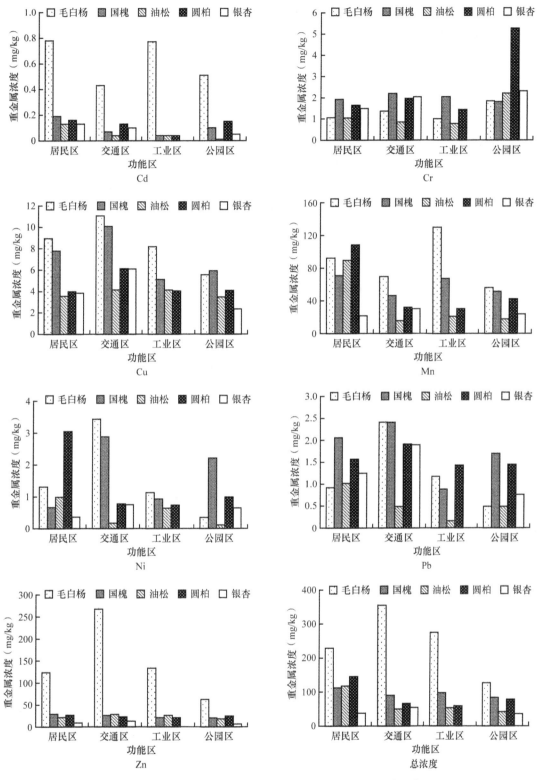

图 4-3　不同功能区 5 个乔木树种秋季叶片中重金属元素浓度

Cr 元素表现为：最大浓度值（5.264mg/kg）出现在公园区圆柏叶片中；最小值（0.780mg/kg）在工业区油松叶片中。计算各区 5 个树种叶片中 Cr 元素的平均浓度值，依次为圆柏＞国槐＞银杏＞毛白杨＞油松。

Cu 元素表现为：4 个功能区的毛白杨和国槐叶片中 Cu 元素浓度要高于其他树种；交通区毛白杨叶片中 Cu 元素浓度值最高，为 11.09mg/kg，公园区银杏叶片中 Cu 元素浓度值最低，为 2.34mg/kg，两者比值为 4.74。计算各区 5 个树种叶片中 Cu 元素的平均浓度值，由大到小依次为毛白杨＞国槐＞圆柏＞银杏＞油松。

Mn 元素表现为：除银杏和毛白杨树种外，居民区其余 3 个树种叶片中重金属浓度值均高于其他功能区；

工业区毛白杨叶片中 Mn 元素浓度值最高，为 129.81mg/kg，交通区油松叶片中 Mn 元素浓度值最低，仅有 15.73mg/kg，最高值是最低值的 8.25 倍。计算各区 5 个树种叶片中 Mn 元素平均浓度值，依次为毛白杨＞国槐＞圆柏＞油松＞银杏。

Ni 元素表现为：交通区毛白杨叶片中浓度最高，为 3.43mg/kg，居民区圆柏、交通区和公园区国槐叶片中浓度值次之，分别为 3.05mg/kg、2.88mg/kg、2.21mg/kg，其他树种叶片中 Ni 元素浓度值都较低。计算各区 5 个树种叶片中 Ni 元素的平均浓度值，依次为国槐＞毛白杨＞圆柏＞油松＞银杏。

Pb 元素表现为：交通区除油松外，其余 4 个树种叶片中 Pb 元素浓度要高于其他功能区各树种叶片中 Pb 浓度；最大值出现在交通区毛白杨叶片中，为 2.41mg/kg，最小值出现在工业区油松叶片中，仅 0.16mg/kg。计算各区 5 个树种叶片中 Pb 元素的平均浓度值，由大到小依次为国槐＞圆柏＞银杏＞毛白杨＞油松。

Zn 元素表现为：交通区毛白杨叶片中 Zn 元素浓度值最大，为 267.40mg/kg，公园区银杏叶片中 Zn 元素浓度值最小，为 6.10mg/kg，最大值是最小值的 43.84 倍。计算各区 5 个树种叶片中 Zn 元素的平均浓度值，由大到小依次为毛白杨＞国槐＞圆柏＞油松＞银杏。

表 4-3 显示了秋季各功能区 5 个树种叶片中重金属元素浓度间的相关关系。结果显示，工业区毛白杨叶片中 Cd 元素、交通区油松叶片中 Pb 元素与其余树种叶片中 Cd、Pb 浓度差异显著；居民区、公园区树种叶片中 Mn、Ni、Zn 元素及交通区树种叶片中 Mn、Zn 元素在 5 个树种之间均差异显著。

表 4-3　秋季各功能区 5 个树种叶片中重金属元素浓度间的方差分析

功能区	树种	Cd	Cr	Cu	Mn	Ni	Pb	Zn
居民区	毛白杨	a	c	a	b	b	b	a
	国槐	b	a	b	d	d	a	b
	油松	d	c	d	c	c	b	d
	圆柏	bc	b	c	a	a	ab	c
	银杏	cd	b	cd	e	e	ab	e
交通区	毛白杨	a	b	a	a	a	a	a
	国槐	c	a	b	b	b	a	c
	油松	d	c	d	e	c	b	b
	圆柏	b	a	c	c	c	a	d
	银杏	bc	a	c	d	c	a	d
工业区	毛白杨	a	c	a	a	a	ab	a
	国槐	b	a	b	b	b	b	c
	油松	b	c	c	d	c	c	b
	圆柏	b	b	c	c	c	a	c
公园区	毛白杨	a	c	a	a	d	c	a
	国槐	b	c	a	b	a	a	c
	油松	d	b	c	e	c	c	d
	圆柏	b	a	b	c	b	ab	b
	银杏	c	b	d	d	c	bc	e

第二节　叶片中重金属元素浓度的季节动态

一、毛白杨叶片

从北京市 4 个功能区毛白杨叶片中重金属元素浓度季节变化趋势（图 4-4）看，重金属总浓度随季节变化，居民区毛白杨表现为先升后降趋势，但波动幅度较小；交通区表现为先降后升趋势，工业区表现为逐渐上升趋势，公园区呈下降趋势。

Cd：随季节变化，居民区毛白杨叶片中 Cd 元素浓度变化较平缓，交通区、工业区、公园区毛白杨呈先降后升趋势，4 个功能区毛白杨叶片中重金属的最大浓度值均在生长末期。

Cr：在叶片生长季节中，居民区毛白杨叶片中 Cr 元素浓度呈逐渐下降趋势，春季与生长末期浓度的比值为 2.23；交通区呈先升后降再升的变化趋势，夏季浓度值最大，秋季浓度值最小；工业区呈先下降后上升趋势，最大和最小浓度值分别在春季和秋季；公园区总体呈上升趋势，生长末期最高，春季最低。

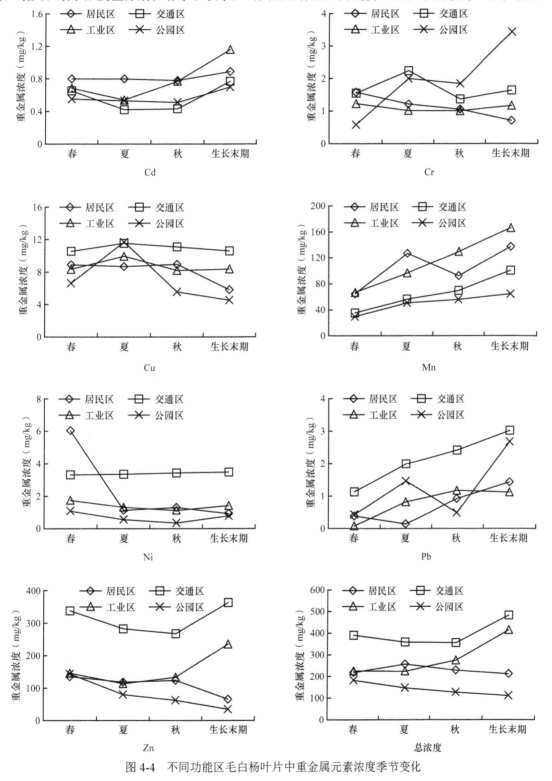

图 4-4　不同功能区毛白杨叶片中重金属元素浓度季节变化

Cu：春、夏、秋三季居民区毛白杨叶片中 Cu 元素浓度较为接近，生长末期下降；交通区、工业区毛白杨随叶片生长季节变化，Cu 浓度波动幅度较小，夏季浓度值相对较高；公园区毛白杨叶片中 Cu 元素从春季开始逐渐积累，夏季达到最大浓度值，随后逐渐下降，至生长末期最小。

Mn：随叶片生长，居民区毛白杨叶片中 Mn 元素呈先升后降再升趋势，其余 3 个功能区总体上表现为上升趋势。

Ni：从春季到生长末期，居民区毛白杨叶片中 Ni 元素浓度总体上呈下降趋势；交通区呈非常平缓的增长趋势；工业区、公园区表现为先降后升变化趋势，最大浓度值在春季，最小浓度值在秋季。

Pb：从春季到生长末期，居民区毛白杨叶片中 Pb 元素浓度总体上表现为先降后升的变化趋势，最大浓度值出现在生长末期，最小浓度值在夏季；交通区总体上呈上升趋势；工业区总体上表现为上升趋势，生长末期浓度值略微降低；公园区呈现先升后降再升的变化特征，春季浓度值最小，生长末期浓度值最大。

Zn：随生长季节的变化，居民区、公园区毛白杨叶片中 Zn 元素浓度总体呈现下降趋势；交通区呈现"两头高中间低"的变化趋势，即生长末期和春季浓度值要高于夏、秋两季；工业区呈现出先降后升的变化趋势，夏季浓度值最小，生长末期浓度值最大。

对不同功能区毛白杨叶片中 7 种重金属元素浓度进行方差分析（表 4-4），结果显示：秋季，公园区毛白杨叶片中 Cr 元素浓度、交通区毛白杨叶片中 Pb 元素浓度与其余 3 个功能区之间差异显著；毛白杨春季叶片中 Cu、Mn、Ni 元素浓度，夏季叶片中 Mn、Zn 元素浓度，秋季叶片中 Cu、Mn、Zn 元素浓度和生长末期叶片中 Cr、Cu、Mn、Zn 元素浓度在 4 个功能区之间差异显著。

表 4-4　不同功能区毛白杨叶片中重金属元素浓度间的方差分析

生长期	功能区	Cd	Cr	Cu	Mn	Ni	Pb	Zn
春季	居民区	a	a	b	b	a	bc	c
	交通区	ab	b	a	c	b	a	a
	工业区	b	ab	c	a	c	c	b
	公园区	c	b	d	d	d	b	b
夏季	居民区	a	b	c	a	b	c	b
	交通区	c	a	a	c	a	a	a
	工业区	b	b	b	b	b	bc	c
	公园区	b	a	a	d	c	ab	d
秋季	居民区	a	b	b	b	b	b	c
	交通区	c	b	a	c	a	a	a
	工业区	a	b	c	a	b	b	b
	公园区	b	a	d	d	c	b	d
生长末期	居民区	b	d	c	b	c	b	c
	交通区	c	b	a	c	a	a	a
	工业区	a	c	d	a	b	b	b
	公园区	c	a	d	d	c	a	d

二、国槐叶片

北京市不同功能区国槐叶片中重金属元素浓度季节变化如图 4-5 所示。从国槐叶片中重金属总浓度变化趋势来看：总体上，随季节变化，居民区、交通区、公园区均表现为下降趋势，其中居民区变化趋势非常平缓；工业区表现为"∽"形变化（即先降后升再降）趋势。

Cd：随叶片在春、夏、秋和生长末期的生长，居民区、公园区国槐叶片中 Cd 浓度呈现"∽"形季节变化，春、秋季为峰，夏季和生长末期为谷；交通区国槐表现为先升后降趋势，最大浓度值出现在夏季；

工业区变化趋势为"V"形，最小浓度值在夏季，最大浓度值在春季。

Cr：在叶片生长季节中，居民区国槐叶片中Cr元素浓度为倒"V"形，最大值出现在夏季；交通区国槐总体上呈下降趋势；工业区国槐表现为先下降后上升的变化趋势；公园区呈现先升后降再升的变化趋势，夏季浓度值最大。

Cu：在叶片的生长过程中，4个功能区国槐叶片中Cu元素浓度总体上均呈下降趋势，春季浓度最高，生长末期浓度最低。

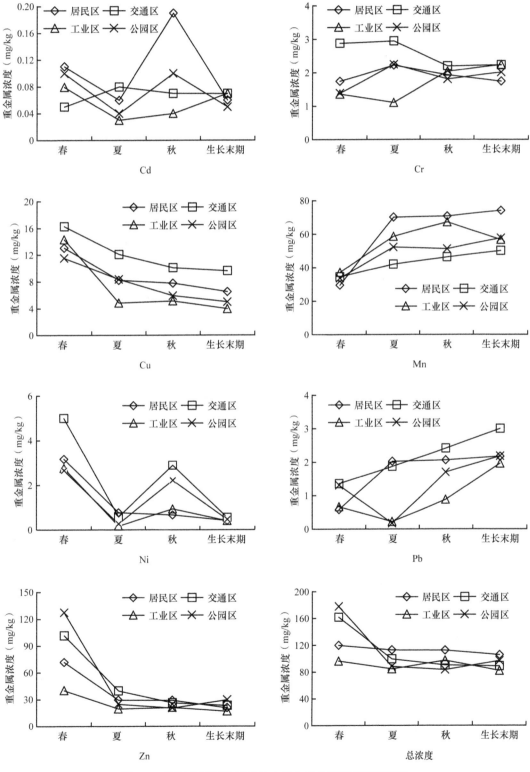

图 4-5 不同功能区国槐叶片中重金属元素浓度季节变化

Mn：与 Cu 元素相反，随春夏秋季节性变化，各功能区国槐叶片中的 Mn 元素浓度值总体上呈上升趋势，春季浓度值最小，生长末期浓度值最大。

Ni：随叶片生长，居民区国槐叶片中 Ni 元素浓度总体上表现为下降趋势；其余 3 个功能区均呈 "∽" 形季节变化曲线，峰值在春、秋季，谷值在夏季和生长末期。

Pb：在生长季节中，居民区、交通区国槐叶片中 Pb 元素浓度总体上表现为上升的变化趋势，最大浓度值都出现在生长末期，最小浓度值在春季；工业区、公园区国槐表现为先降后升的变化趋势，最大浓度值均出现在生长末期，最小浓度值出现在夏季。

Zn：居民区、交通区、工业区和公园区国槐随生长季节变化，叶片中的 Zn 元素浓度总体上呈现出下降的变化趋势。

对不同功能区国槐叶片中 7 种重金属元素浓度进行方差分析（表 4-5），结果显示：春季国槐叶片中 Cd、Cu 元素浓度，夏季叶片中 Cd 元素浓度及生长末期叶片中 Cd、Ni 元素浓度在 4 个功能区之间无显著差异；生长末期，居民区国槐叶片中 Cr 元素浓度与其余 3 个功能区之间差异显著；春季国槐叶片中 Zn 浓度，夏季叶片中 Mn、Zn 浓度，秋季叶片中 Cu、Mn、Ni 浓度及生长末期叶片中的 Cu、Mn、Zn 元素浓度在 4 个功能区之间差异显著。

表 4-5　不同功能区国槐叶片中重金属元素浓度间的方差分析

季节	功能区	Cd	Cr	Cu	Mn	Ni	Pb	Zn
春季	居民区	a	b	a	c	b	b	c
	交通区	a	a	a	b	a	a	b
	工业区	a	c	a	a	c	b	d
	公园区	a	c	a	b	c	a	a
夏季	居民区	a	b	b	a	a	a	b
	交通区	a	a	a	d	a	a	a
	工业区	a	c	c	b	b	b	d
	公园区	a	b	b	c	b	b	c
秋季	居民区	a	ab	b	a	d	ab	a
	交通区	bc	a	a	d	a	a	b
	工业区	c	ab	d	b	c	c	c
	公园区	b	b	c	c	b	b	c
生长末期	居民区	a	b	b	a	a	ab	c
	交通区	a	a	a	d	a	a	b
	工业区	a	a	d	c	a	b	d
	公园区	a	a	a	b	a	ab	a

三、油松叶片

北京市不同功能区油松叶片中重金属元素浓度季节变化如图 4-6 所示。从叶片中重金属总浓度变化趋势来看：随季节性变化，总体上，居民区呈上升趋势；交通区、工业区呈先降后升趋势；公园区呈下降趋势。

Cd：随叶片在春、夏、秋和生长末期的生长，总体上，居民区、交通区油松叶片中 Cd 元素浓度表现为上升趋势；工业区、公园区油松叶片中 Cd 元素浓度变化趋势为 "V" 形。

Cr：在叶片生长季节中，居民区、交通区、工业区油松叶片中 Cr 元素浓度变化为先下降后上升趋势；公园区油松叶片中 Cr 元素的浓度在春、秋两季高于夏季和生长末期。

Cu：随叶片在生长期的生长，居民区、工业区、公园区油松叶片中 Cu 元素浓度从春季开始逐渐积累，夏季达到最大浓度值，随后逐渐下降；交通区油松叶片中 Cu 元素浓度总体上呈先下降后上升趋势。

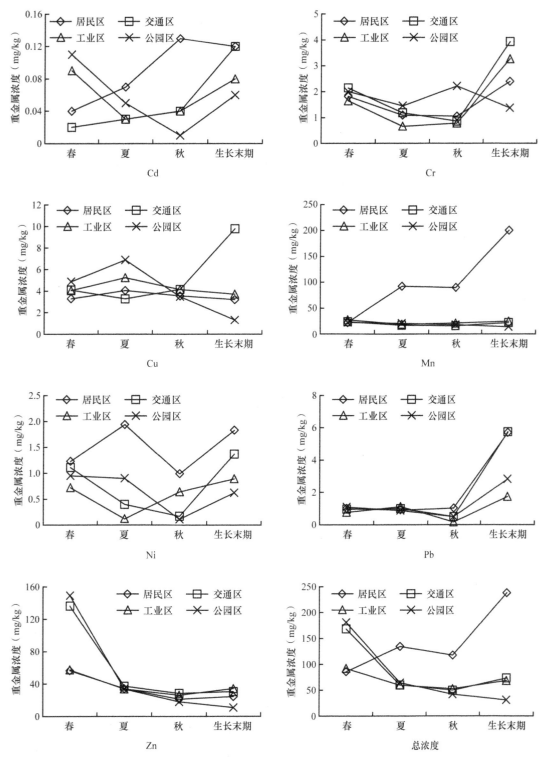

图 4-6　不同功能区油松叶片中重金属元素浓度季节变化

Mn：随叶片生长，居民区油松叶片中 Mn 元素浓度总体上表现为上升趋势，春季浓度值最小，生长末期浓度值最大；交通区、工业区为先降后升趋势；公园区油松叶片中 Mn 浓度呈单调递减趋势，春季浓度值最大，生长末期浓度值最小。

Ni：在叶片季节性生长过程中，居民区油松叶片中 Ni 元素浓度呈先上升后下降再上升的趋势，夏季浓度值最大，秋季最小；交通区、工业区油松为先降后升变化趋势；公园区油松叶片中 Ni 元素在春、夏两季的浓度值基本持平，至秋季过程中急剧下降，在生长末期又有明显升高。

Pb：春、夏两季，4 个功能区油松叶片中 Pb 元素浓度波动较小，秋季浓度升高（居民区）或降低（其余 3 个功能区），至生长末期均达到最大值。

Zn：在叶片生长季节中随叶片生长，4 个功能区油松叶片中 Zn 元素浓度总体上均呈现出下降的变化趋势。

对不同功能区油松叶片中 7 种重金属元素浓度进行方差分析（表 4-6），结果显示：春季油松叶片中 Cd、Cr、Pb 元素浓度和夏季油松叶片中的 Cd、Pb 元素浓度在 4 个功能区之间无显著差异；夏季，工业区油松叶片中的 Cr 元素浓度、交通区叶片中的 Zn 元素浓度及秋季公园区油松叶片中的 Cr 元素浓度与其余 3 个功能区之间差异显著；春季油松叶片中的 Mn，夏季叶片中的 Cu、Mn、Ni，秋季叶片中的 Mn、Zn，生长末期叶片中的 Cr、Mn、Ni、Zn 元素浓度在 4 个功能区之间差异显著。

表 4-6　不同功能区油松叶片中重金属元素浓度间的方差分析

季节	功能区	Cd	Cr	Cu	Mn	Ni	Pb	Zn
春季	居民区	a	a	c	d	a	a	c
	交通区	a	a	b	b	ab	a	b
	工业区	a	a	b	a	b	a	c
	公园区	a	a	a	c	ab	a	a
夏季	居民区	a	a	c	a	a	a	c
	交通区	a	a	d	d	c	a	a
	工业区	a	b	b	c	d	a	b
	公园区	a	a	a	b	b	a	a
秋季	居民区	a	b	a	a	a	a	c
	交通区	ab	b	a	d	c	ab	a
	工业区	ab	b	a	b	b	b	b
	公园区	b	a	b	c	c	ab	d
生长末期	居民区	a	c	b	a	a	a	c
	交通区	a	a	a	c	b	a	b
	工业区	ab	b	b	b	c	c	a
	公园区	b	d	c	d	d	b	d

四、圆柏叶片

北京市 4 个功能区圆柏叶片中重金属元素浓度季节变化趋势如图 4-7 所示。从叶片中重金属总浓度变化趋势来看：随叶片生长变化，总体上，居民区表现为先升后降趋势；交通区、工业区、公园区表现为下降趋势。

Cd：居民区、工业区、公园区圆柏叶片中 Cd 元素浓度随季节变化，呈现出"∽"形变化曲线，即春、秋季为峰，夏季和生长末期为谷；交通区圆柏叶片中 Cd 元素浓度为先升后降趋势，秋季浓度值最大。

Cr：在叶片生长季节中，居民区圆柏叶片中 Cr 元素浓度呈"V"形变化趋势，即先下降再升高，在生长末期浓度值最大，在秋季浓度值最小；交通区呈现先升后降再升的变化趋势，夏季浓度值最大，春季和生长末期次之，秋季浓度值最小；工业区变化为"一峰一谷"形，夏季为峰，浓度值最大，春季和生长末期次之，秋季为谷，浓度值最小；公园区圆柏呈倒"V"形变化，秋季浓度值最大。

Cu：随叶片在生长期的生长，居民区圆柏叶片中 Cu 元素浓度呈现出先升后降的变化趋势，在夏季达到最大值，春季和生长末期的浓度值相差较小；交通区圆柏叶片中 Cu 元素浓度由春季的 4.09mg/kg 上升到夏季的 7.66mg/kg 后在秋季降为 6.14mg/kg，生长末期比秋季略高，相差很小；工业区圆柏叶片中 Cu 元素浓度为"∽"形变化趋势，春、秋季浓度较高，夏季和生长末期较低；公园区圆柏叶片中 Cu 元素浓度呈逐

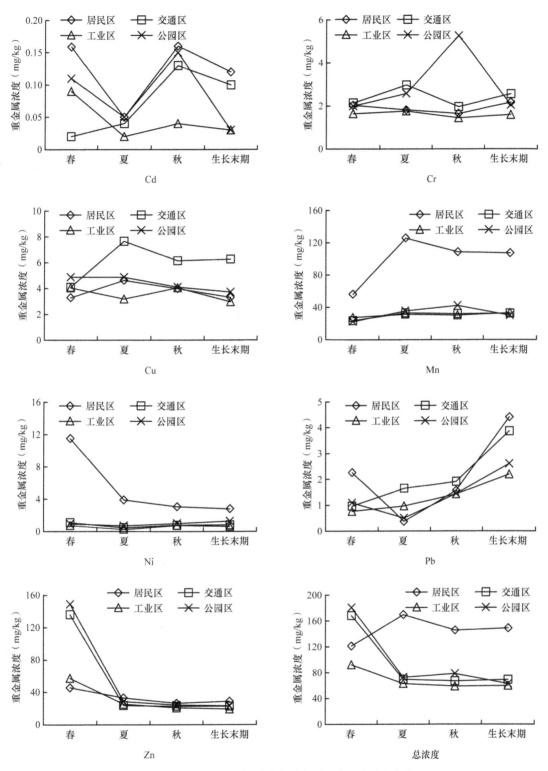

图 4-7 不同功能区圆柏叶片中重金属元素浓度季节变化

渐下降趋势，春季浓度值最大，生长末期最小。

Mn：在叶片整个生长季，居民区、公园区圆柏叶片中 Mn 元素浓度变化趋势为先上升后下降；交通区、工业区圆柏叶片中 Mn 元素浓度波动幅度不大，变化较平缓。

Ni：从叶片开始生长到停止生长，居民区圆柏叶片中 Ni 元素浓度总体上呈下降趋势，交通区、工业区、公园区波动幅度较小。

Pb：居民区、公园区圆柏叶片中 Pb 元素浓度随春、夏、秋呈季节性变化，为先下降后上升的变化趋势；交通区、工业区呈单调递增趋势。

Zn：随生长季节的变化，4 个功能区圆柏叶片中 Zn 元素浓度呈下降趋势，其中从春季到夏季的浓度变化幅度较大。

对不同功能区圆柏叶片中 7 种重金属元素浓度进行方差分析（表 4-7）。结果显示：夏季圆柏叶片中的 Cd、秋季叶片中的 Pb 元素浓度在 4 个功能区之间无显著差异；春季交通区圆柏叶片中的 Cu、秋季工业区和生长末期居民区圆柏叶片中的 Cd 元素浓度与其余 3 个功能区之间差异显著；生长末期圆柏叶片中的 Cu、秋季和生长末期圆柏叶片中的 Ni 以及 4 个时期叶片中的 Mn、Zn 元素浓度在 4 个功能区之间差异显著。

表 4-7　不同功能区圆柏叶片中重金属元素浓度间的方差分析

季节	功能区	Cd	Cr	Cu	Mn	Ni	Pb	Zn
春季	居民区	a	b	b	a	a	b	c
	交通区	b	a	a	c	b	a	a
	工业区	b	a	b	d	ab	b	d
	公园区	ab	b	b	b	b	a	b
夏季	居民区	a	c	b	a	a	c	a
	交通区	a	a	a	c	c	a	d
	工业区	a	b	c	d	c	ab	c
	公园区	a	a	b	b	b	c	b
秋季	居民区	a	c	b	a	a	a	a
	交通区	a	b	a	c	c	a	c
	工业区	b	c	b	d	d	a	d
	公园区	a	a	b	b	b	a	b
生长末期	居民区	a	b	c	a	a	a	a
	交通区	b	a	a	c	c	a	c
	工业区	b	c	d	b	d	b	d
	公园区	b	b	b	d	b	b	b

五、银杏叶片

图 4-8 为北京市不同功能区银杏叶片中重金属元素浓度季节变化特征。从叶片中重金属总浓度变化趋势来看：从春季到生长末期，总体上，居民区、交通区、工业区均表现为下降趋势。

Cd：居民区、交通区、公园区银杏叶片中 Cd 元素浓度随季节性生长，均呈现为先升高后下降的变化趋势。

Cr：在叶片生长季节中，居民区、交通区银杏叶片中 Cr 元素浓度表现为先下降后升高的变化趋势；公园区银杏叶片中 Cr 元素浓度变化趋势为拱形，夏季最大，生长末期最小。

Cu：随叶片在生长期的生长，3 个功能区的银杏叶片中 Cu 元素浓度呈逐渐下降趋势。

Mn：居民区、公园区银杏叶片中 Mn 元素浓度随叶片生长呈现先增加后减少的变化趋势；交通区银杏叶片中 Mn 元素浓度值在春季叶片中最小，夏、秋季和生长末期相差较小。

Ni：从春季到生长末期，居民区银杏叶片中 Ni 元素浓度总体上呈下降趋势；交通区银杏叶片中 Ni 元素浓度为先降后升趋势；公园区银杏叶片中 Ni 浓度为，春季最大，夏、秋季变化平缓，生长末期最小。

Pb：在叶片季节性生长过程中，居民区、交通区银杏叶片中 Pb 元素浓度总体上均表现为上升的变化趋势；公园区银杏叶片中 Pb 元素浓度呈现先升后降再升的变化特征，依次为生长末期＞夏季＞秋季＞春季。

Zn：从春季到夏季，居民区、交通区、公园区银杏叶片中积累的 Zn 元素浓度急剧下降，夏、秋和生长末期波动幅度较小。

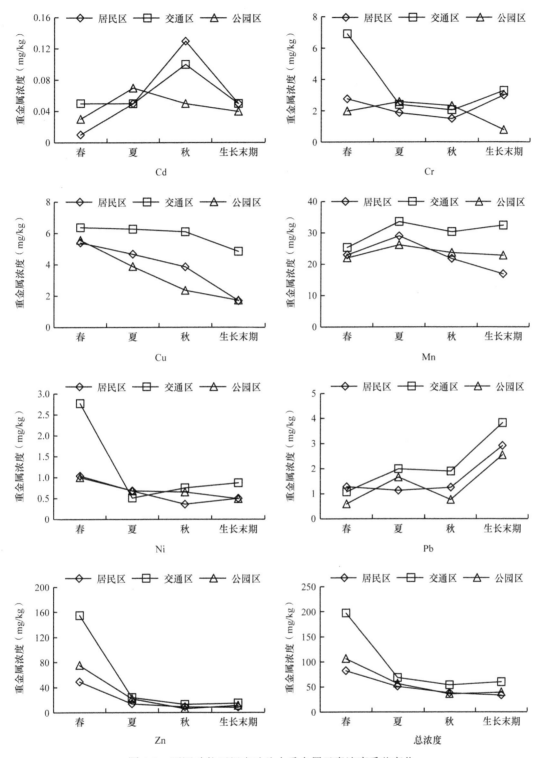

图4-8　不同功能区银杏叶片中重金属元素浓度季节变化

对不同功能区银杏叶片中7种重金属元素浓度进行方差分析（表4-8）。结果显示：春季、夏季、生长末期银杏叶片中Cd元素浓度，夏季叶片中Ni元素浓度，春、夏季叶片中Pb元素浓度在3个功能区之间无显著差异；交通区春季叶片中的Cu、Ni和生长末期叶片中的Cu、Ni、Pb，公园区秋季叶片中的Cd和生长末期叶片中的Cr及居民区秋季叶片中的Cr、Ni元素浓度与其余2个功能区之间差异显著；春季银杏叶片中的Cr及4个时期银杏叶片中的Mn、Zn元素浓度在3个功能区之间差异显著。

表 4-8　不同功能区银杏叶片中重金属元素浓度间的方差分析

季节	功能区	Cd	Cr	Cu	Mn	Ni	Pb	Zn
春季	居民区	a	b	b	b	b	a	c
	交通区	a	a	a	a	a	a	a
	公园区	a	c	b	c	b	a	b
夏季	居民区	a	b	b	b	a	a	c
	交通区	a	ab	a	a	a	a	a
	公园区	a	a	c	c	a	a	b
秋季	居民区	a	b	b	c	b	ab	b
	交通区	a	a	a	a	a	a	a
	公园区	b	a	c	b	a	b	c
生长末期	居民区	a	a	b	c	b	b	c
	交通区	a	a	a	a	a	a	a
	公园区	a	b	b	b	a	b	b

第三节　功能区乔木树种叶片重金属元素浓度季节动态

一、居民区

从北京市居民区毛白杨、国槐、油松、圆柏及银杏 5 个乔木树种叶片中重金属元素浓度季节变化（图 4-9）趋势可以看出，各树种叶片中重金属总浓度最大值（257.00mg/kg）出现在夏季毛白杨叶片中，最小值（33.34mg/kg）出现在生长末期银杏叶片中，最大值是最小值的 7.71 倍；计算 4 个生长节各树种叶片中总平均浓度，大小依次为毛白杨 229.02mg/kg，圆柏 146.30mg/kg，油松 143.90mg/kg，国槐 112.64mg/kg，银杏 51.11mg/kg。

Cd：生长末期毛白杨叶片中的 Cd 元素浓度值最大，为 0.89mg/kg，春季银杏叶片中的浓度值最小，为 0.01mg/kg，最大值是最小值的 89 倍。计算 4 个生长季各树种叶片中 Cd 元素的平均浓度，由大到小为毛白杨＞圆柏＞国槐＞油松＞银杏。

Cr：在叶片生长季节中，最大、最小浓度值分别出现在生长末期的银杏、毛白杨叶片中，分别为 2.99mg/kg、0.71mg/kg，前者是后者的 4.21 倍。计算 4 个生长季各树种叶片中 Cr 元素的平均浓度，由大到小为银杏＞圆柏＞国槐＞油松＞毛白杨。

Cu：在叶片的生长过程中，春季国槐叶片中 Cu 元素浓度最大，生长末期银杏叶片中 Cu 元素浓度最小，最小值（1.70mg/kg）为最大值（13.04mg/kg）的 13.04%。计算 4 个生长季各树种叶片中 Cu 元素的平均浓度，由大到小为国槐＞毛白杨＞银杏＞圆柏＞油松。

Mn：随叶片生长，Mn 浓度最大值出现在油松生长末期叶片中（200.29mg/kg），最小值出现在银杏生长末期叶片中（16.91mg/kg）。计算 4 个生长季各树种叶片中 Mn 元素的平均浓度，由大到小为毛白杨＞油松＞圆柏＞国槐＞银杏。

Ni：春季圆柏叶片中 Ni 元素浓度值（11.50mg/kg）最大，秋季银杏叶片中 Ni 元素浓度值（0.36mg/kg）最小。计算 4 个生长季各树种叶片中 Ni 元素的平均浓度，由大到小为圆柏＞毛白杨＞油松＞国槐＞银杏。

Pb：在生长季节过程中，Pb 元素的最大浓度值出现在生长末期油松叶片中，最小浓度值出现在夏季毛白杨叶片中，最大值（5.69mg/kg）是最小值（0.14mg/kg）的 40.64 倍。计算 4 个生长季各树种叶片中 Pb 元素的平均浓度，由大到小为圆柏＞油松＞国槐＞银杏＞毛白杨。

Zn：4 个生长季叶片中 Zn 元素浓度的最大、最小值分别出现在春季毛白杨叶片、生长末期银杏叶片中，前者为 135.14mg/kg，是后者（8.28mg/kg）的 16.32 倍。计算 4 个生长季各树种叶片中 Zn 元素的平均浓度，由大到小为毛白杨＞国槐＞油松＞圆柏＞银杏。

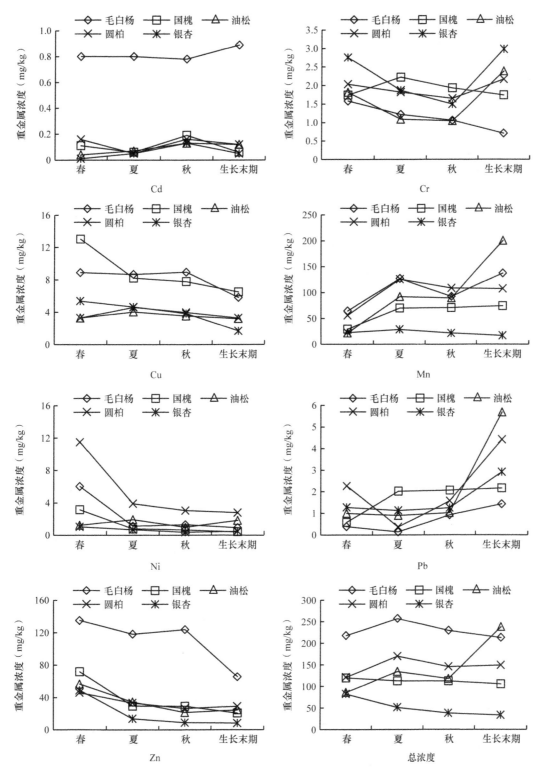

图4-9 居民区5个乔木树种叶片中重金属元素浓度季节变化

二、交通区

北京市交通区5个乔木树种叶片中重金属元素浓度的季节变化如图4-10所示，各树种叶片中重金属总浓度最大值（482.79mg/kg）出现在生长末期毛白杨叶片中，最小值（49.86mg/kg）出现在秋季油松叶片中，最大值是最小值的9.68倍；计算4个生长季各树种叶片中总平均浓度，大小依次为毛白杨396.81mg/kg，国槐110.04mg/kg，银杏95.02mg/kg，圆柏93.25mg/kg，油松87.91mg/kg。

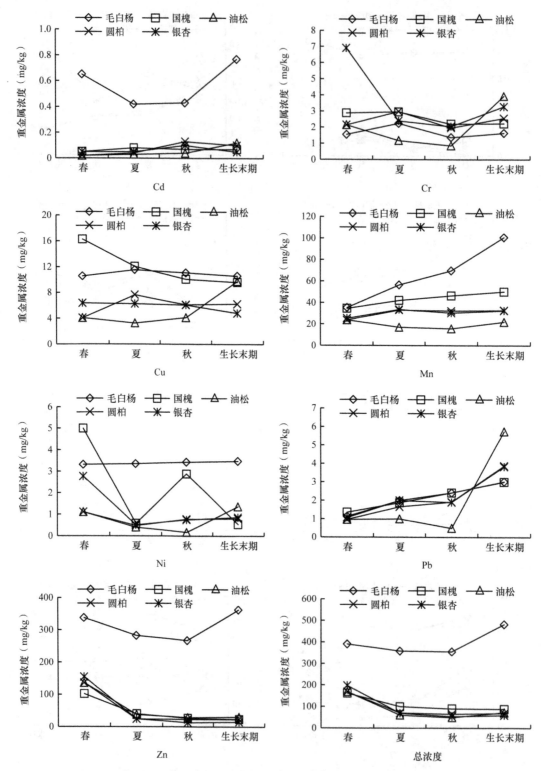

图 4-10　交通区 5 个乔木树种叶片中重金属元素浓度季节变化

　　Cd：随季节变化，生长末期毛白杨叶片中 Cd 元素浓度值最大，为 0.77mg/kg，春季油松与圆柏叶片中 Cd 元素浓度值最小，仅 0.02mg/kg，后者是前者的 2.60%。计算 4 个生长季各树种叶片中 Cd 元素的平均浓度，由大到小为毛白杨＞圆柏＞国槐＞银杏＞油松。

　　Cr：在生长季节中，Cr 元素浓度值在春季银杏叶片中最大，在秋季油松叶片中最小，最大值（6.91mg/kg）是最小值（0.86mg/kg）的 8.03 倍。计算 4 个生长季各树种叶片中 Cr 元素的平均浓度，由大到小为银杏＞国槐＞圆柏＞油松＞毛白杨。

Cu：在叶片季节性生长过程中，春季国槐叶片中含有的 Cu 元素浓度最大，夏季油松叶片中含有的 Cu 元素浓度最小，最小值为最大值的 20.16%。计算 4 个生长季各树种叶片中 Cu 元素的平均浓度，由大到小为国槐＞毛白杨＞圆柏＞银杏＞油松。

Mn：Mn 元素最大浓度值、最小浓度值分别在生长末期毛白杨、秋季油松叶片中，最小值（15.72mg/kg）是最大值（100.55mg/kg）的 15.63%。计算 4 个生长季各树种叶片中 Mn 元素的平均浓度，由大到小为毛白杨＞国槐＞银杏＞圆柏＞油松。

Ni：国槐春季叶片中 Ni 元素浓度最大，为 4.99mg/kg，油松秋季叶片中 Ni 元素浓度最小，仅 0.17mg/kg。计算 4 个生长季各树种叶片中 Ni 元素的平均浓度，由大到小为毛白杨＞国槐＞银杏＞圆柏＞油松。

Pb：Pb 元素浓度的最大、最小值均在油松树种叶片中，分别出现在生长末期、秋季，最大值（5.74mg/kg）是最小值（0.49mg/kg）的 11.71 倍。计算 4 个生长季各树种叶片中 Pb 元素的平均浓度，由大到小为银杏＞国槐＞毛白杨＞圆柏＞油松。

Zn：生长末期毛白杨叶片中 Zn 元素浓度值最大，达 362.73mg/kg，秋季银杏叶片中 Zn 元素浓度值最小，仅 12.85mg/kg。计算 4 个生长季各树种叶片中 Zn 元素的平均浓度，由大到小为毛白杨＞油松＞银杏＞圆柏＞国槐。

三、工业区

北京市工业区 4 个乔木树种叶片中 7 种重金属元素浓度的季节变化如图 4-11 所示。从各树种叶片中重金属总浓度来看：最大值（414.46mg/kg）出现在生长末期毛白杨叶片中，最小值（52.79mg/kg）出现在秋季油松叶片中，最大值是最小值的 7.85 倍；计算 4 个生长季各树种叶片中总平均浓度，大小依次为毛白杨 284.58mg/kg，国槐 90.06mg/kg，圆柏 68.51mg/kg，油松 68.25mg/kg。

Cd：随叶片在春、夏、秋和生长末期的生长，毛白杨生长末期叶片中 Cd 元素浓度值最大，为 1.16mg/kg，圆柏夏季叶片中 Cd 浓度值最小，仅 0.02mg/kg。计算 4 个生长季各树种叶片中 Cd 元素的平均浓度，由大到小为毛白杨＞油松＞国槐＞圆柏。

Cr：叶片中 Cr 元素的最大、最小浓度值均出现在油松中，分别在生长末期、夏季叶片中，最大值（3.27mg/kg）是最小值（0.66mg/kg）的 4.95 倍。计算 4 个生长季各树种叶片中 Cr 元素的平均浓度，由大到小为国槐＞圆柏＞油松＞毛白杨。

Cu：在叶片季节性生长过程中，Cu 元素浓度的最大值出现在春季国槐叶片中，为 14.30mg/kg，最小值出现在生长末期圆柏叶片中，为 2.96mg/kg。计算 4 个生长季各树种叶片中 Cu 元素的平均浓度，由大到小为毛白杨＞国槐＞油松＞圆柏。

Mn：随叶片生长，生长末期毛白杨叶片中 Mn 元素浓度值最大，夏季油松叶片中 Mn 元素浓度值最小，最大值（166.24mg/kg）与最小值（18.64mg/kg）的比值为 8.92。计算 4 个生长季各树种叶片中 Mn 元素的平均浓度，由大到小为毛白杨＞国槐＞圆柏＞油松。

Ni：春季国槐叶片中 Ni 元素浓度值（2.76mg/kg）最大，夏季油松叶片中 Ni 元素浓度值（0.12mg/kg）最小，比值为 23.00。计算 4 个生长季各树种叶片中 Ni 元素的平均浓度，由大到小为毛白杨＞国槐＞油松＞圆柏。

Pb：从开始生长到停止生长，Pb 元素在生长末期圆柏叶片中浓度值（2.20mg/kg）最大，在春季毛白杨叶片中浓度值（0.08mg/kg）最小。计算 4 个生长季各树种叶片中 Pb 元素的平均浓度，由大到小为圆柏＞油松＞国槐＞毛白杨。

Zn：最大浓度值（234.98mg/kg）、最小浓度值（16.74mg/kg）分别出现在生长末期毛白杨、国槐叶片中。计算 4 个生长季各树种叶片中 Zn 元素的平均浓度，由大到小为毛白杨＞油松＞圆柏＞国槐。

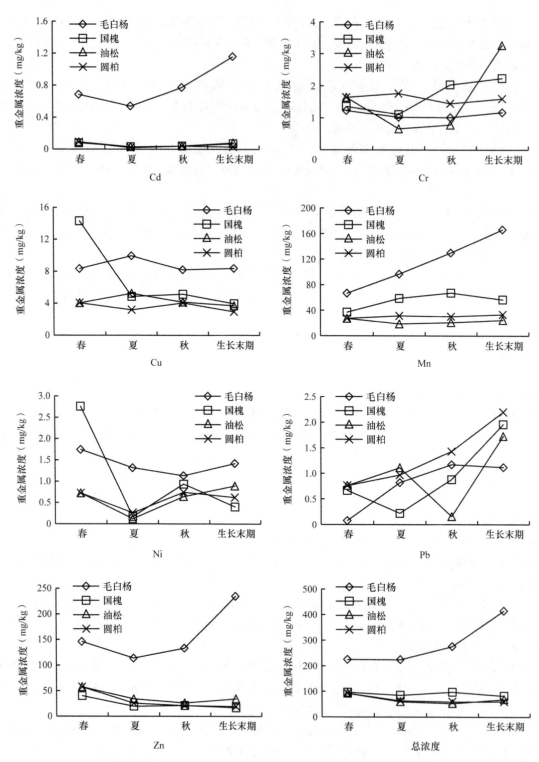

图 4-11 工业区 4 个乔木树种叶片中重金属元素浓度季节变化

四、公园区

北京市公园区 5 个乔木树种叶片中重金属元素浓度随季节变化如图 4-12 所示。从各树种叶片中重金属总浓度来看：最大值（182.29mg/kg）出现在春季毛白杨叶片中，最小值（30.87mg/kg）出现在生长末期油松叶片中，最大值是最小值的 5.91 倍；计算 4 个生长季各树种叶片中总平均浓度，由大到小为毛白杨 141.90mg/kg，国槐 111.62mg/kg，圆柏 98.71mg/kg，油松 79.46mg/kg，银杏 59.63mg/kg。

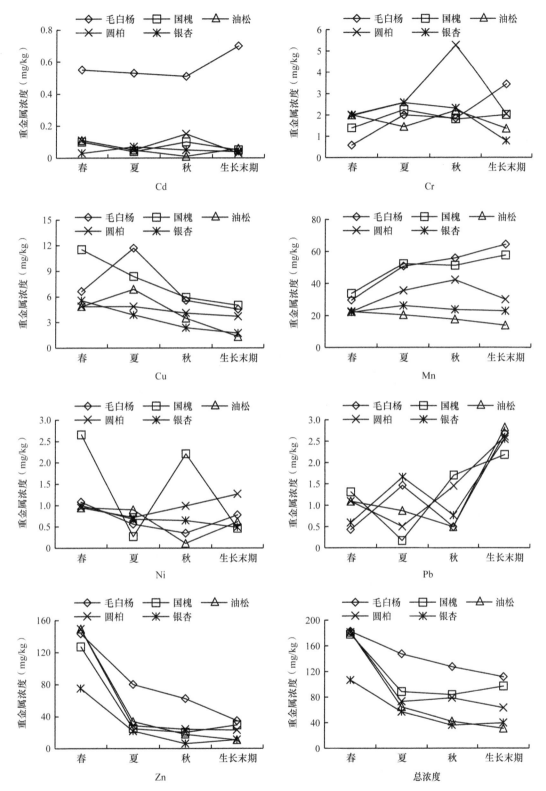

图 4-12　公园区 5 个乔木树种叶片中重金属元素浓度季节变化

Cd：从春季到生长末期，毛白杨生长期叶片中 Cd 元素浓度值（0.79mg/kg）最大，油松秋季叶片中 Cd 元素浓度值（0.01mg/kg）最小。计算 4 个生长季各树种叶片中 Cd 元素的平均浓度，由大到小为毛白杨＞圆柏＞国槐＞油松＞银杏。

Cr：在叶片生长季节中，Cr 元素的最大、最小浓度值分别出现在秋季圆柏、春季毛白杨叶片中，分别为 5.26mg/kg、0.58mg/kg。计算 4 个生长季各树种叶片中 Cr 元素的平均浓度，由大到小为圆柏＞毛白杨＞银杏＞国槐＞油松。

Cu：随叶片在生长期的生长，最大、最小 Cu 浓度值分别出现在夏季毛白杨、生长末期油松叶片中，分别为 11.69mg/kg、1.32mg/kg，最小值是最大值的 11.29%。计算 4 个生长季各树种叶片中 Cu 元素的平均浓度，由大到小为国槐＞毛白杨＞圆柏＞油松＞银杏。

Mn：Mn 的最大浓度值出现在生长末期毛白杨叶片中，为 64.40mg/kg，最小浓度值出现在生长末期油松叶片中，为 13.86mg/kg，是最大值的 21.52%。计算 4 个生长季各树种叶片中 Mn 元素的平均浓度，由大到小为毛白杨＞国槐＞圆柏＞银杏＞油松。

Ni：随叶片季节性生长，在春季国槐叶片中 Ni 浓度值（2.66mg/kg）最大，在秋季油松叶片中 Ni 浓度值最小（0.11mg/kg），最大值是最小值的 24.18 倍。计算 4 个生长季各树种叶片中 Ni 元素的平均浓度，由大到小为国槐＞圆柏＞银杏＞毛白杨＞油松。

Pb：Pb 元素的最大、最小浓度值分别出现在生长末期的油松、夏季国槐叶片中，分别为 2.82mg/kg、0.17mg/kg。计算 4 个生长季各树种叶片中 Pb 元素的平均浓度，由大到小为圆柏＞银杏＞国槐＞油松＞毛白杨。

Zn：从生长初期春季开始经夏秋两季至生长末期，春季油松、圆柏叶片中 Zn 元素浓度值最大（149.28mg/kg），秋季银杏叶片中 Zn 元素浓度值最小（6.10mg/kg），为最大值的 4.08%。计算 4 个生长季各树种叶片中 Zn 元素的平均浓度，由大到小为毛白杨＞圆柏＞油松＞国槐＞银杏。

第四节　乔木树种间重金属富集效能比较

一、不同树种各器官中重金属元素浓度比较

（一）毛白杨

北京市不同功能区毛白杨各器官中 7 种重金属元素的浓度分布特征如图 4-13 所示，重金属总浓度在居民区、交通区和工业区毛白杨各器官中大小顺序相同，依次为树叶、树皮、树枝、树根和树干；公园区毛白杨树皮中重金属元素浓度高于树叶。各重金属元素的浓度范围及大小顺序如下。

Cd 元素：0.13～1.25mg/kg，4 个功能区毛白杨树叶、树枝、树皮中的 Cd 浓度要高于树干和树根中的浓度，其中，居民区毛白杨树枝中 Cd 浓度最大，其他功能区最大值均在树皮中。计算各区毛白杨不同器官中 Cd 元素的平均浓度值，依次为树皮＞树枝＞树叶＞树根＞树干。

Cr 元素：1.01～16.81mg/kg，整体上树干、树根中的 Cr 浓度大于树皮、树叶和树枝中的浓度，其中，交通区毛白杨树干中的 Cr 浓度最大，居民区、工业区和公园区 Cr 浓度最大值出现在毛白杨树根中。计算各区毛白杨不同器官中 Cr 元素的平均浓度值，依次为树根＞树干＞树皮＞树枝＞树叶。

Cu 元素：0.87～37.00mg/kg，交通区毛白杨各器官中 Cu 元素浓度从大到小依次为：树干＞树叶＞树根＞树枝＞树皮；其余 3 个功能区表现为树叶中浓度最大，树枝、树根次之，树皮和树干中浓度较小。计算各区毛白杨不同器官中 Cu 元素的平均浓度值，依次为树干＞树叶＞树根＞树枝＞树皮。

Mn 元素：2.81～129.81mg/kg，变动幅度较大，4 个功能区毛白杨各器官中 Mn 元素最大浓度值均在树叶中，树根、树皮和树枝居中，树干中的浓度最小。计算各区毛白杨不同器官中 Mn 元素的平均浓度值，依次为树叶＞树根＞树枝＞树皮＞树干。

Ni 元素：0.21～3.43mg/kg，各功能区毛白杨不同器官中 Ni 元素浓度高低为，居民区，树根＞树叶＞树干＞树枝＞树皮；交通区，树叶＞树根＞树干＞树枝＞树皮；工业区，树叶＞树干＞树根＞树皮＞树枝；公园区，树根＞树干＞树枝＞树叶＞树皮。计算各区毛白杨不同器官中 Ni 元素的平均浓度值，依次为树叶＞树根＞树干＞树枝＞树皮。

Pb 元素：0.10～3.53mg/kg，各功能区毛白杨不同器官中 Pb 元素浓度高低为，居民区，树叶＞树皮＞树根＞树干＞树枝；交通区，树叶＞树枝＞树根＞树皮＞树干；工业区，树皮＞树叶＞树枝＞树根＞树

干；公园区，树枝＞树皮＞树叶＞树根＞树干。计算各区毛白杨不同器官中 Pb 元素的平均浓度值，依次为树叶＞树皮＞树枝＞树根＞树干。

Zn 元素：14.34 ～ 276.54mg/kg，毛白杨不同器官中 Zn 元素浓度大小顺序在 4 个功能区比较一致，均为树皮＞树叶＞树枝＞树根＞树干。

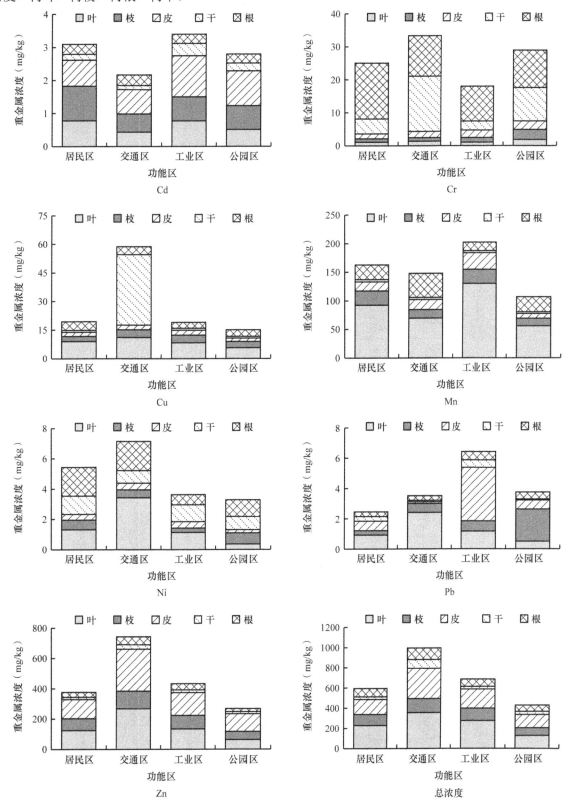

图 4-13　不同功能区毛白杨各器官中重金属元素的浓度

（二）国槐

北京市不同功能区国槐各器官中 7 种重金属元素的浓度分布特征如图 4-14 所示，重金属总浓度在居民区、交通区和工业区国槐各器官中由大到小依次为树叶、树皮、树根、树枝和树干，公园区重金属元素总浓度由大到小依次为树叶、树根、树干、树皮和树枝。各重金属元素的浓度范围及大小顺序如下。

Cd 元素：0.02～0.25mg/kg，总体上，4 个功能区国槐树皮、树根中的 Cd 浓度较高，树叶中次之，树枝和树干中较小。具体排序为，居民区，树皮＞树叶＞树根＞树枝＞树干；交通区，树皮＞树根＞树叶＞树干＞树枝；工业区，树皮＞树根＞树枝＞树叶＝树干；公园区，树根＞树皮＞树叶＞树枝＞树干。计算各区国槐不同器官中 Cd 元素的平均浓度值，依次为树皮＞树根＞树叶＞树枝＞树干。

Cr 元素：1.33～45.28mg/kg，居民区和工业区国槐树皮中的 Cr 浓度最大，树根、树皮和树枝次之，树叶中浓度最小；交通区、公园区国槐树干中 Cr 浓度值最大，树根和树皮次之，树枝和树叶中浓度较小。计算各区国槐不同器官中 Cr 元素的平均浓度值，依次为树干＞树皮＞树根＞树枝＞树叶。

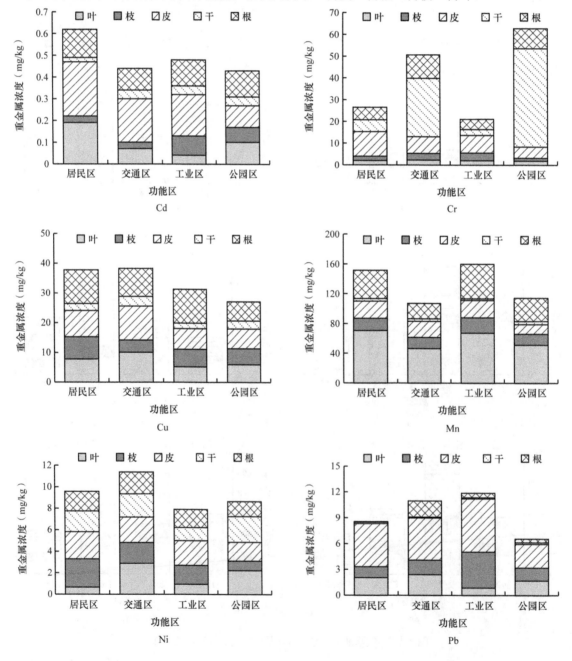

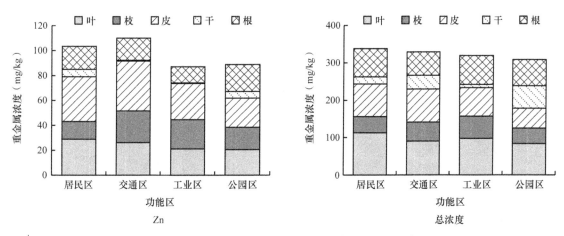

图 4-14　不同功能区国槐各器官中重金属元素的浓度

Cu 元素：1.84 ～ 11.42mg/kg，4 个功能区国槐中 Cu 元素最小值均在树干中，居民区、工业区国槐树根中 Cu 元素浓度最大，树皮、树枝、树叶中浓度次之；交通区、公园区国槐树皮中 Cu 元素浓度最大，树根、树叶和树枝中次之。计算各区国槐不同器官中 Cu 元素的平均浓度值，依次为树根＞树皮＞树叶＞树枝＞树干。

Mn 元素：2.39 ～ 70.76mg/kg，与毛白杨一致，4 个功能区国槐各器官中 Mn 元素浓度最大值均在树叶中，树根、树皮和树枝居中，树干中浓度值最小。计算各区国槐不同器官中 Mn 元素的平均浓度值，依次为树叶＞树根＞树皮＞树枝＞树干。

Ni 元素：0.66 ～ 2.88mg/kg，各功能区国槐不同器官中 Ni 元素浓度分布无明显规律性。分别为，居民区，树枝＞树皮＞树干＞树根＞树叶；交通区，树叶＞树皮＞树干＞树根＞树枝；工业区，树皮＞树枝＞树根＞树干＞树叶；公园区，树干＞树叶＞树皮＞树根＞树枝。计算各区国槐不同器官中 Ni 元素的平均浓度值，依次为树皮＞树枝＞树叶＞树根＞树干。

Pb 元素：0.10 ～ 6.18mg/kg，各功能区国槐不同器官中 Pb 元素浓度最大值均出现在树皮中，居民区最小值出现在树根中，交通区、工业区和公园区最小值出现在树干中。计算各区国槐不同器官中 Pb 元素的平均浓度值，依次为树皮＞树枝＞树叶＞树根＞树干。

Zn 元素：0.50 ～ 39.98mg/kg，国槐不同器官中 Zn 元素浓度大小在 4 个功能区比较一致，均为树皮中浓度最大，树叶、树枝和树根中次之，树干中浓度最小。计算各区国槐不同器官中 Zn 元素的平均浓度值，由大到小依次为树皮＞树叶＞树枝＞树根＞树干。

（三）油松

北京市不同功能区油松各器官中重金属元素的浓度分布如图 4-15所示。4 个功能区油松各器官中重金属总浓度大小顺序不一致，分别为：居民区，树枝＞树叶＞树根＞树皮＞树干；交通区，树皮＞树枝＞树根＞树叶＞树干；工业区，树枝＞树皮＞树根＞树叶＞树干；公园区，树枝＞树根＞树皮＞树叶＞树干。各重金属元素的浓度范围及大小顺序如下。

Cd 元素：0.01 ～ 0.33mg/kg，4 个功能区油松在树枝、树皮和树根中的 Cd 元素浓度要高于树干、树叶中的浓度。计算各区油松不同器官中 Cd 元素的平均浓度值，依次为树枝＞树根＞树皮＞树叶＞树干。

Cr 元素：0.78 ～ 27.79mg/kg，各功能区油松在树叶中的 Cr 元素浓度较小，居民区和工业区在树根、交通区在树干、公园区在树枝中的浓度较大。计算各区油松不同器官中 Cr 元素的平均浓度值，依次为树根＞树干＞树枝＞树皮＞树叶。

Cu 元素：0.61 ～ 10.85mg/kg，油松各器官中 Cu 元素浓度的最小值均在树干中，居民区、交通区、工业区和公园区油松最大浓度值分别在树根、树皮、树枝、树枝中。计算各区油松不同器官中 Cu 元素的平均浓度值，依次为树皮＞树枝＞树根＞树叶＞树干。

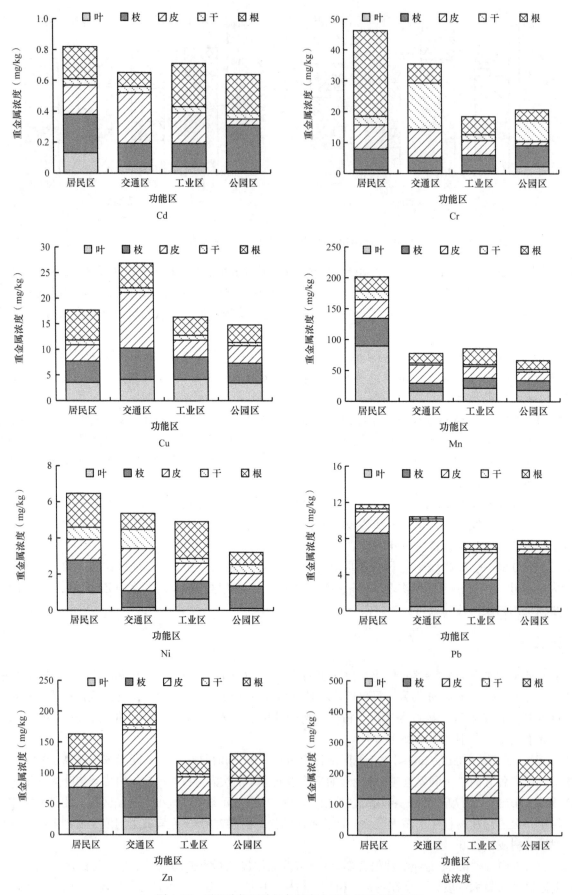

图4-15　不同功能区油松各器官中重金属元素的浓度

Mn 元素：2.93～89.47mg/kg，与 Cu 元素一致，4 个功能区油松各器官中 Mn 元素浓度最小值均在树干中，最大浓度值分别在居民区的树叶、树枝、树皮、树干和工业区的树根中。计算各区油松不同器官中 Mn 元素的平均浓度值，依次为树叶＞树皮＞树枝＞树根＞树干。

Ni 元素：0.11～2.32mg/kg，各功能区油松不同器官中 Ni 元素浓度大小顺序均不一致。计算各区油松不同器官中 Ni 元素的平均浓度值，依次为树根＞树皮＞树枝＞树干＞树叶。

Pb 元素：0.16～7.57mg/kg，不同功能区油松树枝、树皮中的 Pb 元素浓度明显高于树叶、树根和树干中。计算各区油松不同器官中 Pb 元素的平均浓度值，依次为树枝＞树皮＞树叶＞树根＞树干。

Zn 元素：14.34～83.48mg/kg，油松不同器官中 Zn 元素浓度在树干中最小，最大浓度值存在于交通区的树叶、树枝、树皮、树干和居民区的树根中。计算各区油松不同器官中 Zn 元素的平均浓度值，依次为树枝＞树皮＞树根＞树叶＞树干。

（四）圆柏

北京市 4 个功能区圆柏不同器官中各种重金属元素的浓度分布如图 4-16 所示。比较不同功能区圆柏各器官中重金属元素总浓度，由大到小依次为：居民区和公园区，树叶、树皮＞树枝＞树根＞树干；交通区和工业区，树皮＞树根＞树叶＞树枝＞树干。各重金属元素的浓度范围及大小顺序如下。

Cd 元素：0.02～1.30mg/kg，4 个功能区圆柏各器官中 Cd 元素浓度从大到小为，居民区，树枝＞树皮＞树叶＞树根＞树干；交通区，树叶＞树根＞树枝＞树皮＞树干；工业区，树皮＞树根＞树枝＞树干＞树叶；公园区，树皮＞树枝＞树叶＞树根＞树干。计算各区圆柏不同器官中 Cd 元素的平均浓度值，依次为树叶＞树皮＞树枝＞树根＞树干。

Cr 元素：1.45～35.27mg/kg，各功能区圆柏不同器官中 Cr 元素浓度由大到小依次为，居民区，树根＞树干＞树枝＞树皮＞树叶；交通区，树干＞树根＞树枝＞树皮＞树叶；工业区，树根＞树枝＞树皮＞树干＞树叶；公园区，树皮＞树根＞树干＞树叶＞树枝。计算各区圆柏不同器官中 Cr 元素的平均浓度值，依次为树干＞树根＞树皮＞树枝＞树叶。

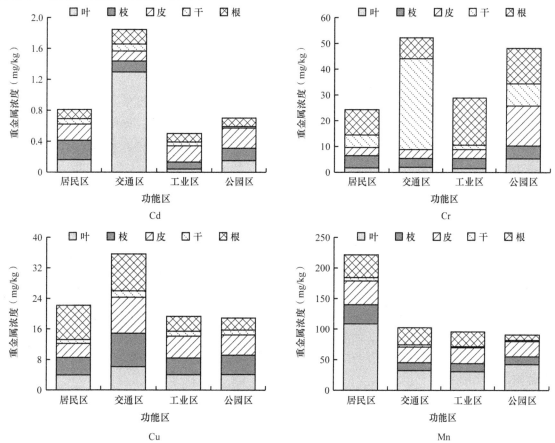

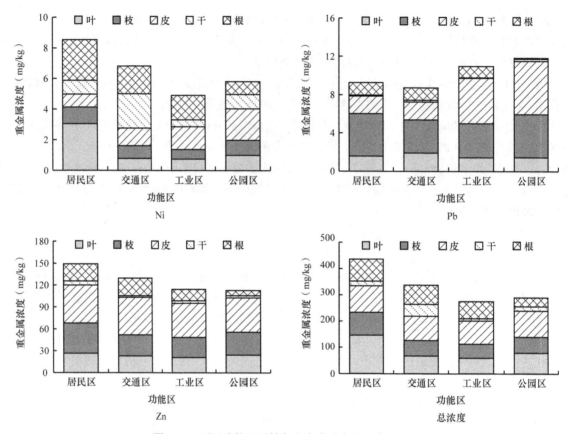

图 4-16　不同功能区圆柏各器官中重金属元素的浓度

Cu 元素：1.00～9.65mg/kg，居民区和交通区圆柏各器官中 Cu 元素在树根中浓度最大，树枝、树叶和树皮次之，树干中浓度最小；工业区和公园区圆柏各器官中 Cu 浓度大小顺序为树皮＞树枝＞树叶＞树根＞树干。计算各区圆柏不同器官中 Cu 元素的平均浓度值，依次为树根＞树皮＞树枝＞树叶＞树干。

Mn 元素：1.70～108.63mg/kg，4 个功能区圆柏各器官中 Mn 元素最大浓度均出现在树叶中，树皮、树根和树枝居中，最小浓度出现在树干中。计算各区圆柏不同器官中 Mn 元素的平均浓度值，依次为树叶＞树皮＞树根＞树枝＞树干。

Ni 元素：0.46～3.05mg/kg，在 4 个功能区的圆柏不同器官中 Ni 元素浓度依次为，居民区，树叶＞树根＞树枝＞树干＞树皮；交通区，树干＞树根＞树皮＞树枝＞树叶；工业区，树根＞树皮＞树叶＞树枝＞树干；公园区，树皮＞树叶=树枝＞树干＞树根。计算各区圆柏不同器官中 Ni 元素的平均浓度值，依次为树根＞树皮＞树叶＞树干＞树枝。

Pb 元素：0.10～3.53mg/kg，各功能区圆柏不同器官中 Pb 元素在树枝、树皮、树叶中的浓度值大于树根和树干中的浓度值。计算各区圆柏不同器官中 Ni 元素的平均浓度值，依次为树枝＞树皮＞树叶＞树根＞树干。

Zn 元素：1.993～52.09mg/kg，4 个功能区的圆柏在树皮、树枝中 Zn 元素浓度较大，树叶、树根中次之，树干中浓度较小。计算各区圆柏不同器官中 Zn 元素的平均浓度值，依次为树皮＞树枝＞树叶＞树根＞树干。

（五）银杏

北京市 3 个功能区银杏各器官中 7 种重金属元素的浓度分布特征如图 4-17 所示。从银杏各器官中重金属总浓度来看，3 个功能区最大浓度值均在树皮中，树叶、树枝、树根次之，树干中浓度最小。各重金属元素的浓度范围及大小顺序如下。

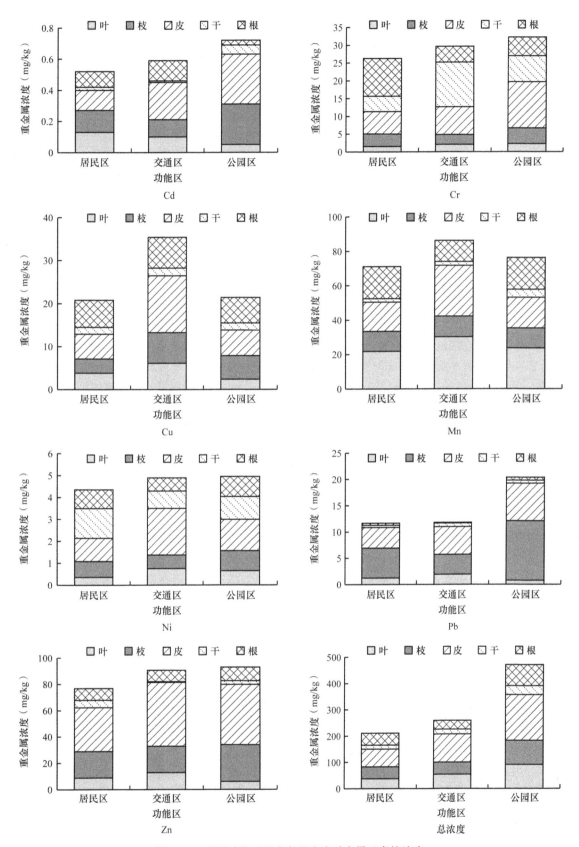

图 4-17 不同功能区银杏各器官中重金属元素的浓度

Cd 元素：0.01 ~ 0.32mg/kg，居民区银杏各器官中 Cd 元素浓度由大到小为树枝＞树皮＝树叶＞树根＞树干；交通区为树皮＞树根＞树枝＞树叶＞树干；公园区为树皮＞树枝＞树干＞树叶＞树根。计算各区银杏不同器官中 Cd 元素的平均浓度值，依次为树皮＞树枝＞树叶＞树根＞树干。

Cr 元素：1.50 ~ 12.95mg/kg，居民区、交通区、公园区银杏在树根、树皮、树干中的 Cr 元素浓度高于树枝和树叶中的浓度。计算各区银杏不同器官中 Cr 元素的平均浓度值，依次为树皮＞树干＞树根＞树枝＞树叶。

Cu 元素：1.58 ~ 13.24mg/kg，4 个功能区银杏各器官中 Cu 元素浓度在树根、树皮中较大，树枝、树叶中次之，树干中最小。计算各区银杏不同器官中 Cu 元素的平均浓度值，依次为树皮＞树根＞树枝＞树叶＞树干。

Mn 元素：1.96 ~ 30.32mg/kg，居民区、交通区、公园区银杏树叶中的 Mn 元素浓度最大，树根、树皮、树枝次之，树干中浓度最小。计算各区银杏不同器官中 Mn 元素的平均浓度值，依次为树叶＞树皮＞树根＞树枝＞树干。

Ni 元素：0.36 ~ 2.13mg/kg，各功能区银杏不同器官中 Ni 元素在树皮、树干中的浓度高于树叶、树根和树枝中的浓度。计算各区银杏不同器官中 Ni 元素的平均浓度值，依次为树皮＞树干＞树根＞树枝＞树叶。

Pb 元素：0.14 ~ 11.33mg/kg，不同功能区银杏在树枝、树皮中的 Pb 元素浓度明显比树叶、树根和树干中要高。计算各区银杏不同器官中 Pb 元素的平均浓度值，依次为树枝＞树皮＞树叶＞树干＞树根。

Zn 元素：0.47 ~ 48.57mg/kg，银杏不同器官中 Zn 元素浓度在树皮中最大，树枝次之，树根、树叶随后，树干中浓度最小。计算各区银杏不同器官中 Zn 元素的平均浓度值，依次为树皮＞树枝＞树根＞树叶＞树干。

二、乔木树种中重金属元素迁移能力比较

（一）生长期结束前后树叶中重金属元素的浓度变化

随一年中四季更替，树木生长出现许多变化，表现出明显的季节性，春季树木生长迅速，萌发出新的树枝、树叶，夏季生长达到顶峰，枝叶繁茂，秋季生长逐渐停滞并向休眠阶段转换，在此期间树木体内养分内外循环最为活跃，而树木叶片在短时间集中凋落是重金属元素向体外迁移的主要方式之一。在生长末期，树木通过根系吸收、迁移到叶片，以及叶片自身吸收、转化和同化的重金属元素，有些随叶片凋落转移出体外，起到净化重金属污染的作用，有些则通过养分再吸收转移到树木其他组织，起到富集重金属的作用。通过分析生长期结束前后 5 个树种树叶中重金属元素的浓度变化及其转移率，探讨其迁移积累和内外循环规律，为树木在重金属污染治理中的应用提供参考。

根据图 4-18，5 个树种生长期结束前后树叶中各重金属元素浓度变化、转移率不同。毛白杨树叶中 7 种重金属元素除 Cu 外，均表现为生长末期叶片（落叶）中浓度高于秋季叶片中浓度，说明毛白杨通过落叶将重金属元素转移出体外，起到很好的净化重金属污染的作用，特别是对 Pb、Cd、Mn、Cr 的转移率都在 30% 以上，分别为 65.01%、41.09%、34.80%、31.37%。国槐生长末期树叶（落叶）中仅 Cr、Mn、Pb 元素浓度高于秋季叶片中的浓度，其中对 Pb 的转移率稍高，为 31.99%，说明国槐对重金属元素进行了再吸收，将其转移到树木的其他器官。油松生长末期树叶（落叶）中的 7 种重金属元素浓度均高于秋季叶片中的浓度，说明油松通过凋落的树叶将树木吸收、富集的重金属转移到体外，而且除 Cu、Zn 外其余重金属元素的转移率都高于 70%，说明油松有很好的净化重金属污染的能力。圆柏除对 Ni 元素表现有较好的净化能力，转移率达 105.66% 外，对其他元素的富集作用强于净化作用，尤其是对 Zn 和 Cd 元素。银杏生长末期叶片（落叶）中 Cd、Cu、Mn 元素浓度低于秋季叶片中的浓度，转移率分别为 49.46%、32.81%、4.88%，富集作用依次减弱，Cr、Ni、Pb、Zn 元素浓度为生长末期高于秋季叶片中的浓度，其中银杏对 Pb 元素的净化能力最强，转移率达 137.80%。

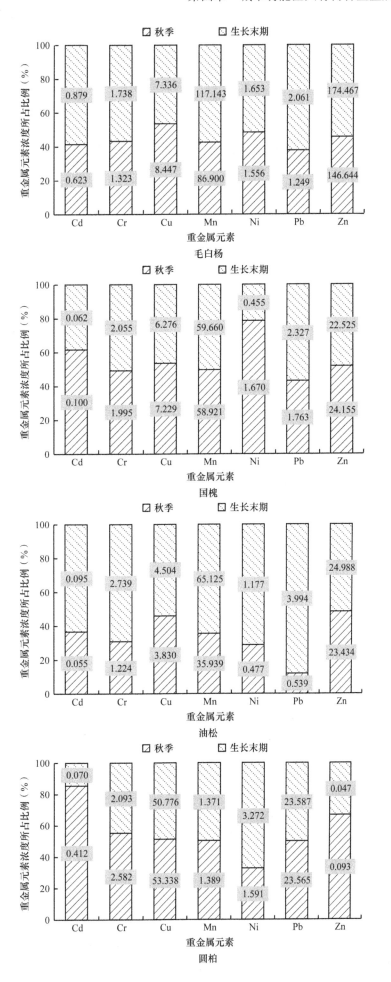

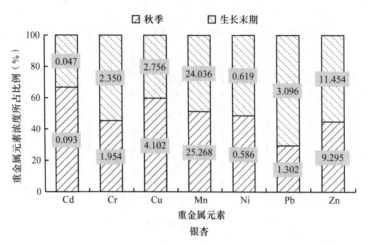

图 4-18　各树种生长期结束前后树叶中重金属元素浓度

柱状图中数字是浓度值，单位是 mg/kg

（二）重金属元素迁移能力的比较

　　"根深叶茂，本固枝荣"，充分说明了树木地上部分与地下部分之间的相互关系和相互影响，枝叶在固定太阳能制造有机营养物质为树木生长发育提供能源的同时，需要根系提供的大量水分和营养元素，随着这些物质从根部向枝叶运输，部分重金属也随之转移到树木其他组织，但是不同元素的迁移能力因元素种类、树种等因素而存在差异。表 4-9 为北京市 5 种常见绿化乔木树种对 7 种重金属的转移系数，其中，银杏对 Pb 元素的转移系数最大，达 10.825，圆柏对 Cr 的转移系数最小，仅有 0.550，前者为后者的 19.682 倍。各树种对重金属元素的转移系数依次为：毛白杨，Zn > Pb > Cd > Cu > Mn > Ni > Cr；国槐，Pb > Zn > Ni > Cr > Cd > Mn > Cu；圆柏，Pb > Cd > Zn > Mn > Cu > Ni > Cr；油松，Pb > Mn > Zn > Cu > Ni > Cd > Cr；银杏，Pb > Zn > Cd > Ni > Mn > Cr > Cu。总体来看，各树种对 Pb、Zn 元素的转移系数较大，表明对其有较强的转运能力，对 Cr 元素的转移系数较小。

表 4-9　5 个树种对重金属的转移系数

树种	Cd	Cr	Cu	Mn	Ni	Pb	Zn
毛白杨	2.154	0.276	1.350	1.126	0.623	2.303	2.807
国槐	0.801	1.064	0.619	0.740	1.109	2.893	1.144
圆柏	1.619	0.550	0.825	1.057	0.709	2.434	1.535
油松	0.626	0.476	0.832	1.163	0.688	4.828	0.843
银杏	1.452	0.868	0.715	0.927	1.273	10.825	2.068

三、乔木树种中重金属富集效率比较

（一）乔木树种各器官对重金属元素的富集系数比较

　　植物体内重金属元素浓度与所处环境有很大关系，树木可通过根系将土壤中重金属元素吸收、富集在各组织器官中，树木对重金属的吸收能力大小受树种、重金属种类、环境因素等多方面影响。计算北京市常见 5 种乔木树种各器官对 7 种重金属的富集系数，结果如表 4-10 所示。

　　树叶：通过比较各树种树叶对 7 种重金属元素的富集系数，可以看出，5 个乔木树种对 Cu、Zn 元素有较强的富集效能，其中毛白杨对 Zn 元素的富集系数大于 1，达到了超富集植物的标准。从各树种树叶富集重金属综合能力来看，从大到小依次为：毛白杨、国槐、圆柏、油松、银杏。

　　树枝：5 个树种树枝对 Cu 元素都有较强的富集效能。此外，毛白杨对 Cd 和 Zn、油松对 Pb 和 Zn、圆柏对 Zn、银杏对 Pb 的富集系数也都大于 0.2，高于对其他元素的吸收。从各树种树枝富集重金属综合能力

表 4-10 重金属在 5 个树种各器官的富集系数

器官	树种	Cd	Cr	Cu	Mn	Ni	Pb	Zn	合计
树叶	毛白杨	0.235	0.022	0.830	0.161	0.069	0.055	1.278	2.650
	国槐	0.039	0.033	0.711	0.111	0.076	0.073	0.208	1.250
	油松	0.021	0.020	0.415	0.071	0.019	0.021	0.205	0.772
	圆柏	0.176	0.043	0.477	0.104	0.057	0.068	0.203	1.127
	银杏	0.038	0.033	0.340	0.050	0.026	0.053	0.076	0.617
树枝	毛白杨	0.290	0.027	0.389	0.037	0.023	0.040	0.739	1.546
	国槐	0.020	0.041	0.618	0.031	0.076	0.098	0.177	1.062
	油松	0.081	0.092	0.478	0.043	0.052	0.200	0.406	1.354
	圆柏	0.062	0.070	0.578	0.034	0.038	0.167	0.279	1.227
	银杏	0.066	0.060	0.544	0.023	0.033	0.280	0.185	1.191
树皮	毛白杨	0.362	0.034	0.238	0.033	0.016	0.057	1.457	2.196
	国槐	0.071	0.131	0.845	0.038	0.096	0.203	0.278	1.662
	油松	0.075	0.097	0.479	0.045	0.057	0.134	0.373	1.260
	圆柏	0.077	0.105	0.634	0.055	0.061	0.156	0.426	1.514
	银杏	0.092	0.152	0.742	0.042	0.069	0.224	0.349	1.669
树干	毛白杨	0.085	0.148	0.648	0.007	0.043	0.011	0.165	1.107
	国槐	0.013	0.344	0.268	0.007	0.084	0.006	0.025	0.748
	油松	0.015	0.117	0.087	0.012	0.028	0.015	0.046	0.321
	圆柏	0.023	0.228	0.142	0.006	0.051	0.006	0.030	0.485
	银杏	0.011	0.141	0.170	0.006	0.046	0.023	0.023	0.420
树根	毛白杨	0.113	0.210	0.390	0.053	0.061	0.018	0.324	1.167
	国槐	0.045	0.129	0.987	0.063	0.075	0.033	0.150	1.482
	油松	0.077	0.172	0.439	0.037	0.057	0.019	0.306	1.106
	圆柏	0.052	0.202	0.555	0.047	0.073	0.041	0.153	1.123
	银杏	0.036	0.111	0.628	0.033	0.034	0.013	0.077	0.932
合计	毛白杨	1.086	0.441	2.494	0.289	0.212	0.181	3.964	8.666
	国槐	0.189	0.678	3.429	0.250	0.406	0.412	0.839	6.203
	油松	0.270	0.499	1.898	0.208	0.212	0.388	1.336	4.812
	圆柏	0.389	0.648	2.385	0.246	0.279	0.437	1.090	5.475
	银杏	0.243	0.497	2.423	0.154	0.209	0.592	0.710	4.828

来看，从大到小依次为：毛白杨、油松、圆柏、银杏、国槐。

树皮：与树叶类似，各树种树皮对 Cu、Zn 元素的富集系数均大于 0.2，其中，毛白杨对 Zn 的富集系数大于 1。此外，毛白杨对 Cd、油松和银杏对 Pb 的富集效能也处于相对较高水平。从各树种树皮富集重金属综合能力来看，从大到小依次为：毛白杨、银杏、国槐、圆柏、油松。

树干：比较同一树种 7 种重金属元素富集系数发现，各树种树干对 Cr、Cu 元素及毛白杨对 Zn 元素吸收能力高于其他元素。从各树种树干富集重金属综合能力来看，从大到小依次为：毛白杨、国槐、圆柏、银杏、油松。

树根：类似树枝，5 个树种树根对 Cu 元素的富集系数高于其他元素。此外，毛白杨对 Cr 和 Zn、油松对 Zn、圆柏对 Cr 元素的富集系数也相对较大。从各树种树根富集重金属综合能力来看，富集效能基本接近，波动幅度很小，从大到小依次为：国槐、毛白杨、圆柏、油松、银杏。

通过将 5 个乔木树种全部器官对重金属元素的富集系数相加来探讨各树种的综合富集系数（表 4-10），从各树种来看，毛白杨对 7 种重金属元素的富集系数为：Zn > Cu > Cd > Cr > Mn > Ni > Pb；国槐为：Cu > Zn > Cr > Pb > Ni > Mn > Cd；油松为：Cu > Zn > Cr > Pb > Cd > Ni > Mn；圆柏为：Cu > Zn > Cr > Pb > Cd > Ni> Mn；银杏为：Cu > Zn > Pb > Cr > Cd > Ni > Mn。可以看出，整体上，5 个树种对 Cu、Zn 元素的富集系数较大，对 Mn、Ni 元素的富集系数较小。从各树种富集重金属的综合能力来看，从大到小依次为：毛白杨、国槐、圆柏、银杏、油松。

（二）树种单株树冠覆盖面积、覆盖空间及生物量

根据公式计算各功能区毛白杨、国槐、油松、圆柏和银杏 5 个乔木树种的单株树冠覆盖面积、覆盖空间及生物量（表 4-11）。毛白杨、国槐、油松、圆柏和银杏 5 个树种平均单株树冠覆盖面积分别为 51.26m²、64.59m²、31.08m²、11.75m²、33.62m²；平均单株树冠覆盖空间分别为 928.72m³、773.52m³、243.34m³、122.92m³、334.91m³；平均单株生物量分别为 795.27kg、382.96kg、113.53kg、129.28kg、267.93kg。

表 4-11　5 个树种单株树冠覆盖面积、覆盖空间与生物量

树种	功能区	树冠覆盖面积（m²）	树冠覆盖空间（m³）	生物量（kg）
毛白杨	居民区	69.39	1313.63	1124.60
	交通区	44.71	710.95	613.60
	工业区	41.69	800.36	801.44
	公园区	49.26	889.94	641.44
	均值	51.26	928.72	795.27
国槐	居民区	71.48	776.73	369.92
	交通区	51.12	618.50	414.38
	工业区	75.22	1125.80	469.29
	公园区	60.53	573.05	278.26
	均值	64.59	773.52	382.96
油松	居民区	33.30	244.20	103.94
	交通区	22.72	167.39	75.61
	工业区	47.26	434.84	180.30
	公园区	21.04	126.95	94.27
	均值	31.08	243.34	113.53
圆柏	居民区	12.98	139.74	135.36
	交通区	13.71	136.80	126.06
	工业区	13.00	151.23	154.74
	公园区	7.32	63.91	100.98
	均值	11.75	122.92	129.28
银杏	居民区	37.00	453.86	259.58
	交通区	37.14	414.78	295.78
	公园区	26.70	262.59	248.42
	均值	33.62	334.91	267.93

（三）树种单株重金属现贮量估算

5 个乔木树种各器官生物量测算结果如表 4-12 所示。从各树种对重金属的总贮存量来看，毛白杨＞国槐＞银杏＞圆柏＞油松，毛白杨重金属现贮量最大，高达 61 688.06mg；油松最小，仅 6531.43mg，是毛白杨的 10.59%。5 个树种中各重金属元素的现贮量表现为：Zn、Mn 元素现贮量最高，Cr、Cu、Ni、Pb 元素次之，Cd 元素现贮量最小。对不同器官来讲，阔叶树种毛白杨、国槐和银杏的树根、树枝和树干中重金属现贮量高于树叶、树皮；针叶树种油松树枝中重金属现贮量最高，树根、树叶次之，树干、树皮中较小；针叶树种圆柏树叶、树枝中重金属现贮量较高，树干、树根中次之，树皮中最小。

表 4-12　5 个树种各器官重金属现贮量

树种	器官	各器官生物量（kg/株）	各重金属元素现贮量（mg/株）							总量（mg/株）
			Cd	Cr	Cu	Mn	Ni	Pb	Zn	
毛白杨	树叶	23.86	15.64	30.22	202.49	2 147.86	35.34	28.26	3 374.17	5 833.98
	树枝	159.05	127.99	246.44	540.33	3 278.35	86.42	129.40	13 284.05	17 692.98
	树皮	39.76	37.77	79.38	89.13	716.26	14.70	49.93	6 343.14	7 330.32
	树干	373.78	85.95	2 818.74	2 967.64	1 329.97	391.49	100.54	6 858.07	14 552.40
	树根	198.82	58.14	2 649.14	771.98	5 218.21	284.67	79.18	7 217.05	16 278.38
	总和	795.27	325.49	5 823.92	4 571.58	12 690.66	812.62	387.32	37 076.47	61 688.06
国槐	树叶	13.02	1.24	26.24	94.46	775.42	21.16	22.50	315.59	1 256.62
	树枝	50.93	2.83	134.08	290.68	869.95	94.53	117.43	1 053.59	2 563.10
	树皮	21.45	4.09	176.27	183.96	446.88	48.83	105.91	700.42	1 666.36
	树干	179.99	6.33	3 178.33	446.11	590.88	333.99	25.74	492.18	5 073.55
	树根	117.57	13.76	874.77	1 170.16	4 053.53	206.79	88.02	2 009.71	8 416.74
	总和	382.96	28.25	4 389.69	2 185.37	6 736.66	705.30	359.61	4 571.49	18 976.37
油松	树叶	12.49	0.68	14.37	48.33	437.90	6.64	5.99	295.85	809.76
	树枝	35.08	7.15	199.06	158.14	774.46	42.40	168.26	1 587.45	2 936.93
	树皮	7.61	1.42	41.90	34.49	171.85	9.05	21.93	295.22	575.85
	树干	36.78	1.47	195.37	32.02	212.68	19.85	13.30	185.91	660.59
	树根	21.57	4.87	224.80	92.70	454.34	32.86	10.60	728.11	1 548.29
	总和	113.53	15.59	675.51	365.69	2 051.24	110.79	220.09	3 092.54	6 531.43
圆柏	树叶	22.11	8.83	52.45	100.49	1 184.91	31.00	35.12	518.09	1 930.89
	树枝	29.61	4.66	125.24	165.78	523.00	25.64	116.73	960.02	1 921.07
	树皮	5.82	1.16	33.30	34.90	169.74	7.87	20.06	286.91	553.95
	树干	54.95	3.25	663.34	71.06	178.35	60.34	7.41	192.29	1 176.03
	树根	16.81	2.22	214.71	109.64	430.83	29.90	17.26	305.30	1 109.86
	总和	129.28	20.13	1 089.03	481.87	2 486.83	154.75	196.58	2 262.61	6 691.79
银杏	树叶	6.16	0.58	12.04	25.98	157.25	3.65	8.23	58.54	266.27
	树枝	41.26	6.85	146.01	221.40	483.12	30.61	278.55	925.83	2 092.37
	树皮	15.81	3.62	140.48	135.25	345.72	24.79	85.49	676.76	1 412.13
	树干	103.96	2.98	860.25	175.70	298.72	109.22	57.41	292.05	1 796.32
	树根	100.74	9.01	675.45	654.79	1 641.16	78.28	32.73	940.76	4 032.17
	总和	267.93	23.05	1 834.23	1 213.12	2 925.97	246.54	462.42	2 893.94	9 599.26

从不同功能区 5 个乔木树种重金属现贮量来看（表 4-13），毛白杨、圆柏中重金属现贮量在居民区、交通区较高，工业区次之，公园区最低；国槐中重金属现贮量变化幅度较小，从大到小依次为交通区、工业区、居民区、公园区；油松中重金属现贮量在 4 个功能区表现为居民区、工业区较高，交通区居中，公园区最低；银杏中重金属现贮量波动幅度也相对较小，在交通区最大，公园区次之，居民区最小。

表 4-13   不同功能区 5 个树种重金属现贮量

| 树种 | 功能区 | 各种金属元素贮存量（mg/株） | | | | | | | 总量 |
		Cd	Cr	Cu	Mn	Ni	Pb	Zn	（mg/株）
毛白杨	居民区	485.32	7 504.48	2 854.66	18 881.03	1 383.64	382.09	46 275.03	77 766.24
	交通区	184.69	6 943.92	12 082.36	11 156.47	673.11	194.15	44 345.59	75 580.29
	工业区	380.49	3 475.89	1 951.17	12 598.65	644.21	578.49	38 317.37	57 946.28
	公园区	251.46	5 371.38	1 398.12	8 126.49	549.52	394.56	19 367.88	35 459.41
	均值	325.49	5 823.92	4 571.58	12 690.66	812.62	387.32	37 076.47	61 688.06
国槐	居民区	27.27	1 977.07	2 340.58	7 062.42	733.10	226.69	4 925.34	17 292.47
	交通区	27.79	6 990.55	2 462.70	5 287.95	880.81	496.71	5 072.82	21 219.32
	工业区	37.34	1 728.46	2 680.97	10 148.33	696.09	540.72	4 529.06	20 360.99
	公园区	20.58	6 862.70	1 257.23	4 447.95	511.19	174.32	3 758.72	17 032.70
	均值	28.25	4 389.69	2 185.37	6 736.66	705.30	359.61	4 571.49	18 976.37
油松	居民区	16.32	927.30	343.63	3 586.13	136.19	292.12	3 368.30	8 669.98
	交通区	7.77	609.69	323.48	889.62	73.69	120.73	2 677.40	4 702.37
	工业区	23.48	669.24	545.62	2 606.16	164.31	266.23	3 962.77	8 237.81
	公园区	14.77	495.80	250.01	1 123.03	68.96	201.28	2 361.69	4 515.55
	均值	15.59	675.51	365.69	2 051.24	110.79	220.09	3 092.54	6 531.43
圆柏	居民区	18.86	660.42	471.31	4 691.83	207.36	213.89	2 945.40	9 209.07
	交通区	40.68	2 185.16	684.47	1 866.02	196.73	182.42	2 128.32	7 283.79
	工业区	11.20	683.70	463.36	2 049.94	114.44	224.30	2 391.74	5 938.69
	公园区	9.77	826.85	308.33	1 339.52	100.47	165.72	1 584.99	4 335.64
	均值	20.13	1 089.03	481.87	2 486.83	154.75	196.58	2 262.61	6 691.79
银杏	居民区	20.15	1 718.04	1 018.81	2 880.45	267.18	366.29	2 797.37	9 068.29
	交通区	25.48	2 218.32	1 597.56	2 880.61	227.87	372.84	2 863.30	10 185.98
	公园区	23.51	1 566.32	1 022.98	3 016.83	244.58	648.12	3 021.17	9 543.51
	均值	23.05	1 834.23	1 213.12	2 925.97	246.54	462.42	2 893.94	9 599.26

（四）树种重金属富集效能比较

乔木树种单株重金属平面富集效能与重金属立体富集效能计算结果如表 4-14 所示。

表 4-14   5 个树种重金属富集效能比较

| 树种 | 指标 | 功能区 | | | | 均值 |
		居民区	交通区	工业区	公园区	
毛白杨	平面富集效能（mg/m²）	1 120.65	1 690.32	1 390.09	719.86	1 230.23
	立体富集效能（mg/m³）	59.20	106.31	72.40	39.84	69.44
国槐	平面富集效能（mg/m²）	241.93	415.12	270.68	281.37	302.28
	立体富集效能（mg/m³）	22.26	34.31	18.09	29.72	26.09

续表

树种	指标	功能区				均值
		居民区	交通区	工业区	公园区	
油松	平面富集效能（mg/m²）	260.36	206.94	174.29	214.60	214.05
	立体富集效能（mg/m³）	35.50	28.09	18.94	35.57	29.53
圆柏	平面富集效能（mg/m²）	709.55	531.20	456.84	592.43	572.50
	立体富集效能（mg/m³）	65.90	53.24	39.27	67.84	56.56
银杏	平面富集效能（mg/m²）	245.09	274.23	283.90	267.74	245.09
	立体富集效能（mg/m³）	19.98	24.56	25.31	23.28	19.98

从树木重金属平面富集效能的均值来看，毛白杨＞圆柏＞国槐＞银杏＞油松，毛白杨是油松的 5.75 倍；从立体富集效能均值来看，毛白杨最大，圆柏、油松、国槐次之，银杏最小，最大值为最小值的 3.48 倍。可以看出，不论是平面富集效能还是立体富集效能，均以毛白杨的富集效能最高；虽然单株圆柏对重金属元素的现贮量比较小，但是其绿化面积和绿化空间占有量在 5 个树种中也相对靠后，测算后发现重金属元素平面和立体富集效能仅次于毛白杨，列居第二，且其树形规整，又是常绿树种，因此在城市绿化用地有限的情况下，选择圆柏树种既能有效利用空间，又能对重金属污染有一定修复作用。

第五节　土壤和 TSP 中重金属元素浓度特征

一、不同功能区土壤中重金属元素分布特征

城市土壤作为一个开放体系，与大气环境中其他要素之间在不间断进行着物质与能量的互换。例如，环境中的重金属元素可以通过大气干湿沉降、农药和化肥的施用、污水灌溉及固体废弃物排放等途径进入土壤（赵庆龄等，2010）。许多国内外的研究表明，工业区、居民区、公路区、城市绿地等区域的城市土壤中有不同程度的 Cd、Zn、Pb、Cu、As 等重金属元素的积累（陈立新等，2007；Grace et al.，2006；吴新民等，2003），且有明显的人为富集特点。

（一）不同功能区土壤中重金属的总体浓度水平

从北京市不同功能区土壤中 7 种重金属元素浓度范围（表 4-15）可以看出，Cd 的浓度为 2.09 ～ 3.21mg/kg；Cr 为 48.81 ～ 70.59mg/kg；Cu 为 3.58 ～ 20.78mg/kg；Mn 为 478.96 ～ 623.90mg/kg；Ni 为

表 4-15　北京市不同功能区土壤重金属元素浓度（mg/kg）

指标	功能区	Cd	Cr	Cu	Mn	Ni	Pb	Zn
范围	工业区	2.72 ～ 3.21	63.45 ～ 67.81	3.58 ～ 12.29	606.42 ～ 623.90	23.97 ～ 25.55	13.95 ～ 27.49	79.27 ～ 108.54
	居民区	2.52 ～ 2.67	57.78 ～ 70.59	14.51 ～ 20.78	478.96 ～ 497.58	24.75 ～ 27.50	32.39 ～ 33.38	101.73 ～ 150.94
	交通区	2.09 ～ 2.55	48.81 ～ 58.11	13.99 ～ 19.69	493.44 ～ 518.94	20.41 ～ 20.98	17.54 ～ 27.49	111.01 ～ 130.22
	公园区	2.53 ～ 2.89	57.84 ～ 65.11	4.66 ～ 6.47	490.51 ～ 580.11	19.88 ～ 24.74	20.61 ～ 25.97	81.61 ～ 130.16
平均值	工业区	2.94	66.18	7.33	618.51	24.91	19.84	98.25
	居民区	2.60	65.39	18.21	486.23	26.24	32.79	125.15
	交通区	2.27	52.61	16.60	507.18	20.74	21.66	117.95
	公园区	2.68	61.20	5.34	523.37	21.93	23.17	124.33
北京市土壤重金属背景值（陈同斌等，2004）		0.12	29.80	18.70	—	26.80	24.60	57.50
《土壤环境质量标准》一级标准		0.20	90	35	—	40	35	100

19.88～27.50mg/kg；Pb 为 13.95～33.38mg/kg；Zn 为 79.27～150.94mg/kg。对同一功能区土壤中 7 种重金属元素浓度进行比较发现，总体上 4 个功能区的变化规律基本一致，从大到小依次为 Mn＞Zn＞Cr＞Pb、Ni＞Cu＞Cd；对比不同功能区土壤中同种重金属元素浓度，其变化趋势不明显。

各功能区土壤中 7 种重金属元素浓度与北京市土壤重金属背景值调查结果相比较（表 4-15），可以看出，4 个功能区土壤中 Cd、Cr、Zn 元素浓度均高于背景值，Cu、Ni、Pb（居民区除外）元素浓度均在背景值以内；与国家环境保护总局颁布的《土壤环境质量标准》（GB 15618—1995）一级标准比较，所采集土壤样品中 Cd、Zn（工业区除外）元素浓度均高于一级标准，Cr、Cu、Ni、Pb 元素浓度均低于一级标准。

（二）不同深度土壤中重金属元素的空间分布特征

土壤中重金属元素浓度受多种因素的影响，如成土母质、植物富集、人为源等，导致不同城市区域土壤中重金属元素种类变化较大，浓度分布不均匀。表 4-16 为北京市不同深度土壤中重金属元素浓度。

表 4-16　北京市不同深度土壤中重金属元素浓度（mg/kg）

深度（cm）	功能区	Cd	Cr	Cu	Mn	Ni	Pb	Zn	平均值
0～20	居民区	2.64±0.03Bb	70.01±0.51Aa	19.33±0.22Aa	494.79±3.19Cc	26.46±0.20Aa	32.89±0.46Aa	150.15±1.23Aa	113.75
	交通区	2.54±0.01Cc	57.79±0.289Cc	19.56±0.12Aa	518.01±1.07Bb	20.91±0.11Cc	28.12±0.26Bb	111.19±0.28Bb	108.30
	工业区	3.21±0.01Aa	67.69±0.20Bb	12.05±0.22Bb	622.48±2.04Aa	25.46±0.14Bb	27.27±0.20Cc	107.12±0.22Cc	123.61
	公园区	2.60±0.01Bd	57.95±0.10Cc	4.96±0.11Cc	491.62±0.96Cc	19.96±0.10Dd	22.95±0.10Dd	81.68±0.06Dd	97.39
20～40	居民区	2.62±0.01Bb	68.27±0.34Aa	20.70±0.08Aa	483.54±2.49Dd	27.48±0.03Aa	32.80±0.26Aa	123.53±0.66Cc	108.42
	交通区	2.12±0.04Cd	50.92±0.30Dd	16.20±0.20Bb	509.84±2.13Bb	20.77±0.17Dd	17.70±0.23Cc	130.18±0.04Bb	106.82
	工业区	2.77±0.05Aa	67.16±0.07Bb	6.28±0.16Cc	609.08±2.75Aa	24.05±0.10Bb	14.36±0.35Dd	79.48±0.18Dd	114.74
	公园区	2.54±0.01Bc	60.58±0.19Cc	6.22±0.22Cc	500.69±2.39Cc	21.16±0.08Cc	25.85±0.10Bb	160.81±0.33Aa	111.12
40～60	居民区	2.55±0.03Bb	57.90±0.16Cc	14.60±0.15Aa	480.37±1.60Dd	24.79±0.06Bb	32.70±0.31Aa	101.77±0.04Dd	102.10
	交通区	2.15±0.01Cc	49.11±0.26Dd	14.05±0.06Bb	493.69±0.38Cc	20.55±0.15Cc	19.15±0.14Cc	112.48±0.19Bb	101.60
	工业区	2.85±0.04Aa	63.68±0.36Bb	3.67±0.09Dd	623.96±1.75Aa	25.21±0.14Aa	17.89±0.15Dd	108.16±0.34Cc	120.77
	公园区	2.89±0.004Aa	65.06±0.07Aa	4.85±0.17Cc	577.80±2.98Bb	24.67±0.06Bb	20.70±0.13Bb	130.51±0.39Aa	118.07

注：表中数值为均值 ± 标准差。同一土层同列数据具有不同大写字母者，表示差异极显著（$P < 0.01$）；不同小写字母表示差异显著（$P < 0.05$）

从不同深度土壤中 7 种重金属元素浓度平均值来看，0～20cm 的空间分布表现为工业区＞居民区＞交通区＞公园区，20～40cm、40～60cm 均表现为工业区＞公园区＞居民区＞交通区；对于不同深度土壤中各重金属元素浓度，其空间分布特征表现差异较大。

0～20cm 土壤中 7 种重金属元素浓度在不同功能区存在明显差异，但规律性不一致，总体上，7 种重金属元素浓度的最小值出现在或接近绿化较好的公园区，但是最大值存在较大差异。Cd、Mn 在工业区，Cr、Ni、Pb、Zn 在居民区，Cu 在交通区出现最大值。

20～40cm 土壤中 7 种重金属元素浓度在不同功能区表现各不相同，Cd：工业区＞居民区＞公园区＞交通区，Cr：居民区＞工业区＞公园区＞交通区，Cu：居民区＞交通区＞工业区＞公园区，Mn：工业区＞交通区＞公园区＞居民区，Ni：居民区＞工业区＞公园区＞交通区，Pb：居民区＞公园区＞交通区＞工业区，Zn：公园区＞交通区＞居民区＞工业区。

40～60cm 土壤中 Cd、Cr 元素浓度变化规律一致，均为公园区＞工业区＞居民区＞交通区；Cu、Pb 元素浓度最大值出现在居民区，最小值出现在工业区；Mn、Ni 元素浓度的最大值均出现在工业区，最小值分别出现在居民区和交通区；Zn 元素的最大浓度与中层土壤一致，出现在公园区，但最小浓度出现在居民区。

对同一土层 7 种重金属元素分别进行方差分析（表 4-16），结果显示，除了交通区、公园区之间的 Cr 元素（0～20cm），居民区、交通区之间的 Cu 元素（0～20cm），居民区、公园区之间的 Mn 元素

（0 ～ 20cm）、Ni 元素（40 ～ 60cm），工业区、公园区之间的 Cu 元素（20 ～ 40cm）、Cd 元素（40 ～ 60cm）差异不显著（$P > 0.05$），以及居民区、公园区之间的 Cd 元素（20 ～ 40cm）差异显著（$P < 0.05$）外，其他同一深度不同功能区土壤中同种重金属元素之间均为差异极显著（$P < 0.01$）。

（三）土壤重金属污染评价

表 4-17 为北京市土壤重金属元素平均浓度及污染指数，可以看出，单因子污染指数从大到小依次为 Cd > Zn > Pb > Cr > Ni > Cu。其中 Cd、Zn 的污染指数范围分别为 11.35 ～ 14.70、0.98 ～ 1.25，污染指数超过或接近 1，表明北京市土壤中 Cd、Zn 元素污染受城市化进程影响较大，在整个市域范围内都有所污染，Cd 元素污染尤为严重，这可能与北京市汽车保有量持续增加有关，相关研究表明，汽车轮胎磨损及发动机润滑油的燃烧是 Zn、Cd 的主要来源（Wilcke et al.，1998；Markus and Mcbratney，1996），此外路面安全栏的腐蚀、防腐镀锌汽车板的使用所产生的大量含 Zn 粉尘（Al-Khashman，2007），都会导致土壤中重金属元素 Zn 的增加；其他重金属元素浓度都相对低于北京市土壤重金属平均浓度。

表 4-17　北京市土壤重金属元素平均浓度及污染指数

功能区		Cd	Cr	Cu	Mn	Ni	Pb	Zn
居民区	平均浓度（mg/kg）	2.60	65.39	18.21	486.23	26.24	32.79	125.15
	污染指数	13.00	0.73	0.52	—	0.66	0.94	1.25
交通区	平均浓度（mg/kg）	2.27	52.61	16.60	507.18	20.74	21.66	117.95
	污染指数	11.35	0.58	0.47	—	0.52	0.62	1.18
工业区	平均浓度（mg/kg）	2.94	66.18	7.33	618.51	24.91	19.84	98.25
	污染指数	14.70	0.74	0.21	—	0.62	0.57	0.98
公园区	平均浓度（mg/kg）	2.68	61.20	5.34	523.37	21.93	23.17	124.33
	污染指数	13.40	0.68	0.15	—	0.55	0.66	1.24
北京市土壤重金属平均浓度		2.62	61.35	11.87	533.82	23.46	24.37	116.42
单因子污染指数		13.11	0.68	0.34	—	0.59	0.70	1.16
土壤环境质量标准		0.20	90	35		40	35	100

一些研究也表明，北京市土壤重金属污染除与人类活动有关外，城市土壤本身固有的理化性质也是影响城市土壤重金属污染的重要因素（Navas and Machin，2002），如北京市土壤 pH 呈碱性、有机质浓度低、肥力差等，使土壤对外来重金属元素具有一定的吸收、固定和积累作用（庞静，2008）。

二、不同功能区 TSP 中重金属元素浓度季节性变化特征

（一）春季

北京市不同功能区春季 TSP 中 7 种重金属元素浓度分布情况如图 4-19 所示。各重金属元素都有不同的特点，其分布范围分别为：Cd，0.0012 ～ 0.0031μg/m³；Cr，0.0073 ～ 0.0134μg/m³；Cu，0.0402 ～ 0.0878μg/m³；Mn，0.0783 ～ 0.2232μg/m³；Ni，0.0031 ～ 0.0266μg/m³；Pb，0.0365 ～ 0.1191μg/m³；Zn，4.3509 ～ 6.3349μg/m³。从图 4-19 看出，Cr、Cu 元素在交通区 TSP 中浓度较高，其次为工业区，居民区和公园区浓度相对较低；Cd、Mn、Pb 元素在工业区 TSP 中浓度较高，交通区次之，居民区和公园区较低；Ni 元素在工业区 TSP 中值最高，交通区的浓度最低；TSP 中 Zn 元素的浓度顺序为居民区 > 公园区 > 工业区 > 交通区。

对春季 TSP 中各重金属元素两两之间进行相关性分析（表 4-18），结果显示，除 Cr 与 Cu 极显著相关（$P < 0.01$），Cd、Mn 与 Pb 之间显著相关（$P < 0.05$）外，其他重金属元素之间均不存在显著或极显著相关性。

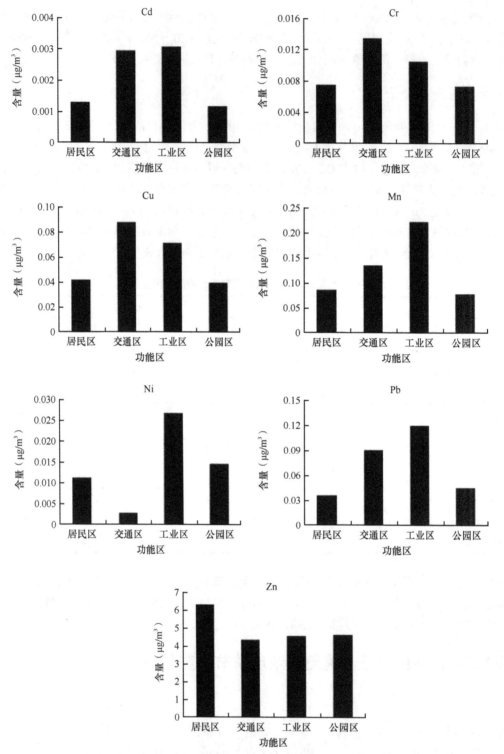

图 4-19　春季 TSP 中 7 种重金属元素浓度分布特征

表 4-18　春季 TSP 中 7 种重金属元素的相关性

	Cd	Cr	Cu	Mn	Ni	Pb	Zn
Cd	1.000						
Cr	0.888	1.000					
Cu	0.941	0.991**	1.000				
Mn	0.868	0.542	0.648	1.000			

	Cd	Cr	Cu	Mn	Ni	Pb	Zn
Ni	0.156	−0.310	−0.184	0.618	1.000		
Pb	0.957*	0.732	0.814	0.957*	0.421	1.000	
Zn	−0.613	−0.619	−0.633	−0.453	−0.071	−0.655	1.000

（二）夏季

图 4-20 为北京市 4 个功能区夏季 TSP 中重金属元素浓度分布特征。各重金属元素浓度分布范围分别为：Cd，$0.0017 \sim 0.0030\mu g/m^3$；Cr，$0.0054 \sim 0.0312\mu g/m^3$；Cu，$0.0400 \sim 0.0853\mu g/m^3$；Mn，$0.0246 \sim 0.2398\mu g/m^3$；Ni，$0.0226 \sim 0.0330\mu g/m^3$；Pb，$0.0084 \sim 0.1301\mu g/m^3$；Zn，$1.1850 \sim 6.7567\mu g/m^3$。从图 4-20 可以看出，在工业区和交通区 TSP 中的 Cd、Cu 元素浓度高于居民区和公园区；夏季 TSP 中的 Cr、Mn、Pb 元素的变

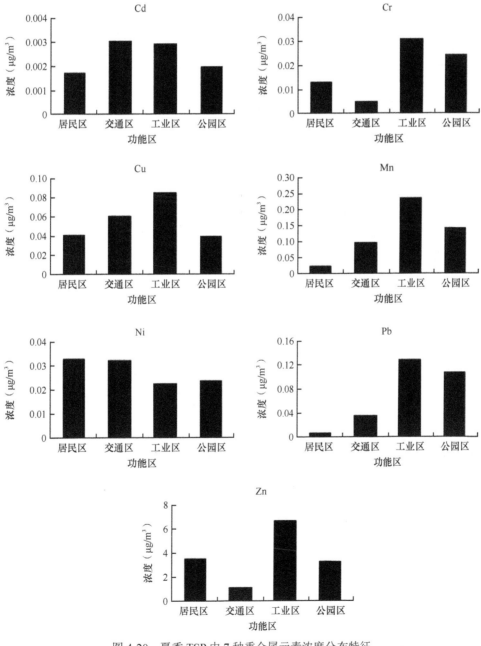

图 4-20　夏季 TSP 中 7 种重金属元素浓度分布特征

化趋势较为相近，工业区浓度最高，公园区次之，居民区和交通区相对较低；Ni 元素较为特殊，在居民区和交通区 TSP 中的浓度高于工业区和公园区；TSP 中 Zn 元素浓度高低顺序为工业区、居民区和公园区、交通区。

对夏季 TSP 中各重金属元素之间相关系数进行计算（表 4-19），其中，仅 Ni 和 Pb 元素之间在 0.05 水平上存在显著负相关，相关系数为-0.987。

表 4-19　夏季 TSP 中 7 种重金属元素相关性

	Cd	Cr	Cu	Mn	Ni	Pb	Zn
Cd							
Cr	−0.036	1.000					
Cu	0.832	0.373	1.000				
Mn	0.571	0.791	0.756	1.000			
Ni	−0.155	−0.932	−0.389	−0.888	1.000		
Pb	0.312	0.882	0.497	0.943	−0.987*	1.000	
Zn	0.038	0.880	0.566	0.679	−0.686	0.648	1.000

三、颗粒物浓度变化特征

（一）颗粒物浓度的功能区变化特征

图 4-21 是 4 个功能区夏季不同粒径颗粒物（TSP、PM10、PM2.5、PM1）浓度的空间变化分布图。可以看出，4 种粒径颗粒物浓度的空间变化大致都呈抛物线形，但峰值出现的位置不同，TSP、PM10 两种颗粒物在工业区浓度最大，其次为交通区，居民区和公园区较小；可吸入颗粒物 PM2.5、PM1 浓度从大到小依次为交通区、居民区、工业区、公园区，交通区和居民区人类活动较密集，而对环境、人体能造成危害的可吸入颗粒物浓度均较高，因此，应采取合适措施进行防治。

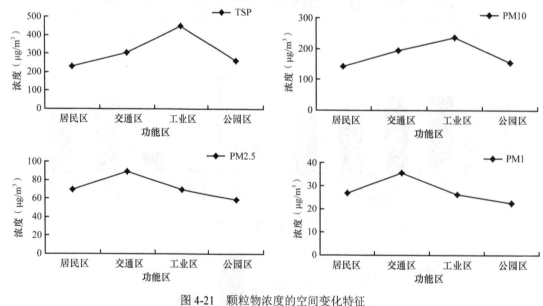

图 4-21　颗粒物浓度的空间变化特征

（二）各粒径颗粒物浓度的日变化特征

图 4-22 为不同功能区夏季 4 种粒径颗粒物浓度的日变化特征。各功能区具体变化为：居民区 TSP 和 PM10 浓度的日变化趋势呈"W"形，峰值出现在 07:00～09:00 和 21:00～23:00，谷值出现在 01:00～03:00 和 13:00～19:00；PM2.5 和 PM1 浓度整体上呈"U"形，07:00 开始下降，13:00 至 23:00 基

本保持相对平稳的状态，23:00～01:00 出现一个小高峰，之后又继续上升。总体来讲，4 种颗粒物浓度白天低于夜间。

交通区不同粒径颗粒物浓度的日变化特征：交通区 TSP、PM10、PM2.5、PM1 浓度的日变化规律基本一致。一天之中，除 TSP 浓度的最高值在 07:00～09:00 外，另外 3 种颗粒物均在 23:00～01:00，最低值出现在 15:00～17:00。具体变化为，从 07:00 开始浓度逐渐下降，15:00～17:00 出现最低值，随后逐渐上升，在 23:00～01:00 达到一个峰值，01:00～03:00 突然下降后缓慢上升。总体上来讲，仍是白天浓度低于夜间。

工业区 4 种粒径颗粒物浓度的日变化特征：工业区 TSP 浓度在一天中波动幅度较小，基本是在 450μg/m³ 上下浮动，最高值（584.52μg/m³）出现在 11:00～13:00，最低值（344.88μg/m³）出现在 17:00～19:00。PM10、PM2.5、PM1 浓度日变化趋势基本类似，07:00 开始浓度增幅较大，11:00～13:00 达到峰值，随后突然下降，15:00～07:00 开始呈现平缓上升趋势。

公园区各粒径颗粒物浓度的日变化特征：公园区 TSP、PM10、PM2.5、PM1 浓度的日变化趋势均为单峰单谷型，05:00 到 13:00 各粒径颗粒物浓度较高，13:00～05:00 浓度较小，TSP 和 PM10 浓度变化较为平缓，PM2.5 和 PM1 浓度呈逐渐上升的变化趋势。

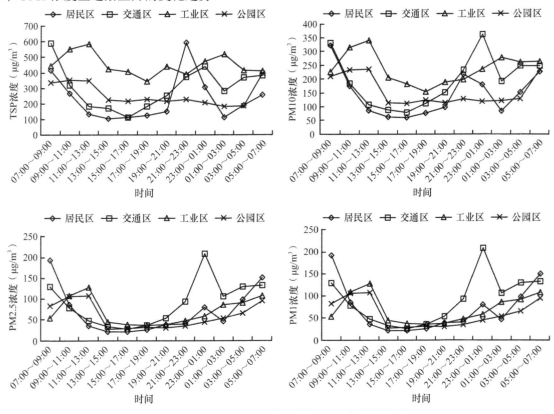

图 4-22　各功能区夏季 4 种粒径颗粒物浓度的日变化特征

（三）TSP 中重金属与颗粒物浓度的相关性

根据表 4-20，夏季 TSP 中 Cr、Cu、Mn 和 Pb 元素与 4 个不同粒径颗粒物浓度之间呈负相关，其中 Cr 元素与 PM10 在 0.05 水平上显著负相关，相关系数为 -0.983。Cd、Ni 和 Zn 元素与 TSP、PM10、PM2.5 和 PM1 粒径颗粒物浓度之间有正相关也有负相关，但都没有达到显著水平。

表 4-20　夏季 TSP 中重金属浓度与颗粒物浓度的相关系数表

	Cd	Cr	Cu	Mn	Ni	Pb	Zn
TSP	0.379	−0.926	−0.111	−0.507	0.751	−0.650	−0.861
PM10	0.220	−0.983*	−0.208	−0.666	0.882	−0.805	−0.849

续表

	Cd	Cr	Cu	Mn	Ni	Pb	Zn
PM2.5	-0.355	-0.396	-0.139	-0.637	0.700	-0.747	0.022
PM1	-0.419	-0.326	-0.165	-0.619	-0.647	-0.707	0.079

第六节　功能区共有树种重金属元素浓度相关性

一、树种-土壤重金属元素浓度相关性

通过计算各树种所有器官中重金属元素浓度与土壤重金属元素浓度之间的相关性，得到表 4-21。各树种具体情况如下。

毛白杨中 Cd 元素与土壤中 Cr 元素之间在 0.05 水平上达到显著正相关，相关系数为 0.980；Pb 元素与土壤 Mn 元素之间在 0.01 水平上达到极显著正相关，相关系数为 0.994。

表 4-21　土壤重金属元素浓度与 5 个树种体内重金属元素浓度的相关性

（a）：毛白杨

	毛 Cd	毛 Cr	毛 Cu	毛 Mn	毛 Ni	毛 Pb	毛 Zn
土壤 Cd	0.932	-0.917	-0.837	0.447	-0.879	0.687	-0.697
土壤 Cr	0.980*	-0.883	-0.899	0.448	-0.701	0.310	-0.767
土壤 Cu	-0.372	0.364	0.543	0.149	0.876	-0.653	0.553
土壤 Mn	0.581	-0.752	-0.289	0.627	-0.563	0.994**	-0.109
土壤 Ni	0.849	-0.776	-0.639	0.606	-0.291	0.073	-0.479
土壤 Pb	0.164	0.043	-0.277	-0.107	0.199	-0.763	-0.315
土壤 Zn	-0.471	0.701	0.044	-0.799	0.276	-0.949	-0.171

（b）：国槐

	国 Cd	国 Cr	国 Cu	国 Mn	国 Ni	国 Pb	国 Zn
土壤 Cd	0.111	-0.497	-0.640	0.740	-0.981*	0.045	-0.900
土壤 Cr	0.564	-0.657	-0.341	0.881	-0.845	-0.104	-0.643
土壤 Cu	0.602	-0.255	0.972*	-0.010	0.764	0.204	0.924
土壤 Mn	-0.331	-0.428	-0.480	0.494	-0.684	0.562	-0.717
土壤 Ni	0.855	-0.849	0.133	0.938	-0.511	0.075	-0.225
土壤 Pb	0.887	-0.244	0.438	0.276	0.148	-0.456	0.381
土壤 Zn	0.233	0.569	0.171	-0.520	0.457	-0.800	0.455

（c）：油松

	油 Cd	油 Cr	油 Cu	油 Mn	油 Ni	油 Pb	油 Zn
土壤 Cd	0.212	-0.598	-0.852	-0.020	-0.261	-0.651	-0.961*
土壤 Cr	0.633	-0.149	-0.853	0.459	0.101	-0.220	-0.818
土壤 Cu	0.544	0.952*	0.648	0.674	0.879	0.970*	0.796
土壤 Mn	-0.200	-0.783	-0.345	-0.464	-0.287	-0.785	-0.648
土壤 Ni	0.909	0.278	-0.542	0.773	0.549	0.216	-0.463
土壤 Pb	0.817	0.817	-0.163	0.936	0.592	0.770	0.150
土壤 Zn	0.100	0.581	0.077	0.360	0.015	0.569	0.401

续表

（d）：圆柏

	圆 Cd	圆 Cr	圆 Cu	圆 Mn	圆 Ni	圆 Pb	圆 Zn
土壤 Cd	−0.942	−0.612	−0.893	−0.105	−0.546	0.729	−0.444
土壤 Cr	−0.938	−0.872	−0.889	0.385	−0.074	0.460	0.027
土壤 Cu	0.601	−0.164	0.640	0.706	0.866	−0.962*	0.921
土壤 Mn	−0.499	−0.250	−0.409	−0.556	−0.854	0.519	−0.690
土壤 Ni	−0.672	−0.994**	−0.590	0.706	0.297	−0.003	0.448
土壤 Pb	−0.122	−0.519	−0.143	0.963*	0.902	−0.375	0.867
土壤 Zn	0.280	0.285	0.157	0.454	0.713	−0.211	0.496

（e）：银杏

	银 Cd	银 Cr	银 Cu	银 Mn	银 Ni	银 Pb	银 Zn
土壤 Cd	0.351	0.105	−0.976	−0.866	−0.257	0.634	−0.192
土壤 Cr	−0.153	−0.397	−0.957	−1.000**	−0.698	0.173	−0.649
土壤 Cu	−0.973	−0.883	0.365	0.070	−0.657	−0.996	−0.706
土壤 Mn	0.970	1.000**	0.108	0.401	0.932	0.839	0.954
土壤 Ni	−0.618	−0.796	−0.693	−0.877	−0.960	−0.332	−0.939
土壤 Pb	−0.680	−0.843	−0.631	−0.835	−0.979	−0.408	−0.964
土壤 Zn	0.069	−0.184	−0.998*	−0.973	−0.522	0.387	−0.464

国槐中 Cu、Ni 元素分别与土壤中 Cu、Cd 元素达到显著正、负相关（$P < 0.05$），相关系数分别为 0.972、−0.981。

油松中 Cr、Pb 元素与土壤中 Cu 元素在 0.05 水平上显著正相关；Zn 元素与土壤中 Cd 元素在 0.05 水平上显著负相关。

圆柏中 Cr 元素与土壤中 Ni 元素之间达到极显著负相关（$P < 0.01$），Mn、Pb 元素与分别土壤中 Pb、Cu 元素之间达到显著正、负相关（$P < 0.05$）。

银杏中 Cr 元素与土壤中 Mn 元素在 0.01 水平上极显著正相关，相关系数达到 1.000；Cu、Mn 元素分别在 0.05、0.01 水平上与土壤中 Zn、Cr 元素之间达到显著负相关水平，相关系数依次为−0.998、−1.000。

二、树叶-TSP 重金属元素浓度相关性

树叶是树木进行光合作用的部位，曾小平等（1999）的研究表明夏季树木的光合速率最高，树木与环境之间物质循环最为活跃，如通过叶片上的气孔将外界的污染物吸收到体内，在体内进行降解或者积累在某一器官中，达到净化环境的作用。树叶数量多、面积大，且直接暴露于大气环境中，与大气污染物之间有密切联系，因此本节对夏季 TSP 和各树种夏季树叶中重金属元素浓度之间的相关性进行分析（表 4-22）。

表 4-22　夏季 TSP 与 5 个树种树叶中重金属元素浓度的相关性

（a）：毛白杨

	毛 Cd	毛 Cr	毛 Cu	毛 Mn	毛 Ni	毛 Pb	毛 Zn
TSP Cd	0.681	−0.998*	−0.882	0.886	−0.485	−0.901	−0.554
TSP Cr	0.694	0.091	−0.282	0.258	−0.429	−0.397	−0.036
TSP Cu	0.910	−0.795	−0.994*	0.992**	−0.297	−0.945	−0.320
TSP Mn	0.955*	−0.530	−0.716	0.697	−0.732	−0.857	−0.701
TSP Ni	−0.736	0.114	0.322	−0.297	0.728	0.525	0.658
TSP Pb	0.809	−0.273	−0.443	0.419	−0.793	−0.647	−0.737
TSP Zn	0.726	0.027	−0.475	0.459	−0.059	−0.440	0.014

（b）：国槐

	国 Cd	国 Cr	国 Cu	国 Mn	国 Ni	国 Pb	国 Zn
TSP Cd	−0.542	−0.802	−0.825	0.858	−0.045	−0.106	−0.666
TSP Cr	0.214	0.413	0.238	0.482	0.616	0.379	0.155
TSP Cu	−0.060	−0.337	−0.402	0.918	0.511	0.415	−0.221
TSP Mn	−0.251	−0.202	−0.366	0.908	0.377	0.132	−0.364
TSP Ni	0.155	−0.094	0.095	−0.617	−0.325	−0.050	0.208
TSP Pb	−0.258	−0.053	−0.240	0.729	0.282	0.006	−0.327
TSP Zn	0.536	0.524	0.400	0.481	0.911	0.761	0.463

（c）：油松

	油 Cd	油 Cr	油 Cu	油 Mn	油 Ni	油 Pb	油 Zn
TSP Cd	0.300	−0.750	0.012	0.512	0.240	0.381	−0.659
TSP Cr	0.942	0.651	0.108	0.741	0.941	−0.925	−0.240
TSP Cu	0.642	−0.456	−0.326	0.885	0.659	0.007	−0.386
TSP Mn	0.943	0.104	0.216	0.861	0.884	−0.541	−0.677
TSP Ni	−0.935	−0.536	−0.412	−0.668	−0.867	0.843	0.569
TSP Pb	0.940	0.394	0.421	0.710	0.860	−0.745	−0.669
TSP Zn	0.861	0.419	−0.372	0.878	0.940	−0.718	0.074

（d）：圆柏

	圆 Cd	圆 Cr	圆 Cu	圆 Mn	圆 Ni	圆 Pb	圆 Zn
TSP Cd	−0.422	−0.993**	−0.836	0.486	0.434	−0.496	0.437
TSP Cr	0.921	−0.046	0.059	0.750	0.796	−0.703	0.882
TSP Cu	0.024	−0.824	−0.475	0.873	0.837	−0.519	0.711
TSP Mn	0.491	−0.644	−0.521	0.849	0.859	−0.928	0.984*
TSP Ni	−0.776	0.259	0.272	−0.666	−0.708	0.904	−0.923
TSP Pb	0.670	−0.412	−0.411	0.703	0.736	−0.955*	0.952*
TSP Zn	0.795	−0.067	0.252	0.892	0.916	−0.427	0.791

（e）：银杏

	银 Cd	银 Cr	银 Cu	银 Mn	银 Ni	银 Pb	银 Zn
TSP Cd	−0.333	0.443	0.872	0.842	−0.982	0.890	0.784
TSP Cr	0.917	0.355	−0.952	−0.968	0.806	−0.272	−0.079
TSP Cu	−0.579	0.181	0.973	0.958	−0.996	0.731	0.584
TSP Mn	0.793	0.990	−0.194	−0.251	−0.128	0.710	0.833
TSP Ni	−0.997	−0.752	0.697	0.738	−0.433	−0.212	−0.398
TSP Pb	0.960	0.871	−0.537	−0.585	0.240	0.406	0.577
TSP Zn	0.408	−0.369	−0.909	−0.883	0.994	−0.850	−0.732

夏季毛白杨叶片中 Cd、Cr、Cu、Mn 元素浓度分别与 TSP 中 Mn、Cd、Cu、Cu 元素浓度之间存在显著相关性，相关系数依次为 0.955、−0.998、−0.994、0.992，其中 Mn-Cu 元素浓度在 0.01 水平上达到显著相关性。国槐、油松、银杏叶片中与 TSP 中重金属元素浓度之间无显著相关性。圆柏叶片中 Cr 元素浓度与 TSP 中 Cd 元素浓度之间在 0.01 水平显著负相关，叶片和 TSP 中 Pb 元素浓度之间在 0.05 水平上显著负相关，叶片中 Zn 元素浓度与 TSP 中 Mn、Pb 元素浓度之间在 0.05 水平上显著相关，相关系数分别为 0.984、0.952。

三、土壤-TSP 重金属元素浓度相关性

大气中的重金属主要来自机动车尾气、大气飘尘、粉尘和工业废气，它们经过自然沉降、雨水淋溶进入土壤，因此，大气中重金属元素浓度高低直接影响大气沉降对土壤重金属的输入量。邹海明等（2006）对焦作市的研究表明，不同区域大气污染状况与大气沉降输入土壤重金属的量的顺序一致，矿区最高，近郊和市区次之，远郊和公园最低；王定勇和牟树森（1999）发现土壤中 Hg 浓度随大气 Hg 浓度的升高而升高，土壤系统中 Hg 的累积量与大气 Hg 浓度有显著的相关性。

利用数据分析软件 SPSS 17.0 对北京市土壤与 TSP 中重金属元素浓度进行 Pearson 相关性分析（表 4-23），可以看出，土壤与 TSP 中各重金属元素浓度之间的相关性各不相同。其中，土壤中 Cd 与 TSP 中 Cr、Mn、Pb、Zn 元素浓度之间及土壤中 Cr 与 TSP 中 Ni 元素浓度之间存在显著相关性（$P < 0.05$），相关系数分别为 0.764、0.743、0.785、0.737、-0.729；土壤中 Mn 与 TSP 中 Cr 元素浓度之间在 0.01 水平上显著正相关，相关系数为 0.907，其他元素之间未达到统计水平上的相关性。

表 4-23　土壤与 TSP 中重金属元素浓度的相关性

	TSP Cd	TSP Cr	TSP Cu	TSP Mn	TSP Ni	TSP Pb	TSP Zn
土壤 Cd	0.138	0.764*	0.406	0.743*	-0.394	0.785*	0.737*
土壤 Cr	-0.086	0.495	0.234	0.420	-0.729*	0.538	0.699
土壤 Cu	-0.243	-0.651	0.098	-0.394	-0.573	-0.478	0.236
土壤 Mn	-0.005	0.907**	0.005	0.404	0.165	0.510	0.269
土壤 Ni	0.251	0.332	0.531	0.537	-0.685	0.582	0.620
土壤 Pb	0.096	-0.256	0.461	0.344	-0.675	0.231	0.636
土壤 Zn	-0.337	-0.499	-0.076	-0.502	-0.328	-0.638	0.308

下　篇

行道树重金属富集效能机理

第五章　城市行道树圆柏与国槐中重金属富集时空分布

我国经济发展促进了汽车保有量的快速增加，道路交通污染成为城市主要的污染源之一。城市行道树作为美化道路的一道风景线，承担了降低下垫面温度、净化空气、减少热岛效应、净化城市土壤的重要生态功能，而其净化土壤环境也成为近年来研究的热点。关于行道树富集重金属方面的研究已相对较多，但大部分都是通过研究比较不同植物某一器官，特别是叶片中重金属的浓度探讨其重金属的富集净化能力，而关于行道树中的重金属的时空分布研究相对较少。因此本章以北京市使用频度较高的阔叶树种（国槐）和针叶树种（圆柏）为研究对象，通过对各器官及垂直梯度树芯中重金属元素浓度的测定，全面了解重金属在树木体内的时空分布特征，探讨行道树吸收净化重金属的影响因素，揭示重金属在树木体内的转移、固定等过程，为行道树对重金属的监测、净化作用提供理论依据。

第一节　树干中重金属元素浓度时间动态特征

树干中重金属的来源主要有两个途径：①从周围的土壤中吸收然后运输到树干；②树叶和树皮吸收大气粒子中的重金属，进一步转移或渗透到树干。因为同一树种对不同的重金属元素具有不同的富集效能，而且各器官的结构和功能也不相同，从而同一器官中各种重金属元素的浓度不同，同一重金属元素的浓度在不同器官中也不同。树木的生长过程是以年轮的形式表示的，随着树龄的增长，树木年轮也客观地记录了周围环境变化的信息。由于树木年轮中大多数重金属元素存在着一定的横向迁移现象，因此某一年份的重金属元素浓度可能不能代表当年重金属元素的浓度。为了获得每个重金属元素随时间的变化趋势，将每3年的年轮作为样品进行分析，与取样时土壤中重金属的浓度相比，树木年轮中重金属元素浓度的变化可以为重金属在环境中的历史变化提供相关信息。

一、国槐树干

取行道树国槐胸径高度处的树芯样品，去除树皮，以3年为一个年轮段从髓心向树皮方向将树芯样品分为6段，将每一段作为一个样品进行分析并测定其各重金属元素浓度。通过测定结果（图5-1），发现行道树国槐年轮中7种重金属元素随时间的分布不尽相同。

总体而言Cu元素的浓度呈现出由髓心到树皮降低的趋势，而其他6种元素都呈现升高的趋势。

Cd作为植物非必需元素，很容易通过根、叶等器官吸收，进而转移到其他器官富集。国槐年轮中Cd元素的浓度随时间的推移呈升高的趋势，但是在其中3个年轮段中并未测得，按照趋势来看国槐树干中富集的Cd元素应该越来越多，浓度分布在0～0.198mg/kg。

Cr元素浓度随时间增长由2.0296mg/kg上升到24.4917mg/kg，趋势和Cd元素一致。

Cu元素浓度随时间推移由5.9157mg/kg下降到2.7896mg/kg，在2006～2008年轮段中达到最低值（2.4760mg/kg）。

Mn元素浓度的变化可明显分两个时期，第一个时期为1997年至2008年，处于一个较低浓度水平，变化范围为2.5106～3.3273mg/kg；第二个时期为2009年至2014年，浓度值处于较高水平，变化范围在6.8794～7.1429mg/kg。最低值出现在1997～1999年轮段，最高值出现在2009～2011年轮段。

Ni元素浓度，除在2006～2008年轮段突然出现较大幅度下降外，其他年轮段随时间推移呈现明显升高的趋势，最低值出现在1997～1999年轮段，为0.9427mg/kg，最高值出现在2012～2014年轮段，为2.2813mg/kg。

Pb 元素作为道路重金属污染的主要元素，其趋势为显著的双峰形态，在 2000～2002和2009～2011 年轮段出现显著峰值，分别为 2.2856mg/kg 和 4.0937mg/kg，其中 2009～2011 年轮段为整个年轮段的峰值，谷值出现在 2012～2014 年轮段，浓度为 0.6974mg/kg。

Zn 元素浓度始终维持在一个比较高的水平，波动范围为 13.7285～20.0035mg/kg，峰值出现在 2000～2002 年轮段，谷值出现在 2003～2005 年轮段。

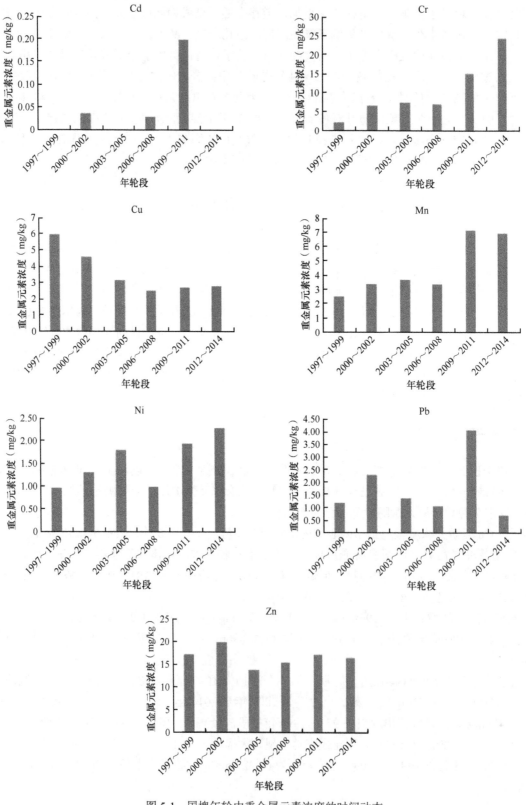

图 5-1 国槐年轮中重金属元素浓度的时间动态

二、圆柏树干

圆柏树干中重金属元素的时间动态如图 5-2 所示。Cd 元素在各年轮段均未检测出，含量极低（超出检测限，仪器检测限为 0.5mg/kg）。

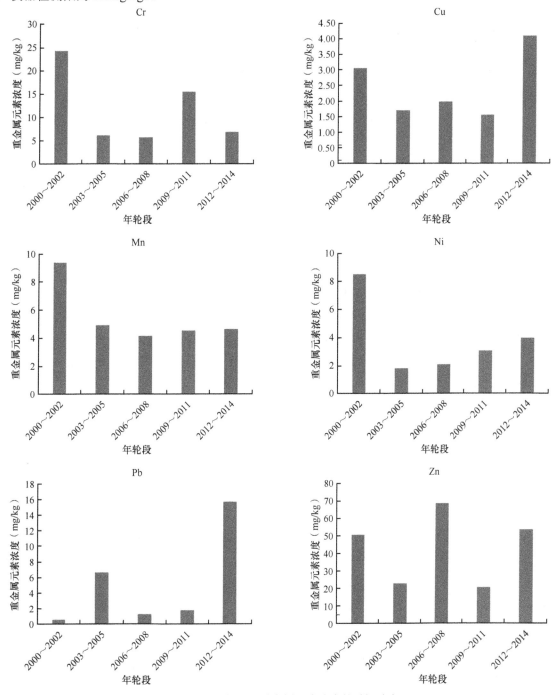

图 5-2　圆柏年轮中重金属元素浓度的时间动态

总体而言，Cu、Ni、Pb 金属元素浓度呈 "V" 形，即两边高中间低，解读为 2000 ～ 2002 年轮段和 2012 ～ 2014 年轮段为双峰，其间的年轮段浓度相对较低，Mn 元素浓度呈现出随时间推移，元素浓度先急剧降低，然后趋于稳定，而 Cr 元素浓度呈现出 "N" 形变化趋势，随时间推移先降后升再降，Zn 元素呈现出 "山" 字形趋势，波动很大，浓度变化不稳定，推测和当时环境因素及圆柏生长情况有很大的关系。

Cr 元素浓度峰值出现在 2000 ～ 2002 年轮段，为 24.2447mg/kg，谷值出现在 2006 ～ 2008 年轮段，为 5.6623mg/kg，峰值为谷值的 4.28 倍，在 2009 ～ 2011 年轮段出现次峰，其值远高于相邻两个年轮段。

　　Cu 元素浓度呈现双峰趋势，峰值在 2012 ～ 2014 年轮段，为 4.0909mg/kg，次峰在 2000 ～ 2002 年轮段，值为 3.0589mg/kg，其余年轮段元素浓度波动很小，范围为 1.5509 ～ 1.9868mg/kg，谷值出现在 2009 ～ 2011 年轮段。

　　Mn 元素浓度在 2000 ～ 2002 年轮段出现峰值，为 9.3656mg/kg，随后在 2003 ～ 2014 年波动很小，波动范围为 4.1772 ～ 4.9272mg/kg，谷值出现在 2006 ～ 2008 年轮段。

　　Ni 元素浓度和 Mn 元素浓度趋势相仿，不同的是在 2009 ～ 2011 至 2012 ～ 2014 年轮段，Ni 元素浓度有所增加，谷值出现在 2003 ～ 2005 年轮段，为 1.8204mg/kg，峰值为 2000 ～ 2002 年轮段的 8.5347mg/kg。

　　Pb 元素浓度出现明显的双峰，在 2006 ～ 2011 年，Pb 元素浓度急剧降低，为 1.2583 ～ 1.8300mg/kg，但相邻两个年轮段出现峰值和次峰值，分别为 2012 ～ 2014 年轮段的 15.6993mg/kg 和 2003 ～ 2005 年轮段的 6.6019mg/kg，但是谷值出现在 2000 ～ 2002 年轮段，为 0.6042mg/kg，有可能和北京市汽车保有量有很大的关系。

　　Zn 元素浓度变化趋势和国槐树干中 Zn 元素浓度变化趋势基本一致，浓度波动范围为 20.5025 ～ 68.5430mg/kg，峰值出现在 2006 ～ 2008 年轮段，谷值出现在 2009 ～ 2011 年轮段。

三、国槐和圆柏树干中重金属元素浓度时间分布比较分析

　　将时间动态中两种树种的重金属元素浓度进行横向比较分析（图5-3），总体来看，Cd 元素在行道树国槐和圆柏中的浓度都微乎其微，这两种行道树对于 Cd 元素的吸收都比较少；Cr 元素浓度随时间的分布在行道树国槐和圆柏中不尽相同，在行道树国槐中，Cr 元素浓度由髓心向树皮呈增加趋势，而圆柏中则是逐渐减少的趋势，两种行道树中 Cr 元素浓度大致在同一水平；Cu 元素浓度在两种行道树中随时间分布的趋势基本一致，行道树国槐中的 Cu 元素浓度分布范围在 2.4769 ～ 5.9157mg/kg，圆柏中 Cu 元素浓度的分布范围在 1.5509 ～ 1.9868mg/kg，对比发现行道树国槐树干中的 Cu 元素浓度比行道树圆柏中的水平要高；Mn 元素浓度随时间的分布趋势在两种行道树中也不一致，国槐中随时间的分布趋势为增加，圆柏中则反之。

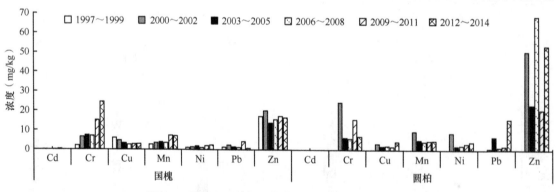

图 5-3　国槐和圆柏中重金属元素浓度时间动态对比

　　由图 5-3 可知，圆柏中的 Mn 元素浓度处在更高的水平，说明圆柏在环境中富集的 Mn 元素更多，有可能对 Mn 元素更为敏感；Ni 元素浓度在两种行道树中随时间的分布趋势较为一致；Pb 元素为交通污染的主要元素，在两种行道树中，Pb 元素浓度随时间变化不一致，但是平均浓度相差不大，说明在不同年轮段中，行道树国槐和圆柏对于 Pb 元素的吸收不太相同，但通过长期的富集过程，树干中 Pb 元素的浓度基本一致，富集的 Pb 元素的量和生物量成正比；Zn 元素在两种行道树中的浓度均为最高水平，在行道树国槐中处于较为稳定的水平，浓度范围在 13.7285 ～ 20.0035mg/kg，而在行道树圆柏中波动较大，浓度范围在 20.5025 ～ 68.5430mg/kg，在圆柏中 Zn 元素具有更高的浓度水平，说明圆柏对于 Zn 元素的吸收要比国槐多得多。

　　为了比较两种行道树树干中重金属元素浓度各时间段的差异，计算每一年轮段重金属元素的浓度在该年轮段相应元素总浓度的占比进行分析（图5-4）。由图可知，对于不同的重金属元素，在其浓度的时间动态上，两种行道树体现出了差异。

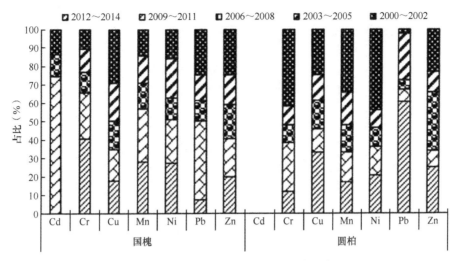

图 5-4　两种行道树中不同年轮段重金属元素浓度的百分比

对于 Cd 元素而言，由于在圆柏中无法测出，所以无法比较。仅从国槐看，从 2000 年至 2011 年，浓度随时间的推移有增长的趋势。

Cr 元素在两种行道树中浓度的时间动态上具有明显的差异，行道树国槐中 Cr 元素在 2012 ～ 2014 年轮段比例最大，而圆柏中则是在 2000 ～ 2002 年轮段比例最大，说明近些年国槐对于 Cr 元素的富集相比之前要多，而圆柏中则是在其生长初期富集的 Cr 元素较多或是由于 Cr 元素在树干中的横向迁移，圆柏 2000 ～ 2002 年轮段具有较大的比例。

行道树国槐树干中 Cu 元素浓度的比例较为均衡，在 2000 ～ 2002 年轮段具有最大比例，而行道树圆柏在 2003 ～ 2011 各年轮段中 Cu 元素浓度比例分布较均衡，在 2012 ～ 2014 年轮段比例最大，2000 ～ 2002 年轮段次之。

Mn 元素在两种行道树中浓度的时间动态中呈现出两种模式，在行道树国槐中，随时间的推移，Mn 元素浓度的比例不断增大，说明从环境中到树干中的 Mn 元素在不断增多，相反，行道树圆柏中 Mn 元素浓度的比例则是随时间推移呈逐渐降低的趋势。

Ni 元素在两种行道树树干中浓度时间动态中的比例都无明显规律，在行道树国槐中，比例最大的年轮段为 2012 ～ 2014 年轮段，在圆柏中则是 2000 ～ 2002 年轮段。

Pb 元素在两种行道树树干中浓度的时间动态呈现出不一样的趋势，在行道树国槐树干中，2009 ～ 2011 年轮段 Pb 元素浓度比例达到最大，而圆柏中则是 2012 ～ 2014 年轮段，众所周知，Pb 作为主要的道路交通污染物，很容易从环境中进入土壤，从而被植物所富集，但其在道路重金属污染日益严重的情况下，在行道树国槐中的比例反而降低，有待进一步调查分析。

Zn 元素浓度在行道树国槐树干中随时间的分布规律同 Cu 元素相同，均较为均衡，波动不大，但在行道树圆柏中，2006 ～ 2008 年轮段比例最大，而其相邻的两个年轮段都处于相对较低的水平。

第二节　树干中重金属元素垂直分布特征

树干中重金属元素的垂直分布特征研究，以树干解析方法为原型，取不同高度行道树树芯样品，将其以 3 年为一个龄级，从而得到不同高度不同龄级的树芯样品，利用树干解析方法，分析 7 种重金属元素在行道树树干中的垂直分布规律，探究重金属在树干中的纵向迁移规律。同时利用树干解析方法，分析树干生长过程中的重金属富集动态变化，研究不同年轮段行道树国槐与圆柏对 7 种重金属元素的耐性和富集效能。

一、国槐树干中重金属元素垂直分布特征

取不同高度的国槐树干树芯样品，按3年一龄级将年轮段从树皮到髓心进行分离，分得不同高度的若干个年轮段，将这些年轮段进行7种重金属元素浓度的测定分析，分析国槐树干中重金属元素的垂直分布特征（图5-5）。

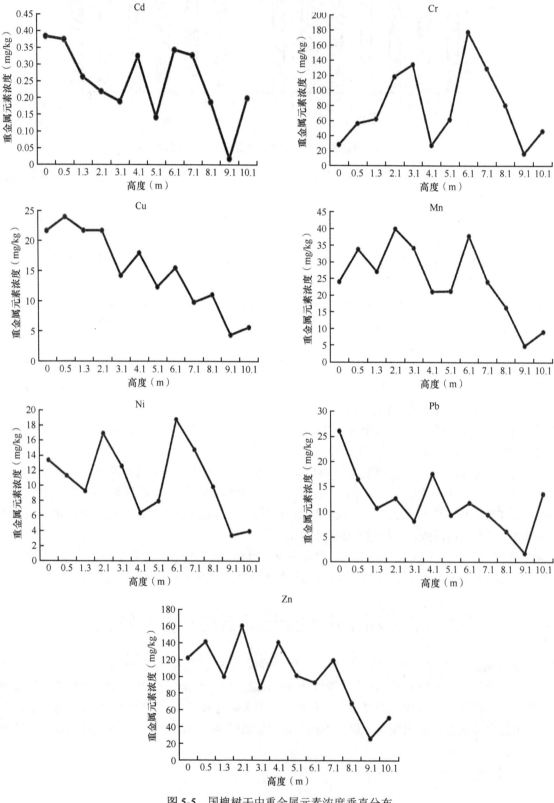

图5-5 国槐树干中重金属元素浓度垂直分布

　　图5-5为不同高度7种重金属元素的浓度分布趋势图，总体而言，从树干基部到顶部，基本呈现出波动下降趋势，且7种重金属浓度都在顶部区分段出现小幅反弹的上升。但是，不同重金属元素浓度波动幅度大小有所不同，Cd、Cr、Mn、Ni等元素波动幅度相对较大，而其他3种元素浓度波动幅度相对较小。

　　Cd元素浓度随高度上升呈现出逐渐下降的趋势，即树干越高处的Cd浓度越低，浓度波动范围很小，峰值出现在0m处，浓度为0.3841mg/kg，谷值出现在9.1m处，浓度为0.0180mg/kg。

　　Cr元素浓度呈现双峰分布，在3.1m和6.1m处出现了两处峰值，分别为134.0915mg/kg和177.2824mg/kg，在9.1m处出现谷值，浓度为16.5436mg/kg。

　　Cu元素在垂直分布上大体呈随高度上升浓度不断降低的趋势，但在2.1m区段上表现为先升高再降低的趋势，但降低幅度比升高幅度大。峰值出现在0.5m处，浓度为23.9221mg/kg，谷值出现在9.1m处，浓度为4.3665mg/kg。

　　Mn元素浓度随高度变化波动很大，出现了三个峰，最大值出现在2.1m处，浓度为39.8422mg/kg，谷值在9.1m处，浓度为4.7031mg/kg。

　　Ni元素浓度随高度变化趋势和Cr元素浓度基本一致，谷值出现在9.1m处，为3.4024mg/kg，峰值在6.1m处，为18.7418mg/kg，次峰值出现在2.1m处，为16.8737mg/kg。

　　Pb元素在垂直分布上大致呈随高度上升浓度降低的趋势，但在4.1m处出现了一个奇点，浓度相比相邻高度有了显著升高，其浓度为17.5006mg/kg，峰值出现在0m处，浓度为26.0725mg/kg，谷值出现在9.1m处，浓度为1.7068mg/kg。

　　Zn元素浓度总体来说随高度升高而降低，但在0～7.1m在120mg/kg浓度处上下波动，峰值出现在2.1m处，浓度为160.3579mg/kg，7.1～9.1m区段随高度增加浓度降低，9.1m处出现谷值，浓度为26.0536mg/kg。

二、国槐树干中重金属元素富集量时间动态

　　通过计算国槐树干每个年轮段的生物量，然后用测得的重金属元素浓度乘以相应年轮段生物量得到各年轮段重金属元素的现贮量，即得到树干中各年轮段重金属现贮量的时间分布（表5-1）。由表5-1可见，富集总量最大的元素为Zn元素，富集总量最小的元素为Cd元素；在同一年轮段中，富集量最大的元素为Zn元素（2008～2006年轮段除外），富集量最小的元素为Cd元素。

表5-1　行道树国槐树干重金属元素现贮量（mg）的时间动态

年轮段	Cd	Cr	Cu	Mn	Ni	Pb	Zn
2012～2014	0.5609	251.0284	45.9685	75.5372	32.1397	35.7908	345.9802
2009～2011	0.7912	258.6488	41.7834	73.0395	33.7887	47.6855	405.1858
2006～2008	0.7991	395.5783	58.8506	97.0199	49.9756	32.9076	345.7492
2003～2005	0.7627	285.0861	52.3732	102.0723	37.2739	31.3887	287.6582
2000～2002	0.8389	151.6431	44.4795	69.3939	22.6642	31.3594	253.4342
1997～1999	0.4997	92.7269	55.4966	42.0626	31.0357	39.5046	232.7404
总计	5.6507	1564.5136	324.1658	501.6692	224.0437	257.0055	2005.1055

　　行道树国槐树干富集重金属元素的过程如表5-2和图5-6所示。从表5-2中可见，Cd元素富集量最小，Zn元素富集量最大，树干经过21年生长，总富集量达到2005.11mg，其次为Cr元素，总富集量为1564.51mg；其余4种重金属元素处于基本一致的较低水平。7种重金属元素富集量从小到大依次为：Cd＜Ni＜Pb＜Cu＜Mn＜Cr＜Zn。

表 5-2　行道树国槐树干重金属元素富集（mg）时间动态

树龄（年）	Cd	Cr	Cu	Mn	Ni	Pb	Zn
3	1.40	129.80	25.21	42.54	17.17	38.37	134.36
6	1.88	170.62	66.79	71.44	41.73	73.15	317.18
9	2.62	306.71	100.02	127.31	60.78	98.39	491.32
12	3.07	502.23	141.50	203.68	87.00	121.79	708.51
15	3.82	868.16	195.36	290.75	133.36	153.62	1023.88
18	4.61	1126.81	237.15	363.79	167.15	201.31	1429.06
21	5.65	1564.51	324.17	501.67	224.04	257.01	2005.11

由表 5-2 可以得知 7 种重金属元素在国槐生长过程中每种元素富集量的大小，对比树干生长方程，作出重金属随树干生长的富集曲线，如图 5-6 所示，Zn 元素在富集过程中，富集增长速率是逐渐增大的，说明行道树国槐随着树木生长，吸收了更多的 Zn 元素；Cr 元素的富集增长速率同样也是逐渐增大的，但是在 15 年树龄时达到富集增长速率的峰值，然后富集量增长速率有所降低；其余 5 种元素的富集量处于较低水平，其富集增长速率很小，说明这 5 种元素的富集量在行道树国槐的生长过程中受树木生长和环境的影响较小。

通过不同重金属元素随树龄富集量曲线的拟合（表 5-3）筛选出 7 种重金属元素决定系数＞ 0.99 的拟合曲线方程。通过拟合出的各元素富集方程，预估 20 年内国槐树干中各重金属元素的富集量。

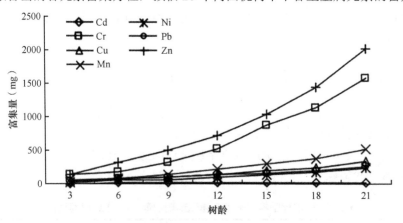

图 5-6　国槐树干重金属元素富集曲线

表 5-3　国槐树干重金属元素富集量模型及 20 年内富集量预估

元素	拟合方程	20 年内富集量预估（mg）
Cr	$y=0.0435x^2+0.3458x+1.038$	50.83
Cd	$y=34.977x^2-37.745x+118.42$	35 009.27
Cu	$y=3.5086x^2+19.535x+7.4301$	3 902.27
Mn	$y=7.764x^2+13.799x+18.264$	8 047.28
Ni	$y=3.2816x^2+7.463x+8.9767$	3 039.83
Pb	$y=2.7819x^2+12.297x+29.979$	3 434.45
Zn	$y=39.496x^2-17.091x+151.22$	39 214.67

三、圆柏树干中重金属元素垂直分布特征

取不同高度的圆柏树干树芯样品，按 3 年一段将年轮段从树皮到髓心进行分离，分得不同高度的若干年轮段，将这些年轮段进行 7 种重金属元素浓度的测定分析（图 5-7）。

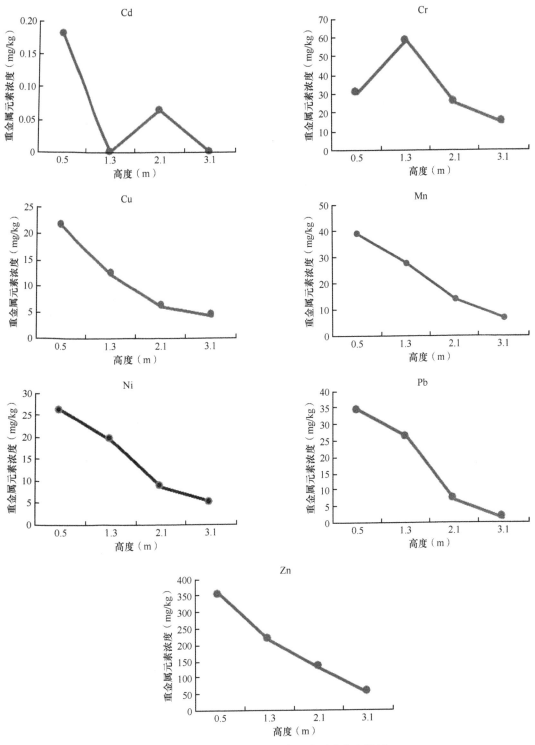

图 5-7　圆柏树干重金属元素浓度垂直分布特征

不同高度 7 种重金属元素的含量分布基本呈现出两种趋势，除了 Cd 和 Cr 元素，其他均为随高度增加浓度不断降低的趋势，Cd 元素在 1.3m 处达到谷值，Cr 元素在 1.3m 处达到峰值。

Cd 元素浓度变化呈现出先降低后升高再降低的趋势，其浓度范围为 0 ～ 0.1805mg/kg，处在一个较低的水平，Cd 属于环境中浓度很低的重金属元素，而行道树圆柏对其的富集同样也是微乎其微。

Cr 元素浓度先升高后降低，在 1.3m 处达到峰值，为 58.2223mg/kg，在 3.1m 处达到最低值，为 14.8904mg/kg。

其他 5 种重金属元素的浓度随高度增加呈现逐渐降低的趋势，其中 Zn 元素浓度分布在一个较高浓度水平，其余重金属元素都维持在一个相对较低的范围，其浓度分布区间分别为：Cu 4.3628 ～ 21.7188mg/kg，Mn 6.7271 ～ 38.8266mg/kg，Ni 5.2166 ～ 26.1749mg/kg，Pb 1.3645 ～ 34.1485mg/kg 和 Zn 53.9949 ～ 353.7855mg/kg。

四、圆柏树干中重金属元素富集量时间动态

计算出不同年轮段重金属元素的富集量（表 5-4）。由表 5-4 可见，在同一年轮段，富集量最大的元素为 Zn 元素，富集量最小的元素为 Cd 元素。

表 5-4　圆柏重金属元素富集量（mg）动态变化

年轮段	Cd	Cr	Cu	Mn	Ni	Pb	Zn
2012 ～ 2014	0.0685	23.7889	11.2397	16.3084	10.1019	24.2279	175.8046
2009 ～ 2011	0.0634	31.4310	8.6853	17.1771	18.9456	11.8939	145.1018
2006 ～ 2008	0.0000	20.6313	6.5938	14.0872	6.3917	16.3201	144.7471
2003 ～ 2005	0.0880	14.8387	8.2313	20.2529	9.7072	11.8881	168.4787
2000 ～ 2002	0.0000	28.2959	6.7626	13.8802	9.7356	1.4290	80.8010
1997 ～ 1999	0.0425	6.9858	3.0152	5.3084	2.2083	1.0617	41.7452
总计	0.2624	125.9716	44.5279	87.0142	57.0903	66.8207	756.6784

如表 5-4 所示，Cd 元素总富集量最小，Zn 元素最大，总富集量达到 756.6784mg，其次为 Cr 元素，总富集量为 125.9716mg；其余 4 种重金属元素处于基本一致的较低水平。7 种重金属元素富集量从小到大依次为：Cd ＜ Cu ＜ Ni ＜ Pb ＜ Mn ＜ Cr ＜ Zn。

垂直分布的各树龄树干中重金属元素富集进程如表 5-5 所示。由表 5-5 可以得知 7 种重金属元素在圆柏生长过程中每种元素富集量的大小，对比树干生长方程，同理作出重金属随树干生长的富集曲线，如图 5-8 所示，从中可知，除了 Zn 元素随树干的生长而大量富集，其余 6 种元素虽均为增长趋势，但增长较为缓慢，为了更清晰地分析这 6 种元素的富集过程，将这 6 种重金属元素随时间的富集量重新作图（图 5-9）。

表 5-5　圆柏树干重金属富集（mg）进程

树龄（年）	Cd	Cr	Cu	Mn	Ni	Pb	Zn
3	0.0425	6.9858	3.0152	5.3084	2.2083	1.0617	41.7452
6	0.0425	35.2817	9.7778	19.1886	11.9439	2.4907	122.5461
9	0.1304	50.1204	18.0091	39.4415	21.6511	14.3788	291.0249
12	0.1304	70.7517	24.6029	53.5286	28.0428	30.6988	435.7721
15	0.1938	102.1828	33.2882	70.7058	46.9884	42.5927	580.8739
18	0.2623	125.9716	44.5279	87.0141	57.0901	66.8207	756.6786

去除 Zn 元素的富集量对坐标单位影响后，其余 6 种重金属元素的富集曲线更为明显，Cr 元素随树龄的增长，富集增长速率呈现先增大后减少，再增大的趋势。Mn 元素的富集曲线基本成线性，富集增长速率约等于 0。Pb 元素在圆柏生长的前期，富集量较少，但从树龄 6 年后富集增长速率骤增，到树龄 18 年时，Pb 元素的富集量仅次于 Zn 元素、Mn 元素和 Cr 元素。Ni 元素和 Cu 元素的富集增长速率均约等于 0，由此可知，Mn、Ni、Cu 元素的富集随树木生长变化不大，而 Pb 元素则是富集增长速率变化最大的一种重金属元素，说明 Pb 元素的富集更容易受树木生长或环境的影响。

通过不同重金属元素随树龄富集量曲线的拟合（表 5-6）筛选出 7 种重金属元素决定系数 ＞ 0.99 的拟合曲线方程。通过拟合出的各元素富集方程，预估 50 年内圆柏树干中各重金属元素的富集量。

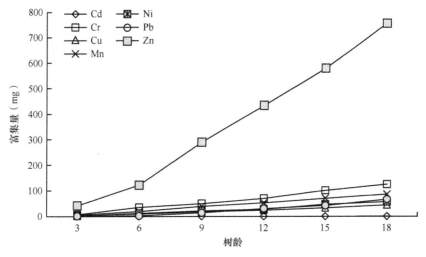

图 5-8　行道树圆柏树干中重金属元素富集曲线

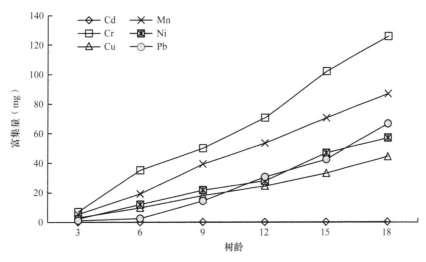

图 5-9　行道树圆柏树干重金属元素富集曲线（除 Zn）

表 5-6　行道树圆柏树干重金属富集模型及 50 年内富集量（mg）预估

元素	拟合方程	50 年内富集量预估
Cd	$y=0.0044x^2+0.01380x+0.0190$	11.709 0
Cr	$y=0.7828x^2+17.8430x-9.1049$	2 840.045 1
Cu	$y=0.4322x^2+5.1088x-2.2318$	1 333.708 2
Mn	$y=-0.0029x^2+16.5110x-11.879$	806.421 0
Ni	$y=0.6926x^2+6.1787x-4.1419$	2 036.293 1
Pb	$y=2.0360x^2-0.9545x-1.1986$	5 041.076 4
Zn	$y=6.8127x^2+97.8650x-74.4140$	21 850.586 0

五、国槐与圆柏树干中重金属元素含量比较

通过对两种不同的行道树树干中重金属元素含量进行对比分析，发现在行道树国槐中各重金属元素富集量均比圆柏中高，在不同的含量水平，Mn 元素具有相似的变化趋势，其他 6 种元素具有不同的变化趋势（图 5-10）。

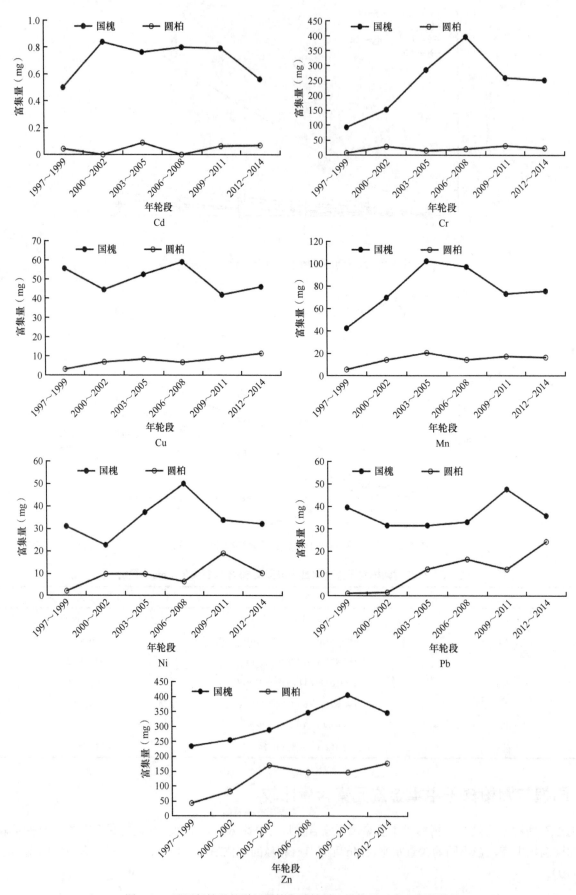

图5-10 不同年轮段行道树国槐和圆柏树干重金属元素富集量比较

Cd 元素在行道树国槐中富集量的最低值出现在 1997 ~ 1999 年轮段，最高在 2000 ~ 2002 年轮段，在行道树圆柏中，2000 ~ 2002 年和 2006 年 ~ 2008 年两个年轮段 Cd 元素的富集量极低，但是在 2009 ~ 2014 年出现明显的增高趋势。

在行道树国槐和圆柏中，Cr 元素的富集量变化有明显差异，但均在 1997 ~ 1999 年轮段富集量最低，在行道树国槐中富集量最大的是 2006 ~ 2008 年轮段，在圆柏中则是在 2009 ~ 2011 年轮段。

Cu 元素在两种行道树树干中的富集量随时间变化也有明显的差异，在行道树国槐树干中，呈现先减少再增加再减少的双谷变化趋势，但在圆柏树干中的变化趋势则是一直增长，说明圆柏对环境中 Cu 元素的富集量随时间推移而增多。

Mn 元素在行道树国槐和圆柏中的富集量变化趋势相似，最低值均出现在 1997 ~ 1999 年轮段，最高值出现在 2003 ~ 2005 年轮段，说明两种行道树树干对 Mn 元素的富集量和其自身生长发育相关性很低，可能与环境因素相关性较大。

Ni 元素和 Pb 元素在两种行道树树干中的富集量随时间的变化趋势近似镜像，表现为，这两种重金属元素在国槐树干中富集量减少时，在圆柏中出现增加的趋势。推测国槐和圆柏对于这两种重金属元素具有不同的耐受性，有待进一步实验探究。

Zn 元素是在两种行道树树干中富集量相对接近的重金属元素，富集量的变化趋势基本都是随时间推移而增加，推测与环境中的 Zn 元素增多有关。

第三节　地上器官中重金属富集特征比较

一、重金属元素浓度比较

通过对行道树地上不同器官重金属元素的浓度进行比较分析（表 5-7），发现 Cd、Ni、Mn 元素的浓度排序在国槐和圆柏不同器官中变化一致；两个树种各器官中，Ni、Mn、Cr、Pb 和 Zn 5 种元素浓度都在树干中最高，Cd 在树枝中最高；Cu 元素浓度最高值在两个树种器官中不一致，国槐为树干中，圆柏为树枝中。

表 5-7　国槐和圆柏不同器官重金属元素浓度分布特征（mg/kg）

树种	器官	Cd	Cr	Cu	Ni	Mn	Pb	Zn
国槐	树枝	11.9674	32.3557	68.9977	4.8443	1.8025	1.4751	24.9122
	树叶	9.7407	38.5982	68.9773	8.4289	1.4693	0.5444	11.4636
	树干	0.2477	78.0867	14.9548	24.3510	10.6845	11.9287	100.8225
圆柏	树枝	12.8728	16.8607	47.8345	5.0216	2.4389	0.2539	3.9107
	树叶	9.6896	18.3538	66.7586	8.9116	1.3854	0.2646	7.6589
	树干	0.0611	32.2948	11.1637	21.7524	14.8981	17.1102	188.4868

二、重金属富集格局特征比较

根据树木生长规律，在不同的树龄具有不同的胸径与树高，同时获取国槐和圆柏各器官生物量模型，计算不同树龄树木树干、树枝和树叶生物量，并在不同的树龄区分段求得其相应的重金属富集量，推算不同树龄树干、树枝和树叶的重金属富集量。

（一）国槐重金属富集格局

利用生物量方程计算国槐不同树龄各地上器官生物量，结合树干各区分段重金属元素浓度，不同高度树枝和树叶重金属元素浓度等求得不同树龄国槐地上各器官重金属富集量，同时进一步拟合树木重金属富集量方程。通过计算得到不同树龄国槐胸径、树高及干、枝、叶的生物量（表 5-8），然后根据不同器官在不同高度重金属元素的浓度，求得不同树龄国槐不同器官重金属富集量（表 5-9）。

表 5-8　国槐生长进程

树龄（年）	胸径（cm）	树高（m）	$W_干$（g）	$W_枝$（g）	$W_叶$（g）
3	2.58	1.2	328.333 5	125.414 0	140.982 0
6	4.78	2.7	1 894.971 7	631.564 0	359.122 8
9	8.78	4.5	8 331.290 7	2 474.589 3	791.197 1
12	12.24	6.3	19 654.822 1	5 460.914 0	1 250.596 8
15	15.12	8.2	35 401.051 7	9 395.823 5	1 711.705 1
18	18.12	9.9	56 752.885 3	14 519.880 9	2 201.725 4
21	23.98	10.8	98 876.179 3	24 227.729 2	2 960.537 4

表 5-9　不同树龄国槐地上器官重金属元素富集量（mg）

树龄（年）	器官	Cd	Cr	Cu	Mn	Ni	Pb	Zn
3	树干	0.0891	2.6050	0.9216	1.0107	0.4854	1.9538	4.1134
	树枝	0.0318	0.6298	1.6144	2.1146	0.3059	0.4905	5.9991
	树叶	0.2080	0.6830	1.6872	4.5616	0.2541	3.5122	9.7274
	小计	0.3289	3.9178	4.2232	7.6868	1.0454	5.9564	19.8399
6	树干	0.1187	8.9187	8.6103	6.2301	10.2293	16.6658	45.3811
	树枝	0.1922	3.8013	9.7444	12.7631	1.8462	2.9603	36.2097
	树叶	0.7377	2.4227	5.9850	16.1813	0.9014	12.4587	34.5061
	小计	1.0485	15.1426	24.3397	35.1745	12.9770	32.0849	116.0968
9	树干	0.1187	33.1793	42.0361	34.8937	23.8872	61.5930	230.7505
	树枝	0.8205	16.2277	41.5993	54.4863	7.8814	12.6378	154.5804
	树叶	1.9047	6.2555	15.4536	41.7810	2.3276	32.1691	89.0969
	小计	2.8439	55.6625	99.0890	131.1610	34.0962	106.3999	474.4278
12	树干	0.1187	86.4416	109.5713	100.5142	55.9142	99.3639	696.3602
	树枝	2.2070	43.6504	111.8966	146.5609	21.1998	33.9939	415.8005
	树叶	3.7494	12.3137	30.4200	82.2450	4.5818	63.3242	175.3853
	小计	6.0751	142.4057	251.8879	329.3201	81.6958	196.6820	1287.5459
15	树干	3.5583	168.3057	191.7793	206.4559	93.7505	161.6219	1099.1452
	树枝	4.5925	90.8326	232.8472	304.9806	44.1150	70.7383	865.2450
	树叶	6.2743	20.6057	50.9047	137.6285	7.6672	105.9665	293.4890
	小计	14.4251	279.7440	475.5312	649.0650	145.5328	338.3268	2257.8792
18	树干	3.5583	330.6386	344.5633	402.2104	149.4530	284.9632	2065.9814
	树枝	8.2790	163.7460	419.7587	549.7952	79.5271	127.5216	1559.7962
	树叶	9.5219	31.2716	77.2538	208.8670	11.6359	160.8163	445.4031
	小计	21.3593	525.6562	841.5758	1160.8726	240.6160	573.3010	4071.1807
21	树干	3.5583	929.6584	568.2479	884.9647	287.2023	394.9098	3365.1214
	树枝	14.4303	285.4085	731.6374	958.2905	138.6154	222.2695	2718.7175
	树叶	13.8889	45.6133	112.6838	304.6574	16.9723	234.5697	649.6735
	小计	31.8775	1260.6802	1412.5692	2147.9127	442.7900	851.7490	6733.5123

　　分析发现，不同的重金属元素在相同树龄不同器官中的变化也不一致，说明生长过程中，随着干、枝、叶的生长，对不同重金属元素的富集量均不一致。在生长初期，Mn、Pb 和 Zn 元素总体来说在树叶中的富

集量较大，但随着树干的不断生长，树干中此三种重金属元素的富集量也逐渐增多。Cd 元素则是一只在树叶中富集量较大，Cr、Ni 均在树干中富集量最大。

表 5-10 是不同树龄国槐各器官重金属富集量和胸径、树高拟合树木重金属富集模型（其决定系数均＞0.95）。通过各器官重金属元素的富集量模型，可以对行道树国槐的各重金属富集量进行预估，以了解各元素在不同器官中的分布特征。

表 5-10　国槐地上器官重金属元素富集量模型

元素	器官	拟合方程
Cd	树干	$y=0.0044x^2+0.0138x+0.019$
	树枝	$y=0.0625x^2-0.7481x+2.0937$
	树叶	$y=0.0409x^2-0.2327x+0.6076$
	小计	$y=0.1123x^2-0.9478x+2.2906$
Cr	树干	$y=0.7828x^2+17.843x-9.1049$
	树枝	$y=1.236x^2-14.797x+41.411$
	树叶	$y=0.1344x^2-0.7644x+1.9956$
	小计	$y=6.2793x^2-90.996x+287.85$
Cu	树干	$y=0.4322x^2+5.1088x-2.2318$
	树枝	$y=3.1684x^2-37.931x+106.16$
	树叶	$y=0.3321x^2-1.8883x+4.9299$
	小计	$y=5.7573x^2-63.939x+175.12$
Mn	树干	$y=-0.0029x^2+16.511x-11.879$
	树枝	$y=4.15x^2-49.682x+139.04$
	树叶	$y=0.898x^2-5.1054x+13.329$
	小计	$y=9.418x^2-116.63x+341.61$
Ni	树干	$y=0.6926x^2+6.1787x-4.1419$
	树枝	$y=0.6003x^2-7.1864x+20.112$
	树叶	$y=0.05x^2-0.2844x+0.7425$
	小计	$y=1.7904x^2-20.445x+60.044$
Pb	树干	$y=2.036x^2-0.9545x-1.1986$
	树枝	$y=0.9626x^2-11.523x+32.25$
	树叶	$y=0.6914x^2-3.9309x+10.262$
	小计	$y=2.8672x^2-22.959x+60.055$
Zn	树干	$y=6.8127x^2+97.865x-74.414$
	树枝	$y=11.774x^2-140.95x+394.47$
	树叶	$y=1.915x^2-10.887x+28.423$
	小计	$y=27.01x^2-293.07x+792.21$

（二）圆柏重金属富集格局

利用生物量方程计算圆柏不同树龄各地上器官生物量，结合树干各区分段重金属元素浓度，不同高度树枝和树叶重金属元素浓度等求得不同树龄圆柏地上各器官重金属富集量，同时进一步拟合树木重金属富集量方程。通过计算得到不同树龄圆柏胸径、树高及干、枝、叶的生物量（表 5-11），然后根据不同器官在不同高度重金属元素浓度，求得不同树龄圆柏不同器官重金属富集量（表 5-12）。

表 5-11 圆柏生长进程

树龄（年）	胸径（cm）	树高（m）	$W_干$（g）	$W_枝$（g）	$W_叶$（g）
3	2.22	0.80	1 236.248 3	71.550 6	54.191 2
6	3.70	1.50	3 289.956 1	247.625 1	64.391 0
9	5.24	2.00	6 408.692 8	576.899 3	72.418 0
12	7.82	3.50	13 801.688 9	1 526.465 2	82.898 6
15	9.68	5.10	20 772.776 4	2 563.944 9	89.090 6
18	11.36	6.40	28 227.290 6	3 782.933 6	94.036 4

表 5-12 不同树龄圆柏地上器官重金属富集量（mg）

树龄（年）	器官	Cd	Cr	Cu	Mn	Ni	Pb	Zn
3	树干	0.0625	10.2812	4.4375	7.8125	3.2500	1.5625	61.4374
	树枝	0.0189	0.6376	0.6933	1.3132	0.0991	0.5480	4.7766
	树叶	0.0295	0.4568	0.5279	2.0917	0.0796	0.6212	3.7380
	小计	0.1109	11.3756	5.6587	11.2174	3.4287	2.7317	69.9520
6	树干	0.0625	30.6163	18.2971	26.1026	9.6118	4.6298	181.2891
	树枝	0.0845	2.8444	3.0927	5.8581	0.4422	2.4445	21.3077
	树叶	0.0465	1.0306	1.1518	3.2735	0.1688	1.1144	8.0366
	小计	0.1935	34.4912	22.5416	35.2342	10.2228	8.1887	210.6334
9	树干	0.4995	65.1358	48.3014	95.1417	46.1705	21.3798	870.5148
	树枝	0.2371	7.9854	8.6826	16.4464	1.2414	6.8630	59.8207
	树叶	0.0860	1.6410	1.8572	6.0687	0.2752	1.9446	13.0318
	小计	0.8225	74.7622	58.8413	117.6568	47.6871	30.1873	943.3674
12	树干	0.4995	127.1501	101.9229	192.1266	98.3931	239.1294	1803.0614
	树枝	0.6410	21.5886	23.4735	44.4628	3.3562	18.5541	161.7255
	树叶	0.1311	2.3397	2.6647	9.2684	0.3970	2.8949	18.7499
	小计	1.2715	151.0785	128.0611	245.8578	102.1463	260.5783	1983.5368
15	树干	0.4995	213.8189	164.3244	323.1698	318.1851	461.0015	3209.1759
	树枝	1.3194	44.4374	48.3172	91.5209	6.9083	38.1911	332.8909
	树叶	0.1796	3.0907	3.5325	12.7072	0.5279	3.9162	24.8952
	小计	1.9984	261.3471	216.1741	427.3978	325.6214	503.1088	3566.9620
18	树干	2.2419	276.5463	230.5366	403.3214	361.7458	542.3147	3910.7925
	树枝	2.3203	78.1493	84.9725	160.9520	12.1493	67.1643	585.4344
	树叶	0.2308	3.8833	4.4485	16.3368	0.6661	4.9942	31.3815
	小计	4.7930	358.5789	319.9575	580.6102	374.5611	614.4732	4527.6084

通过分析不同树龄圆柏各器官重金属富集量，发现 Cd 元素仅在 3 年和 9 年树龄时在树干中富集量最大，其余生长阶段都是在树枝中富集量最大，其他 6 种重金属元素在各个生长阶段均在树干中富集量最大。

拟合圆柏地上器官重金属富集量与树龄关系的方程如表 5-13。

表 5-13 圆柏地上器官重金属元素富集量模型

元素	器官	拟合方程
Cd	树干	$y=0.0044x^2+0.0138x+0.019$
	树枝	$y=0.0135x^2-0.1338x+0.3386$
	树叶	$y=0.0004x^2+0.0052x+0.0067$
	小计	$y=0.056e^{0.2502x}$

元素	器官	拟合方程
Cr	树干	$y=0.7828x^2+17.843x-9.1049$
	树枝	$y=0.4531x^2-4.5059x+11.406$
	树叶	$y=0.0033x^2+0.1597x-0.0515$
	小计	$y=1.2908x^2-3.3652x+7.7441$
Cu	树干	$y=0.4322x^2+5.1088x-2.2318$
	树枝	$y=0.4926x^2-4.8993x+12.402$
	树叶	$y=0.0042x^2+0.1745x-0.0399$
	小计	$y=1.2733x^2-5.5816x+10.004$
Mn	树干	$y=-0.0029x^2+16.511x-11.879$
	树枝	$y=0.9332x^2-9.2801x+23.491$
	树叶	$y=0.0294x^2+0.3611x+0.4873$
	小计	$y=2.0683x^2-3.8957x-5.0953$
Ni	树干	$y=0.6926x^2+6.1787x-4.1419$
	树枝	$y=0.0704x^2-0.7005x+1.7732$
	树叶	$y=0.0007x^2+0.0251x-0.0036$
	小计	$y=0.1124x^{2.7997}$
Pb	树干	$y=2.036x^2-0.9545x-1.1986$
	树枝	$y=0.3894x^2-3.8725x+9.8026$
	树叶	$y=0.0073x^2+0.1436x+0.0736$
	小计	$y=2.8009x^2-13.354x-5.5638$
Zn	树干	$y=6.8127x^2+97.865x-74.414$
	树枝	$y=3.3942x^2-33.755x+85.444$
	树叶	$y=0.0308x^2+1.205x-0.2225$
	小计	$y=14.886x^2+5.4629x-205.64$

第四节　单株树木中重金属含量垂直分布特征

利用计算得到的行道树树干中 7 种重金属元素的富集量，以及测定的国槐与圆柏两种行道树不同高度枝叶中 7 种重金属元素浓度，计算得到不同高度这两种行道树枝叶中 7 种重金属元素的富集量。从而把握单株尺度上，7 种重金属元素富集量的分布特征。

一、国槐中重金属垂直分布特征

对行道树国槐单株枝、叶、干中重金属元素的现贮量进行分析（表 5-14），同时作出不同高度国槐中 7 种重金属元素现贮量分布图，如图 5-11 所示。

表 5-14　单株国槐重金属元素现贮量（mg）垂直分布

高度（m）	Cd	Cr	Cu	Mn	Ni	Pb	Zn
0	1.5855	76.4786	51.4415	53.4926	35.3092	74.7538	277.0122
0.5	0.8639	156.2718	46.9916	71.8231	25.2900	32.7819	263.3916
1.3	0.4023	109.8879	50.5538	51.6807	18.1666	20.4469	213.5190
2.1	0.5388	212.9361	43.9925	73.1241	29.3797	23.6129	277.9015

续表

高度（m）	Cd	Cr	Cu	Mn	Ni	Pb	Zn
3.1	0.7956	248.0916	34.6462	78.6528	24.2678	22.1411	190.6352
4.1	1.0937	48.0714	39.6556	53.4936	11.6257	34.8702	252.3241
5.1	0.9700	106.6267	33.6301	60.2472	15.4304	27.3832	217.9296
6.1	1.3639	245.7258	37.7338	80.4792	29.0119	29.9699	200.1775
7.1	1.0171	212.6215	25.5109	56.0202	26.5069	23.3247	220.9361
8.1	0.6632	95.1208	21.5532	35.5111	12.5552	13.8436	116.9342
9.1	0.4589	28.0445	14.8117	21.4634	6.4951	9.6703	75.0067
10.1	0.4938	59.5127	12.0102	19.8334	5.6766	20.0469	84.1786
总计	10.2467	1599.3894	412.5311	655.8214	239.7151	332.8454	2389.9463

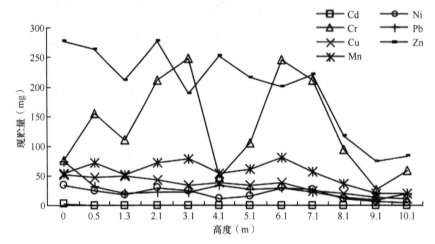

图 5-11　国槐中重金属元素现贮量垂直分布曲线

　　由图 5-11 可见，不同的重金属元素现贮量在行道树国槐中随高度的增加，有着不同的变化规律，Cr 元素现贮量在垂直尺度上变化最明显，在 3.1m 和 6.1m 达到最大值，在 9.1m 达到最小值。其他重金属元素基本呈现出随国槐高度增加，贮量不断降低的趋势。

　　由图 5-12 可以发现，在不同的高度，同一重金属元素的富集量占同高度所有重金属元素的富集量的比例不同，Cr 元素和 Zn 元素在不同的高度均有很高的比例，Ni 元素和 Cd 元素在不同高度表现出不同的低比例。

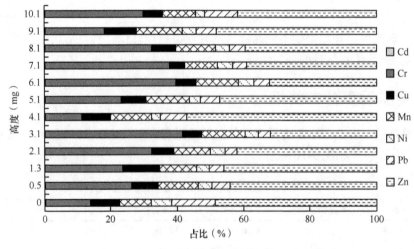

图 5-12　国槐中重金属元素垂直富集量比例

二、圆柏中重金属垂直分布特征

对行道树圆柏的枝、叶、干中重金属元素的现贮量进行分析（表5-15），同时作出不同高度圆柏中7种重金属元素的现贮量分布图（图5-13）。

表5-15　圆柏重金属元素现贮量（mg）垂直分布

高度（m）	Cd	Cr	Cu	Mn	Ni	Pb	Zn
0.5	0.2620	29.9304	22.1842	42.0557	24.0279	29.9896	353.8343
1.3	0.1009	55.7091	14.4844	33.8717	18.9052	31.1311	219.5878
2.1	0.1643	30.3129	9.1220	22.5070	9.8666	10.2788	165.4754
3.1	0.0757	16.6826	6.2619	12.6061	5.4035	3.1948	70.5286
总计	0.6029	132.635	52.0525	111.0405	58.2032	74.5943	809.4261

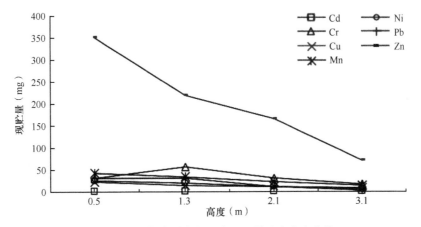

图5-13　圆柏中重金属元素现贮量垂直分布曲线

由图5-13可以清晰地看出，7种重金属元素在行道树圆柏中，随高度增加都呈现现贮量降低的趋势，Zn元素现贮量具有较高的数量水平，为了更好地观察其他6种元素的变化趋势，故剔除Zn元素另作图，见图5-14。很明显地看出Cr和Pb元素现贮量随圆柏高度增加变化趋于一致，Mn、Ni、Cu这三种元素现贮量随圆柏高度增加而出现线性减少趋势。

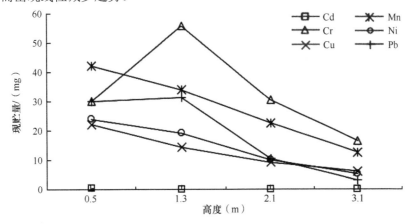

图5-14　圆柏中重金属元素现贮量垂直分布曲线（除Zn）

由图5-15可知，在圆柏不同高度上，Zn元素的富集量均有很高的比例，Cd元素的富集量比例最低，Cr元素随高度增加，表现出比例逐渐增大的趋势；Pb元素随高度不断增加呈现出富集量比例降低的趋势；其他3种重金属元素在不同高度的富集量比例相对稳定，说明行道树圆柏对环境中Cu、Mn、Ni的富集量随高度增加相对稳定。

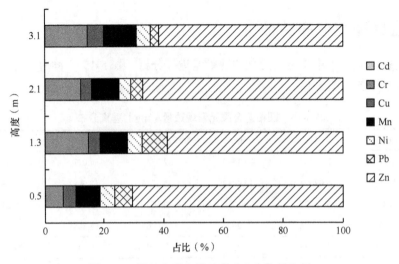

图 5-15 圆柏中重金属元素垂直富集量比例

第五节 树木重金属富集效能分析

一、国槐重金属富集效能分析

(一)各器官重金属富集系数

通过对行道树国槐树干、树枝和树叶中各重金属元素浓度与土壤中重金属元素浓度的对比,获得不同器官重金属富集系数,其中,行道树国槐树叶对 Pb 元素的富集系数最大,为 0.8049,行道树国槐树干对 Mn 元素的富集系数最小,为 0.0112(表 5-16)。

表 5-16 国槐不同器官重金属富集系数

	富集系数						
	Cd	Cr	Cu	Mn	Ni	Pb	Zn
树干	0.0228	0.1881	0.1024	0.0112	0.1325	0.0853	0.0996
树枝	0.1000	0.0588	0.3961	0.0366	0.1404	0.1264	0.2314
树叶	0.5807	0.0567	0.3682	0.0703	0.1038	0.8049	0.3338
平均	0.2345	0.1012	0.2889	0.0394	0.1256	0.3389	0.2216

从国槐不同器官来看,树干对各重金属元素的富集系数从小到大依次为 Mn < Cd < Pb < Zn < Cu < Ni < Cr,树枝对各重金属元素的富集系数从小到大依次为 Mn < Cr < Cd < Pb < Ni < Zn < Cu,树叶对各重金属元素的富集系数从小到大依次为 Cr < Mn < Ni < Zn < Cu < Cd < Pb。可以看出,行道树国槐不同器官对 Mn 元素的富集系数最低,其平均值为 0.0394,各元素平均富集系数从小到大依次为 Mn < Cr < Ni < Zn < Cd < Cu < Pb。

(二)各器官重金属富集效能

通过对不同树龄的国槐各器官重金属富集量的计算,得到国槐重金属平面富集效能的时间动态变化(表 5-17)。

通过国槐重金属平面富集效能时间动态分析,随树木不断生长,净化面积不断增大,单位面积富集的重金属总量同时也在增加,但是单一重金属元素平面富集效能却有多重变化趋势,除 Cr 元素在 21 年树龄时达到最大平面富集效能,其他 6 种元素均在 18 年树龄时达到最大。同时,可以计算出国槐重金属立体富集效能时间动态(表 5-18)。

表 5-17 国槐重金属平面富集效能（mg/m²）时间动态

树龄（年）	Cd	Cr	Cu	Mn	Ni	Pb	Zn	总计
3	1.0963	13.0593	14.0773	25.6227	3.4847	19.8547	66.1330	143.3280
6	0.7281	10.5157	16.9026	24.4267	9.0118	22.2812	80.6228	164.4889
9	0.7110	13.9156	24.7723	32.7903	8.5241	26.6000	118.6070	225.9201
12	1.1572	27.1249	47.9786	62.7276	15.5611	37.4632	245.2468	437.2595
15	1.6028	31.0827	52.8368	72.1183	16.1703	37.5919	250.8755	462.2782
18	1.7436	42.9107	68.7001	94.7651	19.6421	46.8001	332.3413	606.9030
21	1.2751	50.4272	56.5028	85.9165	17.7116	34.0700	269.3405	515.2436

表 5-18 国槐重金属立体富集效能（mg/m³）时间动态

树龄（年）	Cd	Cr	Cu	Mn	Ni	Pb	Zn	总计
3	0.6852	8.1621	8.7983	16.0142	2.1779	12.4092	41.3331	89.5800
6	0.2697	3.8947	6.2602	9.0469	3.3377	8.2523	29.8603	60.9218
9	0.4389	8.5899	15.2915	20.2409	5.2618	16.4197	73.2142	139.4568
12	0.2411	5.6510	9.9956	13.0683	3.2419	7.8048	51.0931	91.0957
15	0.3351	6.4981	11.0460	15.0770	3.3806	7.8589	52.4478	96.6435
18	0.2397	5.8996	9.4453	13.0289	2.7005	6.4344	45.6923	83.4406
21	0.2409	9.5290	10.6770	16.2352	3.3469	6.4380	50.8958	97.3627

通过单位空间国槐重金属元素的富集效能时间动态分析发现，随树木生长，其总效能变化趋势区别于平面富集效能的时间动态，在 9 年树龄时达到最大值（139.4568mg/m³），说明在树木生长 9 年的时间内，对立体空间的重金属净化作用达到最好效果，同时发现，Cd 元素在 3 年树龄时其立体富集效能最大，Cr 元素在 21 年树龄时达到最大，其余 5 种元素在 9 年树龄时达到最大值。

二、圆柏重金属富集效能分析

（一）各器官重金属富集系数

通过对行道树圆柏树干、树枝和树叶中各重金属元素浓度与土壤中重金属元素浓度的对比，获得不同器官重金属富集系数，其中，行道树圆柏树叶对 Pb 元素的富集系数最大，为 0.3704，圆柏树干对 Cd 元素的富集系数最小，为 0.0063（表 5-19）。

表 5-19 行道树圆柏不同器官重金属富集系数

	富集系数						
	Cd	Cr	Cu	Mn	Ni	Pb	Zn
树干	0.0063	0.0907	0.0842	0.0116	0.2020	0.1327	0.2250
树枝	0.1042	0.1044	0.2981	0.0399	0.0798	0.2475	0.3229
树叶	0.2143	0.0987	0.2997	0.0839	0.0846	0.3704	0.3337
平均	0.1083	0.0979	0.2274	0.0451	0.1221	0.2502	0.2939

从圆柏不同器官来看，树干对各重金属元素的富集系数从小到大依次为 Cd ＜ Mn ＜ Cu ＜ Cr ＜ Pb ＜ Ni ＜ Zn，树枝对各重金属元素的富集系数从小到大依次为 Mn ＜ Ni ＜ Cd ＜ Cr ＜ Pb ＜ Cu ＜ Zn，树叶对各重金属元素的富集系数从小到大依次为 Mn ＜ Ni ＜ Cr ＜ Cd ＜ Cu ＜ Zn ＜ Pb。

总的来看，不同的圆柏器官对于 Zn 元素的富集系数最高，其平均值为 0.2939，对 Mn 元素的富集系数最低，其平均富集系数为 0.0451。从行道树圆柏对各元素的平均富集系数来看，从小到大依次是 Mn＜ Cr＜Cd＜Ni＜Cu＜Pb＜Zn。

（二）各器官重金属富集效能

通过对不同树龄的圆柏重金属富集量的计算，得到圆柏重金属平面富集效能的时间动态变化（表 5-20）。

表 5-20　圆柏重金属平面富集效能（mg/m²）时间动态

树龄（年）	Cd	Cr	Cu	Mn	Ni	Pb	Zn	总计
3	0.0628	6.4373	3.2021	6.3477	1.9403	1.5458	39.5847	59.1208
6	0.0274	4.8795	3.1890	4.9846	1.4462	1.1585	29.7985	45.4837
9	0.0517	4.7008	3.6997	7.3978	2.9984	1.8981	59.3152	80.0616
12	0.0450	5.3433	4.5292	8.6954	3.6127	9.2161	70.1533	101.5950
15	0.0452	5.9157	4.8932	9.6743	7.3706	11.3881	80.7395	120.0265
18	0.0753	5.6365	5.0294	9.1266	5.8877	9.6589	71.1695	106.5840

通过对圆柏平面富集效能的时间动态分析，发现其单位面积重金属富集总量呈现随树木生长而逐渐增加的趋势，在树木生长到 15 年时达到最大值，其中 Mn、Ni、Pb 和 Zn 元素均在 15 年树龄时达到最大值，Cd 和 Cu 元素在 18 年树龄时达到最大值，Cr 元素在 3 年树龄时达到最大平面富集效能（表 5-20）。

通过对单位空间圆柏富集效能的时间动态分析，发现在生长初期即 3 年树龄时，圆柏立体富集效能最强，最大值为 73.9010mg/m³，除 Pb 元素之外，其他 6 种元素均遵循此规律，Pb 元素在 12 年树龄时达到最大，最大值为 2.6332mg/m³（表 5-21）。

表 5-21　圆柏重金属立体富集效能（mg/m³）时间动态

树龄（年）	Cd	Cr	Cu	Mn	Ni	Pb	Zn	总计
3	0.0785	8.0466	4.0027	7.9347	2.4253	1.9323	49.4809	73.9010
6	0.0182	3.2530	2.1260	3.3231	0.9642	0.7723	19.8657	30.3225
9	0.0259	2.3504	1.8499	3.6989	1.4992	0.9490	29.6576	40.0308
12	0.0128	1.5267	1.2941	2.4844	1.0322	2.6332	20.0438	29.0271
15	0.0089	1.1599	0.9594	1.8969	1.4452	2.2330	15.8313	23.5346
18	0.0118	0.8807	0.7858	1.4260	0.9200	1.5092	11.1202	16.6538

三、国槐与圆柏重金属富集效能比较

为了评价两个不同树种的重金属富集效能，更好地反映出有限的生态用地和空间中植物对重金属的净化效果，分别对国槐和圆柏的重金属富集效能进行计算，将两树种的平面富集效能和立体富集效能进行比较分析（表 5-22）。

表 5-22　国槐和圆柏重金属元素富集效能比较

树龄（年）	树种	单株富集量（mg）	平面富集效能（mg/m²）	立体富集效能（mg/m³）
3	国槐	42.9984	143.3280	89.5800
	圆柏	104.4751	59.1208	73.9010
6	国槐	236.8640	164.4889	60.9218
	圆柏	321.5055	45.4837	30.3225
9	国槐	903.6803	225.9201	139.4568
	圆柏	1 273.3247	80.0616	40.0308

续表

树龄（年）	树种	单株富集量（mg）	平面富集效能（mg/m²）	立体富集效能（mg/m³）
12	国槐	2 295.612 5	437.259 5	91.095 7
12	圆柏	2 872.530 4	101.595 0	29.027 1
15	国槐	4 160.504 1	462.278 2	96.643 5
15	圆柏	5 302.609 6	120.026 5	23.534 6
18	国槐	7 434.561 6	606.903 0	83.440 6
18	圆柏	6 780.582 3	106.584 0	16.653 8
21	国槐	12 881.090 9	515.243 6	97.362 7
21	圆柏	—	—	—

分析发现，就不同树龄重金属元素的富集总量来说，树龄在 3～15 年，圆柏对各重金属元素的富集总量均大于同树龄国槐所富集的重金属元素总量，但在平面尺度和空间尺度上，国槐的重金属元素平面和立体富集效能要高于圆柏。

第六节　国槐与圆柏中重金属元素浓度相关性分析

一、国槐树干中重金属元素浓度时间动态与环境因子相关性

根据北京市年鉴，摘取 1997～2014 年的气象数据资料，包括年平均气温、年最高温和最低温、年降水量、年日照时数、大风日数和雨日数（表 5-23），1997～2014 年，平均气温 13.21℃，平均降水量 487.47mm，最高温 41.10℃，最低温零下 17.00℃。

表 5-23　北京市 1997～2014 年不同时段气象因子年均值

年份	降水量（mm）	平均气温（℃）	最高气温（℃）	最低气温（℃）	日照时数（h）	平均风速（m/s）	平均气压/（hPa）	大风日数（日）	雨日数（日）
1997～1999	476.50	13.10	38.20	−14.20	2537.07	2.40	1012.63	9.33	85.00
2000～2002	360.13	12.97	41.10	−17.00	2622.43	2.40	1012.77	11.67	81.67
2003～2005	446.37	13.20	38.90	−15.00	2450.57	2.43	1012.90	7.67	88.67
2006～2008	476.07	13.60	37.30	−14.70	2311.73	2.20	1012.57	6.00	88.00
2009～2011	574.57	13.10	40.60	−16.70	2460.13	2.23	1012.43	10.67	85.33
2012～2014	591.20	13.27	41.10	−14.10	2388.47	2.13	1012.47	4.67	77.67

结合以上气象因子资料，分析国槐树干中重金属元素浓度与气象因子间的相关性（表 5-24）。可以看出，降水量和 Mn 元素浓度具有极显著相关性，和 Cr 元素浓度有显著相关性；Cu 元素浓度和日照时数具有显著相关性；平均气温、最高气温、最低气温、平均风速、平均气压、大风日数和雨日数 7 个气象因子和 7 种重金属元素浓度相关性不显著。

表 5-24　国槐中重金属元素浓度与气象因子的相关性

重金属	降水量（mm）	平均气温（℃）	最高气温（℃）	最低气温（℃）	日照时数（h）	平均风速（m/s）	平均气压（hPa）	大风日数（日）	雨日数（日）
Cd	0.376	−0.210	0.318	−0.666	0.021	−0.263	−0.519	0.487	0.124
Cr	0.762*	0.101	0.632	0.098	−0.398	−0.781	−0.602	−0.476	−0.661
Cu	−0.492	−0.589	−0.093	0.045	0.764*	0.686	0.336	0.504	−0.087
Mn	0.805**	−0.053	0.655	−0.168	−0.295	−0.697	−0.671	−0.183	−0.469

重金属	降水量 （mm）	平均气温 （℃）	最高气温 （℃）	最低气温 （℃）	日照时数 （h）	平均风速 （m/s）	平均气压 （hPa）	大风日数 （日）	雨日数 （日）
Ni	0.619	-0.163	0.695	-0.056	-0.192	-0.428	-0.265	-0.271	-0.462
Pb	0.107	-0.482	0.417	-0.836	0.334	0.039	-0.260	0.734	0.125
Zn	-0.323	-0.589	0.541	-0.595	0.700	0.095	-0.162	0.650	-0.540

二、圆柏树干中重金属元素浓度时间动态与环境因子相关性

由表 5-25 可知，行道树圆柏树干中 7 种重金属元素浓度和气象因子间，只有 Pb 元素浓度与大风日数具有显著负相关性；Ni 元素浓度与降水量存在负相关关系；Cd、Cr、Cu 和 Mn 元素浓度与平均气温存在负相关关系；仅 Cr 元素浓度与日照时数正相关，其他 6 种元素浓度与日照时数均存在负相关关系；Cd 和 Mn 元素浓度与平均风速及平均气压正相关，其他 5 种元素浓度与平均风速和平均气压均存在负相关关系。

表 5-25　圆柏中重金属元素浓度与气象因子的相关性

重金属	降水量 （mm）	平均气温 （℃）	最高气温 （℃）	最低气温 （℃）	日照时数 （h）	平均风速 （m/s）	平均气压 （hPa）	大风日数 （日）	雨日数 （日）
Cd	0.543	-0.197	0.221	0.303	-0.148	0.009	0.017	-0.24	0.003
Cr	0.200	-0.499	0.646	-0.690	0.431	-0.274	-0.598	0.595	-0.458
Cu	0.778	-0.091	0.517	0.475	-0.239	-0.529	-0.450	-0.489	-0.627
Mn	0.249	-0.171	-0.026	0.210	-0.084	0.319	0.327	-0.112	0.340
Ni	-0.541	0.518	-0.55	0.257	-0.798	-0.098	-0.448	0.520	-0.061
Pb	0.808	0.622	-0.157	0.863	-0.831	-0.798	-0.556	-0.903*	-0.248
Zn	0.732	0.483	-0.256	0.788	-0.754	-0.450	-0.253	-0.769	0.096

三、国槐中重金属元素浓度相关性

对行道树国槐中各重金属元素浓度间进行相关性分析（表 5-26），Cd 元素浓度与 Pb 元素浓度存在极显著正相关性，与 Zn、Mn、Cu 元素浓度存在显著性正相关性，与 Ni 和 Cr 元素浓度的相关性不显著；Cr 元素浓度与 Ni、Mn 元素浓度存在极显著正相关性，与 Zn 元素浓度存在显著正相关，与 Pb 和 Cu 元素浓度相关性不显著；Cu 元素浓度仅与 Cr 元素浓度相关性不显著，与其他元素均存在极显著正相关性，其平均相关系数为 0.4438；Mn 元素浓度与其他 6 种元素浓度存在极显著正相关关系，平均相关系数为 0.5338；Ni 元素浓度仅与 Cd 元素浓度不存在显著性相关，与其他元素浓度均极显著正相关，平均相关系数为 0.5559；Pb 元素浓度与 Cr 元素浓度不存在显著相关性，与 Mn、Zn 元素浓度存在显著正相关性，与 Cd、Cu、Ni 元素浓度存在极显著正相关性，其平均相关系数为 0.5775；Zn 元素浓度与其他元素浓度均存在不同程度的显著正相关性，其平均相关系数为 0.4793。

表 5-26　国槐中各重金属元素浓度间相关性

重金属	Cd	Cr	Cu	Mn	Ni	Pb	Zn
Zn	0.2712*	0.3435*	0.6205**	0.5474**	0.5817**	0.5117*	1.0000
Pb	0.6822**	0.1176	0.5141**	0.2973*	0.5363**	1.0000	
Ni	0.2611	0.7432**	0.5048**	0.7081**	1.0000		
Mn	0.3387*	0.8196**	0.4914**	1.0000			
Cu	0.3098*	0.2223	1.0000				
Cr	0.2152	1.0000					
Cd	1.0000						

四、圆柏中重金属元素浓度相关性

对行道树圆柏中各重金属元素浓度间进行相关性分析（表5-27），结果表明，Cd元素浓度与Pb和Cr元素浓度存在不显著负相关性，与其他元素浓度不存在显著相关性；Cr元素浓度仅与Ni和Mn元素浓度存在不显著正相关性，与其他元素浓度存在不显著负相关性；Cu元素浓度与Zn和Mn元素浓度存在极显著正相关性；Mn元素浓度与Zn、Ni和Cu元素浓度存在极显著正相关性；Ni元素浓度仅与Mn元素浓度存在极显著正相关性；Pb元素浓度与Cd和Cr元素浓度存在负相关性；Zn元素浓度与Cu和Mn元素浓度存在极显著正相关性，与Cr元素浓度存在负相关性。

表5-27　行道树圆柏中各重金属元素浓度间相关性

重金属	Cd	Cr	Cu	Mn	Ni	Pb	Zn
Zn	0.3464	−0.1542	0.6461**	0.7335**	0.5125	0.2759	1.0000
Pb	−0.2349	−0.3066	0.3604	0.1000	0.2535	1.0000	
Ni	0.0397	0.3251	0.3835	0.6260**	1.0000		
Mn	0.2925	0.3614	0.6707**	1.0000			
Cu	0.3318	−0.0803	1.0000				
Cr	−0.2493	1.0000					
Cd	1.0000						

五、各龄级间重金属元素浓度相关性

通过对不同龄级的国槐和圆柏树芯样品中重金属元素浓度进行相关性分析（表5-28，表5-29），发现在国槐树干中，各龄级间具有显著或极显著相关关系的重金属元素较多，而圆柏树干中，具有显著或极显著相关关系的重金属元素相对较少，分别是Cu和Zn、Mn和Zn、Ni和Mn、Cu和Mn具有极显著相关关系，说明这四对元素组合在圆柏树干生长中的相互影响作用较大，而国槐中具有显著或极显著相关关系的元素较多，除Cd和Cr、Cr和Pb、Cu和Cr外，其余元素组合均具有显著或极显著相关关系，说明在行道树国槐树干生长过程中，Cd和Cr、Cr和Pb、Cu和Cr元素浓度的相互影响不大。

表5-28　国槐不同龄级间重金属元素浓度间相关性

重金属	Cd	Cr	Cu	Mn	Ni	Pb	Zn
Zn	0.280*	0.365**	0.641**	0.570**	0.596**	0.522**	1.000
Pb	0.684**	0.133	0.525**	0.314*	0.545**	1.000	
Ni	0.269*	0.749**	0.521**	0.717**	1.000		
Mn	0.345**	0.823**	0.513**	1.000			
Cu	0.317*	0.245	1.000				
Cr	0.223	1.000					
Cd	1.000						

表5-29　行道树圆柏各龄级重金属元素浓度间相关性

重金属	Cd	Cr	Cu	Mn	Ni	Pb	Zn
Zn	0.346	−0.154	0.646**	0.733**	0.513*	0.276	1.000
Pb	−0.235	−0.307	0.360	0.100	0.254	1.000	
Ni	0.040	0.325	0.384	0.626**	1.000		
Mn	0.292	0.361	0.671**	1.000			
Cu	0.332	−0.080	1.000				
Cr	−0.249	1.000					
Cd	1.000						

第六章 行道树国槐重金属富集形态特征

植物体内的重金属总量可以影响其生物毒性，但重金属的生物毒性受其赋存形态的影响更大（孙海等，2014），因此，有学者提出可以根据重金属在植物中的存在形态进行环境风险评估。当前国内外关于植物对不同形态重金属的富集效能研究主要以草本植物为主（李红婷和董然，2015；刘俊等，2013；柳玲等，2010；孙贤斌等，2005；廖斌等，2004），对木本植物的重金属富集效能研究主要集中在不同树种间的富集系数差异及器官内重金属总量的差异，关于重金属富集形态的研究较少。鉴于此，本章以北京市蓝靛厂北路与京密引水渠之间的道路林带为研究对象，重点分析国槐体内不同形态重金属富集特征，从重金属形态角度揭示国槐对重金属的富集特征，探讨重金属形态对重金属在植物体内的迁移及富集的影响，同时从重金属元素形态角度分析国槐体内重金属元素和环境因素的相关性，分析以国槐为主要树种的不同配置模式对不同形态重金属的富集差异，以期为利用国槐作为绿化植物净化或缓解城市重金属污染提供理论依据。

第一节 国槐中不同形态重金属元素浓度的变化特征

一、季节动态变化

（一）叶片

1. 国槐叶片中重金属元素总浓度

从国槐叶片内不同形态重金属元素浓度的季节动态变化（图6-1）及不同季节叶片中重金属元素浓度变化可以看出，叶片中不同重金属元素总浓度的季节变化特征不同。叶片中 Cr 元素的总浓度呈先下降再上升的变化趋势，夏季浓度最低，秋季出现明显上升，落叶中的浓度明显高于其他季节，分别为春、夏、秋三季浓度的 4.1 倍、10.9 倍和 5.3 倍。Mn 元素的总浓度波动幅度较大，夏季较春季降低，秋季升高，落叶中

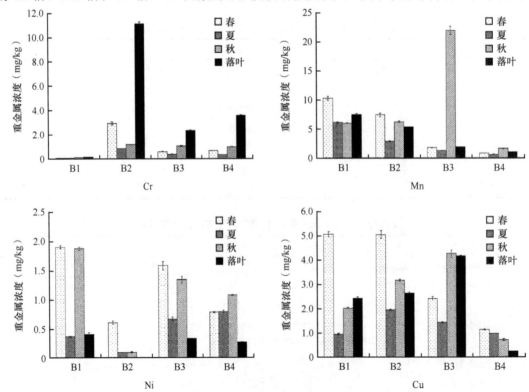

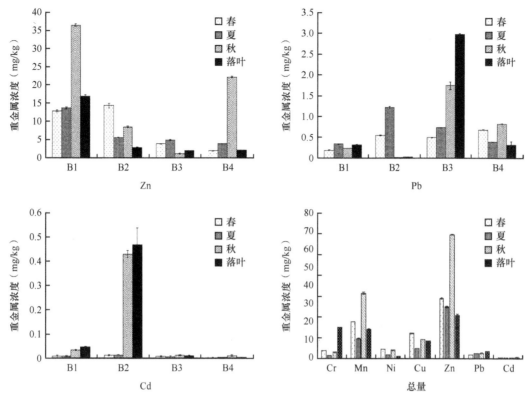

图 6-1　叶片内不同形态重金属元素浓度的季节动态变化

再次降低，秋季浓度最高，为夏季最低浓度的 3.3 倍，落叶中较秋季降低 56%。Ni 元素的总浓度变化为春季最高、夏季降低、秋季升高、落叶中最低，春季浓度为落叶中的 4.9 倍。Cu 元素总浓度在春季最高，夏季显著下降，秋季升高，落叶中再次有所降低，夏季和落叶中分别相比春季与秋季下降 61.2% 和 7.1%。Zn 元素总浓度呈现出夏季降低、秋季升高、落叶中再降低的趋势，其中秋季浓度最高，为最低浓度（落叶中）的 2.3 倍。Pb、Cd 元素总浓度从春季到落叶呈现出逐渐升高的趋势，落叶中 Pb、Cd 元素总浓度分别为春季叶片中总浓度的 1.9 倍和 14.8 倍。

2. 不同季节国槐叶片中重金属元素的形态变化

Cr：叶片中的 Cr 元素全年均以可还原态（B2）为主，分别占各时期 Cr 元素总浓度的 69.0%、52.0%、35.3%、64.9%，酸溶态（B1）浓度最低；春季可氧化态（B3）和残渣态（B4）浓度接近，无显著差异（表 6-1）；夏季和秋季可氧化态（B3）浓度较高；落叶中残渣态（B4）浓度与其他季节相比较高，落叶中可还原态（B2）Cr 明显高于酸溶态（B1）。

表 6-1　不同季节叶片内不同形态重金属元素浓度方差分析

元素	形态	春	夏	秋	落叶
	B1	Cc	Dd	Db	Da
	B2	Ab	Ad	Ac	Aa
Cr	B3	Bc	Bd	Bb	Ca
	B4	Bc	Cd	Cb	Ba
	总量	b	d	c	a
	B1	Aa	Ac	Bc	Ab
	B2	Ba	Bd	Bb	Bc
Mn	B3	Cb	Cb	Aa	Cb
	B4	Dc	Dd	Ca	Db
	总量	b	d	a	c

元素	形态	春	夏	秋	落叶
Ni	B1	Aa	Cb	Aa	Ab
	B2	Da	Db	Db	Dc
	B3	Ba	Bc	Bb	Bd
	B4	Cb	Ab	Ca	Cc
	总量	a	c	b	d
Cu	B1	Aa	Cd	Cc	Cb
	B2	Aa	Ad	Bb	Bc
	B3	Bb	Bc	Aa	Aa
	B4	Ca	Cb	Dc	Dd
	总量	a	d	b	c
Zn	B1	Bb	Ac	Aa	Ab
	B2	Aa	Bc	Cb	Bd
	B3	Cb	Ca	Dd	Cc
	B4	Dc	Db	Ba	Cc
	总量	b	c	a	d
Pb	B1	Dd	Da	Cc	Bb
	B2	Bb	Aa	Dc	Cc
	B3	Cd	Bc	Ab	Aa
	B4	Ab	Cc	Ba	Bc
	总量	c	b	b	a
Cd	B1	Ac	Bc	Bb	Ba
	B2	Ab	Ab	Aa	Aa
	B3	Abc	Bc	Ca	Bab
	B4	Bb	Cb	Ca	Bb
	总量	b	b	a	a

注：同行不同小写字母表示相同重金属元素的同一富集形态在不同季节间差异达到显著水平（$P < 0.05$）；同列不同大写字母表示同一季节中相同重金属元素在不同富集形态间差异达到显著水平（$P < 0.05$）

Mn：叶片中的 Mn 元素在春季、夏季和落叶中各形态浓度均为酸溶态（B1）＞可还原态（B2）＞可氧化态（B3）＞残渣态（B4），各季节酸溶态（B1）浓度分别为残渣态（B4）浓度的 12.5 倍、10.0 倍和 7.5 倍，各形态间浓度具有显著差异。秋季可氧化态（B3）Mn 浓度最高，占总浓度的 61.4%，酸溶态（B1）和可还原态（B2）浓度无显著差异，残渣态（B4）浓度最低。

Ni：除夏季外，叶片中的 Ni 元素在春季、秋季和落叶中各形态浓度均为酸溶态（B1）＞可氧化态（B3）＞残渣态（B4）＞可还原态（B2），酸溶态（B1）在春、秋、落叶三季中分别占总浓度的 39.0%、42.7%、40.0%；夏季叶片中的 Ni 元素浓度表现为残渣态（B4）最高，可氧化态（B3）次之，可还原态（B2）最低，残渣态（B4）占总浓度的 41.4%，为可还原态（B2）浓度的 8.4 倍。

Cu：春季叶片中 Cu 元素酸溶态（B1）和可还原态（B2）浓度最高，均占总浓度的 36.9%，两种形态间无显著差异，其次为可氧化态（B3）；夏季酸溶态（B1）浓度与残渣态（B4）浓度相当，仅分别占总浓度的 18.0% 和 18.3%，无显著差异，低于可还原态（B2）和可氧化态（B3）浓度；秋季和落叶中各形态浓度均表现为可氧化态（B3）＞可还原态（B2）＞酸溶态（B1）＞残渣态（B4）。

Zn：叶片中除春季外，其他季节酸溶态（B1）Zn 浓度均远高于其他形态，夏、秋和落叶中酸溶态（B1）Zn 浓度分别占总浓度的 48.5%、53.3%、71.2%；春季叶片中酸溶态（B1）Zn 和可还原态（B2）Zn 浓度较高，分别占总浓度的 39.1% 和 43.5%，可氧化态（B3）和残渣态（B4）浓度较低。

Pb：叶片中 Pb 元素在春、夏、秋和落叶中的主要存在形态分别为残渣态（B4）、可还原态（B2）和可氧化态（B3），分别占总浓度的 35.7%、45.6%、61.8% 和 82.0%。

Cd：Cd 元素在叶片中的浓度较低，各形态间差异性不大，具体表现为，春季残渣态（B4）显著低于其他形态，仅占总浓度的 12.1%；夏季、秋季和落叶中可还原态（B2）浓度高于其他形态浓度，分别占 Cd 元素总浓度的 42.5%、88.3% 和 88.6%。

3. 不同形态重金属在叶片内的季节性变化

叶片中 Cr 元素 4 种形态的季节变化趋势均为夏季降低，然后从夏季至落叶期逐渐升高；其中夏季浓度最低，落叶中浓度最高，落叶中 Cr 元素酸溶态（B1）、可还原态（B2）、可氧化态（B3）、残渣态（B4）浓度分别为夏季相应形态浓度的 2.4 倍、13.6 倍、6.3 倍和 11.0 倍。

叶片中的酸溶态（B1）Mn 从春季到落叶期呈现出逐渐降低的趋势，落叶中 Mn 元素浓度仅为春季的 72.8%；可还原态（B2）和残渣态（B4）均呈现出夏季浓度下降、秋季升高、落叶期再下降的趋势；可氧化态（B3）浓度春季到夏季变化不明显，秋季显著升高，相比夏季升高了 16 倍，落叶期又急剧下降。

叶片中酸溶态（B1）和可氧化态（B3）Ni 均表现为夏季显著降低、秋季显著升高、落叶期再次显著降低的季节动态变化；可还原态（B2）Ni 浓度从春季到落叶逐渐下降，其中夏季到秋季较稳定；残渣态（B4）Ni 浓度从春季到秋季逐渐升高，落叶中急剧下降，相比秋季降低了 75.2%。

叶片中可还原态（B2）和可氧化态（B3）Cu 的浓度均在夏季出现明显降低，秋季升高，落叶期稍有降低，落叶中可还原态（B2）Cu 浓度相比秋季降低了 17.1%，可氧化态（B3）Cu 浓度降低了 2.1%。酸溶态（B1）Cu 浓度从春季到夏季急剧降低了 81.1%，然后从夏季到落叶过程中缓慢升高，落叶中酸溶态（B1）Cu 浓度是春季的 47.9%。残渣态（B4）Cu 浓度从春季到落叶期逐渐降低，落叶中相比春季降低了 78.6%。Cu 的 3 种形态［除可氧化态（B3）］均在春季达到最大浓度。

叶片中酸溶态（B1）和残渣态（B4）Zn 浓度在夏季升高、秋季骤增、落叶期下降，其最高浓度分别是最低浓度的 2.7 倍和 11.6 倍；可还原态（B2）Zn 浓度在夏季有所降低，秋季升高，落叶中浓度再次降低，与春季相比，落叶中可还原态（B2）浓度降低 80.7%；可氧化态（B3）Zn 浓度在夏季升高后秋季明显降低，落叶中又显著升高，但仍比春季降低了 47.8%。

叶片中可氧化态（B3）Pb 的浓度从春季到落叶期逐渐升高，落叶中可氧化态（B3）Pb 浓度为春季叶片的 6.0 倍；酸溶态（B1）Pb 浓度夏季升高、秋季下降、落叶期再次升高，为春季浓度的 1.6 倍；残渣态（B4）Pb 浓度变化趋势和酸溶态（B1）刚好相反，落叶中浓度为春季浓度的 45.9%；可还原态（B2）Pb 浓度夏季升高，秋季比夏季降低了 98.8%，之后浓度相对稳定。

叶片中 Cd 元素酸溶态（B1）和可还原态（B2）浓度从春季到落叶期逐渐升高，落叶中浓度分别是春季浓度的 5.0 倍和 35.6 倍，可还原态（B2）升高程度明显；可氧化态（B3）和残渣态（B4）Cd 浓度均在秋季达到极值，落叶中有所降低。

（二）树枝表皮

1. 国槐树枝表皮重金属总浓度

从国槐树枝表皮内不同形态重金属元素浓度的季节动态变化（图 6-2）及不同季节树枝表皮中重金属元素浓度变化可以看出，树枝表皮中不同重金属元素总浓度的季节变化特征不同。树枝表皮中 Cr 元素的总浓度从春季到秋季呈逐渐上升的变化趋势，夏季和秋季分别较前一季节升高 84.0% 和 17.1%，秋季浓度达到最高，落叶期浓度相比下降 27.7%。Mn 元素的总浓度呈现夏季显著升高，秋季无明显变化，然后落叶期再次升高的特点，其中夏季较春季升高 40.2%，落叶期较秋季升高 10.3%。Ni 元素的总浓度变化为春季最高、夏季降到最低后逐渐升高，但落叶期浓度仍比春季低 5.8%。树枝表皮中 Cu 元素总浓度变化和 Ni 相似，在落叶期浓度最高，比春季升高 9.9%。Zn 元素总浓度呈现出夏季降低、秋季升高、落叶中再降低的趋势，其中秋季浓度最高、落叶期次之。Pb 元素总浓度在夏季达到峰值，然后逐渐降低，落叶期浓度最低，落叶期浓度较夏季峰值降低 54.8%。Cd 元素总浓度较低，从春季到秋季呈现出逐渐升高的趋势，落叶中浓度较秋季降低 30.0%，但仍高于春季和夏季浓度。

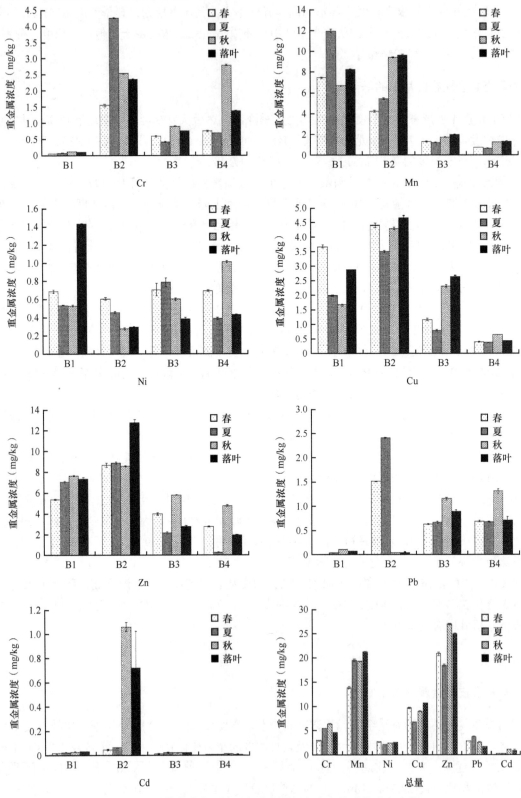

图 6-2　树枝表皮内不同形态重金属元素浓度的季节动态变化

2. 各季节国槐树枝表皮重金属

Cr：树枝表皮中的 Cr 元素在春、夏和落叶期均以可还原态（B2）为主，分别占总浓度的 52.8%、78.3% 和 51.2%，三季节不同形态重金属元素浓度均表现为可还原态（B2）＞残渣态（B4）＞可氧化态（B3）＞酸溶态（B1）。秋季残渣态（B4）浓度较高，可还原态（B2）浓度次之，分别占总浓度的 44.0% 和 39.8%，可氧化态（B3）和酸溶态（B1）浓度较低。

Mn：树枝表皮中春季和夏季 Mn 元素各形态浓度顺序均为酸溶态（B1）＞可还原态（B2）＞可氧化态（B3）＞残渣态（B4）；酸溶态（B1）浓度最高，分别占总浓度的 54.1% 和 61.7%；可还原态（B2）浓度次之，分别占总浓度的 30.6% 和 28.2%。秋季和落叶期 Mn 元素各形态浓度顺序则为可还原态（B2）＞酸溶态（B1）＞可氧化态（B3）＞残渣态（B4）；可还原态（B2）浓度最高，分别占总浓度的 49.1% 和 45.5%，酸溶态（B1）浓度次之，分别占总浓度的 34.8% 和 38.7%。四季中均为残渣态（B4）浓度最低，占总浓度的比例均不超过 7%。

Ni：树枝表皮中春季 Ni 元素的酸溶态（B1）、可氧化态（B3）和残渣态（B4）浓度间无显著差异（表 6-2），占总浓度比例均在 25.5%～26.3%，可还原态（B2）浓度较低，占总浓度的 22.4%。夏季各形态 Ni 元素浓度顺序为可氧化态（B3）＞酸溶态（B1）＞可还原态（B2）＞残渣态（B4），秋季为残渣态（B4）＞可氧化态（B3）＞酸溶态（B1）＞可还原态（B2），而落叶期则为酸溶态（B1）＞残渣态（B4）＞可氧化态（B3）＞可还原态（B2）。

表 6-2　不同季节国槐树枝表皮不同形态重金属元素浓度方差分析

元素	形态	春	夏	秋	落叶
Cr	B1	Dd	Dc	Da	Db
	B2	Ad	Aa	Bb	Ac
	B3	Cc	Cd	Ca	Cb
	B4	Bc	Bd	Aa	Bb
	总量	d	b	a	c
Mn	B1	Ac	Aa	Bd	Bb
	B2	Bd	Bc	Ab	Aa
	B3	Cc	Cc	Cb	Ca
	B4	Dc	Dd	Db	Da
	总量	c	b	b	a
Ni	B1	Ab	Bc	Cc	Aa
	B2	Ba	Cb	Dc	Dc
	B3	Ab	Aa	Bc	Cd
	B4	Ab	Dd	Aa	Bc
	总量	a	d	c	b
Cu	B1	Ba	Bc	Cd	Bb
	B2	Ab	Ac	Ab	Aa
	B3	Cc	Cd	Bb	Ca
	B4	Dc	Dd	Da	Db
	总量	b	d	c	a
Zn	B1	Bd	Bc	Ba	Bb
	B2	Ab	Ab	Ab	Aa
	B3	Cb	Cd	Ca	Cc
	B4	Db	Dd	Da	Dc
	总量	c	d	a	b

元素	形态	春	夏	秋	落叶
Pb	B1	Dd	Cc	Ca	Cb
	B2	Ab	Aa	Dc	Cc
	B3	Cc	Bc	Ba	Ab
	B4	Bb	Bb	Aa	Bb
	总量	b	a	c	d
Cd	B1	Bc	Bb	Bb	Ba
	B2	Ac	Ac	Aa	Ab
	B3	Bb	Ba	Ba	Ba
	B4	Cb	Cb	Ba	Ba
	总量	c	c	a	b

注：同行不同小写字母表示相同重金属元素的同一富集形态在不同季节间差异达到显著水平（$P < 0.05$）；同列不同大写字母表示同一季节中相同重金属元素在不同富集形态间差异达到显著水平（$P < 0.05$）

Cu：树枝表皮中 Cu 元素各形态浓度在春季、夏季和落叶期表现为：可还原态（B2）>酸溶态（B1）>可氧化态（B3）>残渣态（B4），秋季 Cu 元素各形态浓度则表现为：可还原态（B2）>可氧化态（B3）>酸溶态（B1）>残渣态（B4），四季均为可还原态（B2）浓度最高，在总浓度中占比在 43.8% ～ 52.4%，残渣态（B4）浓度最低，在总浓度中占比在 4.1% ～ 7.3%。

Zn：树枝表皮中 Zn 元素各形态浓度均表现为可还原态（B2）>酸溶态（B1）>可氧化态（B3）>残渣态（B4），四季中可还原态（B2）、酸溶态（B1）、可氧化态（B3）和残渣态（B4）在各形态总浓度中占比范围分别为：31.9% ～ 51.2%、25.7% ～ 38.3%、11.3% ～ 21.6%、1.8% ～ 17.9%。

Pb：树枝表皮中 Pb 元素各形态浓度在春季和夏季均为可还原态（B2）浓度最高，在总浓度中占比分别为 53.5% 和 63.6%；酸溶态（B1）浓度最低，春季残渣态（B4）浓度略高于可氧化态（B3）浓度，夏季残渣态（B4）浓度和可氧化态（B3）浓度无显著差异。秋季残渣态（B4）浓度最高，可氧化态（B3）浓度次之；落叶期则与秋季相反。秋季和落叶期可还原态（B2）和酸溶态（B1）浓度极低。

Cd：树枝表皮中各时期均为可还原态（B2）Cd 元素浓度最高，四季占总浓度比例分别为 62.0%、56.9%、94.9% 和 92.2%。春季和夏季残渣态（B4）浓度低于其他 3 种形态的浓度，在总浓度中占比为 3.3% 和 2.8%，秋季和落叶期除可还原态（B2）外，其他 3 种 Cd 元素形态浓度均没有显著差异（表 6-2），并且浓度较低，占总浓度比均低于 5%。

3. 不同形态重金属在树枝表皮内的季节性变化

树枝表皮内酸溶态（B1）Cr 从春季到秋季浓度缓慢升高，落叶期浓度较秋季降低 23.8%，但仍比春季升高 99.2%；可还原态（B2）浓度在夏季骤增，相比春季增长了 1.7 倍，然后至落叶期逐渐降低，相比峰值降低 44.6%；可氧化态（B3）浓度在夏季降低，秋季上升到最高值，落叶期较秋季降低 15.7%，然高于春季和夏季浓度；残渣态（B4）变化趋势和可氧化态（B3）相同，但秋季相比夏季升高了约 3 倍，落叶期浓度较秋季降低 50.5%，仍高于春秋两季浓度。

Mn 元素的可氧化态（B3）和残渣态（B4）浓度各时期处于较低水平，并且都呈现出秋季和落叶期浓度升高的特点。酸溶态（B1）Mn 浓度则在夏季显著升高，升幅达 59.9%，秋季则比夏季下降 44.1%，落叶期再次升高，相比春季升高 9.6%。可还原态（B2）Mn 从春季到落叶期浓度不断升高，相比春季浓度，落叶期浓度升高了 1.3 倍。

树枝表皮中 Ni 元素各形态浓度变化趋势差异较大，酸溶态（B1）Ni 浓度夏季有所降低，秋季和夏季无显著差异，落叶期骤增，相比春季升高了 1.1 倍；可还原态（B2）Ni 从春季到秋季浓度逐渐降低，落叶期有所增加，但仍比春季降低 51.7%；可氧化态（B3）Ni 浓度夏季升高，然后逐渐降低，落叶期浓度比春季降低 45.9%；残渣态（B4）Ni 的浓度在夏季降低、秋季升高、落叶期再次降低，相比春季降低 38.1%。

树枝表皮中 Cu 元素酸溶态（B1）浓度春季最高，夏季骤降 45.9%，秋季仍有一定幅度下降，落叶期有明显升高，但仍比春季浓度低 21.7%；可还原态（B2）和可氧化态（B3）Cu 浓度在夏季有所降低，然后到落叶期逐渐升高，相比春季分别升高 5.9% 和 124.1%；残渣态（B4）Cu 浓度夏季降低，相比于夏季，秋季显著升高 67.5%，落叶期再次降低，但仍比春季升高 6.3%。

Zn 元素酸溶态（B1）浓度从春季到秋季逐渐升高，落叶期有所降低，但相比春季升高 37.8%，秋季最高浓度约是春季浓度的 1.4 倍；可还原态（B2）Zn 浓度从春季到秋季无明显变化，落叶中浓度显著升高，相比春季升高 46.9%；可氧化态（B3）和残渣态（B4）Zn 浓度变化趋势相同，均表现为夏季降低，秋季升高，落叶期再次降低，落叶期浓度分别比春季浓度降低 29.9% 和 28.2%，秋季最高浓度分别是夏季最低浓度的 2.6 倍和 14.2 倍。

树枝表皮中酸溶态（B1）Pb 浓度水平很低，春季到秋季浓度逐渐升高，落叶期有所降低，秋季最高浓度是春季最低浓度的 17.4 倍；可还原态（B2）Pb 浓度从春季到夏季升高 58.7%，秋季浓度比夏季骤降 98.2% 至稳定水平；可氧化态（B3）和残渣态（B4）Pb 浓度均表现出春季、夏季无明显变化，秋季显著升高，落叶期则再次降低的趋势，其中秋季相比春季分别升高 83.5% 和 89.5%，落叶期浓度相比春季分别升高 41.3% 和 2.8%。

树枝表皮中 Cd 元素各形态浓度均比较低，酸溶态（B1）浓度从春季到夏季升高 49.8%，秋季无显著变化，落叶期再次升高 17.4%，相比春季浓度升高 1.1 倍；可还原态（B2）Cd 表现出春夏季浓度稳定，秋季浓度骤然升高 15.5 倍，落叶期浓度是春季浓度的 13.4 倍；可氧化态（B3）Cd 浓度在夏季升高 77.8%，之后无显著变化；残渣态（B4）Cd 浓度春季到夏季无显著变化，秋季浓度比夏季升高 2.3 倍，之后无显著变化。

二、不同朝向国槐叶片及树枝表皮中重金属元素浓度比较

（一）不同朝向叶片中重金属元素浓度比较

1. 不同朝向国槐叶片中重金属总浓度

从不同朝向国槐叶片内不同形态重金属元素浓度的比较（图 6-3）可以看出，7 种重金属元素在南北朝向叶片中的总浓度均存在显著性差异。Cr、Mn、Ni、Cu 和 Cd 5 种元素均为北向叶片总浓度高于南向叶片，

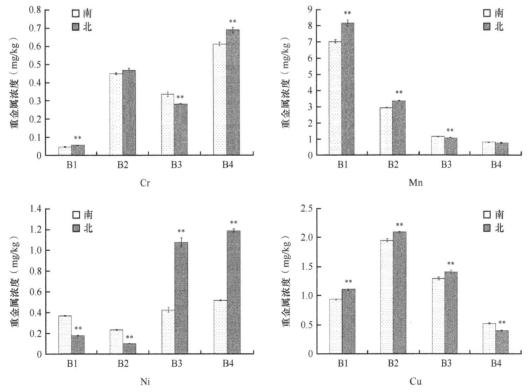

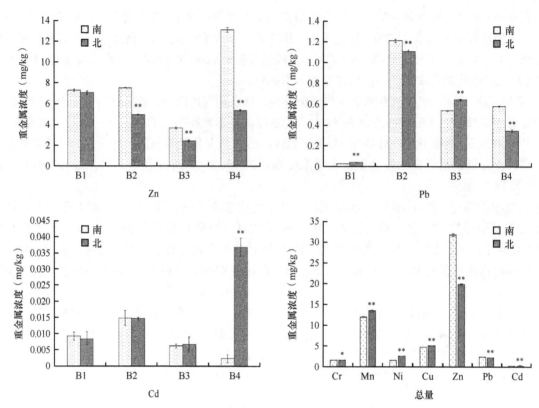

图6-3　叶片内不同形态重金属元素浓度在南北朝向之间的差异

其总浓度分别比南向叶片高 3.5%、12.0%、64.7%、6.3% 和 105.9%；Zn 和 Pb 元素为南向叶片总浓度高于北向叶片，其总浓度分别比北向叶片高 60.1% 和 10.5%。南向叶片中各元素总浓度顺序为 Zn ＞ Mn ＞ Cu ＞ Pb ＞ Ni ＞ Cr ＞ Cd，北向叶片中各元素总浓度顺序为 Zn ＞ Mn ＞ Cu ＞ Ni ＞ Pb ＞ Cr ＞ Cd。

2. 不同朝向国槐叶片内不同形态重金属元素浓度比较

由表 6-3 可知，南向叶片中 Cr 元素酸溶态（B1）、可氧化态（B3）浓度、残渣态（B4）浓度间差异达极显著，北向叶片中 Cr 元素酸溶态（B1）、可氧化态（B3）浓度、残渣态（B4）浓度间差异也达极显著。南北朝向叶片残渣态（B4）浓度间存在显著差异，其中北向叶片中酸溶态（B1）和残渣态（B4）浓度均显著高于南向叶片，分别比南向叶片高 19.4% 和 12.5%，可氧化态（B3）Cr 元素则在南向叶片中浓度较高，比北向叶片高 18.7%，可还原态（B2）Cr 元素在南北朝向叶片中浓度差异不显著。南北朝向叶片中不同形态 Cr 元素浓度均表现为残渣态（B4）＞可还原态（B2）＞可氧化态（B3）＞酸溶态（B1）。

表 6-3　南北朝向叶片内不同形态重金属元素浓度的方差分析

朝向	形态	元素						
		Cr	Mn	Ni	Cu	Zn	Pb	Cd
南	B1	D	A	C	B	C	D	B
	B2	B	B	D	D	B	A	A
	B3	C	C	B	C	D	C	C
	B4	A	D	A	A	A	B	D
北	B1	D	A	C	C	A	D	C
	B2	B	B	D	A	C	A	B
	B3	C	C	B	B	D	B	C
	B4	A	D	A	D	B	C	A

注：同列不同大写字母表示同一朝向中相同重金属元素在不同形态重金属间差异达到显著水平（$P < 0.05$）或极显著水平（$P < 0.01$）

叶片中 Mn 元素酸溶态（B1）、可还原态（B2）和可氧化态（B3）浓度在南北朝向叶片中均存在极显著差异，其中北向叶片中酸溶态（B1）、可还原态（B2）Mn 元素浓度分别比南向叶片高 16.0% 和 14.3%，南向叶片中可氧化态（B3）Mn 浓度则比北向叶片高 6.1%，残渣态（B4）Mn 元素在南北朝向叶片中浓度差异不显著。南北朝向叶片中不同形态 Mn 元素浓度均表现为酸溶态（B1）＞可还原态（B2）＞可氧化态（B3）＞残渣态（B4）。

叶片中 Ni 元素各形态浓度在南北朝向叶片中的均存在极显著差异，其中南向叶片中酸溶态（B1）和可还原态（B2）Ni 元素浓度均显著高于北向叶片，分别是北向叶片的 2.1 倍和 2.3 倍，而可氧化态（B3）和残渣态（B4）Ni 元素在北向叶片中浓度更高，分别是南向叶片的 2.5 倍和 2.3 倍。南北朝向叶片中不同形态 Ni 元素浓度均表现为残渣态（B4）＞可氧化态（B3）＞酸溶态（B1）＞可还原态（B2）。

叶片中 Cu 元素各形态浓度在南北朝向叶片中均存在极显著差异，除残渣态（B4）外，其他三种形态 Cu 元素浓度均为北向叶片高于南向叶片，酸溶态（B1）、可还原态（B2）、可氧化态（B3）Cu 元素浓度分别高出 18.1%、7.2% 和 8.9%，南向叶片中残渣态（B4）Cu 元素浓度比北向叶片高 32.1%。南北朝向叶片中不同形态 Cu 元素浓度均表现为可还原态（B2）＞可氧化态（B3）＞酸溶态（B1）＞残渣态（B4）。

除酸溶态（B1）外，Zn 元素各形态浓度在南北朝向叶片中的均存在极显著差异，并且都表现为南向叶片浓度高于北向叶片，南向叶片可还原态（B2）、可氧化态（B3）和残渣态（B4）Zn 元素浓度分别比北向叶片高 52.8%、52.4% 和 145.4%。南北朝向叶片中 Zn 元素不同形态浓度间均存在显著差异（表 6-3），但是南向叶片中残渣态（B4）浓度显著高于其他形态，而北向叶片中酸溶态（B1）Zn 元素浓度最高，可氧化态（B3）Zn 元素的浓度在南北朝向中都是各形态中最低。

叶片中 Pb 元素各形态浓度在南北朝向叶片中均存在极显著差异，其中南向叶片中可还原态（B2）和残渣态（B4）Pb 浓度分别比北向叶片高 9.2% 和 68.7%，而北向叶片中酸溶态（B1）和可氧化态（B3）Pb 浓度分别比南向叶片高 47.8% 和 19.2%。南北朝向叶片中 Pb 元素不同形态浓度间均存在显著差异（表 6-3），南北朝向叶片中都是可还原态（B2）Pb 元素浓度最高，酸溶态（B1）浓度最低。

叶片中 Cd 元素浓度较低，Cd 元素酸溶态（B1）、可还原态（B2）和可氧化态（B3）浓度在南北朝向叶片中均无显著差异，北向叶片中残渣态（B4）Cd 浓度为南向叶片的近 15 倍。南向叶片中 Cd 元素不同形态浓度间存在显著差异，其中可还原态（B2）浓度最高，残渣态（B4）浓度最低；北向叶片中 Cd 元素酸溶态（B1）和可氧化态（B3）浓度差异不显著，残渣态（B4）浓度最高。

（二）不同朝向树枝表皮内不同形态重金属元素浓度比较

从不同朝向国槐树枝表皮内不同形态重金属元素浓度的比较（图 6-4）及对不同朝向重金属元素浓度和不同形态的同种元素进行独立样本 t 检验分析的结果（表 6-4）可以得出如下结论。

1. 国槐树枝表皮重金属总浓度

除 Cd 外，其他重金属元素在南北朝向树枝表皮中的总浓度均存在极显著性差异，Cd 元素在南北朝向树枝表皮中的总浓度存在显著差异。北向树枝表皮内 Cr 元素总浓度比南向树枝表皮高 14.0%，南向树枝表皮内 Mn、Ni、Cu、Zn、Pb 和 Cd 元素总浓度分别比北向树枝表皮高 27.5%、63.4%、44.8%、4.1%、28.0% 和 30.6%。南向树枝表皮中各元素总浓度顺序为 Zn ＞ Mn ＞ Cu ＞ Pb ＞ Cr ＞ Ni ＞ Cd，北向树枝表皮中各元素总浓度顺序为 Zn ＞ Mn ＞ Cu ＞ Cr ＞ Pb ＞ Ni ＞ Cd。

2. 不同朝向国槐树枝表皮中不同形态重金属元素浓度比较

Cr 元素的可还原态（B2）、可氧化态（B3）浓度在南北朝向树枝表皮中均存在极显著差异，北向树枝表皮中可还原态（B2）和可氧化态（B3）Cr 元素浓度分别比南向树枝表皮高 18.6% 和 52.8%，残渣态（B4）Cr 元素则在南向树枝表皮中浓度较高，比北向树枝表皮高 4.6%，酸溶态（B1）Cr 元素在南北朝向中浓度差异不显著。南北朝向树枝表皮中不同形态 Cr 元素浓度均表现为可还原态（B2）＞残渣态（B4）＞可氧化态（B3）＞酸溶态（B1）。

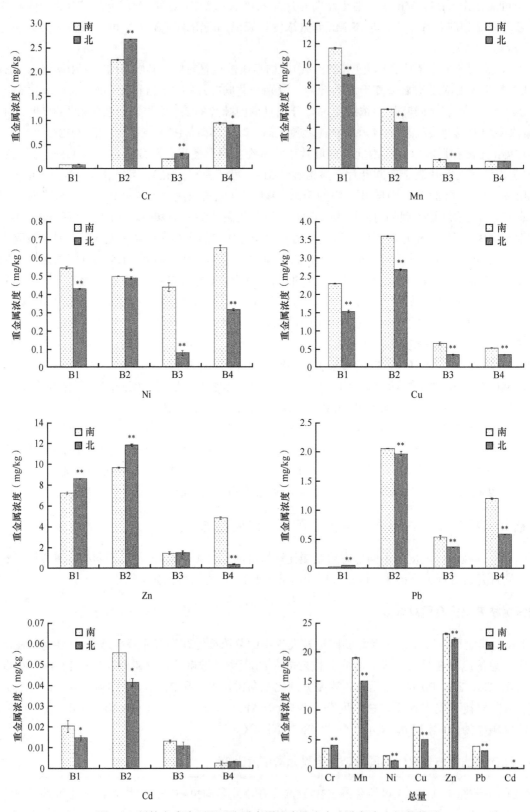

图 6-4 树枝表皮内不同形态重金属元素浓度在南北朝向之间的差异

表 6-4　南北朝向树枝表皮内不同形态重金属元素浓度的方差分析

朝向	形态	元素						
		Cr	Mn	Ni	Cu	Zn	Pb	Cd
南	B1	D	A	B	B	B	D	B
	B2	A	B	C	A	A	A	A
	B3	C	C	D	C	D	C	C
	B4	B	D	A	D	C	B	D
北	B1	D	A	B	B	B	D	B
	B2	A	B	A	A	A	A	A
	B3	C	C	D	C	C	C	C
	B4	B	C	C	C	D	B	D

注：同列不同大写字母表示同一朝向中相同重金属元素浓度在不同富集形态间达到显著水平（$P < 0.05$）或极显著水平（$P < 0.01$）

　　Mn 元素酸溶态（B1）、可还原态（B2）和可氧化态（B3）浓度在南北朝向树枝表皮中均存在极显著差异，南向树枝表皮中以上三种 Mn 元素形态浓度分别高出北向表皮 28.5%、27.6% 和 45.6%。残渣态（B4）Mn 元素在南北朝向中浓度差异不显著。南向树枝表皮中不同形态 Mn 元素浓度表现为酸溶态（B1）＞可还原态（B2）＞可氧化态（B3）＞残渣态（B4），而北向树枝表皮中不同形态 Mn 元素可氧化态（B3）和残渣态（B4）浓度接近。

　　Ni 元素各形态浓度在南北朝向树枝表皮中均存在显著差异，并且表现为南向树枝表皮中 Ni 元素浓度显著高于北向树枝表皮，酸溶态（B1）、可还原态（B2）、可氧化态（B3）和残渣态（B4）Ni 元素浓度分别比北向表皮高 27.0%、2.0%、475.7% 和 108.8%。南向树枝表皮中残渣态（B4）Ni元素浓度最高，而北向树枝表皮中可还原态（B2）Ni 元素浓度最高。

　　Cu 元素各形态浓度在南北朝向树枝表皮中均存在极显著差异，南向树枝表皮中酸溶态（B1）、可还原态（B2）、可氧化态（B3）和残渣态（B4）浓度分别比北向表皮高 50.6%、34.3%、90.8% 和 55.1%。南向树枝表皮中不同形态 Cu 元素浓度表现为可还原态（B2）＞酸溶态（B1）＞可氧化态（B3）＞残渣态（B4），北向表皮中可氧化态（B3）和残渣态（B4）Cu 元素浓度接近。

　　树枝表皮中，Zn 元素酸溶态（B1）和可还原态（B2）表现为北向浓度极显著高于南向，分别高出 18.8% 和 22.4%，残渣态（B4）反之，南向浓度高出北向 14.6 倍；可氧化态（B3）Zn 元素南北向浓度之间不存在显著差异。南北朝向树枝表皮中不同形态 Zn 元素浓度间均存在显著差异，其中可还原态（B2）和酸溶态（B1）显著高于其他形态。

　　Pb 元素各形态浓度在南北朝向树枝表皮中均存在显著差异，其中南向树枝表皮中可还原态（B2）、可氧化态（B3）和残渣态（B4）Pb 元素浓度分别比北向树枝表皮高 4.1%、46.8% 和 103.4%，而北向树枝表皮中酸溶态（B1）Pb 元素浓度则比南向高 87.8%。南北朝向树枝表皮中 Pb 元素不同形态浓度间均存在显著差异，南北朝向树枝表皮中均表现为：可还原态（B2）＞残渣态（B4）＞可氧化态（B3）＞酸溶态（B1）。

　　Cd 元素酸溶态（B1）、可还原态（B2）浓度在南北朝向树枝表皮中存在显著差异，南向表皮 Cd 元素浓度分别高出北向 38.8% 和 34.4%。南向和北向树枝表皮中 Cd 元素不同形态浓度间存在显著差异，均表现为：可还原态（B2）＞酸溶态（B1）＞可氧化态（B3）＞残渣态（B4）。

三、树干木质部中重金属元素浓度和形态差异

　　年轮在表观上记录了树木的生长进程，一般认为树木年轮除了记录树木树龄，还会在一定程度上反映生长环境的变化，但年轮段间没有严格的区隔，各种元素除在木质部导管随水分纵向运输，也存在横向迁移，这种迁移既表现为顺离子浓度梯度的自由扩散，也表现为逆离子浓度梯度的主动运输。因此，分析年轮中特定年份重金属元素的浓度和形态差异，可反映出元素迁移的某些规律。通过对国槐年轮按 5 年为一个龄

级，进行样品分析，结果显示国槐年轮中重金属元素浓度总体表现为树龄越大，重金属元素浓度越低的趋势，靠近髓心侧重金属元素浓度远低于靠近韧皮部一侧（图6-5）。

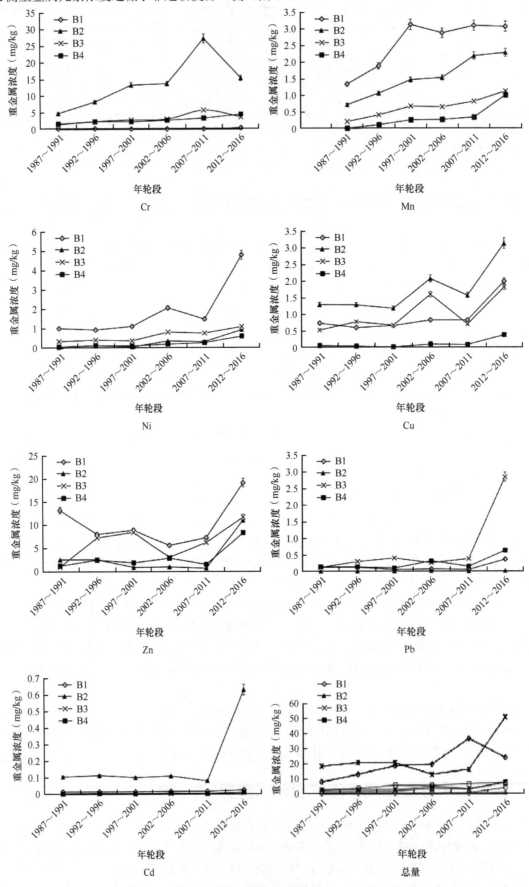

图6-5　树干木质部内不同形态重金属元素浓度的年代变化

植物生长必需营养元素 Zn、Cu、Mn、Ni 各形态浓度间存在明显差异；Zn 元素在各年轮段均以酸溶态（B1）为主，除髓心侧外，其他年轮段可氧化态（B3）浓度均仅次于酸溶态（B1）；除韧皮部一侧外，各年轮段中可还原态（B2）和残渣态（B4）浓度变化不大；而在韧皮部一侧，Zn 元素各存在形态均显著高于其他年份，说明 Zn 元素在生长旺盛部位浓度明显偏高。Mn 元素浓度在不同时期均表现出酸溶态（B1）＞可还原态（B2）＞可氧化态（B3）＞残渣态（B4）的特征；除酸溶态（B1）外，其他各形态 Mn 元素浓度均表现出从髓心到韧皮部一侧逐渐升高的趋势，酸溶态（B1）则表现出先显著升高再缓慢下降的趋势。

Cu 元素浓度在不同时期均表现为可还原态（B2）浓度最高，残渣态（B4）浓度最低的特点；除 2002 ～ 2006 年轮段可氧化态（B3）显著高于酸溶态（B1）外，其他年份两种形态 Cu 元素浓度均比较接近，并且在韧皮部一侧浓度明显高于其他年轮段。

Ni 元素各形态浓度在整个生长期均表现出酸溶态（B1）＞可氧化态（B3）＞可还原态（B2）≈残渣态（B4），除酸溶态（B1）外，其他三种形态 Ni 元素浓度从髓心到韧皮部一侧呈缓慢升高趋势，酸溶态（B1）Ni 元素浓度总体呈现出从髓心到韧皮部一侧逐渐升高趋势，但在 2002 ～ 2006 年轮段浓度明显偏高，到 2012 ～ 2016 年轮段浓度极显著升高。

非必需元素中，Cr 元素各形态浓度在各年轮段均表现出可还原态（B2）＞可氧化态（B3）≈残渣态（B4）＞酸溶态（B1），酸溶态（B1）和残渣态（B4）Cr 元素浓度从髓心到韧皮部一侧缓慢升高，可还原态（B2）和可氧化态（B3）Cr 元素浓度总体呈现出从髓心到韧皮部一侧逐渐升高趋势，但最大值出现在 2007 ～ 2011 年轮段。

Cd 元素可还原态（B2）浓度明显高于其他三种形态，并且在靠近韧皮部一侧浓度明显高于其他年轮段；其他三种形态 Cd 元素浓度在不同年轮段没有明显差别，在靠近韧皮部一侧略微升高。

Pb 元素在不同年轮段均表现出可还原态（B2）浓度较低的特点，除髓心侧和 2002 ～ 2006 年轮段外，其他各年轮段均表现出可氧化态（B3）比例偏高的特点；和 Cd 相似，各形态在 1987 ～ 2011 年浓度变化很小，而在靠近韧皮部一侧，浓度明显较其他年轮段偏高 [可还原态（B2）除外]。

第二节　国槐器官中不同形态重金属分布格局

一、国槐器官中重金属元素富集浓度及转运系数

（一）国槐各器官中重金属浓度比较

从不同器官重金属元素浓度看：树皮对 7 种元素的富集浓度均为各器官中最高，树根中 Cr、Mn、Cu、Pb 4 种元素富集浓度较高，叶片中 Ni、Zn 元素富集浓度较高，树枝中 Cr 元素富集浓度较高，树干中 Mn、Ni、Cu、Pb 4 种元素富集浓度均为各器官中最低，Cr 和 Zn 元素分别在叶片和树根中的富集浓度最低。方差分析结果表明，Cd 元素在除树皮外其他器官内的富集浓度间没有显著差异。其他重金属总富集浓度在不同器官间均存在显著差异（表 6-5）。

表 6-5　不同器官中不同形态重金属元素的富集浓度（mg/kg）

元素	形态	器官				
		叶	枝	皮	干	根
Cr	B1	0.099±0.003Dc	0.133±0.004Db	0.303±0.001Da	0.084±0.003Dd	0.081±0.001Cd
	B2	1.150±0.022Ae	11.091±0.151Aa	6.609±0.069Cc	3.301±0.005Ad	8.672±2.420Ab
	B3	1.043±0.031Be	2.320±0.033Cc	8.132±0.133Ba	1.636±0.018Cd	4.933±0.046Bb
	B4	0.963±0.027Ce	3.553±0.030Bc	9.551±0.078Aa	2.608±0.037Bd	4.322±0.044Bb
	总量	3.254±0.083d	17.097±0.218b	24.595±0.281a	7.629±0.063c	18.009±2.511b

续表

元素	形态	器官				
		叶	枝	皮	干	根
Mn	B1	5.991±0.061Bd	7.698±0.140Ac	26.080±0.408Aa	1.601±0.043Ae	16.126±0.291Ab
	B2	6.253±0.126Bc	4.761±0.039Bd	21.027±0.170Ba	0.662±0.003Be	11.036±0.771Bb
	B3	17.618±0.586Aa	0.854±0.013Cd	6.700±0.145Cb	0.492±0.005Cd	3.900±0.047Cc
	B4	1.592±0.033Cc	0.656±0.034Bd	6.499±0.009Ca	0.293±0.028De	2.874±0.034Db
	总量	31.453±0.807c	13.970±0.225d	60.306±0.732a	3.048±0.079e	33.936±1.143b
Ni	B1	1.884±0.024Aa	0.992±0.025Ab	0.760±0.009Cd	0.902±0.010Ac	0.269±0.014Ce
	B2	0.099±0.007Dc	0.265±0.002Db	0.740±0.005Ca	0.050±0.013Dd	0.279±0.055Cb
	B3	1.344±0.056Bb	0.883±0.010Cc	1.900±0.027Aa	0.711±0.005Bd	0.725±0.009Bd
	B4	1.080±0.011Cb	0.946±0.027Bc	1.175±0.025Ba	0.238±0.008Ce	0.830±0.016Ad
	总量	4.408±0.098b	3.087±0.063c	4.574±0.066a	1.900±0.036e	2.102±0.094d
Cu	B1	2.046±0.035Cc	2.373±0.026Ca	0.848±0.014Cd	0.758±0.015Be	2.232±0.030Cb
	B2	3.182±0.034Bb	3.050±0.065Dc	7.362±0.061Ba	0.991±0.001Ae	2.625±0.110Bd
	B3	4.275±0.152Ac	1.516±0.013Bd	14.709±0.146Aa	0.566±0.003Ce	7.198±0.121Ab
	B4	0.730±0.039Dc	0.824±0.013Ab	0.938±0.013Ca	0.025±0.003De	0.592±0.012Dd
	总量	10.233±0.261c	7.764±0.118d	23.857±0.235a	2.339±0.0220e	12.647±0.273b
Zn	B1	36.541±0.321Aa	13.383±0.308Bc	20.417±0.229Cb	4.218±0.074Cd	2.149±0.109Ce
	B2	16.456±0.174Cb	9.087±0.146Ce	49.161±0.441Aa	9.925±0.040Bd	11.275±0.127Ac
	B3	1.145±0.115De	23.888±0.083Aa	22.791±0.357Bb	19.448±0.071Ac	3.899±0.292Bd
	B4	22.256±0.204Ba	5.657±0.082Db	5.360±0.057Dc	3.688±0.037De	4.226±0.113Bd
	总量	76.397±0.814b	52.016±0.619c	97.730±1.084a	37.279±0.223d	21.549±0.640e
Pb	B1	0.238±0.001Cb	0.102±0.004Cc	0.272±0.001Ca	0.053±0.003Cd	0.019±0.001Ce
	B2	0.015±0.001Dc	0.017±0.002Dc	0.209±0.005Ca	0.001±0.001Dc	0.098±0.028Cb
	B3	1.749±0.095Ab	0.999±0.021Ac	14.114±0.172Aa	0.395±0.015Ae	0.631±0.010Bd
	B4	0.829±0.003Bbc	0.618±0.006Bc	0.951±0.056Bb	0.154±0.010Bd	3.691±0.378Aa
	总量	2.830±0.100c	1.736±0.032d	15.545±0.233a	0.604±0.030e	4.438±0.416b
Cd	B1	0.033±0.002Bb	0.024±0.003Bc	0.113±0.008Ba	0.015±0.001Bd	0.023±0.001Bc
	B2	0.429±0.013Ab	0.274±0.026Ab	2.315±0.488Aa	0.116±0.004Ab	0.035±0.002Ab
	B3	0.013±0.001Cb	0.013±0.004Bb	0.027±0.003Ba	0.010±0.001Cbc	0.009±0.001Cc
	B4	0.011±0.003Cb	0.015±0.002Ba	0.012±0.001Bab	0.005±0.001Dc	0.006±0.002Dc
	总量	0.486±0.019b	0.327±0.035b	2.468±0.501a	0.147±0.007b	0.073±0.005b

注：表中数值为均值±标准差；不同小写字母表示相同重金属元素的同一富集形态在不同器官间达到显著水平（$P < 0.05$）；不同大写字母表示同一器官中相同重金属元素在不同富集形态间达到显著水平（$P < 0.05$）

　　从重金属富集形态看，酸溶态（B1）Ni 和 Zn、可氧化态（B3）Mn 和残渣态（B4）Zn 在叶片中富集浓度最高，可还原态（B2）Cr、酸溶态（B1）Cu、可氧化态（B3）Zn 和残渣态（B4）Cd 在树枝中富集浓度最高，残渣态（B4）Pb 在树根中富集浓度较高，各元素的其他形态均在树皮中富集浓度最高。方差分析结果表明，Mn、Ni、Cu、Zn 和 Pb 5 种元素酸溶态（B1）在各器官中的富集浓度均存在显著差异。各器官对相同元素不同形态间的富集量存在差异，树干和树根中 Cd 元素各富集形态间差异显著。各器官中不同元素的主要富集形态不同，叶片中 Cr 和 Cd 元素富集以可还原态（B2）为主，Mn、Cu、Pb 元素富集以可氧化态（B3）为主，Ni、Zn 富集以酸溶态（B1）为主；树枝和树干中 Zn 和 Pb 元素富集以可氧化态（B3）为主，Cr 和 Cd 元素富集以可还原态（B2）为主，Ni 和 Mn 元素富集以酸溶态（B1）为主；树皮中 Ni、

Cu、Pb 元素富集以可氧化态（B3）为主，Zn、Cd 元素富集以可还原态（B2）为主，Cr 和 Mn 元素富集分别以残渣态（B4）和酸溶态（B1）为主；树根中 Cr、Zn 和 Cd 元素富集以可还原态（B2）为主，Ni 和 Pb 元素富集以残渣态（B4）为主，Mn 和 Cu 元素富集分别以酸溶态（B1）和可氧化态（B3）为主。

各元素在不同器官中的总富集浓度呈现出明显的规律，即树干和树枝各元素浓度表现出 Zn > Cr > Mn > Cu > Ni > Pb > Cd，树皮中表现出 Zn > Mn > Cr > Cu > Pb > Ni > Cd，树根中表现出 Mn > Zn > Cr > Cu > Pb > Ni > Cd，而叶片中表现出 Zn > Mn > Cu > Cr > Ni > Pb > Cd。

（二）各器官中重金属转运系数

从元素总量看（表 6-6），各重金属元素从树干到树皮的迁移转运能力远高于其他器官之间，其次是由树干向树枝转移（Zn 除外）。从数据看，树根到树干的迁移能力最弱（Cr、Cd 除外）。从各器官中重金属的存在形态看，不同器官间重金属迁移的主要形态不同，不同元素在器官间的迁移形态也有差异。Cr、Ni、Pb 以酸溶态（B1）由根部向树干迁移，Cu 和 Cd 以可还原态（B2）由根部向树干迁移，Mn 和 Zn 以可氧化态（B3）由根部向树干迁移；Zn 以酸溶态（B1）由树干向树枝迁移，Cr、Mn、Ni 和 Pb 以可还原态（B2）由树干向树枝迁移；Mn、Ni、Zn、Pb、Cd 以可还原态（B2）由树干向树皮迁移，Cr 以可氧化态（B3）由树干向树皮迁移；Cr、Ni、Pb 以酸溶态（B1）由树枝向叶片迁移，Cd 以可还原态（B2）由树枝向叶片迁移，Mn 和 Cu 以可氧化态（B3）由树枝向叶片迁移。

表 6-6　不同形态重金属在国槐器官间的转运系数比较

形态	器官	Cr	Mn	Ni	Cu	Zn	Pb	Cd
B1	干/根	1.04	0.10	3.35	0.34	1.96	2.79	0.65
	枝/干	1.58	4.81	1.10	3.13	3.17	1.92	1.60
	皮/干	3.61	16.29	0.84	1.12	4.84	5.13	7.53
	叶/枝	0.74	0.78	1.90	0.86	2.73	2.33	1.38
B2	干/根	0.38	0.06	0.18	0.38	0.88	0.01	3.31
	枝/干	3.36	7.19	5.30	3.08	0.92	17.00	2.36
	皮/干	2.00	31.76	14.80	7.43	4.95	209.00	19.96
	叶/枝	0.10	1.31	0.37	1.04	1.81	0.88	1.57
B3	干/根	0.33	0.13	0.98	0.08	4.99	0.63	1.11
	枝/干	1.42	1.74	1.24	2.68	1.23	2.53	1.30
	皮/干	4.97	13.62	2.67	25.99	1.17	35.73	2.70
	叶/枝	0.45	20.63	1.52	2.82	0.05	1.75	1.00
B4	干/根	0.60	0.10	0.29	0.04	0.87	0.04	0.83
	枝/干	1.36	2.24	3.97	32.96	1.53	4.01	3.00
	皮/干	3.66	22.18	4.94	37.52	1.45	6.18	2.40
	叶/枝	0.27	2.43	1.14	0.89	3.93	1.34	0.73
总量	干/根	0.42	0.09	0.90	0.18	1.73	0.14	2.01
	枝/干	2.24	4.58	1.62	3.32	1.40	2.87	2.22
	皮/干	3.22	19.79	2.41	10.20	2.62	25.74	16.79
	叶/枝	0.19	2.25	1.43	1.32	1.47	1.63	1.49

二、单株国槐重金属元素现贮量

（一）单株国槐重金属现贮量估算

国槐各器官生物量大小顺序为树干>树皮>树根>树枝>树叶，各器官中 7 种重金属的现贮总量则表现为树皮>树干>树根>树枝>树叶。单株国槐的 Zn 元素现贮量最大，超过 10g；Cr、Mn、Cu、Pb 次之，现贮量在 1086.95 ～ 5178.42mg，Pb 元素富集量较低（表 6-7）。从 7 种重金属总贮量看，单株国槐体内重金属不同形态贮量顺序为可还原态（B2）＞可氧化态（B3）＞酸溶态（B1）＞残渣态（B4），其中，酸溶态（B1）、可还原态（B2）、残渣态（B4）现贮量均呈现树皮＞树根＞树干＞树枝＞树叶的趋势；可氧化态（B3）现贮量表现为树皮＞树干＞树根＞树枝＞树叶。但是具体到某种元素，其富集形态在不同器官中有不同的表现：叶片中 Zn 的酸溶态（B1）现贮量较高；Cu 元素在树皮中以酸溶态（B1）现贮量较低，但在树根中酸溶态（B1）现贮量则相对较高；可还原态（B2）Pb 在树干中现贮量较低，而可氧化态（B3）Pb 在树干中现贮量则较高，残渣态（B4）Pb 在树根中现贮量较高。

表 6-7 单株国槐各器官生物量及重金属现贮量估算

形态	器官	生物量（kg）	各重金属元素现贮量（mg）							合计（mg）
			Cr	Mn	Ni	Cu	Zn	Pb	Cd	
B1	叶	2.56	0.25	15.36	4.83	5.24	93.67	0.61	0.08	120.05
	枝	20.59	2.74	158.50	20.42	48.86	275.55	2.10	0.49	508.67
	皮	52.04	15.77	1 357.18	39.55	44.13	1 062.48	14.15	5.88	2 539.15
	干	79.67	6.69	127.54	71.86	60.39	336.03	4.22	1.19	607.92
	根	42.11	3.41	679.07	11.33	93.99	90.50	0.80	0.97	880.07
	总和	196.97	28.86	2 337.66	147.99	252.61	1 858.23	21.89	8.62	4 655.86
B2	叶	2.56	2.95	16.03	0.25	8.16	42.18	0.04	1.10	70.71
	枝	20.59	228.36	98.03	5.46	62.80	187.10	0.35	5.64	587.73
	皮	52.04	343.93	1 094.23	38.51	383.11	2 558.30	10.88	120.47	4 549.42
	干	79.67	262.97	52.74	3.98	78.95	790.68	0.08	9.24	1 198.64
	根	42.11	365.18	464.73	11.75	110.54	474.80	4.13	1.47	1 432.60
	总和	196.97	1 203.39	1 725.75	59.95	643.56	4 053.05	15.47	137.93	7 839.10
B3	叶	2.56	2.67	45.16	3.45	10.96	2.94	4.48	0.03	69.69
	枝	20.59	47.77	17.58	18.18	31.21	491.85	20.57	0.27	627.43
	皮	52.04	423.18	348.66	98.87	765.44	1 186.02	734.48	1.41	3 558.07
	干	79.67	130.33	39.20	56.64	45.09	1 549.33	31.47	0.80	1 852.85
	根	42.11	207.73	164.23	30.53	303.11	164.19	26.57	0.38	896.74
	总和	196.97	811.69	614.83	207.67	1 155.82	3 394.32	817.57	2.88	7 004.79
B4	叶	2.56	2.47	4.08	2.77	1.87	57.05	2.13	0.03	70.39
	枝	20.59	73.16	13.51	19.48	16.97	116.48	12.72	0.31	252.61
	皮	52.04	497.03	338.20	61.15	48.81	278.93	49.49	0.62	1 274.23
	干	79.67	207.77	23.34	18.96	1.99	293.81	12.27	0.40	558.53
	根	42.11	182.00	121.03	34.95	24.93	177.96	155.43	0.25	696.55
	总和	196.97	962.42	500.16	137.30	94.57	924.22	232.04	1.61	2 852.32
总量	叶	2.56	8.34	80.63	11.30	26.23	195.84	7.25	1.25	330.84
	枝	20.59	352.02	287.64	63.56	159.86	1 070.99	35.74	6.73	1 976.55
	皮	52.04	1 279.90	3 138.27	238.03	1 241.50	5 085.79	808.95	128.43	11 920.87
	干	79.67	607.77	242.82	151.36	186.34	2 969.84	48.12	11.71	4 217.95
	根	42.11	758.37	1 429.06	88.52	532.57	907.44	186.89	3.07	3 905.92
	总和	196.97	3 006.40	5 178.42	552.77	2 146.50	10 229.90	1 086.95	151.20	22 352.13

（二）单株国槐各器官重金属现贮量分布格局

从不同形态重金属的现贮量在国槐各器官中的分配格局（表6-8）看，4种重金属形态在树皮中的分配比例均高于其生物量占比，但可还原态（B2）占比最高，达到58.0%，残渣态（B4）占比最低，仅为44.7%，说明树皮中可还原态（B2）重金属占优势地位；叶片和树枝中酸溶态（B1）占比较高，树干中重金属元素多以可氧化态（B3）形式富集，而残渣态（B4）在树根中富集比例较高。

表6-8　单株国槐不同形态重金属元素现贮量的器官分布格局

形态	器官	生物量比例（%）	重金属在器官中的分配（%）							
			Cr	Mn	Ni	Cu	Zn	Pb	Cd	合计
B1	叶	1.3	0.9	0.7	3.3	2.1	5.0	2.8	1.0	2.6
	枝	10.5	9.5	6.8	13.8	19.3	14.8	9.6	5.7	10.9
	皮	26.4	54.6	58.1	26.7	17.5	57.2	64.7	68.2	54.5
	干	40.4	23.2	5.5	48.6	23.9	18.1	19.3	13.9	13.1
	根	21.4	11.8	29.0	7.7	37.2	4.9	3.7	11.2	18.9
B2	叶	1.3	0.2	0.9	0.4	1.3	1.0	0.2	0.8	0.9
	枝	10.5	19.0	5.7	9.1	9.8	4.6	2.3	4.1	7.5
	皮	26.4	28.6	63.4	64.2	59.5	63.1	70.3	87.3	58.0
	干	40.4	21.9	3.1	6.6	12.3	19.5	0.5	6.7	15.3
	根	21.4	30.3	26.9	19.6	17.2	11.7	26.7	1.1	18.3
B3	叶	1.3	0.3	7.3	1.7	0.9	0.1	0.5	1.2	1.0
	枝	10.5	5.9	2.9	8.8	2.7	14.5	2.5	9.3	9.0
	皮	26.4	52.1	56.7	47.6	66.2	34.9	89.8	48.8	50.8
	干	40.4	16.1	6.4	27.3	3.9	45.6	3.8	27.6	26.5
	根	21.4	25.6	26.7	14.7	26.2	4.8	3.3	13.2	12.8
B4	叶	1.3	0.3	0.8	2.0	2.0	6.2	0.9	1.7	2.5
	枝	10.5	7.6	2.7	14.2	17.9	12.6	5.5	19.2	8.9
	皮	26.4	51.6	67.6	44.5	51.6	30.2	21.3	38.7	44.7
	干	40.4	21.6	4.7	13.8	2.1	31.8	5.3	24.7	19.6
	根	21.4	18.9	24.2	25.5	26.4	19.3	67.0	15.7	24.4
总量	叶	1.3	0.3	1.6	2.0	1.2	1.9	0.7	0.8	1.5
	枝	10.5	11.7	5.6	11.5	7.4	10.5	3.3	4.5	8.8
	皮	26.4	42.6	60.6	43.1	57.8	49.7	74.4	84.9	53.3
	干	40.4	20.2	4.7	27.3	8.7	29.0	4.4	7.7	18.9
	根	21.4	25.2	27.6	16.0	24.8	8.9	17.2	2.0	17.5

第三节　国槐不同形态重金属富集效能比较

一、重金属富集系数比较

植物体内重金属元素浓度受其生长环境影响，土壤中的重金属元素在植物根系的吸收作用下富集到各组织和器官中。通常可通过富集系数来衡量植物对重金属元素富集程度的高低或强弱，富集系数越大，说明植物对重金属的吸收能力越强，富集系数＞1，则达到了超富集植物的标准。

从器官水平看，树皮对 7 种重金属元素总的富集系数最高，但未达到超富集水平，树干富集系数最低，树根和树枝的富集效能接近。从各元素总富集系数来看，树皮对 7 种元素的富集效能均强于其他器官，树根对 Cr、Mn、Cu、Pb 的富集效能较强，叶片对 Ni、Zn、Cd 的富集效能较强。从各形态重金属元素富集系数看，各器官对 Cr 元素可还原态（B2）的富集效能强于其他形态；除叶片外，其他器官对酸溶态（B1）Mn、Ni，可氧化态（B3）Cu 和 Zn 元素及可还原态（B2）Cd 元素的富集效能较强；树枝、树皮和树根对 Pb 元素可还原态（B2）富集效能最强，叶片和树皮对 Pb 元素可氧化态（B3）富集效能最强（表 6-9）。

表 6-9 国槐不同器官重金属富集系数比较

形态	器官	Cr	Mn	Ni	Cu	Zn	Pb	Cd	合计
	叶	0.44	0.06	5.57	0.58	0.71	1.02	0.37	0.29
	枝	0.59	0.07	2.93	0.67	0.26	0.44	0.27	0.15
B1	皮	1.34	0.25	2.25	0.24	0.40	1.16	1.27	0.30
	干	0.37	0.02	2.67	0.21	0.08	0.23	0.17	0.05
	根	0.36	0.15	0.80	0.63	0.04	0.08	0.26	0.13
	叶	0.84	0.03	0.08	0.31	0.60	0.94	75.14	0.13
	枝	8.12	0.03	0.21	0.30	0.33	1.07	47.99	0.13
B2	皮	4.84	0.12	0.59	0.72	1.78	13.15	405.48	0.40
	干	2.42	0.00	0.04	0.10	0.36	0.06	20.32	0.07
	根	6.35	0.06	0.22	0.26	0.41	6.17	6.13	0.15
	叶	0.25	0.56	0.29	3.05	0.17	1.55	0.39	0.55
	枝	0.57	0.03	0.19	1.08	3.44	0.88	0.39	0.61
B3	皮	1.98	0.21	0.40	10.50	3.29	12.48	0.81	1.37
	干	0.40	0.02	0.15	0.40	2.80	0.35	0.30	0.47
	根	1.20	0.12	0.15	5.14	0.56	0.56	0.27	0.43
	叶	0.04	0.01	0.12	0.07	0.89	0.11	0.33	0.14
	枝	0.15	0.01	0.11	0.08	0.23	0.08	0.45	0.06
B4	皮	0.41	0.05	0.13	0.09	0.21	0.13	0.36	0.12
	干	0.11		0.03	0.00	0.15	0.02	0.15	0.04
	根	0.19	0.02	0.09	0.06	0.17	0.50	0.18	0.08
	叶	0.11	0.07	0.29	0.40	0.69	0.33	3.01	0.21
	枝	0.59	0.03	0.21	0.30	0.47	0.20	2.03	0.15
总量	皮	0.86	0.14	0.30	0.93	0.88	1.79	15.28	0.37
	干	0.27	0.01	0.13	0.09	0.34	0.07	0.91	0.08
	根	0.63	0.08	0.14	0.49	0.19	0.51	0.45	0.15

二、重金属富集效能比较

根据单株国槐重金属现贮量、绿化覆盖面积和绿化空间占用量估算国槐不同形态重金属的富集效能（表 6-10）。国槐单位绿化面积和单位空间对重金属的富集量反映了国槐对土地平面空间和立体空间的有效净化效率，本书采用平面富集效能和立体富集效能对国槐对不同形态重金属的富集效能进行评价。国槐对重金属的平面富集效能和立体富集效能因重金属元素种类、重金属形态的不同而存在明显差异。

从总体上看，各元素平面富集效能在 2.52 ~ 170.66mg/m²，立体富集效能在 0.31 ~ 20.81mg/m³。其中国槐 Zn 元素平面富集效能和立体富集效能最强，单位面积和立体空间富集效能大小顺序均为 Zn > Mn > Cr > Cu > Pb > Ni > Cd。

表 6-10　国槐各形态重金属富集效能比较

元素	平面富集效能（mg/m²）					立体富集效能（mg/m³）				
	B1	B2	B3	B4	总效能	B1	B2	B3	B4	总效能
Cr	0.48	20.08	13.54	16.06	50.16	0.06	2.45	1.65	1.96	6.12
Mn	39.00	28.79	10.26	8.34	86.39	4.76	3.51	1.25	1.02	10.54
Ni	2.47	1.00	3.46	2.29	9.22	0.30	0.12	0.42	0.28	1.12
Cu	4.21	10.74	19.28	1.58	35.81	0.51	1.31	2.35	0.19	4.37
Zn	31.00	67.62	56.63	15.42	170.66	3.78	8.25	6.91	1.88	20.81
Pb	0.37	0.26	13.64	3.87	18.13	0.04	0.03	1.66	0.47	2.21
Cd	0.14	2.30	0.05	0.03	2.52	0.02	0.28	0.01	0.00	0.31
合计	77.67	130.78	116.86	47.59	372.90	9.47	15.95	14.25	5.80	45.48

从元素形态分析，平面富集效能和立体富集效能均表现为可还原态（B2）＞可氧化态（B3）＞酸溶态（B1）＞残渣态（B4）。具体到单一元素，Cr、Zn 和 Cd 元素平面富集效能和立体富集效能均为可还原态（B2）最大，Mn 元素为酸溶态（B1）最大，Ni、Cu 元素为可氧化态（B3）最大，Pb 元素为可氧化态（B3）最大，残渣态（B4）次之。隶属函数计算结果显示，国槐对不同形态重金属的富集效能大小依次为：可还原态（B2）＞可氧化态（B3）＞酸溶态（B1）＞残渣态（B4）。

第四节　三种绿化配置中植物重金属富集特征比较

一、国槐各器官中重金属元素浓度比较

三种配置林带中，国槐各器官对于不同元素的富集效能表现大致相同。叶片在三种配置中表现为 Zn 和 Mn 富集浓度较高，Cu 次之，Ni、Pb、Cd 富集浓度较低。三种配置林带中树枝和树干中重金属元素浓度均表现为 Zn ＞ Cr ＞ Mn ＞ Cu ＞ Ni ＞ Pb ＞ Cd；树皮中各元素在乔乔草配置和乔灌配置中的浓度表现为 Zn ＞ Mn ＞ Cu ＞ Cr ＞ Pb ＞ Ni ＞ Cd，乔灌草配置中 Cr 浓度略高于 Cu；树根在三种配置中表现为 Mn 元素浓度最高，Zn 和 Cr 次之，Ni 和 Pb 再次，Cd 浓度最低（表 6-11 ～表 6-15）。

表 6-11　不同配置林带中国槐叶片重金属元素浓度（mg/kg）比较

元素	形态	乔灌草配置	乔乔草配置	乔灌配置
Cr	B1	0.099±0.003a	0.042±0.004c	0.069±0.004b
	B2	1.150±0.022a	0.628±0.009b	0.606±0.014b
	B3	1.043±0.031a	0.966±0.010b	0.488±0.017b
	B4	0.963±0.027a	0.826±0.035c	0.868±0.024b
	总量	3.254±0.036a	2.462±0.037b	2.031±0.002c
Mn	B1	5.991±0.061c	10.045±0.226b	15.205±0.235a
	B2	6.253±0.126c	8.746±0.045b	11.610±0.083a
	B3	17.618±0.586a	3.029±0.049b	1.799±0.027c
	B4	1.592±0.033a	1.083±0.019c	1.138±0.020b
	总量	31.453±0.435a	22.903±0.144c	29.753±0.213b
Ni	B1	1.884±0.024a	0.057±0.007c	0.354±0.017b
	B2	0.099±0.007b	0.030±0.014c	0.178±0.005a
	B3	1.344±0.056a	0.289±0.005b	0.148±0.002c
	B4	1.080±0.011a	0.841±0.009b	0.546±0.005c
	总量	4.408±0.045a	1.217±0.014b	1.226±0.023b

续表

元素	形态	乔灌草配置	乔乔草配置	乔灌配置
Cu	B1	2.046±0.035a	0.667±0.022c	0.808±0.014b
	B2	3.182±0.034a	1.200±0.007c	2.027±0.016b
	B3	4.275±0.152a	2.187±0.016c	2.804±0.059b
	B4	0.730±0.039a	0.398±0.010c	0.481±0.007b
	总量	10.233±0.065a	4.453±0.022c	6.121±0.08b
Zn	B1	36.541±0.321a	8.247±0.253c	14.166±0.365b
	B2	16.456±0.174a	0.399±0.053c	9.909±0.206b
	B3	1.145±0.115b	4.148±0.369a	1.141±0.062b
	B4	22.256±0.204a	4.449±0.169b	4.345±0.06b
	总量	76.397±0.182a	17.242±0.311c	29.561±0.331b
Pb	B1	0.238±0.001a	0.081±0.004c	0.126±0.002b
	B2	0.015±0.001a	0.013±0.001b	0.017±0.001a
	B3	1.749±0.095b	1.875±0.034a	1.535±0.033c
	B4	0.829±0.003b	0.500±0.005c	1.000±0.028a
	总量	2.830±0.093a	2.469±0.034c	2.677±0.063b
Cd	B1	0.033±0.002a	0.021±0.001b	0.021±0.001b
	B2	0.429±0.013a	0.397±0.009b	0.389±0.012b
	B3	0.013±0.001a	0.014±0.001a	0.010±0.001b
	B4	0.011±0.003b	0.010±0.002b	0.017±0.001a
	总量	0.486±0.015a	0.442±0.011b	0.437±0.012b

表6-12 不同配置林带中国槐树枝重金属元素浓度（mg/kg）比较

元素	形态	乔灌草配置	乔乔草配置	乔灌配置
Cr	B1	0.133±0.004c	0.197±0.001a	0.172±0.002b
	B2	11.091±0.151c	15.361±0.116a	13.216±0.093b
	B3	2.320±0.033b	2.154±0.061c	2.470±0.067a
	B4	3.553±0.030a	1.890±0.016b	1.539±0.013c
	总量	17.097±0.158b	19.602±0.173a	17.396±0.156b
Mn	B1	7.698±0.140a	7.357±0.101b	5.961±0.085c
	B2	4.761±0.039a	4.259±0.028b	3.393±0.058c
	B3	0.854±0.013c	0.984±0.046b	1.025±0.031a
	B4	0.656±0.034a	0.416±0.025b	0.348±0.011c
	总量	13.970±0.216a	13.015±0.033b	10.727±0.022c
Ni	B1	0.992±0.025b	0.905±0.027c	1.015±0.032a
	B2	0.265±0.002a	0.102±0.007b	0.094±0.009b
	B3	0.883±0.010a	0.190±0.007c	0.213±0.009b
	B4	0.946±0.027a	0.519±0.005b	0.356±0.003c
	总量	3.087±0.038a	1.716±0.027b	1.677±0.025b
Cu	B1	2.373±0.026a	1.094±0.012c	1.151±0.019b
	B2	3.050±0.065a	1.693±0.017b	1.683±0.017b
	B3	1.516±0.013a	0.919±0.015b	0.824±0.031c
	B4	0.824±0.013a	0.200±0.003b	0.177±0.004c
	总量	7.764±0.084a	3.906±0.013b	3.835±0.052b

续表

元素	形态	乔灌草配置	乔乔草配置	乔灌配置
	B1	13.383±0.308b	23.801±0.208a	9.857±0.032c
	B2	9.087±0.146a	0.781±0.066b	0.257±0.132c
Zn	B3	23.888±0.083a	0.562±0.048c	3.282±0.118b
	B4	5.657±0.082b	5.807±0.017a	4.740±0.071c
	总量	52.016±0.495a	30.952±0.203b	18.136±0.321c
	B1	0.102±0.004c	0.166±0.001a	0.141±0.002b
	B2	0.017±0.002a	0.015±0.003a	0.014±0.001a
Pb	B3	0.999±0.021a	0.774±0.029c	0.874±0.036b
	B4	0.618±0.006a	0.265±0.027c	0.337±0.02b
	总量	1.736±0.023a	1.219±0.056c	1.366±0.05b
	B1	0.024±0.003a	0.026±0.002a	0.025±0.003a
	B2	0.274±0.026a	0.262±0.040a	0.218±0.032a
Cd	B3	0.013±0.004a	0.007±0.002ab	0.009±0.002bc
	B4	0.015±0.002a	0.006±0.001b	0.006±0.001b
	总量	0.327±0.021a	0.300±0.043ab	0.259±0.030b

表 6-13　不同配置林带中国槐树皮重金属元素浓度（mg/kg）比较

元素	形态	乔灌草配置	乔乔草配置	乔灌配置
	B1	0.303±0.001a	0.227±0.005b	0.190±0.011c
	B2	6.609±0.069a	3.030±0.042c	3.476±0.066b
Cr	B3	8.132±0.133a	3.599±0.021c	4.324±0.013b
	B4	9.551±0.078a	4.865±0.010c	8.412±0.112b
	总量	24.595±0.164a	11.721±0.043c	16.402±0.146b
	B1	26.080±0.408a	13.535±0.173c	18.852±0.206b
	B2	21.027±0.17a	11.468±0.154c	14.611±0.226b
Mn	B3	6.700±0.145a	5.205±0.081c	5.460±0.048b
	B4	6.499±0.009a	4.804±0.086b	4.861±0.104b
	总量	60.306±0.346a	35.011±0.360c	43.784±0.275b
	B1	0.760±0.009b	1.110±0.023a	0.178±0.007c
	B2	0.740±0.005b	0.599±0.017c	0.808±0.020a
Ni	B3	1.900±0.027b	2.090±0.002a	1.571±0.018c
	B4	1.175±0.025a	0.802±0.005c	0.937±0.018b
	总量	4.574±0.021a	4.601±0.037a	3.494±0.021b
	B1	0.848±0.014c	0.885±0.009b	1.424±0.007a
	B2	7.362±0.061b	5.806±0.102c	8.152±0.122a
Cu	B3	14.709±0.146a	8.764±0.018c	9.760±0.043b
	B4	0.938±0.013a	0.722±0.012c	0.798±0.010b
	总量	23.857±0.188a	16.178±0.096c	20.134±0.107b
	B1	20.417±0.229a	12.855±0.066b	11.534±0.147c
	B2	49.161±0.441a	24.789±0.519c	37.975±0.808b
Zn	B3	22.791±0.357c	23.489±0.065b	36.989±0.121a
	B4	5.360±0.057b	3.443±0.013c	5.693±0.038a
	总量	97.73±0.508a	64.577±0.505c	92.191±0.789b

续表

元素	形态	乔灌草配置	乔乔草配置	乔灌配置
Pb	B1	0.272±0.001a	0.196±0.005b	0.159±0.011c
	B2	0.209±0.005a	0.136±0.005c	0.159±0.002b
	B3	14.114±0.172a	8.516±0.073c	10.370±0.045b
	B4	0.951±0.056b	1.383±0.012a	0.597±0.028c
	总量	15.545±0.223a	10.231±0.056c	11.284±0.031b
Cd	B1	0.113±0.008a	0.082±0.003b	0.087±0.004b
	B2	2.315±0.488a	1.741±0.119ab	1.578±0.073b
	B3	0.027±0.003b	0.015±0.002c	0.034±0.002a
	B4	0.012±0.001b	0.028±0.002a	0.007±0.001c
	总量	2.468±0.484a	1.866±0.117b	1.705±0.067b

表 6-14　不同配置林带中国槐树干重金属元素浓度（mg/kg）比较

元素	形态	乔灌草配置	乔乔草配置	乔灌配置
Cr	B1	0.084±0.003a	0.030±0.003b	0.088±0.002a
	B2	3.301±0.005a	2.145±0.02c	3.084±0.016b
	B3	1.636±0.018a	1.151±0.005b	1.035±0.025c
	B4	2.608±0.037a	2.303±0.010b	2.109±0.022c
	总量	7.629±0.041a	5.629±0.026c	6.315±0.030b
Mn	B1	1.601±0.043b	1.812±0.027a	1.401±0.014c
	B2	0.662±0.003b	0.722±0.013a	0.404±0.015c
	B3	0.492±0.005a	0.308±0.021b	0.213±0.006c
	B4	0.293±0.028a	0.200±0.013b	0.100±0.011c
	总量	3.048±0.022a	3.041±0.046a	2.119±0.024b
Ni	B1	0.902±0.010a	0.532±0.006c	0.791±0.020b
	B2	0.050±0.013a	0.053±0.002a	0.037±0.006a
	B3	0.711±0.005a	0.155±0.004c	0.220±0.023b
	B4	0.238±0.008a	0.110±0.006c	0.178±0.005b
	总量	1.900±0.010a	0.850±0.015c	1.226±0.006b
Cu	B1	0.758±0.015b	0.576±0.008c	0.841±0.004a
	B2	0.991±0.001a	0.871±0.013b	0.793±0.017c
	B3	0.566±0.003a	0.260±0.011c	0.322±0.008b
	B4	0.025±0.003a	0.011±0.002b	0.021±0.004a
	总量	2.339±0.019a	1.719±0.008c	1.977±0.007b
Zn	B1	4.218±0.074b	1.098±0.084c	10.71±0.075a
	B2	9.925±0.040b	23.215±0.200a	3.276±0.122c
	B3	19.448±0.071a	0.790±0.026c	8.524±0.136b
	B4	3.688±0.037b	2.698±0.042c	4.215±0.107a
	总量	37.279±0.031a	27.802±0.253b	26.725±0.188c
Pb	B1	0.053±0.003b	0.001±0.001c	0.057±0.002a
	B2	0.001±0.001a	0.001±0.001a	0.002±0.001a
	B3	0.395±0.015a	0.214±0.001b	0.193±0.005c
	B4	0.154±0.010b	0.128±0.003c	0.205±0.01a
	总量	0.604±0.018a	0.343±0.002c	0.457±0.008b

元素	形态	乔灌草配置	乔乔草配置	乔灌配置
	B1	0.015±0.001a	0.016±0.003a	0.016±0.002a
	B2	0.116±0.004b	0.145±0.009a	0.116±0.013b
Cd	B3	0.010±0.001a	0.004±0.001b	0.005±0.001b
	B4	0.005±0.001b	0.004±0.000ab	0.006±0.001a
	总量	0.147±0.006b	0.169±0.010a	0.143±0.012b

表 6-15　不同配置林带中国槐树根重金属元素浓度（mg/kg）比较

元素	形态	乔灌草配置	乔乔草配置	乔灌配置
	B1	0.081±0.001b	0.117±0.005a	0.036±0.001c
	B2	8.672±2.420b	12.144±0.068a	4.169±0.010c
Cr	B3	4.933±0.046a	4.207±0.314b	0.651±0.243c
	B4	4.322±0.044a	3.480±0.0180b	1.276±0.020c
	总量	18.009±2.375a	19.948±0.341a	6.131±0.249b
	B1	16.126±0.291b	21.573±0.322a	6.533±0.091c
	B2	11.036±0.771a	9.691±0.035b	7.061±0.005c
Mn	B3	3.900±0.047a	2.086±0.196b	0.331±0.203c
	B4	2.874±0.034a	2.055±0.039b	1.239±0.030c
	总量	33.936±0.769b	35.406±0.179a	15.164±0.173c
	B1	0.269±0.014a	0.176±0.005b	0.100±0.001c
	B2	0.279±0.055a	0.114±0.010b	0.094±0.007b
Ni	B3	0.725±0.009a	0.246±0.030c	0.468±0.049b
	B4	0.830±0.016a	0.347±0.015b	0.135±0.006c
	总量	2.102±0.077a	0.883±0.057b	0.797±0.049b
	B1	2.232±0.030a	0.877±0.022c	1.161±0.008b
	B2	2.625±0.110b	3.587±0.043a	2.423±0.047c
Cu	B3	7.198±0.121a	4.917±0.340b	1.062±0.266c
	B4	0.592±0.012a	0.340±0.008b	0.218±0.004c
	总量	12.647±0.163a	9.721±0.332b	4.863±0.313c
	B1	2.149±0.109a	1.160±0.072b	0.772±0.052c
	B2	11.275±0.127a	3.274±0.073b	1.698±0.092c
Zn	B3	3.899±0.292b	5.918±0.065a	3.536±0.037c
	B4	4.226±0.113b	0.218±0.033b	0.314±0.027a
	总量	21.549±0.215a	10.570±0.196b	6.321±0.085c
	B1	0.019±0.001c	0.083±0.002a	0.073±0.004b
	B2	0.098±0.028b	0.215±0.013a	0.066±0.005b
Pb	B3	0.631±0.010b	0.638±0.048a	0.199±0.042c
	B4	3.691±0.378a	0.255±0.002b	0.298±0.006b
	总量	4.438±0.399a	1.190±0.046b	0.636±0.045c
	B1	0.023±0.001a	0.021±0.004a	0.015±0.002b
	B2	0.035±0.002a	0.023±0.004b	0.020±0.002b
Cd	B3	0.009±0.000a	0.009±0.002a	0.004±0.001b
	B4	0.006±0.002b	0.004±0.001b	0.011±0.002a
	总量	0.073±0.001a	0.057±0.007b	0.050±0.003b

总体上看，乔灌草配置中国槐各器官中各元素的浓度高于另外两种配置。乔乔草配置中国槐叶片、树枝和树根中 Cr 元素浓度高于乔灌配置；Mn 元素则是乔灌草、乔乔草配置中树枝、树干和树根中浓度高于乔灌配置；乔乔草和乔灌配置的叶片、树枝和树根中 Ni 元素浓度均不存在显著差异，乔乔草配置中树皮内的 Ni 元素浓度更高；叶片、树皮和树干中 Cu 元素浓度均为乔灌配置中较高；Ni 元素在乔乔草配置和乔灌配置国槐叶片中浓度接近，除 Ni 和 Cd 外，其他元素在以上两种配置中差异显著。乔灌配置中叶片和树皮内 Zn 元素浓度高于乔乔草配置，其他器官则低于乔乔草配置。除树根外，Pb 元素均为乔灌草配置中浓度更高。各器官中 Cd 元素浓度均较低，各器官中 Cd 元素浓度在不同配置间差异不显著。除 Zn 元素外，其他元素在同一器官中的形态分布特征在不同配置间类似。同一元素同一种形态的浓度在不同配置间也存在显著差异，总体表现和该元素总浓度类似。乔灌草配置中国槐叶片中酸溶态（B1）Zn，树枝、树干中可氧化态（B3）Zn 和乔乔草配置中国槐树干中可还原态（B2）Zn 浓度都很高，具体原因有待进一步研究。

二、不同配置中植物重金属元素浓度比较

通过比较不同配置中各种植物重金属元素浓度（表 6-16），结果表明相比于其他两种配置，乔灌草配置中国槐各元素总浓度和各形态浓度整体上在三种配置中最高，乔灌配置中各元素总浓度最低。其中乔灌草配置中国槐对各形态 Cr 元素的富集浓度是乔乔草配置的 1.05 ～ 1.60 倍，是乔灌配置的 1.33 ～ 2.42 倍；各形态 Mn 元素的富集浓度是乔乔草配置的 1.20 ～ 1.46 倍，约是乔灌配置的 2 倍；对各形态 Ni 元素的富集浓度是乔乔草配置的 1.15 ～ 1.75 倍，是乔灌配置的 1.42 ～ 2.06 倍；对各形态 Cu 元素的富集浓度是乔乔草配置的 1.13 ～ 1.64 倍，是乔灌配置的 1.21 ～ 2.51 倍；对各形态 Zn 元素的富集浓度是乔乔草配置的 1.22 ～ 2.11 倍，是乔灌配置的 1.12 ～ 2.29 倍；对各形态 Pb 元素的富集浓度是乔乔草配置的 1.00 ～ 2.27 倍，是乔灌配置的 1.22 ～ 3.58 倍；三种绿化配置中的国槐中各形态 Cd 元素的富集浓度均较低，但同样表现出乔乔草配置中国槐中各形态 Cd 元素浓度最高。

表 6-16　三种配置林带中绿化植物不同形态重金属元素浓度（mg/kg）比较

元素	形态	乔灌草配置			乔乔草配置			乔灌配置	
		国槐	金银木	麦冬	国槐	梨树	麦冬	国槐	蔷薇
Cr	B1	0.15	0.06	0.09	0.12	0.12	0.12	0.10	0.06
	B2	6.11	3.89	5.62	5.82	3.65	7.09	4.58	4.80
	B3	4.12	2.39	3.52	2.57	1.48	4.63	1.70	1.70
	B4	4.89	4.90	3.51	3.20	2.17	6.07	2.96	2.12
	总量	15.26	11.24	12.74	11.70	7.42	17.90	9.35	8.68
Mn	B1	11.87	17.16	38.48	9.86	7.97	76.49	6.69	11.89
	B2	8.76	5.09	16.91	6.03	3.11	27.38	5.22	4.11
	B3	3.12	1.67	4.04	2.14	0.99	6.51	1.33	1.10
	B4	2.54	1.21	2.20	1.90	0.47	4.38	1.30	0.63
	总量	26.29	25.12	61.63	19.93	12.55	114.76	14.55	17.72
Ni	B1	0.75	1.01	0.49	0.65	0.69	0.33	0.53	0.43
	B2	0.30	0.35	0.00	0.22	0.20	0.13	0.20	0.49
	B3	1.05	0.35	3.24	0.72	0.65	2.01	0.52	0.25
	B4	0.70	0.28	0.39	0.40	0.22	0.57	0.34	0.15
	总量	2.81	1.99	4.11	1.99	1.75	3.03	1.59	1.33
Cu	B1	1.28	2.69	7.65	0.78	2.31	6.57	1.06	2.09
	B2	3.27	3.29	6.03	2.89	3.14	7.22	2.67	4.29
	B3	5.87	1.72	4.74	3.68	3.86	7.67	2.34	3.31
	B4	0.48	0.16	0.38	0.30	0.25	0.78	0.24	0.30
	总量	10.90	7.86	18.80	7.66	9.56	22.23	6.30	9.98

元素	形态	乔灌草配置			乔乔草配置			乔灌配置	
		国槐	金银木	麦冬	国槐	梨树	麦冬	国槐	蔷薇
Zn	B1	9.43	20.80	20.99	6.77	10.87	28.84	8.42	5.28
	B2	20.58	4.14	16.75	16.91	4.87	19.21	9.00	18.17
	B3	17.23	6.77	16.59	8.17	16.24	16.36	11.70	8.76
	B4	4.69	1.98	1.47	2.72	2.71	6.48	3.60	3.16
	总量	51.94	33.70	55.79	34.58	34.69	70.89	32.73	35.38
Pb	B1	0.11	0.05	0.06	0.09	0.11	0.08	0.09	0.03
	B2	0.08	0.05	0.07	0.08	0.06	0.09	0.05	0.02
	B3	4.15	1.17	1.56	2.68	0.82	2.29	2.16	0.60
	B4	1.18	0.08	0.03	0.52	0.10	0.23	0.33	0.04
	总量	5.52	1.35	1.72	3.38	1.09	2.69	2.63	0.69
Cd	B1	0.04	0.05	0.07	0.04	0.04	0.11	0.03	0.03
	B2	0.70	0.32	0.85	0.58	0.22	1.55	0.38	0.36
	B3	0.01	0.01	0.02	0.01	0.01	0.01	0.01	0.01
	B4	0.01	0.01	0.01	0.01	0.01	0.01	0.01	0.00
	总量	0.77	0.38	0.94	0.63	0.28	1.68	0.43	0.41

　　小乔木梨树和大灌木金银木表现出了不同的富集特征，其中梨树中各形态 Cu 和 Zn 富集浓度较高，而金银木则表现出对其他元素有较高的富集浓度；总体表现为金银木中重金属的富集浓度高于梨树。而小灌木蔷薇中 Cr、Mn 的浓度在金银木和梨树之间，Ni、Pb 的浓度低于金银木和梨树，Cu、Zn、Cd 的浓度高于金银木和梨树。

　　在乔灌草配置和乔乔草配置中麦冬对 7 种重金属元素的富集浓度存在差异，乔乔草配置中麦冬的富集浓度约是乔灌草配置的 1.50 倍。

三、不同形态重金属元素富集效能比较

　　当今城市绿化空间极度紧张，通过合理安排植物配置，可以在有限绿化面积内充分发挥绿化植物的净化作用。京密引水渠昆玉河段沿岸三种以国槐为主要绿化树种的绿化林带对不同形态重金属的富集效能不同（表6-17）。

（一）不同植物平面富集效能比较

　　由于不同配置中国槐各器官富集量及国槐生物量的影响，国槐平面富集效能表现为乔灌草配置＞乔乔草配置＞乔灌配置，乔灌草配置国槐平面富集效能分别是乔乔草配置和乔灌配置的 1.8 倍和 2.9 倍。受麦冬种植密度影响，乔乔草配置中麦冬重金属平面富集效能是乔灌草配置中麦冬重金属平面富集效能的 2.4 倍。梨树重金属平面富集效能大于金银木，约为金银木的 1.6 倍。

（二）不同绿化配置重金属平面富集效能比较

　　三种不同配置绿化林带重金属平面富集效能为乔乔草配置＞乔灌草配置＞乔灌配置，其中乔乔草和乔灌草配置平面富集效能分别是乔灌配置的 10.1 倍和 6.2 倍，乔乔草配置平面富集效能是乔灌草配置平面富集效能的 1.6 倍。乔乔草配置林带平面富集效能最高，主要是因为麦冬密度大，平面富集效能高，同时小乔木梨树平面富集效能也大于金银木。

表6-17 不同配置林带不同形态重金属平面富集效能比较

元素	形态	乔灌草 国槐 平面富集效能(mg/m²)	乔灌草 国槐 占比(%)	乔灌草 金银木 平面富集效能(mg/m²)	乔灌草 金银木 占比(%)	乔灌草 麦冬 平面富集效能(mg/m²)	乔灌草 麦冬 占比(%)	乔灌草 合计 平面富集效能(mg/m²)	乔乔草 国槐 平面富集效能(mg/m²)	乔乔草 国槐 占比(%)	乔乔草 梨树 平面富集效能(mg/m²)	乔乔草 梨树 占比(%)	乔乔草 麦冬 平面富集效能(mg/m²)	乔乔草 麦冬 占比(%)	乔乔草 合计 平面富集效能(mg/m²)	乔灌 国槐 平面富集效能(mg/m²)	乔灌 国槐 占比(%)	乔灌 蔷薇 平面富集效能(mg/m²)	乔灌 蔷薇 占比(%)	乔灌 合计 平面富集效能(mg/m²)
Cr	B1	1.69	58.9	0.06	2.2	1.12	38.9	2.87	1.09	31.3	0.23	6.5	2.17	62.2	3.49	0.69	92.6	0.06	7.4	0.75
	B2	70.41	50.1	3.82	2.7	66.22	47.1	140.46	52.96	27.4	6.96	3.6	133.39	69.0	193.31	30.70	88.0	4.18	12.0	34.88
	B3	47.49	52.0	2.35	2.6	41.42	45.4	91.26	23.40	20.7	2.82	2.5	87.03	76.9	113.24	11.40	88.5	1.48	11.5	12.88
	B4	56.31	55.0	4.81	4.7	41.34	40.3	102.47	29.14	19.8	4.14	2.8	114.23	77.4	147.50	19.81	91.5	1.84	8.5	21.65
	总量	175.91	52.2	11.05	3.3	150.10	44.5	337.05	106.59	23.3	14.14	3.1	336.81	73.6	457.55	62.61	89.2	7.55	10.8	70.16
Mn	B1	136.78	22.5	16.87	2.8	453.37	74.7	607.02	89.82	5.8	15.19	1.0	1439.11	93.2	1544.11	44.81	81.3	10.34	18.7	55.15
	B2	100.98	33.1	5.00	1.6	199.26	65.3	305.23	54.96	9.5	5.94	1.0	515.17	89.4	576.07	34.99	90.7	3.58	9.3	38.57
	B3	35.97	42.2	1.64	1.9	47.59	55.9	85.21	19.48	13.5	1.89	1.3	122.41	85.1	143.77	8.92	90.3	0.95	9.7	9.87
	B4	29.26	52.0	1.19	2.1	25.87	45.9	56.32	17.27	17.2	0.90	0.9	82.32	81.9	100.49	8.69	94.1	0.55	5.9	9.24
	总量	302.99	28.8	24.70	2.3	726.10	68.9	1053.79	181.53	7.7	23.92	1.0	2159.00	91.3	2364.45	97.42	86.3	15.42	13.7	112.84
Ni	B1	8.66	56.2	0.99	6.5	5.74	37.3	15.39	5.92	44.3	1.31	9.8	6.14	45.9	13.37	3.54	90.5	0.37	9.5	3.91
	B2	3.51	90.0	0.34	8.8	0.05	1.2	3.90	2.02	42.4	0.38	7.9	2.37	49.7	4.77	1.35	75.9	0.43	24.1	1.78
	B3	12.15	24.0	0.34	0.7	38.12	75.3	50.61	6.52	14.3	1.24	2.7	37.77	83.0	45.54	3.51	94.1	0.22	5.9	3.73
	B4	8.03	62.4	0.28	2.2	4.55	35.4	12.86	3.66	24.8	0.41	2.8	10.68	72.4	14.75	2.25	94.3	0.13	5.7	2.38
	总量	32.34	39.1	1.96	2.4	48.46	58.6	82.76	18.12	23.1	3.34	4.3	56.97	72.6	78.43	10.65	90.2	1.15	9.8	11.80
Cu	B1	14.78	13.7	2.65	2.5	90.13	83.8	107.56	7.09	5.2	4.41	3.3	123.69	91.5	135.19	7.11	79.7	1.82	20.3	8.92
	B2	37.66	33.6	3.23	2.9	71.09	63.5	111.98	26.36	15.7	5.98	3.6	135.78	80.8	168.12	17.85	82.7	3.73	17.3	21.58
	B3	67.63	54.0	1.69	1.4	55.86	44.6	125.17	33.53	18.1	7.36	4.0	144.24	77.9	185.13	15.66	84.5	2.88	15.5	18.54
	B4	5.53	54.7	0.16	1.6	4.42	43.7	10.11	2.74	15.4	0.48	2.7	14.60	81.9	17.83	1.60	86.0	0.26	14.0	1.87
	总量	125.59	35.4	7.73	2.2	221.50	62.4	354.82	69.73	13.8	18.23	3.6	418.30	82.6	506.26	42.23	82.9	8.68	17.1	50.91
Zn	B1	108.73	28.9	20.45	5.4	247.31	65.7	376.49	61.69	9.9	20.72	3.3	542.65	86.8	625.06	56.41	92.5	4.60	7.5	61.01
	B2	237.15	54.1	4.07	0.9	197.29	45.0	438.51	154.02	29.4	9.29	1.8	361.42	68.9	524.73	60.30	79.2	15.81	20.8	76.11
	B3	198.60	49.6	6.66	1.7	195.43	48.8	400.69	74.41	18.0	30.94	7.5	307.72	74.5	413.07	78.37	91.1	7.62	8.9	85.99
	B4	54.08	73.8	1.95	2.7	17.28	23.6	73.31	24.81	16.3	5.16	3.4	121.86	80.3	151.82	24.14	89.8	2.75	10.2	26.89
	总量	598.56	46.4	33.13	2.6	657.31	51.0	1289.00	314.93	18.4	66.11	3.9	1333.65	77.8	1714.69	219.22	87.7	30.78	12.3	250.00

续表

元素	形态	乔灌草 国槐 平面富集效能 (mg/m²)	乔灌草 国槐 占比 (%)	乔灌草 金银木 平面富集效能 (mg/m²)	乔灌草 金银木 占比 (%)	乔灌草 麦冬 平面富集效能 (mg/m²)	乔灌草 麦冬 占比 (%)	乔灌草 合计 平面富集效能 (mg/m²)	乔乔草 国槐 平面富集效能 (mg/m²)	乔乔草 国槐 占比 (%)	乔乔草 梨树 平面富集效能 (mg/m²)	乔乔草 梨树 占比 (%)	乔乔草 麦冬 平面富集效能 (mg/m²)	乔乔草 麦冬 占比 (%)	乔乔草 合计 平面富集效能 (mg/m²)	乔灌 国槐 平面富集效能 (mg/m²)	乔灌 国槐 占比 (%)	乔灌 蔷薇 平面富集效能 (mg/m²)	乔灌 蔷薇 占比 (%)	乔灌 合计 平面富集效能 (mg/m²)
Pb	B1	1.28	61.7	0.05	2.2	0.75	36.1	2.07	0.82	31.3	0.21	7.9	1.58	60.8	2.61	0.61	95.5	0.03	4.5	0.64
	B2	0.91	51.7	0.05	2.8	0.80	45.4	1.75	0.77	30.5	0.11	4.4	1.65	65.1	2.53	0.32	95.5	0.02	4.5	0.34
	B3	47.84	71.0	1.15	1.7	18.39	27.3	67.38	24.41	35.4	1.56	2.3	43.08	62.4	69.05	14.48	96.5	0.52	3.5	15.00
	B4	13.57	96.7	0.07	0.5	0.38	2.7	14.03	4.74	51.6	0.20	2.2	4.25	46.2	9.19	2.23	98.3	0.04	1.7	2.27
	总量	63.60	74.6	1.32	1.6	20.32	23.8	85.24	30.74	36.9	2.08	2.5	50.55	60.6	83.37	17.64	96.7	0.60	3.3	18.24
Cd	B1	0.51	36.7	0.05	3.3	0.83	60.0	1.38	0.33	13.4	0.08	3.3	2.07	83.3	2.48	0.20	86.8	0.03	13.2	0.23
	B2	8.07	43.9	0.31	1.7	10.02	54.5	18.41	5.25	15.1	0.42	1.2	29.20	83.7	34.88	2.53	88.9	0.32	11.1	2.85
	B3	0.17	46.4	0.01	2.7	0.19	50.9	0.37	0.08	20.9	0.02	5.6	0.27	73.5	0.37	0.07	91.1	0.01	8.9	0.08
	B4	0.09	54.0	0.01	3.3	0.07	42.7	0.18	0.10	41.3	0.01	5.2	0.13	53.6	0.24	0.05	92.3	0.00	7.7	0.06
	总量	8.84	43.5	0.37	1.8	11.11	54.7	20.33	5.76	15.2	0.54	1.4	31.67	83.4	37.97	2.85	88.8	0.36	11.2	3.21
合计	B1	272.42	24.5	41.11	3.7	799.25	71.8	1112.78	166.76	7.2	42.14	1.8	2117.41	91.0	2326.31	113.38	86.8	17.24	13.2	130.62
	B2	458.68	45.0	16.83	1.6	544.73	53.4	1020.24	296.35	19.7	29.07	1.9	1178.98	78.4	1504.41	148.05	84.1	28.05	15.9	176.10
	B3	409.85	49.9	13.85	1.7	396.99	48.4	820.69	181.82	18.7	45.84	4.7	742.51	76.5	970.17	132.40	90.6	13.68	9.4	146.09
	B4	166.89	62.0	8.47	3.1	93.93	34.9	269.29	82.46	18.7	11.30	2.6	348.06	78.8	441.83	58.78	91.3	5.58	8.7	64.35
	总量	1307.83	40.6	80.26	2.5	1834.90	56.9	3222.99	727.39	13.9	128.36	2.4	4386.96	83.7	5242.71	452.61	87.5	64.55	12.5	517.16

（三）不同绿化配置不同形态重金属富集效能比较

从总量看，乔灌草配置和乔乔草配置中不同形态重金属富集总量均表现为：酸溶态（B1）＞可还原态（B2）＞可氧化态（B3）＞残渣态（B4）；而乔灌配置为：可还原态（B2）＞可氧化态（B3）＞酸溶态（B1）＞残渣态（B4）；主要是因为麦冬对于 Mn 和 Zn 元素酸溶态（B1）富集量较高。麦冬对于有害元素 Pb 和 Cd 元素的平面富集效能较高，具有很好的净化作用。不同配置中同一元素的主要富集形态相同，Cr 和 Cd 的主要富集形态为可还原态（B2），Ni 和 Pb 的主要富集形态为可氧化态（B3）；Cu 和 Zn 元素除残渣态（B4）外，其他三种富集形态均较高，Mn 元素主要富集形态为酸溶态（B1）。

四、不同形态重金属分布格局

通过对不同绿化配置中各形态重金属分布格局（表 6-18）的分析可以看出，同种元素同一形态在不同配置间存在差异。从 7 种元素总量看，乔灌草和乔乔草配置重金属富集形态均表现为酸溶态（B1）＞可还原态（B2）＞可氧化态（B3）＞残渣态（B4），而乔灌配置中可还原态（B2）占比最高，其次为可氧化态（B3）。乔乔草配置对于酸溶态（B1）重金属的富集效能要远高于其他两种配置，分别比乔灌草配置和乔灌配置高出 9.9 个百分点和 19.1 个百分点，乔灌草配置对于可还原态（B2）的富集效能则要高于其他两种配置，分别比乔乔草和乔灌配置高 5.3 个百分点和 2.3 个百分点，乔灌配置中可氧化态（B3）占比分别比乔灌草和乔乔草高 2.8 个百分点和 9.8 个百分点；乔灌配置中残渣态（B4）占比也高于其他两种配置。Cr、Mn、Pb、Cd 元素不同形态在三种配置中的分布格局相同，乔灌配置中 Ni 元素酸溶态（B1）、Cu 元素可还原态（B2）明显高于其他配置，Zn 元素在乔灌草、乔乔草和乔灌三种配置中的优势形态分别是可还原态（B2）、酸溶态（B1）和可氧化态（B3）。

表 6-18　三种绿化配置不同形态重金属分布（%）格局

配置	形态	Cr	Mn	Ni	Cu	Zn	Pb	Cd	合计
乔灌草	B1	0.9	57.6	18.6	30.3	29.2	2.4	6.8	34.5
	B2	41.7	29.0	4.7	31.6	34.0	2.1	90.5	31.7
	B3	27.1	8.1	61.2	35.3	31.1	79.0	1.8	25.5
	B4	30.4	5.3	15.5	2.8	5.7	16.5	0.9	8.4
	总量	100	100	100	100	100	100	100	100
乔乔草	B1	0.8	65.3	17.0	26.7	36.5	3.1	6.5	44.4
	B2	42.2	24.4	6.1	33.2	30.6	3.0	91.9	28.7
	B3	24.7	6.1	58.1	36.6	24.1	82.8	1.0	18.5
	B4	32.2	4.3	18.8	3.5	8.9	11.0	0.6	8.4
	总量	100	100	100	100	100	100	100	100
乔灌	B1	1.1	48.9	33.1	17.5	24.4	3.5	7.2	25.3
	B2	49.7	34.2	15.1	42.4	30.4	1.8	88.6	34.0
	B3	18.3	8.7	31.6	36.4	34.4	82.2	2.5	28.3
	B4	30.9	8.2	20.2	3.7	10.8	12.5	1.7	12.4
	总量	100	100	100	100	100	100	100	100

第五节　TSP-国槐-土壤中不同形态重金属元素浓度相关性分析

一、TSP 与相关因子

（一）TSP 中重金属元素浓度季节变化特征

从总体来看（图6-6），TSP 中重金属元素浓度呈现出春季＞秋季＞夏季的特点。春季和秋季各元素总浓度表现为 Zn ＞ Mn ＞ Pb ＞ Cu ＞ Cr ＞ Ni ＞ Cd；夏季各元素总浓度表现为 Zn ＞ Mn ＞ Cu ＞ Pb ＞ Cr ＞ Ni ＞ Cd。不同元素的变化如下。

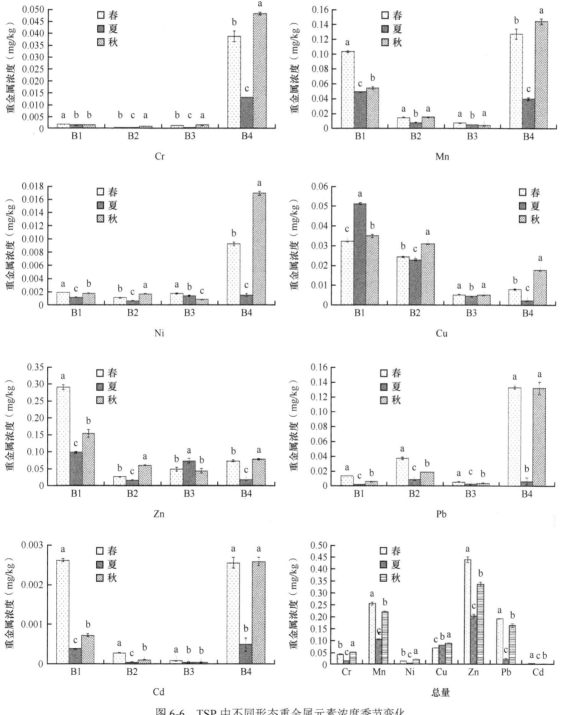

图6-6　TSP 中不同形态重金属元素浓度季节变化

Cr：TSP 中 Cr 元素的总浓度表现为秋季＞春季＞夏季。三季均为残渣态（B4）浓度最高，其次为酸溶态（B1），可还原态（B2）和可氧化态（B3）浓度较低。除酸溶态（B1）夏季浓度和秋季浓度不存在显著差异外，其他形态在季节间均存在显著差异，均为秋季＞春季＞夏季。

Mn：TSP 中 Mn 元素的总浓度表现为春季＞秋季＞夏季。从形态看，春秋季均为残渣态（B4）＞酸溶态（B1）＞可还原态（B2）＞可氧化态（B3），而夏季酸溶态（B1）浓度最高。春季和秋季可还原态（B2）浓度接近，其他形态在三季均有显著差异。

Ni：TSP 中 Ni 元素的总浓度变化为秋季最高、夏季最低，春季和秋季 TSP 中残渣态（B4）浓度最高，其他形态浓度接近，夏季 4 种形态浓度较为接近。

Cu：TSP 中 Cu 元素总浓度在春季最低，秋季最高。春夏秋三季均为酸溶态（B1）浓度最高、可还原态（B2）次之。夏季 TSP 中酸溶态（B1）Cu 元素显著高于其他季节。

Zn：TSP 中 Zn 元素总浓度表现为春季＞秋季＞夏季，三季中均是酸溶态（B1）浓度最高。

Pb：TSP 中 Pb 元素总浓度同样表现为春季＞秋季＞夏季，春秋季残渣态（B4）浓度相比于其他形态极高，各形态浓度同样表现出春季最高，夏季最低的特点。

Cd：TSP 中 Cd 元素总浓度也表现为春季＞秋季＞夏季，春季 Cd 形态主要为酸溶态（B1）和残渣态（B4），而夏季和秋季则以残渣态（B4）为主。

（二）国槐叶片与 TSP 中重金属元素浓度的相关性

TSP 中的重金属元素可以通过叶片表面气孔的吸收进入叶片，经过植物体内的一系列生化作用积累到器官中，从而净化 TSP 中的重金属污染。树叶具有数量多，与空气接触的表面积大等特点，与大气污染物的净化紧密相关。本书通过对各季节国槐叶片和 TSP 中不同形态重金属元素浓度之间进行相关性分析（表 6-19～表 6-21），结果表明：国槐春、夏、秋三季叶片与 TSP 中各形态重金属元素浓度的相关性各不相同，其中春季叶片中可还原态（B2）Pb 与 TSP 中可还原态（B2）Zn 和 Pb 达到显著负相关水平，相关系数分别为 −0.710 和 −0.705；夏季叶片中酸溶态（B1）Cd 与 TSP 中酸溶态（B1）Ni 达到极显著正相关水平，相关系数为 0.849，春季和夏季叶片与 TSP 中其他各形态重金属元素浓度间均未达到统计学中的显著相关水平。秋季叶片与 TSP 中各形态重金属元素浓度均未达到统计学中的显著相关水平。

表 6-19　春季国槐叶片与 TSP 中不同形态重金属元素浓度的相关性

形态	TSP	叶片						
		Cr	Mn	Ni	Cu	Zn	Pb	Cd
B1	Cr	−0.027	−0.270	−0.036	−0.024	−0.052	0.024	0.471
	Mn	0.013	−0.366	−0.001	−0.033	−0.052	0.044	0.273
	Ni	0.044	−0.161	0.035	−0.014	−0.010	0.027	−0.155
	Cu	0.042	0.110	0.044	0.010	0.032	−0.003	−0.416
	Zn	0.043	−0.179	0.034	−0.016	−0.013	0.029	−0.130
	Pb	0.018	0.321	0.029	0.029	0.057	−0.032	−0.456
	Cd	0.034	0.214	0.040	0.019	0.045	−0.017	−0.463
B2	Cr	−0.052	−0.167	−0.171	−0.061	−0.144	−0.622	−0.409
	Mn	0.015	0.020	−0.018	0.007	0.027	−0.143	−0.159
	Ni	0.042	0.118	0.098	0.043	0.108	0.307	0.163
	Cu	−0.051	−0.158	−0.154	−0.057	−0.137	−0.540	−0.342
	Zn	−0.046	−0.162	−0.185	−0.059	−0.134	−0.710*	−0.499
	Pb	−0.048	−0.166	−0.186	−0.061	−0.139	−0.705*	−0.49
	Cd	−0.047	−0.139	−0.126	−0.050	−0.124	−0.421	−0.249

续表

形态	TSP	叶片						
		Cr	Mn	Ni	Cu	Zn	Pb	Cd
B3	Cr	−0.005	0.012	0.010	−0.026	0.002	−0.023	0.318
	Mn	−0.068	−0.098	−0.063	−0.570	−0.095	−0.095	0.163
	Ni	−0.047	−0.060	−0.037	−0.384	−0.061	−0.071	0.232
	Cu	−0.069	−0.100	−0.064	−0.578	−0.096	−0.096	0.159
	Zn	−0.041	−0.050	−0.030	−0.335	−0.053	−0.065	0.247
	Pb	0.001	0.023	0.017	0.029	0.011	−0.015	0.327
	Cd	−0.064	−0.091	−0.058	−0.536	−0.089	−0.091	0.177
B4	Cr	−0.327	−.390	−0.316	−0.105	−0.051	0.001	−0.021
	Mn	−0.298	−0.293	−0.351	−0.086	−0.062	−0.026	−0.122
	Ni	−0.201	−0.146	−0.29	−0.050	−0.055	−0.040	−0.169
	Cu	−0.245	−0.209	−0.322	−0.066	−0.059	−0.035	−0.154
	Zn	−0.323	−0.344	−0.354	−0.097	−0.06	−0.017	−0.089
	Pb	0.332	0.378	0.338	0.103	0.056	0.006	0.050
	Cd	−0.269	−0.245	−0.337	−0.075	−0.061	−0.032	−0.143
总量	Cr	−0.067	−0.154	−0.13	−0.054	−0.089	−0.139	−0.379
	Mn	−0.058	−0.107	−0.123	−0.038	−0.078	−0.099	−0.271
	Ni	−0.051	−0.089	−0.114	−0.032	−0.070	−0.083	−0.225
	Cu	−0.067	−0.156	−0.127	−0.054	−0.088	−0.140	−0.384
	Zn	0.002	−0.037	0.024	−0.012	0.004	−0.029	−0.082
	Pb	−0.001	−0.042	0.019	−0.013	0.002	−0.034	−0.094
	Cd	−0.062	−0.122	−0.129	−0.043	−0.083	−0.112	−0.305

表 6-20 夏季国槐叶片与 TSP 中不同形态重金属元素浓度的相关性

形态	TSP	叶片						
		Cr	Mn	Ni	Cu	Zn	Pb	Cd
B1	Cr	−0.135	−0.031	0.025	−0.056	−0.020	−0.015	0.663
	Mn	−0.015	−0.015	0.023	0.010	0.007	−0.002	0.046
	Ni	−0.169	−0.031	0.017	−0.080	−0.031	−0.019	0.849**
	Cu	−0.012	−0.014	0.023	0.011	0.008	−0.002	0.032
	Zn	−0.043	−0.019	0.025	−0.005	0.002	−0.006	0.188
	Pb	−0.057	−0.021	0.026	−0.012	−0.001	−0.007	0.257
	Cd	−0.027	0.007	−0.019	−0.030	−0.016	−0.002	0.167
B2	Cr	−0.015	−0.012	−0.095	0.007	−0.005	−0.017	−0.122
	Mn	0.020	0.039	−0.069	0.043	0.045	0.062	0.119
	Ni	0.013	0.030	−0.077	0.037	0.036	0.048	0.073
	Cu	0.020	0.039	−0.069	0.043	0.044	0.062	0.119
	Zn	0.015	0.032	−0.075	0.039	0.038	0.052	0.085
	Pb	0.021	0.040	−0.068	0.044	0.045	0.064	0.124
	Cd	−0.013	−0.030	0.076	−0.037	−0.036	−0.049	−0.074

续表

形态	TSP	叶片						
		Cr	Mn	Ni	Cu	Zn	Pb	Cd
B3	Cr	−0.024	−0.047	−0.041	−0.058	−0.008	−0.014	−0.149
	Mn	0.034	0.047	0.083	0.050	0.024	0.006	−0.254
	Ni	0.031	0.049	0.067	0.057	0.018	0.010	−0.074
	Cu	0.022	0.045	0.034	0.057	0.006	0.014	0.199
	Zn	0.032	0.049	0.073	0.055	0.020	0.009	−0.133
	Pb	0.006	0.030	−0.013	0.044	−0.009	0.015	0.469
	Cd	0.032	0.033	0.093	0.029	0.030	−0.001	−0.506
B4	Cr	−0.023	0.010	−0.007	−0.006	0.012	0.001	0.116
	Mn	−0.032	−0.012	−0.002	−0.005	0.014	−0.004	0.196
	Ni	0.020	−0.014	0.007	0.006	−0.011	−0.003	−0.097
	Cu	−0.033	−0.039	0.005	−0.002	0.012	−0.010	0.238
	Zn	−0.035	−0.028	0.001	−0.004	0.014	−0.008	0.232
	Pb	−0.009	−0.044	0.01	0.004	0.000	−0.011	0.105
	Cd	0.026	0.047	−0.008	−0.001	−0.008	0.012	−0.208
总量	Cr	0.006	0.032	−0.029	0.010	0.024	0.025	−0.551
	Mn	−0.005	0.031	−0.040	0.006	0.020	0.018	−0.501
	Ni	−0.002	−0.032	0.034	−0.009	−0.023	−0.022	0.533
	Cu	0.046	0.024	0.019	0.023	0.031	0.042	−0.534
	Zn	0.045	−0.017	0.063	0.012	0.003	0.014	0.143
	Pb	−0.053	−0.019	−0.031	−0.024	−0.030	−0.042	0.473
	Cd	0.058	−0.001	0.058	0.021	0.018	0.032	−0.157

表 6-21　秋季国槐叶片与 TSP 中不同形态重金属元素浓度的相关性

形态	TSP	叶片						
		Cr	Mn	Ni	Cu	Zn	Pb	Cd
B1	Cr	−0.041	−0.022	−0.004	−0.003	−0.005	−0.008	−0.14
	Mn	−0.048	−0.022	−0.002	0.000	−0.004	−0.014	−0.142
	Ni	−0.036	−0.007	0.004	0.010	0.000	−0.022	−0.053
	Cu	−0.049	−0.021	−0.002	0.001	−0.004	−0.016	−0.140
	Zn	−0.048	−0.022	−0.002	0.001	−0.004	−0.015	−0.141
	Pb	−0.021	0.001	0.005	0.012	0.002	−0.018	−0.002
	Cd	−0.05	−0.021	−0.001	0.002	−0.004	−0.017	−0.137
B2	Cr	−0.008	0.020	0.078	0.009	0.010	0.116	0.066
	Mn	−0.040	−0.018	0.053	−0.003	−0.022	0.124	0.040
	Ni	0.040	0.020	−0.049	0.004	0.023	−0.118	−0.036
	Cu	0.031	0.031	0.004	0.009	0.027	−0.037	0.008
	Zn	0.040	0.021	−0.047	0.004	0.024	−0.116	−0.034
	Pb	0.000	0.025	0.070	0.010	0.015	0.094	0.060
	Cd	−0.039	−0.025	0.032	−0.006	−0.026	0.094	0.022

续表

形态	TSP	叶片						
		Cr	Mn	Ni	Cu	Zn	Pb	Cd
	Cr	−0.005	−0.013	−0.014	−0.033	0.036	−0.139	0.159
	Mn	0.060	0.018	0.028	0.058	−0.029	0.259	0.259
	Ni	−0.040	−0.020	−0.027	−0.059	0.043	−0.259	−0.044
B3	Cu	0.057	0.013	0.023	0.047	−0.017	0.213	0.305
	Zn	0.059	0.015	0.025	0.052	−0.021	0.232	0.291
	Pb	0.014	0.015	0.018	0.041	−0.039	0.174	−0.116
	Cd	0.043	0.004	0.011	0.021	0.004	0.099	0.317
	Cr	−0.311	−0.026	−0.006	−0.102	−0.004	0.026	−0.080
	Mn	−0.301	−0.011	−0.005	−0.087	−0.008	0.019	−0.192
	Ni	−0.233	0.009	−0.002	−0.052	−0.011	0.007	−0.301
B4	Cu	−0.061	0.034	0.003	0.014	−0.012	−0.012	−0.347
	Zn	−0.037	0.036	0.003	0.022	−0.011	−0.014	−0.343
	Pb	0.153	0.045	0.006	0.079	−0.007	−0.027	−0.237
	Cd	−0.237	0.008	−0.002	−0.054	−0.011	0.007	−0.297
	Cr	−0.022	0.026	0.010	0.012	−0.006	0.252	0.019
	Mn	−0.013	0.002	0.004	0.003	−0.005	0.097	−0.051
	Ni	−0.003	−0.017	−0.002	−0.004	−0.003	−0.044	−0.090
总量	Cu	0.017	−0.040	−0.011	−0.015	0.002	−0.273	−0.109
	Zn	0.011	−0.036	−0.008	−0.012	0.000	−0.214	−0.113
	Pb	0.018	−0.041	−0.011	−0.015	0.002	−0.286	−0.105
	Cd	−0.006	−0.012	0.000	−0.002	−0.004	−0.009	−0.082

（三）树枝表皮-TSP 中重金属元素浓度的相关性

TSP 中的重金属元素可以通过树枝皮层表面皮孔的吸收进入植物体内。通过对各季节树枝表皮和 TSP 中不同形态重金属元素浓度之间进行相关性分析（表 6-22～表 6-24），结果表明：国槐春、夏、秋三季树枝表皮与 TSP 中各形态重金属元素浓度的相关性各不相同。春季树枝表皮中残渣态（B4）Cd 与 TSP 中残渣态（B4）Ni 和 Cu 达到了显著正相关水平，相关系数分别为 0.730 和 0.672；夏季树枝表皮中与 TSP 中各形态重金属元素浓度均未达到统计学中的显著相关水平；秋季树枝表皮中残渣态（B4）Cd 与 TSP 中残渣态（B4）Cr 和 Mn 达到极显著负相关水平，相关系数分别为−0.869 和−0.867，和残渣态（B4）Ni 与 Cd 达到显著负相关水平，相关系数分别为−0.709 和−0.719。春季和秋季树枝表皮中与 TSP 中其他各形态重金属元素间均未达到统计学中的显著相关水平。

表 6-22 春季国槐树枝表皮与 TSP 中不同形态重金属元素浓度的相关性

形态	TSP	国槐树枝表皮						
		Cr	Mn	Ni	Cu	Zn	Pb	Cd
	Cr	−0.059	0.009	0.007	0.007	0.005	−0.006	0.351
B1	Mn	0.025	0.084	0.067	0.010	0.002	0.006	0.158
	Ni	0.090	0.092	0.072	0.004	−0.002	0.014	−0.170

续表

形态	TSP	国槐树枝表皮						
		Cr	Mn	Ni	Cu	Zn	Pb	Cd
B1	Cu	0.089	0.041	0.032	−0.003	−0.005	0.012	−0.338
	Zn	0.088	0.094	0.074	0.004	−0.002	0.014	−0.152
	Pb	0.041	−0.031	−0.024	−0.009	−0.004	0.003	−0.327
	Cd	0.073	0.011	0.009	−0.006	−0.005	0.009	−0.357
B2	Cr	−0.005	−0.149	−0.110	−0.060	−0.134	−0.001	−0.524
	Mn	−0.003	0.072	0.054	0.016	0.025	0.012	0.384
	Ni	0.002	0.138	0.102	0.048	0.100	0.008	0.566
	Cu	−0.004	−0.152	−0.112	−0.058	−0.128	−0.003	−0.561
	Zn	−0.007	−0.118	−0.086	−0.054	−0.126	0.005	−0.351
	Pb	−0.006	−0.126	−0.092	−0.056	−0.130	0.004	−0.392
	Cd	−0.003	−0.148	−0.109	−0.054	−0.115	−0.006	−0.576
B3	Cr	0.034	0.103	0.175	0.052	0.140	0.054	0.097
	Mn	0.026	0.100	0.108	0.026	0.148	0.072	−0.005
	Ni	0.031	0.106	0.140	0.037	0.152	0.068	0.035
	Cu	0.026	0.100	0.107	0.025	0.147	0.072	−0.007
	Zn	0.031	0.107	0.147	0.040	0.152	0.067	0.044
	Pb	0.034	0.101	0.178	0.053	0.136	0.051	0.105
	Cd	0.027	0.102	0.115	0.028	0.149	0.072	0.003
B4	Cr	−0.529	−0.114	0.009	−0.086	−0.028	0.004	0.117
	Mn	−0.522	−0.160	0.024	−0.176	−0.026	−0.060	0.540
	Ni	−0.385	−0.156	0.029	−0.201	−0.018	−0.094	0.730*
	Cu	−0.450	−0.162	0.028	−0.196	−0.022	−0.083	0.672*
	Zn	−0.549	−0.150	0.019	−0.150	−0.028	−0.038	0.402
	Pb	0.548	0.131	−0.013	0.115	0.028	0.013	−0.238
	Cd	−0.484	−0.163	0.026	−0.19	−0.024	−0.074	0.625
总量	Cr	−0.017	−0.097	−0.179	−0.036	−0.084	0.012	−0.384
	Mn	−0.016	−0.124	−0.249	−0.035	−0.099	−0.012	−0.349
	Ni	−0.015	−0.123	−0.252	−0.033	−0.097	−0.017	−0.318
	Cu	−0.017	−0.089	−0.16	−0.035	−0.078	0.015	−0.376
	Zn	0.003	0.073	0.170	0.009	0.049	0.037	0.045
	Pb	0.002	0.070	0.164	0.008	0.046	0.037	0.032
	Cd	−0.017	−0.122	−0.241	−0.037	−0.099	−0.007	−0.369

表 6-23　夏季国槐树枝表皮与 TSP 中不同形态重金属元素浓度的相关性

形态	TSP	国槐树枝表皮						
		Cr	Mn	Ni	Cu	Zn	Pb	Cd
B1	Cr	0.120	0.053	0.044	−0.017	0.001	0.071	0.084
	Mn	0.131	0.004	0.018	−0.025	−0.023	−0.027	−0.045
	Ni	0.068	0.067	0.046	−0.006	0.018	0.113	0.143

续表

形态	TSP	国槐树枝表皮						
		Cr	Mn	Ni	Cu	Zn	Pb	Cd
B1	Cu	0.130	0.003	0.018	−0.025	−0.023	−0.029	−0.048
	Zn	0.136	0.016	0.025	−0.024	−0.019	−0.006	−0.019
	Pb	0.137	0.021	0.028	−0.024	−0.016	0.004	−0.005
	Cd	−0.116	0.012	−0.007	0.024	0.028	0.056	0.082
B2	Cr	0.012	−0.005	0.037	0.011	0.069	0.004	0.060
	Mn	0.007	−0.025	0.019	−0.014	0.040	−0.003	0.052
	Ni	0.009	−0.022	0.023	−0.009	0.048	−0.002	0.055
	Cu	0.007	−0.025	0.019	−0.014	0.040	−0.003	0.052
	Zn	0.008	−0.023	0.022	−0.011	0.046	−0.002	0.055
	Pb	0.007	−0.026	0.018	−0.015	0.039	−0.003	0.052
	Cd	−0.009	0.022	−0.023	0.010	−0.047	0.002	−0.055
B3	Cr	−0.009	−0.056	−0.036	−0.043	−0.005	−0.049	−0.283
	Mn	−0.055	0.016	−0.012	0.002	−0.159	0.044	0.092
	Ni	−0.027	0.036	0.010	0.022	−0.089	0.049	0.189
	Cu	0.018	0.060	0.041	0.047	0.027	0.048	0.300
	Zn	−0.036	0.03	0.003	0.016	−0.112	0.048	0.159
	Pb	0.066	0.072	0.067	0.065	0.155	0.035	0.358
	Cd	−0.091	−0.021	−0.047	−0.032	−0.245	0.027	−0.090
B4	Cr	0.004	0.220	0.005	−0.153	−0.072	−0.023	0.208
	Mn	0.014	0.248	0.002	−0.131	−0.029	−0.025	0.421
	Ni	−0.002	−0.209	−0.005	0.154	0.079	0.022	−0.159
	Cu	0.023	0.192	−0.003	−0.045	0.047	−0.018	0.573
	Zn	0.02	0.233	−0.001	−0.092	0.012	−0.023	0.535
	Pb	0.017	−0.031	−0.007	0.100	0.109	0.004	0.320
	Cd	−0.024	−0.112	0.005	−0.018	−0.083	0.010	−0.532
总量	Cr	0.004	−0.061	−0.044	−0.024	−0.02	−0.017	−0.077
	Mn	0.007	−0.055	−0.033	−0.017	0.021	−0.016	−0.059
	Ni	−0.005	0.059	0.040	0.021	0.003	0.016	0.070
	Cu	−0.009	−0.06	−0.069	−0.041	−0.165	−0.014	−0.118
	Zn	−0.015	0.015	−0.019	−0.014	−0.164	0.007	−0.030
	Pb	0.011	0.053	0.069	0.041	0.189	0.012	0.117
	Cd	−0.016	−0.019	−0.049	−0.031	−0.210	−0.002	−0.083

表 6-24 秋季国槐树枝表皮与 TSP 中不同形态重金属元素浓度的相关性

形态	TSP	国槐树枝表皮						
		Cr	Mn	Ni	Cu	Zn	Pb	Cd
B1	Cr	0.066	0.013	0.020	0.04	0.025	0.066	−0.150
	Mn	0.060	0.017	0.031	0.038	0.022	0.060	−0.238
	Ni	0.002	0.017	0.044	0.009	−0.001	0.002	−0.335

续表

形态	TSP	国槐树枝表皮						
		Cr	Mn	Ni	Cu	Zn	Pb	Cd
B1	Cu	0.057	0.018	0.034	0.037	0.021	0.057	-0.261
	Zn	0.059	0.017	0.033	0.038	0.022	0.059	-0.247
	Pb	-0.022	0.012	0.036	-0.006	-0.010	-0.022	-0.279
	Cd	0.054	0.019	0.037	0.036	0.019	0.054	-0.279
B2	Cr	-0.022	-0.020	0.008	0.023	0.025	0.282	0.123
	Mn	0.001	-0.037	0.015	0.046	0.011	0.335	-0.288
	Ni	-0.003	0.036	-0.015	-0.045	-0.010	-0.321	0.300
	Cu	-0.016	0.020	-0.009	-0.027	0.006	-0.119	0.350
	Zn	-0.003	0.036	-0.015	-0.044	-0.009	-0.315	0.305
	Pb	-0.023	-0.013	0.005	0.014	0.023	0.222	0.187
	Cd	0.008	-0.032	0.013	0.040	0.004	0.264	-0.333
B3	Cr	-0.044	0.039	0.030	0.038	0.001	-0.124	0.570
	Mn	0.114	0.038	0.002	0.007	-0.001	-0.012	0.287
	Ni	-0.102	0.004	0.021	0.023	0.001	-0.082	0.235
	Cu	0.099	0.050	0.012	0.018	-0.001	-0.051	0.463
	Zn	0.106	0.046	0.008	0.014	-0.001	-0.037	0.402
	Pb	0.060	-0.032	-0.029	-0.036	-0.001	0.119	-0.511
	Cd	0.056	0.058	0.024	0.033	0.000	-0.100	0.640
B4	Cr	0.005	0.012	-0.006	-0.014	-0.008	0.054	-0.869**
	Mn	0.005	0.004	-0.005	0.000	-0.008	0.038	-0.867**
	Ni	0.004	-0.007	-0.004	0.018	-0.006	0.011	-0.709*
	Cu	0.002	-0.019	0.000	0.036	-0.002	-0.03	-0.252
	Zn	0.002	-0.020	0.000	0.037	-0.001	-0.034	-0.185
	Pb	-0.002	-0.024	0.004	0.039	0.004	-0.060	0.360
	Cd	0.004	-0.006	-0.004	0.017	-0.006	0.012	-0.719*
总量	Cr	0.025	0.000	0.004	0.001	-0.002	0.025	-0.344
	Mn	0.023	0.018	0.032	0.001	-0.002	-0.016	-0.213
	Ni	0.016	0.026	0.045	0.001	-0.002	-0.043	-0.062
	Cu	-0.006	0.026	0.041	0.000	0.000	-0.067	0.250
	Zn	0.002	0.029	0.047	0.001	0.000	-0.065	0.157
	Pb	-0.009	0.025	0.038	0.000	0.001	-0.066	0.274
	Cd	0.018	0.025	0.042	0.001	-0.002	-0.037	-0.102

（四）TSP 与各层次土壤中重金属元素浓度的相关性

工业废弃物、粉尘、机动车尾气、轮胎摩擦产生的含重金属的有害气体等是大气重金属的主要来源，通过自然沉降或雨水淋溶等作用进入土壤，成为土壤重金属的主要来源之一。对样地夏季 TSP 和不同土层不同形态重金属元素浓度进行相关性分析（表 6-25 ～表 6-27），分析结果显示，TSP 与土壤中各重金属元素浓度之间的相关性各不相同，TSP 与土壤中相同形态重金属元素浓度之间的相关性也各不相同，通过 TSP 与不同土层中各形态重金属元素浓度间的相关性分析，结果表明，TSP 与表层土壤（0 ～ 20cm 土层）和 40 ～ 60cm 土层中各重金属元素浓度之间及相同形态各元素浓度之间均未达到显著相关水平。TSP 中 7

种重金属元素可还原态（B2）浓度与 20～40cm 土层中 Pb 元素可还原态（B2）浓度之间均达到极显著相关水平，其中 TSP 中 Cd 可还原态（B2）浓度与 20～40cm 土层中 Pb 可还原态（B2）浓度之间极显著负相关，相关系数为-0.844；TSP 中 Cr、Mn、Ni、Cu、Zn 和 Pb 元素可还原态（B2）浓度均与 20～40cm 土层中 Pb 可还原态（B2）浓度之间呈极显著正相关，相关系数分别为 0.815、0.815、0.845、0.816、0.839 和 0.811。

表 6-25　0～20cm 土层与 TSP 中不同形态重金属元素浓度的相关性

形态	TSP	0～20cm 土层						
		Cr	Mn	Ni	Cu	Zn	Pb	Cd
B1	Cr	−0.013	−0.001	−0.012	−0.005	−0.006	0.027	−0.009
	Mn	−0.010	0.004	−0.022	−0.004	−0.004	−0.031	0.024
	Ni	−0.011	−0.003	−0.001	−0.004	−0.004	0.057	−0.028
	Cu	−0.010	0.004	−0.022	−0.004	−0.004	−0.032	0.024
	Zn	−0.011	0.003	−0.021	−0.004	−0.005	−0.019	0.018
	Pb	−0.012	0.003	−0.02	−0.004	−0.005	−0.014	0.015
	Cd	0.007	−0.004	0.022	0.003	0.003	0.046	−0.032
B2	Cr	0.004	−0.007	−0.022	0.005	−0.001	0.065	−0.128
	Mn	0.003	−0.008	0.002	0.004	−0.003	0.089	−0.151
	Ni	0.003	−0.008	−0.003	0.004	−0.003	0.087	−0.152
	Cu	0.003	−0.008	0.002	0.004	−0.003	0.089	−0.151
	Zn	0.003	−0.008	−0.002	0.004	−0.003	0.088	−0.152
	Pb	0.003	−0.008	0.003	0.004	−0.003	0.089	−0.151
	Cd	−0.003	0.008	0.003	−0.004	0.003	−0.087	0.152
B3	Cr	−0.028	−0.067	−0.116	−0.058	−0.129	−0.110	−0.016
	Mn	−0.005	0.004	−0.001	−0.005	0.014	0.004	0.000
	Ni	0.011	0.035	0.056	0.025	0.070	0.055	0.007
	Cu	0.031	0.074	0.128	0.065	0.141	0.122	0.017
	Zn	0.006	0.025	0.038	0.016	0.053	0.039	0.005
	Pb	0.048	0.102	0.182	0.095	0.190	0.169	0.025
	Cd	−0.030	−0.048	−0.095	−0.054	−0.084	−0.083	−0.013
B4	Cr	−0.003	−0.117	−0.162	−0.127	−0.076	−0.121	0.173
	Mn	−0.001	−0.082	−0.121	−0.101	−0.053	−0.017	−0.063
	Ni	0.003	0.121	0.166	0.129	0.078	0.139	−0.217
	Cu	0.002	0.002	−0.013	−0.022	0.002	0.144	−0.390
	Zn	0.001	−0.041	−0.069	−0.064	−0.026	0.072	−0.250
	Pb	0.005	0.109	0.137	0.097	0.072	0.240	−0.507
	Cd	−0.004	−0.053	−0.057	−0.032	−0.035	−0.209	0.499
总量	Cr	−0.007	−0.089	−0.224	−0.005	−0.009	−0.094	0.025
	Mn	−0.005	−0.081	−0.197	−0.003	−0.007	−0.073	0.014
	Ni	0.006	0.086	0.214	0.004	0.008	0.086	−0.021
	Cu	−0.011	−0.085	−0.245	−0.009	−0.014	−0.134	0.055
	Zn	−0.003	0.024	0.026	−0.004	−0.004	−0.025	0.029
	Pb	0.011	0.076	0.226	0.009	0.014	0.131	−0.057
	Cd	−0.008	−0.025	−0.103	−0.007	−0.010	−0.087	0.050

表 6-26　20 ～ 40cm 土层与 TSP 中不同形态重金属元素浓度的相关性

形态	TSP	20 ～ 40cm 土层						
		Cr	Mn	Ni	Cu	Zn	Pb	Cd
B1	Cr	−0.004	0.017	0.020	0.006	0.008	−0.037	−0.067
	Mn	−0.014	−0.004	0.009	−0.001	0.000	−0.037	−0.310
	Ni	0.004	0.026	0.021	0.009	0.011	−0.024	0.126
	Cu	−0.014	−0.004	0.009	−0.001	−0.001	−0.037	−0.313
	Zn	−0.012	0.001	0.012	0.001	0.002	−0.039	−0.273
	Pb	−0.012	0.003	0.013	0.001	0.003	−0.04	−0.252
	Cd	0.015	0.010	−0.004	0.003	0.003	0.032	0.348
B2	Cr	−0.004	0.008	0.020	0.000	0.008	0.815**	−0.012
	Mn	−0.009	0.012	0.020	−0.004	−0.001	0.815**	0.009
	Ni	−0.008	0.011	0.021	−0.003	0.001	0.845**	0.005
	Cu	−0.009	0.012	0.020	−0.004	−0.001	0.816**	0.009
	Zn	−0.008	0.012	0.020	−0.003	0.000	0.839**	0.006
	Pb	−0.009	0.012	0.020	−0.004	−0.001	0.811**	0.010
	Cd	0.008	−0.011	−0.020	0.003	−0.001	−0.844**	−0.005
B3	Cr	0.008	0.049	0.001	0.008	−0.005	0.001	−0.003
	Mn	−0.005	−0.027	0.002	−0.005	0.006	−0.001	0.012
	Ni	−0.006	−0.039	0.001	−0.006	0.006	−0.001	0.009
	Cu	−0.008	−0.051	−0.002	−0.008	0.005	−0.001	0.002
	Zn	−0.006	−0.036	0.001	−0.006	0.006	−0.001	0.010
	Pb	−0.007	−0.052	−0.004	−0.008	0.002	−0.001	−0.007
	Cd	−0.001	−0.001	0.004	−0.001	0.005	0.000	0.016
B4	Cr	−0.007	−0.065	−0.039	−0.036	−0.162	−0.068	0.288
	Mn	−0.009	−0.080	−0.044	−0.060	−0.189	−0.089	0.133
	Ni	0.006	0.060	0.037	0.030	0.152	0.062	−0.313
	Cu	−0.009	−0.070	−0.034	−0.072	−0.154	−0.084	−0.151
	Zn	−0.010	−0.080	−0.042	−0.071	−0.182	−0.092	−0.017
	Pb	−0.002	−0.003	0.006	−0.031	0.011	−0.012	−0.400
	Cd	0.007	0.048	0.020	0.063	0.097	0.061	0.290
总量	Cr	−0.005	−0.074	−0.042	−0.007	−0.014	−0.055	−0.001
	Mn	−0.006	−0.077	−0.045	−0.008	−0.013	−0.062	0.002
	Ni	0.005	0.075	0.043	0.007	0.014	0.058	0.000
	Cu	−0.001	−0.033	−0.014	−0.002	−0.010	−0.008	−0.010
	Zn	0.006	0.064	0.041	0.007	0.007	0.066	−0.010
	Pb	0.000	0.018	0.005	0.001	0.008	−0.006	0.011
	Cd	0.004	0.033	0.024	0.004	0.000	0.047	−0.013

表 6-27　40 ～ 60cm 土层与 TSP 中不同形态重金属元素浓度的相关性

形态	TSP	40 ～ 60cm 土层						
		Cr	Mn	Ni	Cu	Zn	Pb	Cd
B1	Cr	−0.001	0.001	−0.031	0.000	0.003	0.026	0.098
	Mn	−0.006	−0.003	−0.028	−0.002	−0.004	−0.111	0.181
	Ni	0.002	0.003	−0.022	0.001	0.007	0.111	0.005
	Cu	−0.006	−0.003	−0.028	−0.002	−0.004	−0.113	0.181
	Zn	−0.005	−0.002	−0.03	−0.002	−0.002	−0.086	0.173
	Pb	−0.005	−0.002	−0.031	−0.001	−0.002	−0.073	0.167
	Cd	0.007	0.004	0.023	0.002	0.005	0.141	−0.183
B2	Cr	0.001	−0.003	−0.001	0.001	0.003	0.166	0.095
	Mn	0.004	−0.008	−0.005	0.002	−0.002	0.200	0.009
	Ni	0.003	−0.008	−0.004	0.002	−0.001	0.200	0.027
	Cu	0.004	−0.008	−0.005	0.002	−0.002	0.200	0.009
	Zn	0.003	−0.008	−0.005	0.002	−0.001	0.200	0.023
	Pb	0.004	−0.008	−0.005	0.002	−0.002	0.199	0.007
	Cd	−0.003	0.008	0.004	−0.002	0.001	−0.200	−0.027
B3	Cr	−0.011	−0.078	−0.058	−0.026	−0.335	−0.337	−0.271
	Mn	0.006	0.043	0.033	0.010	0.166	0.140	0.168
	Ni	0.009	0.062	0.046	0.018	0.257	0.242	0.226
	Cu	0.011	0.081	0.059	0.027	0.348	0.353	0.277
	Zn	0.008	0.056	0.042	0.016	0.230	0.212	0.210
	Pb	0.011	0.083	0.060	0.031	0.370	0.397	0.269
	Cd	0.001	0.002	0.003	−0.006	−0.019	−0.060	0.034
B4	Cr	−0.006	−0.129	−0.046	−0.04	−0.115	−0.050	−0.027
	Mn	−0.004	−0.114	−0.037	−0.028	−0.069	−0.034	−0.027
	Ni	0.007	0.128	0.047	0.041	0.121	0.052	0.026
	Cu	0.001	−0.047	−0.010	0.001	0.027	0.003	−0.015
	Zn	−0.002	−0.084	−0.024	−0.014	−0.020	−0.015	−0.022
	Pb	0.006	0.077	0.034	0.037	0.130	0.049	0.011
	Cd	−0.003	−0.005	−0.010	−0.018	−0.08	−0.025	0.005
总量	Cr	−0.005	−0.031	−0.052	−0.006	−0.023	−0.238	−0.036
	Mn	−0.004	−0.028	−0.049	−0.006	−0.02	−0.203	−0.044
	Ni	0.005	0.030	0.051	0.006	0.022	0.225	0.040
	Cu	−0.005	−0.028	−0.045	−0.007	−0.026	−0.283	0.007
	Zn	0.001	0.010	0.019	0.000	0.001	0.002	0.059
	Pb	0.004	0.024	0.039	0.007	0.025	0.266	−0.019
	Cd	−0.002	−0.006	−0.008	−0.003	−0.012	−0.141	0.049

二、国槐树根与各层次土壤中不同形态重金属元素浓度相关性

根系直接从土壤中吸收矿质元素，是重金属元素进入植物体内的主要途径，为了初步探索树根内不同形态重金属元素浓度和土壤中不同形态重金属元素浓度的相关性，用不同配置中国槐中根（5～10mm）中不同形态重金属元素浓度与各土层中不同形态重金属元素浓度进行 Pearson 相关性分析（表 6-28～表 6-30），结果显示树根中不同形态重金属元素浓度与各土层中不同形态重金属元素浓度之间均有显著性相关关系，但相关关系在各土层之间有所差异。总体上看，树根与 20～40cm 土层中不同形态重金属元素浓度之间相关性最高，40～60cm 土层次之；相比于 20～60cm 较深土层，树根与表层土壤中不同形态重金属元素浓度相关性较低。具体表现为同一形态中存在极显著相关关系的元素在 20～40cm 土层最多，40～60cm 土层次之，表层土壤最少；元素间相关系数绝对值总体上表现为 20～40cm 土层＞40～60cm 土层＞0～20cm 土层。

表 6-28　树根与表层（0～20cm）土壤中不同形态重金属元素浓度的相关性

形态	根	0～20cm 土层						
		Cr	Mn	Ni	Cu	Zn	Pb	Cd
	Cr	0.857**	0.787*	0.909**	0.837**	0.994**	0.802**	0.089
	Mn	0.798**	0.717*	0.860**	0.775*	0.999**	0.741*	0.194
	Ni	−0.030	−0.156	0.080	−0.068	0.556	−0.110	0.908**
B1	Cu	−0.637	−0.727*	−0.546	−0.665	−0.067	−0.691*	0.969**
	Zn	−0.224	−0.342	−0.115	−0.260	0.384	−0.303	0.968**
	Pb	0.258	0.146	0.357	0.222	0.726*	0.162	0.685*
	Cd	0.220	0.130	0.321	0.188	0.651	0.134	0.651
	Cr	0.776*	−0.685*	−0.876**	0.777*	0.613	−0.161	0.598
	Mn	0.166	−0.020	−0.883**	0.170	0.976**	0.561	−0.064
	Ni	−0.414	0.538	−0.488	−0.411	0.823**	0.896**	−0.563
B2	Cu	0.971**	−0.929**	−0.719*	0.972**	0.301	−0.533	0.877**
	Zn	0.228	−0.080	−0.921**	0.232	0.987**	0.527	−0.002
	Pb	0.930**	−0.876**	−0.767*	0.931**	0.378	−0.444	0.825**
	Cd	−0.295	0.430	−0.551	−0.290	0.870**	0.866**	−0.529
	Cr	0.370	−0.308	−0.627	0.729*	0.640	0.108	0.462
	Mn	0.000	0.050	−0.349	0.429	0.840**	−0.245	0.099
	Ni	−0.826**	0.832**	0.512	−0.502	0.786	−0.865**	−0.767*
B3	Cu	0.158	−0.105	−0.479	0.564	0.766*	−0.102	0.255
	Zn	0.983**	−0.959**	−0.778*	0.821**	−0.496	0.908**	0.965**
	Pb	0.320	−0.256	−0.586	0.693*	0.677*	0.062	0.413
	Cd	0.578	−0.430	−0.603	0.853**	0.507	0.418	0.651
	Cr	0.241	0.429	0.304	0.626	−0.014	0.556	0.320
	Mn	0.095	0.554	0.434	0.728*	0.133	0.432	0.280
	Ni	−0.201	0.768*	0.674*	0.891**	0.414	0.165	0.203
B4	Cu	−0.172	0.752*	0.653	0.880**	0.390	0.194	0.204
	Zn	−0.556	0.950**	0.898**	0.987**	0.731*	−0.192	0.039
	Pb	−0.485	0.930**	0.869**	0.985**	0.676*	−0.113	0.046
	Cd	−0.631	0.085	0.202	−0.132	0.481	−0.781*	−0.359

形态	根	0～20cm 土层						
		Cr	Mn	Ni	Cu	Zn	Pb	Cd
总量	Cr	0.605	−0.117	−0.365	0.627	0.982**	0.587	0.863**
	Mn	0.576	−0.068	−0.326	0.599	0.998**	0.553	0.903**
	Ni	−0.433	0.825**	0.643	−0.407	0.455	−0.435	0.798**
	Cu	0.156	0.372	0.120	0.185	0.880**	0.145	0.990**
	Zn	0.530	−0.012	−0.282	0.555	0.994**	0.504	0.926**
	Pb	−0.374	0.798**	0.604	−0.347	0.511	−0.376	0.827**
	Cd	−0.179	0.631	0.351	−0.150	0.625	−0.212	0.844**

表 6-29　树根与 20～40cm 土层中不同形态重金属元素浓度的相关性

形态	根	20～40cm 土层						
		Cr	Mn	Ni	Cu	Zn	Pb	Cd
B1	Cr	0.975**	0.912**	0.838**	0.925**	0.715*	0.805**	0.853**
	Mn	0.952**	0.868**	0.779*	0.883**	0.788*	0.736*	0.837**
	Ni	0.304	0.102	−0.058	0.130	0.953**	−0.124	0.416
	Cu	−0.344	−0.530	−0.659	−0.506	0.578	−0.704*	−0.099
	Zn	0.109	−0.098	−0.254	−0.068	0.875**	−0.317	0.252
	Pb	0.531	0.362	0.219	0.387	0.921**	0.162	0.621
	Cd	0.465	0.302	0.170	0.332	0.831**	0.131	0.517
B2	Cr	0.780*	−0.885**	−0.134	0.812**	0.780*	−0.037	0.688*
	Mn	0.174	−0.390	−0.786*	0.238	0.949**	−0.026	0.030
	Ni	−0.405	0.202	−0.954**	−0.343	0.658	0.037	−0.525
	Cu	0.973**	−0.995**	0.252	0.983**	0.550	0.031	0.925**
	Zn	0.236	−0.448	−0.757*	0.302	0.982**	0.015	0.092
	Pb	0.932**	−0.969**	0.173	0.950**	0.618	0.103	0.871**
	Cd	−0.294	0.076	−0.942**	−0.231	0.714*	0.113	−0.438
B3	Cr	0.377	−0.200	0.539	0.484	0.771*	0.991**	0.625
	Mn	0.007	0.176	0.812**	0.126	0.951**	0.943**	0.869**
	Ni	−0.828**	0.901**	0.913**	−0.757*	0.759*	0.247	0.874**
	Cu	0.166	0.018	0.711*	0.282	0.892**	0.982**	0.781*
	Zn	0.986**	−0.986**	−0.674*	0.962**	−0.417	0.187	−0.596
	Pb	0.326	−0.146	0.582	0.435	0.802**	0.990**	0.664
	Cd	0.556	−0.430	0.262	0.637	0.520	0.852**	0.357
B4	Cr	0.158	−0.731*	−0.817**	−0.462	−0.498	−0.660	0.341
	Mn	0.010	−0.822**	−0.892**	−0.586	−0.370	−0.763*	0.457
	Ni	−0.283	−0.950**	−0.983**	−0.797*	−0.099	−0.915**	0.636
	Cu	−0.255	−0.939**	−0.977**	−0.776*	−0.119	−0.903**	0.621
	Zn	−0.625	−0.987**	−0.968**	−0.959**	0.276	−0.993**	0.780*
	Pb	−0.557	−0.983**	−0.978**	−0.928**	0.218	−0.982**	0.746*
	Cd	−0.575	0.278	0.394	−0.020	0.796*	0.174	0.110

续表

形态	根	20～40cm 土层						
		Cr	Mn	Ni	Cu	Zn	Pb	Cd
总量	Cr	0.565	−0.894**	−0.252	0.621	0.868**	0.273	0.556
	Mn	0.533	−0.923**	−0.304	0.593	0.904**	0.228	0.606
	Ni	−0.479	−0.748*	−0.974**	−0.414	0.809**	−0.738*	0.986**
	Cu	0.105	−0.977**	−0.689*	0.177	0.998**	−0.225	0.894**
	Zn	0.486	−0.939**	−0.355	0.548	0.924**	0.174	0.646
	Pb	−0.422	−0.789*	−0.954**	−0.355	0.843**	−0.686*	0.994**
	Cd	−0.228	−0.885**	−0.850**	−0.164	0.863**	−0.518	0.914**

表 6-30　树根与 40～60cm 土层中不同形态重金属元素浓度的相关性

形态	根	40～60cm 土层						
		Cr	Mn	Ni	Cu	Zn	Pb	Cd
B1	Cr	0.996**	0.982**	0.660	0.856**	0.994**	0.549	−0.074
	Mn	0.993**	0.961**	0.576	0.798**	0.986**	0.475	0.035
	Ni	0.486	0.334	−0.331	−0.030	0.442	−0.388	0.700*
	Cu	−0.151	−0.313	−0.841**	−0.637	−0.200	−0.842**	0.822**
	Zn	0.304	0.142	−0.509	−0.225	0.256	−0.565	0.789*
	Pb	0.670*	0.553	−0.030	0.251	0.635	−0.149	0.443
	Cd	0.595	0.486	−0.044	0.212	0.561	−0.185	0.447
B2	Cr	0.795*	−0.448	−0.920**	0.821**	0.257	−0.512	0.743*
	Mn	0.202	0.289	−0.520	0.253	0.857**	0.135	0.574
	Ni	−0.381	0.765*	0.048	−0.332	0.958**	0.614	0.205
	Cu	0.978**	−0.771*	−0.975**	0.985**	−0.118	−0.781*	0.734*
	Zn	0.264	0.237	−0.582	0.316	0.843**	0.094	0.643
	Pb	0.939**	−0.694*	−0.970**	0.952**	−0.025	−0.712*	0.799**
	Cd	−0.262	0.671*	−0.066	−0.211	0.947**	0.560	0.351
B3	Cr	0.489	0.484	0.215	0.422	0.841**	−0.601	−0.055
	Mn	0.131	0.772*	0.561	0.056	0.843**	−0.342	0.289
	Ni	−0.754*	0.934**	0.984**	−0.799**	0.314	0.445	0.876**
	Cu	0.287	0.664	0.424	0.214	0.861**	−0.457	0.147
	Zn	0.961**	−0.718*	−0.886**	0.977**	0.043	−0.713*	−0.907**
	Pb	0.440	0.529	0.266	0.372	0.846**	−0.568	−0.004
	Cd	0.643	0.210	−0.053	0.595	0.693*	−0.678*	−0.263
B4	Cr	0.233	0.951**	−0.190	0.143	0.005	0.383	0.903**
	Mn	0.087	0.898**	−0.043	0.287	0.149	0.511	0.955**
	Ni	−0.208	0.741*	0.252	0.556	0.432	0.744*	0.995**
	Cu	−0.180	0.762*	0.224	0.531	0.405	0.720*	0.997**
	Zn	−0.564	0.435	0.60	0.829**	0.737*	0.937**	0.915**
	Pb	−0.492	0.510	0.531	0.780*	0.681*	0.902**	0.945**
	Cd	−0.629	−0.909**	0.586	0.336	0.414	0.095	−0.526

形态	根	40 ～ 60cm 土层						
		Cr	Mn	Ni	Cu	Zn	Pb	Cd
总量	Cr	0.618	0.302	−0.387	0.667*	0.983**	0.031	0.564
	Mn	0.589	0.352	−0.35	0.642	0.994**	0.074	0.589
	Ni	−0.418	0.986**	0.643	−0.357	0.399	0.863**	0.962**
	Cu	0.173	0.728*	0.097	0.238	0.850**	0.493	0.872**
	Zn	0.545	0.400	−0.301	0.599	0.985**	0.118	0.619
	Pb	−0.359	0.974**	0.595	−0.296	0.455	0.827**	0.964**
	Cd	−0.164	0.853**	0.403	−0.101	0.572	0.621	0.899**

三、国槐器官内不同形态重金属元素浓度相关性

根系是植物重金属元素的主要吸收器官，同时重金属元素可以通过叶片气孔和树枝皮孔进入植株，重金属元素在植物体内主要通过表皮运输，同时也会随木质部水分进行运输，通过对各器官内不同形态重金属元素浓度进行 Pearson 相关性分析（表 6-31 ～表 6-34），结果表明，各器官同一形态重金属元素浓度之间均普遍存在显著相关性。总体表现为叶片与树枝内各形态重金属元素浓度间的相关性最高，7 种重金属元素的 4 种形态在叶片与树枝中的浓度均存在较高的相关性。树枝和树干内各形态重金属元素浓度间的相关性相对较高；尤其是树枝和树干中可氧化态（B3）重金属元素浓度间普遍存在相关性，而可还原态（B2）元素浓度间的相关性则相对较低。树干和树皮中可氧化态（B3）、残渣态（B4）浓度及重金属总浓度间的相关性较高，酸溶态（B1）和可还原态（B2）重金属元素浓度间的相关性相对较低。相比于其他器官，树干和树根中不同形态重金属元素浓度间的相关性相对较低，树干和树根中重金属总浓度间的相关性较高，其次为可氧化态（B3），而酸溶态（B1）间的相关性则较低。

表 6-31　叶片与树枝内不同形态重金属元素浓度的相关性

形态	枝	叶						
		Cr	Mn	Ni	Cu	Zn	Pb	Cd
B1	Cr	−0.985**	0.546	−0.966**	−0.950**	−0.977**	−0.989**	−0.900**
	Mn	0.207	−0.960**	0.525	0.571	0.483	0.409	0.631
	Ni	0.597	0.224	0.409	0.357	0.444	0.506	0.287
	Cu	0.893**	−0.806**	0.993**	0.997**	0.986**	0.969**	0.983**
	Zn	−0.688*	−0.310	−0.417	−0.363	−0.460	−0.532	−0.280
	Pb	−0.985**	0.546	−0.966**	−0.950**	−0.977**	−0.989**	−0.900**
	Cd	−0.158	0.071	−0.186	−0.169	−0.184	−0.202	−0.223
B2	Cr	−0.847**	0.460	−0.464	−0.994**	−0.993**	−0.514	−0.65
	Mn	0.796*	−0.992**	−0.651	0.448	0.261	−0.441	0.781*
	Ni	0.995**	−0.864**	−0.088	0.888**	0.780*	0.084	0.878**
	Cu	0.995**	−0.848**	−0.046	0.905**	0.803**	0.107	0.879**
	Zn	0.997**	−0.872**	−0.093	0.885**	0.775*	0.069	0.880**
	Pb	0.561	−0.613	−0.173	0.429	0.335	0.039	0.764*
	Cd	0.460	−0.640	−0.588	0.196	0.075	−0.199	0.593

续表

形态	枝	叶						
		Cr	Mn	Ni	Cu	Zn	Pb	Cd
B3	Cr	-0.728*	-0.037	-0.07	0.298	-0.850**	-0.847**	-0.781*
	Mn	-0.722*	-0.925**	-0.927**	-0.811**	0.229	-0.311	-0.325
	Ni	0.583	0.995**	0.990**	0.963**	-0.520	0.117	0.194
	Cu	0.698*	0.995**	0.996**	0.906**	-0.384	0.248	0.329
	Zn	0.517	0.984**	0.976**	0.979**	-0.583	0.039	0.120
	Pb	0.177	0.830**	0.810**	0.937**	-0.821**	-0.312	-0.192
	Cd	0.153	0.713*	0.695*	0.805**	-0.672*	-0.182	-0.142
B4	Cr	0.831**	0.962**	0.913**	0.912**	0.987**	0.016	-0.405
	Mn	0.802**	0.938**	0.921**	0.867**	0.968**	-0.030	-0.400
	Ni	0.787*	0.930**	0.951**	0.865**	0.963**	-0.090	-0.501
	Cu	0.877**	0.989**	0.851**	0.955**	0.999**	0.147	-0.310
	Zn	0.098	0.291	0.824**	0.144	0.385	-0.837**	-0.842**
	Pb	0.915**	0.991**	0.708*	0.986**	0.974**	0.359	-0.099
	Cd	0.866**	0.943**	0.781*	0.942**	0.959**	0.188	-0.187
总量	Cr	-0.274	-0.984**	-0.588	-0.788*	-0.734*	-0.865**	-0.428
	Mn	0.915**	-0.041	0.724*	0.504	0.575	0.205	0.721*
	Ni	0.945**	0.633	0.999**	0.952**	0.974**	0.751*	0.909**
	Cu	0.942**	0.641	1.000**	0.955**	0.977**	0.760*	0.912**
	Zn	0.998**	0.323	0.926**	0.785*	0.835**	0.511	0.870**
	Pb	0.795*	0.820**	0.948**	0.983**	0.982**	0.849**	0.863**
	Cd	0.690*	0.046	0.578	0.432	0.485	0.155	0.602

表 6-32　树枝与树干内不同形态重金属元素浓度的相关性

形态	干	枝						
		Cr	Mn	Ni	Cu	Zn	Pb	Cd
B1	Cr	-0.755*	-0.380	0.871**	0.484	-0.978**	-0.756*	-0.204
	Mn	0.404	0.746*	-0.811**	-0.051	0.958**	0.404	0.034
	Ni	-0.931**	-0.037	0.806**	0.756*	-0.853**	-0.931**	-0.276
	Cu	-0.567	-0.592	0.909**	0.25	-0.993**	-0.567	-0.239
	Zn	-0.196	-0.866**	0.780*	-0.159	-0.887**	-0.196	-0.124
	Pb	-0.756*	-0.379	0.883**	0.483	-0.978**	-0.756*	-0.214
	Cd	0.233	-0.157	-0.151	-0.223	0.082	0.233	0.023
B2	Cr	-0.940**	0.026	0.611	0.639	0.604	0.202	-0.088
	Mn	0.180	0.850**	0.381	0.346	0.389	0.416	0.642
	Ni	0.167	0.638	0.272	0.264	0.278	0.460	0.383
	Cu	-0.597	0.956**	0.927**	0.914**	0.932**	0.592	0.561
	Zn	0.655	0.465	-0.146	-0.183	-0.137	0.100	0.392
	Pb	-0.076	-0.312	-0.122	-0.146	-0.146	-0.135	-0.239
	Cd	0.756*	0.146	-0.400	-0.436	-0.399	-0.194	0.161

形态	干	枝						
		Cr	Mn	Ni	Cu	Zn	Pb	Cd
B3	Cr	−0.157	−0.945**	0.975**	0.993**	0.956**	0.765*	0.679*
	Mn	−0.265	−0.905**	0.930**	0.972**	0.898**	0.681*	0.573
	Ni	0.119	−0.891**	0.995**	0.968**	0.999**	0.901**	0.769*
	Cu	0.215	−0.839**	0.985**	0.948**	0.995**	0.940**	0.795*
	Zn	0.411	−0.743*	0.922**	0.850**	0.950**	0.966**	0.818**
	Pb	−0.077	−0.937**	0.988**	0.993**	0.976**	0.819**	0.734*
	Cd	0.117	−0.893**	0.943**	0.907**	0.957**	0.873**	0.758*
B4	Cr	0.969**	0.959**	0.989**	0.931**	0.702*	0.822**	0.873**
	Mn	0.913**	0.897**	0.943**	0.856**	0.769*	0.724*	0.815**
	Ni	0.746*	0.696*	0.671*	0.826**	−0.166	0.925**	0.832**
	Cu	0.527	0.508	0.450	0.621	−0.320	0.736*	0.613
	Zn	0.010	−0.039	−0.095	0.141	−0.840**	0.350	0.187
	Pb	−0.339	−0.358	−0.438	−0.217	−0.943**	0.007	−0.148
	Cd	−0.042	−0.013	−0.104	0.07	−0.654	0.209	−0.049
总量	Cr	−0.825**	0.450	0.931**	0.935**	0.746*	0.982**	0.405
	Mn	0.399	0.957**	0.525	0.519	0.791*	0.252	0.671*
	Ni	−0.833**	0.437	0.926**	0.929**	0.735*	0.981**	0.381
	Cu	−0.864**	0.379	0.899**	0.903**	0.689*	0.971**	0.345
	Zn	−0.513	0.785*	0.996**	0.996**	0.957**	0.915**	0.603
	Pb	−0.873**	0.355	0.884**	0.890**	0.670*	0.969**	0.322
	Cd	0.772*	0.284	−0.292	−0.304	−0.010	−0.555	0.197

表 6-33　树干与树皮内不同形态重金属元素浓度的相关性

形态	皮	干						
		Cr	Mn	Ni	Cu	Zn	Pb	Cd
B1	Cr	0.138	0.303	0.477	−0.108	−0.497	0.138	−0.151
	Mn	0.781*	−0.434	0.947**	0.600	0.234	0.781*	−0.212
	Ni	−0.817**	0.975**	−0.569	−0.935**	−0.998**	−0.818**	0.007
	Cu	0.496	−0.819**	0.169	0.698*	0.927**	0.498	0.075
	Zn	0.321	0.118	0.628	0.073	−0.332	0.321	−0.199
	Pb	0.138	0.302	0.478	−0.108	−0.496	0.139	−0.151
	Cd	0.535	−0.164	0.757*	0.306	−0.066	0.535	−0.319
B2	Cr	0.728*	0.228	0.168	0.866**	−0.300	−0.089	−0.513
	Mn	0.857**	0.016	0.013	0.744*	−0.495	−0.014	−0.647
	Ni	0.868**	−0.853**	−0.598	−0.183	−0.988**	0.342	−0.773*
	Cu	0.868**	−0.861**	−0.608	−0.201	−0.996**	0.315	−0.791*
	Zn	0.955**	−0.224	−0.161	0.565	−0.688*	0.079	−0.760*
	Pb	0.840**	0.039	−0.028	0.755*	−0.471	0.035	−0.636
	Cd	0.373	0.431	0.158	0.765*	0.018	−0.185	−0.188

续表

形态	皮	干						
		Cr	Mn	Ni	Cu	Zn	Pb	Cd
B3	Cr	0.943**	0.879**	0.997**	0.997**	0.962**	0.966**	0.954**
	Mn	0.932**	0.873**	0.988**	0.990**	0.957**	0.955**	0.927**
	Ni	0.327	0.471	0.042	−0.040	−0.269	0.240	−0.053
	Cu	0.941**	0.876**	0.997**	0.997**	0.964**	0.964**	0.954**
	Zn	−0.680*	−0.784*	−0.443	−0.365	−0.141	−0.611	−0.355
	Pb	0.869**	0.779*	0.973**	0.989**	0.995**	0.910**	0.952**
	Cd	−0.012	−0.160	0.272	0.353	0.552	0.075	0.356
B4	Cr	0.354	0.216	0.963**	0.911**	0.832**	0.571	0.620
	Mn	0.904**	0.823**	0.855**	0.670*	0.205	−0.149	0.127
	Ni	0.723*	0.618	0.974**	0.812**	0.515	0.159	0.358
	Cu	0.730*	0.626	0.968**	0.814**	0.502	0.160	0.341
	Zn	−0.008	−0.147	0.808**	0.835**	0.975**	0.816**	0.743*
	Pb	0.334	0.47	−0.571	−0.695*	−0.980**	−0.952**	−0.781*
	Cd	0.112	0.266	−0.740*	−0.789*	−0.971**	−0.862**	−0.755*
总量	Cr	0.999**	0.162	1.000**	0.998**	0.895**	0.994**	−0.559
	Mn	1.000**	0.18	1.000**	0.996**	0.904**	0.992**	−0.549
	Ni	0.158	0.995**	0.140	0.076	0.560	0.054	0.520
	Cu	0.979**	−0.011	0.983**	0.993**	0.805**	0.992**	−0.650
	Zn	0.853**	−0.353	0.863**	0.894**	0.554	0.901**	−0.773*
	Pb	0.987**	0.333	0.983**	0.968**	0.959**	0.964**	−0.453
	Cd	0.690*	0.541	0.683*	0.660	0.803**	0.597	−0.038

表6-34　树干与树根内不同形态重金属元素浓度的相关性

形态	根	干						
		Cr	Mn	Ni	Cu	Zn	Pb	Cd
B1	Cr	−0.856**	0.980**	−0.633	−0.960**	−0.988**	−0.860**	0.083
	Mn	−0.805**	0.976**	−0.557	−0.928**	−0.998**	−0.808**	0.020
	Ni	0.007	0.438	0.351	−0.238	−0.610	0.006	−0.202
	Cu	0.618	−0.208	0.850**	0.401	0.000	0.617	−0.212
	Zn	0.194	0.263	0.516	−0.060	−0.456	0.191	−0.165
	Pb	−0.564	0.149	−0.809**	−0.340	0.064	−0.564	0.280
	Cd	−0.215	0.548	0.070	−0.429	−0.683*	−0.225	0.350
B2	Cr	−0.674*	0.904**	0.721*	0.429	0.911**	−0.385	0.647
	Mn	−0.007	0.846**	0.614	0.923**	0.483	−0.316	0.130
	Ni	0.540	0.411	0.163	0.902**	−0.085	−0.052	−0.322
	Cu	−0.935**	0.751*	0.518	0.039	0.979**	−0.288	0.846**
	Zn	0.520	0.479	0.338	0.963**	−0.036	−0.173	−0.318
	Pb	−0.903**	0.764*	0.493	0.080	0.967**	−0.267	0.866**
	Cd	0.440	0.508	0.367	0.898**	0.017	−0.404	−0.319

续表

形态	根	干						
		Cr	Mn	Ni	Cu	Zn	Pb	Cd
B3	Cr	0.758*	0.840**	0.542	0.466	0.254	0.697*	0.467
	Mn	0.942**	0.971**	0.810**	0.755*	0.588	0.908**	0.745*
	Ni	0.780*	0.665	0.923**	0.948**	0.989**	0.830**	0.935**
	Cu	0.880**	0.934**	0.710*	0.646	0.456	0.834**	0.639
	Zn	−0.200	−0.042	−0.467	−0.536	−0.716*	−0.290	−0.521
	Pb	0.632	0.732*	0.388	0.305	0.083	0.562	0.322
	Cd	0.503	0.586	0.264	0.174	−0.023	0.436	0.243
B4	Cr	0.925**	0.956**	0.231	0.003	−0.563	−0.807**	−0.468
	Mn	0.986**	0.986**	0.465	0.222	−0.339	−0.642	−0.304
	Ni	0.991**	0.949**	0.647	0.429	−0.127	−0.462	−0.132
	Cu	0.993**	0.964**	0.628	0.389	−0.152	−0.485	−0.176
	Zn	0.911**	0.831**	0.854**	0.654	0.193	−0.167	0.108
	Pb	0.917**	0.845**	0.850**	0.631	0.185	−0.187	0.073
	Cd	−0.581	−0.651	0.233	0.293	0.815**	0.828**	0.723*
总量	Cr	0.049	0.971**	0.032	−0.035	0.460	−0.041	0.528
	Mn	0.114	0.995**	0.097	0.031	0.523	0.012	0.523
	Ni	0.916**	0.551	0.910**	0.881**	0.997**	0.862**	−0.264
	Cu	0.530	0.925**	0.516	0.458	0.839**	0.436	0.209
	Zn	0.814**	0.719*	0.804**	0.764*	0.983**	0.746*	−0.097
	Pb	0.884**	0.609	0.872**	0.837**	0.993**	0.824**	−0.200
	Cd	0.734*	0.698*	0.723*	0.684*	0.900**	0.665	−0.084

续表

第七章　道路林带三种配置中植物根系重金属富集形态

伴随社会经济的飞速发展，城市交通基础设施建设的日益完善，给交通运输业及出行带来极大便利的同时，也伴随着新的环境问题，即道路土壤的重金属污染，土壤中的重金属通过生物化学循环及生物地球化学循环给环境与人类的健康带来极大威胁。道路林带作为道路与其他区域之间的过渡地带，对环境污染物有一定的缓冲作用，在城市道路中的重金属防护与净化方面发挥着积极的作用。目前，对于城市道路林带植物中重金属富集特征的研究受制于城市中的种种条件，大多局限于地上部分器官，对树干、树枝、树叶研究较多，对根系及不同径级根系重金属富集特征的研究较少，而关于道路林带中根际土及根系中不同形态重金属变化特征的研究更为少见。基于此，本章通过对北京市海淀区蓝靛厂北路、京密引水渠岸边的防护林带中的植物根系进行取样分析，研究在城市特殊环境条件下，根系在 4 个生长时期（落叶前、落叶后、生长初期、生长盛期）对土壤中常见重金属（Cr、Mn、Cu、Ni、Zn、Cd、Pb）不同形态［酸溶态（B1）、可还原态（B2）、可氧化态（B3）、残渣态（B4）］的富集特征，以及各形态重金属在各径级根系中的迁移转化特征，探讨不同配置下国槐不同径级根系对不同形态重金属的吸收规律，以及不同配置下植物根系对重金属的富集特征，以期为道路防护林带树木配置模式的选择提供依据。

第一节　植物根系对重金属的富集特征

植物配置的不同会引起植物生长环境的差异，尽管主体树种一致也会使各配置间植物的生物量及对重金属的富集效能产生差异，通过分析不同配置下植物根系中重金属总浓度及不同形态浓度之间的差异，比较三种配置下植物根系中重金属的富集特征。

一、乔灌草配置

（一）根系中不同形态重金属元素浓度特征

对乔灌草配置下国槐的各径级根系、金银木根系及麦冬根系中不同形态重金属进行测定，结果如表 7-1 所示。各重金属元素总浓度在根系中均以 Mn 的浓度最高，而 Cd 元素浓度则最低，各根系中重金属元素浓度有较大差异，整体上在国槐细根和麦冬根系中浓度较高，且与其他根系重金属浓度差异较大。在 7 种重金属元素中，Cr、Mn 两种元素浓度在根系中变化趋势为麦冬根系最高，国槐细根次之；Cu、Ni、Cd 三种元素浓度在根系中变化趋势表现为国槐细根最高，麦冬根系次之；Zn 和 Pb 两种重金属元素则分别在金银木根系和国槐中根中浓度最大，而其他根系的重金属浓度排序则有所变化。在国槐不同径级根系中，Mn、Cu、Cd 3 种重金属元素浓度均表现为细根＞小根＞中根＞大根，而其他 4 种元素则是 Zn、Ni、Cr 元素浓度在细根中为最高，Pb 元素浓度为中根最高；Ni、Pb、Cr 重金属元素浓度都是以小根为最低，而其他的根系重金属浓度排序则有所变化。

不同形态重金属元素浓度之间差异性较大，Mn 的酸溶态（B1）在麦冬根系中浓度达到 64.125mg/kg，但 Cd 的残渣态（B4）在国槐小根中浓度仅为 0.003mg/kg，前者为后者的 21 375 倍。重金属的各个形态因重金属元素种类及根系的不同而表现出较大的差异。

Cr：在麦冬和国槐细根中各形态浓度变化趋势为残渣态（B4）＞可氧化态（B3）＞可还原态（B2）＞酸溶态（B1），在国槐小根、中根和大根中主要存在形态为可还原态（B2）；酸溶态（B1）在麦冬根系（0.518mg/kg）和国槐细根（0.281mg/kg）中的浓度显著（$P < 0.05$）高于另外几种根系，相差最高达 14 倍，最低也有 3.1 倍。

表 7-1　乔灌草配置中各植物根系各形态重金属元素浓度（mg/kg）

| 重金属 | 形态 | 国槐 | | | | 金银木 | 麦冬 |
		细根	小根	中根	大根		
Cr	B1	0.281b	0.037f	0.080d	0.090c	0.060e	0.518a
	B2	11.450a	5.342c	8.680b	10.521ab	5.355c	6.737c
	B3	15.584a	3.648e	3.912e	4.900c	4.278d	13.018b
	B4	18.700b	2.231e	4.453d	2.500e	5.936c	44.160a
	总浓度	46.016b	11.258f	17.125e	18.011c	15.629d	64.432a
Mn	B1	63.895a	26.796c	16.073d	14.147e	33.839b	64.125a
	B2	20.470a	13.426b	11.069d	10.778d	4.932e	20.604a
	B3	10.353b	3.322c	3.120c	2.577d	3.348c	11.975a
	B4	6.822b	2.165d	2.692c	1.638e	2.480c	14.652a
	总浓度	101.540b	45.709c	32.955e	29.140e	44.600d	111.356a
Cu	B1	3.973b	2.503c	2.237cd	2.519c	1.991d	24.062a
	B2	10.528b	4.893c	2.670d	2.478d	5.118c	13.180a
	B3	39.927a	13.413b	5.732c	5.678c	3.670d	5.949c
	B4	1.574b	0.570b	0.592b	0.429d	0.488d	1.904a
	总浓度	56.002a	21.379c	11.232f	11.104e	11.266d	45.095b
Ni	B1	0.194c	0.312a	0.269b	0.130d	0.118d	0.195c
	B2	0.721a	0.180c	0.304b	0.187c	0.299b	0.089d
	B3	1.710a	0.557c	0.580c	0.385e	0.483d	1.615b
	B4	1.537a	0.322d	0.840c	1.075b	0.360d	1.583a
	总浓度	4.161a	1.370d	1.993c	1.777d	1.261e	3.481b
Zn	B1	10.213c	1.701e	2.211d	1.206f	18.718a	11.960b
	B2	11.436a	3.606c	3.916c	0.123d	9.650b	3.152c
	B3	2.161b	3.380a	3.175a	3.190a	0.370d	1.762c
	B4	2.051b	0.805d	1.167e	1.812c	1.414d	3.134a
	总浓度	25.862b	9.491d	10.469e	6.330f	30.152a	20.008c
Cd	B1	0.091a	0.034d	0.023e	0.018e	0.080b	0.065c
	B2	0.132a	0.047d	0.035e	0.034e	0.062c	0.100b
	B3	0.032a	0.009bc	0.007d	0.008cd	0.008cd	0.011b
	B4	0.027a	0.003a	0.006a	0.010a	0.004a	0.005a
	总浓度	0.282a	0.093cd	0.071bcd	0.071d	0.154bc	0.180b
Pb	B1	0.097b	0.061d	0.086c	0.084c	0.084c	0.123a
	B2	0.334b	0.110c	0.111c	0.057d	0.076d	0.752a
	B3	1.738a	0.576de	0.606d	0.547e	0.725c	1.364b
	B4	0.498bc	0.263d	3.904a	0.562bc	0.279d	0.680b
	总浓度	2.668b	1.011e	4.707a	1.251d	1.165d	2.919c

注：不同小写字母表示不同根径级国槐根系及金银木、麦冬根系中重金属元素浓度之间差异显著（$P < 0.05$）

　　Mn：在 3 种植物根系中各形态重金属元素浓度变化趋势均表现为酸溶态（B1）＞可还原态（B2）＞可氧化态（B3）＞残渣态（B4），即 Mn 在根系中主要以酸溶态（B1）的形式存在，且占比在 48% 以上，其中在金银木中占比高达 75.9%，而残渣态（B4）占比最低，在 10% 左右，也说明 Mn 的活性较大，迁移能力较强；在麦冬根系和国槐细根中 Mn 元素各形态浓度显著高于其他根系，尤其是酸溶态（B1）浓度最大，分别达到64.125mg/kg、63.895mg/kg，4种形态Mn元素浓度在国槐中均为大根中最低。

Cu：在国槐和金银木的根系中分别以可氧化态（B3）和可还原态（B2）为主要存在形态，而在麦冬根系中则以酸溶态（B1）和可还原态（B2）为主要存在形态，残渣态（B4）在各根系中浓度都较低，均在2mg/kg以下，且占比仅在4%左右；在国槐根系中浓度最大的是可氧化态（B3），其次是可还原态（B2），而金银木根系中浓度最大的形态为可还原态（B2），其次为可氧化态（B3），麦冬中浓度最大的为酸溶态（B1），其次是可还原态（B2），产生这种差异可能是植物物种的差异引起对重金属富集效能的差异，而麦冬很有可能对Cu具有较强的清除能力［因为根系中酸溶态（B1）存在量大，说明其迁移能力强］。

Ni：在3种植物根系中主要以可氧化态（B3）和残渣态（B4）存在，酸溶态（B1）浓度最低；国槐细根、小根、金银木根系和麦冬根系中可氧化态（B3）浓度最高，其次是残渣态（B4），而国槐中根和大根中浓度最高的为残渣态（B4），其次是可氧化态（B3）；国槐细根和麦冬根系中重金属元素浓度比其他根系高，平均浓度分别为1.04mg/kg、0.87mg/kg，而其他均在0.5mg/kg以下。

Zn：作为植物必须微量元素，对植物的生长发育起到至关重要的作用，但是浓度过高也会对植物产生毒害，其在国槐细根、金银木根系和麦冬根系中活性较强，主要以酸溶态（B1）和可还原态（B2）的形式存在，占比高达75%以上，在国槐小根、中根中以可还原态（B2）和可氧化态（B3）为主要存在形态，国槐大根中则主要以可氧化态（B3）和残渣态（B4）的形式存在；酸溶态（B1）在根系中浓度大小依次为金银木根系18.718mg/kg＞麦冬根系11.960mg/kg＞国槐细根10.213mg/kg＞国槐中根2.211mg/kg＞国槐小根1.701mg/kg＞国槐大根1.206mg/kg，且差异显著（$P < 0.05$）。一般地，根系活跃度越高，Zn的酸溶态（B1）浓度就越高，有效性越强，有利于向其他部位迁移，以满足植物对金属元素的需求。

Cd：毒性大、移动性大，在3种植物根系中主要以酸溶态（B1）和可还原态（B2）存在，浓度占比在79.2%～92.0%，且残渣态（B4）浓度最低，最小仅为0.003mg/kg；同种形态之下各根系之间浓度差异不明显，也说明Cd的异质性不大。

Pb：在3种植物根系中主要以可氧化态（B3）和残渣态（B4）形式存在，各形态之间差异较大，每种根系中最大浓度与最小浓度之间相差均在10倍左右；相比之下，国槐细根和麦冬根系中各形态Pb的浓度均显著高于其他根系，在国槐根系中随着根径级的增加，Pb元素浓度也呈现出下降的趋势。

总体来讲，国槐细根和麦冬根系中重金属元素浓度要显著高于其他根系，7种重金属元素中Mn、Zn、Cd三种元素的酸溶态（B1）浓度较高，活性较大；Cu以可还原态（B2）和可氧化态（B3）为主，活性其次；Cr、Ni、Pb活性较弱，存在形态以可氧化态（B3）、残渣态（B4）为主。国槐根系中，随着径级的增大，重金属元素浓度逐渐降低，对重金属的富集效能减弱。

（二）根系重金属富集特征

富集系数可以在一定程度上反映出植物对重金属的富集效能，从各根系对不同形态重金属的富集系数来看（图7-1），重金属富集系数因根系差异、元素种类不同及形态变化而存在较大差异。总体上麦冬根系各形态重金属富集系数最大，其次是国槐细根，而国槐大根的富集系数相对来说最小；Mn、Ni、Zn各形态重金属的富集系数较小，富集系数基本上都小于1，特别是Ni，其富集系数平均值只有0.26，Cr、Cd、Pb三种重金属元素可还原态（B2）富集系数较大，其中麦冬根系对Pb可还原态（B2）富集系数达到32.38，达到超富集植物的标准（CF＞1），即对可还原态（B2）Pb富集效能很强，Cu对可氧化态（B3）富集系数较大，均超过了1，而国槐细根对Cu的可氧化态（B3）富集系数达到了17.23。在国槐根系中，随着根径级的增加，7种重金属富集系数均有下降的趋势。

Cr：从总量上看，除了麦冬根系与国槐细根的富集系数均高于1外，其他根系的富集系数均在0.5左右；麦冬根系对酸溶态（B1）富集效能最强，富集系数达到9.19，而其他根系则是对可还原态（B2）富集效能较强，国槐细根可还原态（B2）Cr富集系数为9.88。

Mn：虽然其浓度在根系中最高，但是其各形态富集系数却最小，国槐细根与麦冬根系对Mn的所有态（T）富集系数分别为1.6和2.4，其他均在1.0以下，而且各形态中酸溶态（B1）富集系数最大，这说明几种形态下，根系对酸溶态（B1）的富集效能最强，在根系中活跃程度高，也反映了其易迁移的特性。

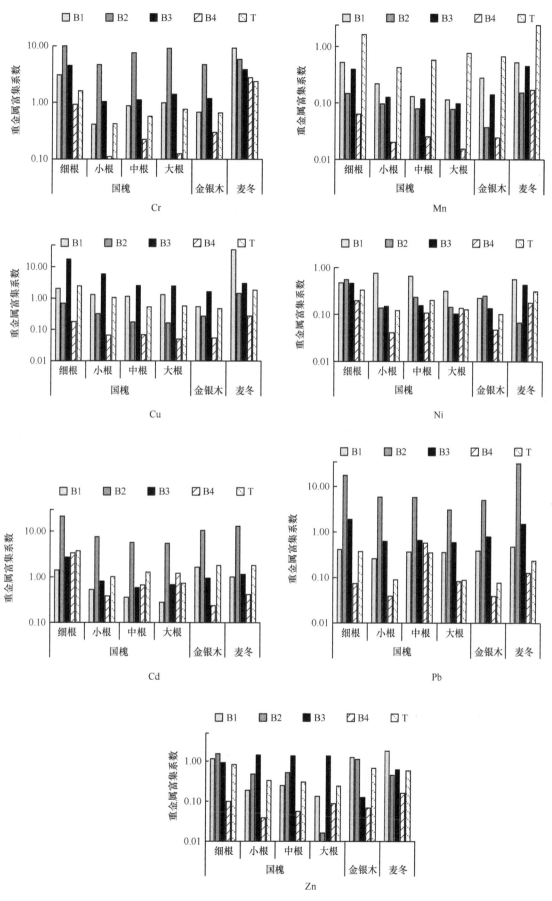

图 7-1 乔灌草配置中各根系重金属富集系数

Cu：根系富集 Cu 的能力较强，富集系数均值达到 2.82，其中对可氧化态（B3）富集效能最强，富集系数范围为 1.59 ～ 17.23，处于高富集水平；可还原态（B2）和残渣态（B4）富集系数相对较小，特别是残渣态（B4），其富集系数均在 0.3 以下；国槐细根的富集系数最大，小根次之，大根的富集系数最小。

Ni：相对于其他重金属来讲，其富集系数总体上偏小，几种形态中酸溶态（B1）的富集系数相对较大，残渣态（B4）富集系数较小，两者最大相差 19 倍。

Zn：富集系数也较小，但在麦冬根系、金银木根系及国槐细根中酸溶态（B1）富集系数高于 1，达到超富集的水平，而其他形态富集系数较小，特别是残渣态（B4）富集系数仅在 0.1 左右。

Cd：虽然其浓度很低，但是富集系数却很大，特别是可还原态（B2），在根系中的富集系数平均值达到 10.65，其中在国槐细根中可还原态（B2）富集系数达 21.48。

Pb：从总量看，富集系数平均值仅有 0.20，虽然麦冬根系可还原态（B2）富集系数达到 32.38，国槐细根可还原态（B2）富集系数为 17.71，其他根系可还原态（B2）富集系数在 5.00 左右，但其余形态 Pb 的富集系数在 1 以下。

（三）重金属富集效能

1. 土壤中重金属的累积特征

通过分析乔灌草配置下土壤中重金属累积特征（表 7-2），可知该种配置下，重金属累积量为 6763.61mg/m²，7 种重金属累积量大小顺序为 Mn（4829.89mg/m²）＞ Zn（1027.18mg/m²）＞ Cr（352.58mg/m²）＞ Cu（262.00mg/m²）＞ Ni（183.76mg/m²）＞ Pb（106.65mg/m²）＞ Cd（1.55mg/m²），其中 Mn 元素的累积量占到总量的 71.41%，即乔灌草配置中主要存在重金属为 Mn，而含量最低的 Cd 含量占比仅有 0.02%。重金属的生物有效性系数 K 值 [K=B1/(B1+B2+B3+B4)]，因重金属元素种类的不同而存在较大的差异，最大的为 Cd，K 值达到 0.567，而最小的为 Cr，仅有 0.008；植物生长必须元素 Zn 和 Mn 的 K 值分别为 0.379、0.264，有益元素 Cu 和 Ni 的 K 值分别为 0.06、0.02；而有害元素 Pb 的 K 值在 0.02，乔灌草配置中 Cd 的生物有效性最大，而 Cr 的生物有效性最低。Cr 和 Pb 主要存在形态为残渣态（B4），所占比例分别为 80.24%、84.18%，表明这两种重金属稳定性强，不易被植物所吸收；Cu 的主要存在形态为可还原态（B2），其潜在有效性较大。总体上来说，乔灌草配置 K 值为 0.250，且可还原态（B2）占比为 0.307，两者相加为 0.557，表明该种配置土壤中重金属的潜在有效性较大。

表 7-2　乔灌草配置土壤重金属累积（mg/m²）特征

形态	Cr	Mn	Cu	Ni	Zn	Cd	Pb	合计	占比（%）
B1	2.77	1276.38	16.11	4.09	389.18	0.82	2.69	1692.02	25.02
B2	16.93	1677.01	124.88	14.19	243.77	0.07	0.19	2077.03	30.71
B3	49.98	387.17	16.70	57.95	86.62	0.35	14.00	612.76	9.06
B4	282.91	1489.33	104.31	107.52	307.62	0.32	89.78	2381.79	35.21
合计	352.58	4829.89	262.00	183.76	1027.18	1.55	106.65	6763.61	100.00
占比（%）	5.21	71.41	3.87	2.72	15.19	0.02	1.58	100.00	

2. 根系重金属富集效能

通过计算得出乔灌草配置下国槐、金银木、麦冬三种植物的根系在单位面积上的生物量分别 7.07mg/m²、0.19mg/m²、2.16mg/m²，以此可知，国槐根系在单位面积上生物量最大，而金银木最小。重金属在植物根系的富集特征因植物的不同、重金属元素的不同及重金属形态的不同而存在较大的差异（表 7-3），总体来说国槐单位面积的重金属富集效能（670.35mg/m²）＞麦冬（535.03mg/m²）＞金银木（19.47mg/m²）；单位面积 Mn 的富集效能最大，在三种植物中占比均超过了 42%，三种植物根系对 Cd 的富集效能最低，占比均不到 0.2%；而不同重金属形态中，三种植物根系均对酸溶态（B1）富集效能最大，占比均在 30% 以上，其中金银木根系中 7 种重金属酸溶态（B1）富集效能占比达到 52.66%。

表 7-3　乔灌草配置中各植物根系重金属富集效能（mg/m²）

树种	形态	Cr	Mn	Cu	Ni	Zn	Cd	Pb	合计	占比（%）
国槐	B1	0.71	161.99	18.44	1.49	18.65	0.22	0.58	202.07	30.14
	B2	64.68	88.33	27.80	1.99	22.32	0.34	0.81	206.27	30.77
	B3	39.95	26.75	79.04	4.43	21.91	0.08	5.01	177.17	26.43
	B4	34.64	18.66	4.49	6.53	10.41	0.07	10.05	84.84	12.66
	合计	139.97	295.72	129.78	14.43	73.29	0.71	16.45	670.35	100.00
	占比（%）	20.88	44.11	19.36	2.15	10.93	0.11	2.45	100.00	
金银木	B1	0.01	6.32	0.37	0.02	3.50	0.02	0.02	10.26	52.66
	B2	1.00	0.92	0.96	0.06	1.80	0.01	0.01	4.76	24.46
	B3	0.80	0.63	0.69	0.09	0.07	0.00	0.14	2.41	12.36
	B4	1.11	0.46	0.09	0.07	0.26	0.00	0.05	2.05	10.52
	合计	2.92	8.33	2.11	0.24	5.63	0.03	0.22	19.47	100.00
	占比（%）	15.00	42.79	10.81	1.21	28.93	0.15	1.12	100.00	
麦冬	B1	1.12	138.64	52.02	0.42	25.86	0.14	0.27	218.47	40.83
	B2	14.57	44.55	28.50	0.19	6.82	0.22	1.63	96.46	18.03
	B3	28.14	25.89	12.86	3.49	3.81	0.02	2.95	77.17	14.42
	B4	95.47	31.68	4.12	3.42	6.78	0.01	1.47	142.94	26.72
	合计	139.30	240.75	97.50	7.53	43.26	0.39	6.31	535.03	100.00
	占比（%）	26.04	45.00	18.22	1.41	8.09	0.07	1.18	100.00	

国槐根系对 Mn 的富集效能最大，达到 295.72mg/m² 占比达 44.11%，而对 Cd 富集效能最小，仅有 0.71mg/m²，占比仅有 0.11%；Cr、Cu、Zn 的主要累积形态为可还原态（B2）和可氧化态（B3），Mn、Cd 为酸溶态（B1）和可还原态（B2），而 Ni 和 Pb 则为可氧化态（B3）和残渣态（B4）；整体上，国槐根系对酸溶态（B1）和可还原态（B2）富集效能较大，占比之和超过 60%，对残渣态（B4）富集效能仅有 84.84mg/m²，占比仅 12.66%。金银木根系对重金属的富集效能仅有 19.47mg/m²，且大部分以酸溶态（B1）累积，占比在 52.66%，对 Mn 的富集效能为 8.33mg/m² 占比达 42.79%，而对 Cd 的富集效能仅有 0.03mg/m² 占比也只有 0.15%；Cr 的主要累积形态为可还原态（B2）和残渣态（B4），Mn、Zn、Cd 为酸溶态（B1）和可还原态（B2），Cu 为可还原态（B2）和可氧化态（B3），而 Ni 和 Pb 则为可氧化态（B3）和残渣态（B4）。麦冬根系对 Mn 的富集效能最大，为 240.75mg/m²，占比高达 45.00%，Cd 富集效能仅有 0.39mg/m² 占比只有 0.07%；麦冬根系的最大累积形态为酸溶态（B1），与国槐和金银木根系相同，但其第二大累积形态为残渣态（B4），而国槐和金银木根系则为可还原态（B2）；麦冬根系中 Cr、Ni 的主要累积形态为可氧化态（B3）和残渣态（B4），Mn、Cu、Zn、Cd 为酸溶态（B1）和可还原态（B2），而 Pb 则为可还原态（B2）和可氧化态（B3）。

二、乔乔草配置

（一）根系中不同形态重金属元素浓度特征

对乔乔草配置下国槐的各径级根系、梨树根系及麦冬根系中不同形态重金属元素浓度进行测定，结果如表 7-4 所示。各重金属元素总浓度在根系中均以麦冬根系中的 Mn 为最高，总浓度达到 112.986mg/kg，最低浓度在国槐大根中的 Cd 元素，浓度仅为 0.038mg/kg。各根系中重金属元素浓度变化有较大差异，Zn、

Cd 三种重金属元素浓度在根系中大小表现为国槐细根＞麦冬根系＞梨树根系＞国槐小根＞国槐中根＞国槐大根，并且浓度之间差异达到显著水平（$P < 0.05$），其他 5 种重金属在根系中浓度最高的在麦冬根系和国槐细根中；随着国槐径级的增长，各重金属的浓度整体呈现递减的趋势。

表 7-4　乔乔草配置中各植物根系各形态重金属元素浓度（mg/kg）

重金属	形态	国槐				梨树	麦冬
		细根	小根	中根	大根		
Cr	B1	0.212b	0.064d	0.117c	0.043e	0.048e	0.417a
	B2	11.743b	7.015c	12.144a	6.780d	2.570f	2.796e
	B3	10.847a	2.904c	3.366c	1.217d	1.336d	5.107b
	B4	8.214b	2.365e	3.480d	1.665f	4.396c	33.832a
	总浓度	31.016b	12.348d	19.107c	9.705e	8.350f	42.152a
Mn	B1	58.604b	24.792c	21.573d	6.856f	7.916e	64.924a
	B2	17.957b	9.529d	9.691c	5.569e	1.377f	19.000a
	B3	6.619b	1.749c	1.669c	0.866d	0.880d	9.165a
	B4	5.428b	1.965c	2.055c	1.567d	1.018e	19.897a
	总浓度	88.608b	38.035c	34.988d	14.858e	11.191f	112.986a
Cu	B1	4.979b	0.972d	0.877d	0.577f	1.236c	16.374a
	B2	18.091a	4.844c	3.587d	1.479e	3.636d	11.597b
	B3	51.645a	7.957bc	3.934d	1.005e	9.821b	6.241c
	B4	1.644b	0.567c	0.340d	0.153e	0.325d	2.770a
	总浓度	76.359a	14.340d	8.738e	3.214f	15.018c	36.982b
Ni	B1	0.130d	0.209a	0.176b	0.090e	0.053f	0.155c
	B2	0.564a	0.155b	0.114c	0.042d	0.175b	0.133c
	B3	1.119b	0.261d	0.197d	0.453c	0.084e	1.194a
	B4	0.597b	0.316d	0.347c	0.194e	0.143f	1.877a
	总浓度	2.410b	0.941c	0.834d	0.779d	0.455e	3.359a
Zn	B1	17.470a	1.869d	1.160e	0.737f	9.607c	16.860b
	B2	11.991a	7.773c	3.274d	0.261e	3.103d	9.617b
	B3	2.176e	2.457d	5.918a	3.087b	2.936c	1.899f
	B4	1.039b	0.301c	0.218d	0.167d	0.160d	4.865a
	总浓度	32.676b	12.400d	10.570e	4.252f	15.806c	33.241a
Cd	B1	0.079a	0.028c	0.018cd	0.015d	0.044b	0.086a
	B2	0.089b	0.027d	0.020e	0.012f	0.039c	0.101a
	B3	0.012a	0.007c	0.005d	0.007c	0.007c	0.009b
	B4	0.005ab	0.004bc	0.004bc	0.004bc	0.002c	0.007a
	总浓度	0.185b	0.066d	0.047e	0.038e	0.092c	0.203a
Pb	B1	0.179a	0.074d	0.083d	0.116b	0.095c	0.191a
	B2	0.628b	0.245c	0.215cd	0.167d	0.201cd	2.255a
	B3	1.834a	0.601bc	0.510c	0.349d	0.632b	1.763a
	B4	0.542b	0.316c	0.255c	1.491a	0.106d	1.539a
	总浓度	3.183b	1.236d	1.063e	2.213c	1.034f	5.748a

不同形态重金属的浓度差异性很大，浓度最大值为麦冬根系中 Mn 的酸溶态（B1），达到 64.924mg/kg，浓度最小值为梨树根系中残渣态（B4）Cd 浓度，仅有 0.002mg/kg。重金属的各个形态因重金属元素种类及

根系的不同而表现出较大的差异。

Cr：在梨树根系与麦冬根系中的主要存在形态为残渣态（B4），特别是在麦冬中残渣态（B4）浓度高达 33.832mg/kg，占比达到 80.26%，梨树根系中残渣态（B4）占比在 50% 以上；国槐根系中，主要存在形态为可还原态（B2），除了国槐细根占比仅有 37.86% 外，其他径级国槐根系中可还原态（B2）占比在 60% 左右；无论是哪种根系中，酸溶态（B1）浓度均最低，平均仅为 0.150mg/kg，最低值出现在国槐大根中，浓度仅有 0.043mg/kg；每种形态最高浓度在麦冬根系或国槐细根中，最低浓度在国槐大根或者梨树根系中。

Mn：在根系中各形态浓度变化趋势表现为酸溶态（B1）＞可还原态（B2）＞残渣态（B4）＞可氧化态（B3），Mn 在根系中主要存在形态为酸溶态（B1），占比在 50% 以上，其中在梨树根系中占比达到 70.73%，可氧化态（B3）浓度最低，占比仅在 10% 左右，表明其活性较大，迁移性大；麦冬根系中各个形态浓度均显著（$P < 0.05$）高于其他根系，其酸溶态（B1）浓度为 64.924mg/kg，而国槐大根中酸溶态（B1）浓度仅有 6.856mg/kg，高了近 10 倍，反映出麦冬根系累积 Mn 的酸溶态（B1）能力较强，国槐细根中浓度值次之，这两者浓度远高于其他根系，最小差距也在 1.85 倍；梨树根系中各形态 Mn 浓度均较低，平均浓度仅有 2.798mg/kg。

Cu：在国槐根系及梨树根系中以可还原态（B2）和可氧化态（B3）为主要存在形态，梨树中两种形态占总量的 85% 左右，在国槐细根中占比达 91.32%，最低占比在国槐大根中，占比为 77.29%，国槐与梨树根系中各形态 Cu 浓度呈现可氧化态（B3）＞可还原态（B2）＞酸溶态（B1）＞残渣态（B4），在麦冬根系中主要存在形态为酸溶态（B1）和可还原态（B2），两者占比达到 75.63%；国槐细根和麦冬根系中 Cu 元素浓度相比其他根系偏高，其中可氧化态（B3）在国槐细根中浓度为 51.645mg/kg，远远高于其他根系中，浓度最低的是残渣态（B4），在根系中浓度平均值仅有 0.966mg/kg；从平均值来看，国槐细根（19.090mg/kg）＞麦冬根系（9.245mg/kg）＞梨树根系（3.754mg/kg）＞国槐小根（3.585mg/kg）＞国槐中根（2.184mg/kg）＞国槐大根（0.803mg/kg）。

Ni：麦冬根系中主要以可氧化态（B3）和残渣态（B4）形式存在，梨树根系中则是以可还原态（B2）和残渣态（B4）为主，在国槐细根和梨树根系中酸溶态（B1）浓度最低外，其他均是可还原态（B2）浓度最低；麦冬根系、国槐小根和中根中浓度最高为残渣态（B4），分别为 1.877mg/kg、0.316mg/kg、0.347mg/kg，国槐细根和大根中浓度最高的为可氧化态（B3），而梨树中浓度最高的为可还原态（B2），浓度为 0.175mg/kg；整体上 Ni 的浓度偏低，从平均浓度上来看，麦冬根系中最高而梨树根系中最低。

Zn：在国槐细根、梨树根系及麦冬根系中主要存在形态为酸溶态（B1），浓度分别为 17.470mg/kg、9.607mg/kg、16.860mg/kg，国槐小根中浓度最高的为可还原态（B2），浓度为 7.773mg/kg，而在中根和大根中，浓度最高的为可氧化态（B3），3 种植物根系中浓度最低的为残渣态（B4），平均浓度仅有 1.125mg/kg；生物有效性大的形态酸溶态（B1）和可还原态（B2），在麦冬和国槐细根中的浓度显著（$P < 0.05$）高于其他根系；随着国槐根径级的增大，酸溶态（B1）和可还原态（B2）浓度呈现递减趋势，可还原态（B2）在细根中浓度为 11.991mg/kg，而大根中仅有 0.261mg/kg，前者是后者的 46 倍。

Cd：整体浓度较低，在 0.1mg/kg 以下，酸溶态（B1）和可还原态（B2）浓度相对较高，在国槐细根、梨树根系及麦冬根系中占比超过 90%，国槐大根中占比最低，占比也达到 71%；浓度最低的形态为残渣态（B4），平均浓度仅有 0.004mg/kg，在梨树根系中浓度仅 0.002mg/kg，除了麦冬和国槐细根中浓度显著（$P < 0.05$）高于其他根系外，其余根系之间浓度差异不大。

Pb：在国槐细根、梨树和麦冬中主要存在形态为可还原态（B2）和可氧化态（B3），其他根系中则是可氧化态（B3）和残渣态（B4），且酸溶态（B1）浓度最低；整体上，麦冬和国槐细根重金属元素浓度高于其他根系，而且其他根系中浓度较低，大都在 1mg/kg 以下，特别是梨树根系，Pb 各形态浓度均较低，平均浓度仅有 0.258mg/kg；随着国槐根径级的增加，浓度先逐渐降低，在国槐大根中又稍微上升。

总体来说，国槐细根和麦冬根系中重金属元素浓度高于其他根系，Mn、Cd、Zn 三种元素的有效态［酸溶态（B1）和可还原态（B2）］占比较大，Cr 和 Cu 潜在活性较大［可还原态（B2）和可氧化态（B3）占比大］，Ni 和 Pb 活性较低，主要以可氧化态（B3）和残渣态（B4）形式存在，且酸溶态（B1）浓度也是各形态中最低的。随着国槐根径级的增加，各形态重金属元素浓度有下降的趋势。

（二）根系重金属富集特征

重金属富集系数可以反映出植物对重金属的富集效能，国槐根系、梨树根系及麦冬根系的富集系数如图 7-2 所示，从中可知，重金属的富集系数因植物种类、重金属元素种类及形态的不同而存在差异。总体上，麦冬根系和国槐细根的富集系数相对较大，国槐大根的富集系数较小；Mn、Ni、Zn 各形态富集系数较小，富集系数大多分布在 0.5 以下，3 种元素富集系数平均值分别为 0.16、0.17、0.47，Cr、Cd、Pb 3 种元素可还原态（B2）富集系数较大，其中麦冬根系的可还原态（B2）Pb 富集系数达到 94.3，可氧化态（B3）Cu 富集系数超过 1。

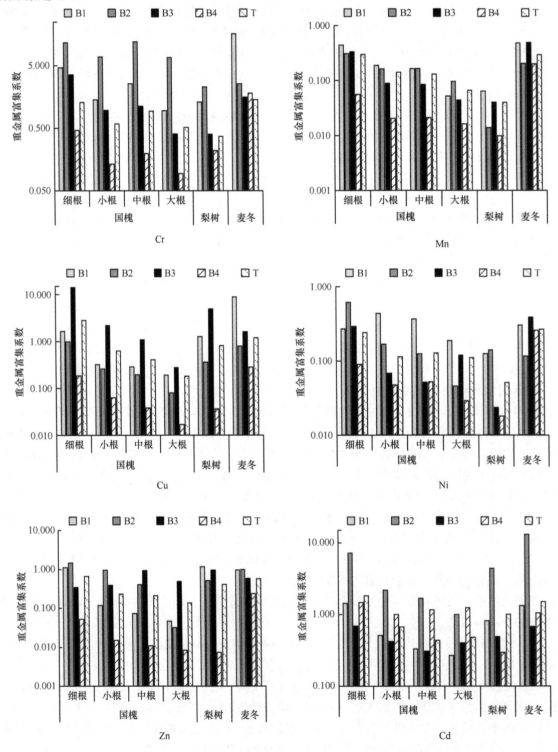

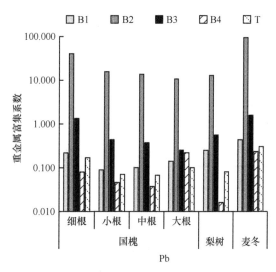

图 7-2　乔乔草配置根系重金属富集系数

图中 T 为总量

Cr：在麦冬根系中酸溶态（B1）富集系数最大，达到 16.1，而其他根系则是对可还原态（B2）的富集效能较强，且富集系数均在 2 以上，达到超富集（BCF > 1）标准，残渣态（B4）富集系数相对较低；麦冬根系对各个形态 Cr 的富集系数均大于 1，表明麦冬对 Cr 具有较强的富集效能，可作为地被植物使用以达到净化土壤的效用；梨树根系富集系数不高，所有态（T）的富集系数也只有 0.4，对 Cr 的富集效能较低。

Mn：虽然其在根系中浓度较高，但是富集系数却小，均在 0.5 以下，特别是在梨树根系中富集系数平均值仅有 0.03，残渣态（B4）富集系数只有 0.01；几种形态的富集系数相比之下，酸溶态（B1）相对较大，残渣态（B4）最小；麦冬和国槐细根的富集系数高于其他根系，国槐大根富集系数较小，反映出各植物根系中 Mn 不易发生集聚，从而对植物产生危害。

Cu：几种形态对比下，可氧化态（B3）富集系数相对较大，其中国槐细根的富集系数达到 14.1，残渣态（B4）富集系数最低；麦冬根系对酸溶态（B1）富集效能强于其他形态，富集系数达到 8.8，比最低的残渣态（B4）富集系数高了近 30 倍；随着国槐径级的增长，富集系数逐渐降低，国槐细根中可氧化态（B3）富集系数 14.1，大根中仅为 0.3。

Ni：各根系中 Ni 元素富集系数大小均在 0.6 以下，平均仅有 0.17，麦冬根系和国槐细根富集系数较其他根系大，梨树根系富集系数最低。

Zn：富集系数也较低，相对于 Mn 和 Ni 稍大，但是大部分根系的富集系数也在 1 以下，国槐细根、梨树根系酸溶态（B1）以及国槐细根、国槐小根、麦冬根系可还原态（B2）的富集系数超过了 1，达到了超富集标准；残渣态（B4）富集系数最低，平均只有 0.05，梨树根系仅有 0.007。

Cd：各形态在根系中浓度特别低，但是其富集系数较大，特别是可还原态（B2），均在 1 以上，且麦冬根系富集系数达到 13.2；可氧化态（B3）富集系数相对较小；麦冬和国槐细根的富集系数大于其他根系，国槐大根和梨树根系富集效能较低。

Pb：可还原态（B2）富集系数较大，其中麦冬可还原态（B2）富集系数达到 94.3，国槐细根的可还原态（B2）富集系数为 40.0，其他形态的富集系数相对较小，大都在 1 以下。

（三）重金属富集效能

1. 土壤中重金属的累积特征

将乔乔草配置下土壤中重金属累积量进行平均化，得出土壤中重金属的累积特征。从表 7-5 中可知，土壤中重金属累积量为 6813.43mg/m²，7 种重金属元素累积量大小顺序为 Mn（4492.79mg/m²）＞ Zn（1050.83mg/m²）＞ Cu（469.43mg/m²）＞ Cr（468.45mg/m²）＞ Ni（194.93mg/m²）＞ Pb（135.76mg/m²）＞ Cd（1.23mg/m²），其中 Mn 占到 65.94%，即乔乔草配置下土壤中主要存在重金属为 Mn，累积量最低的为 Cd，仅占 0.02%，而累积量第二高的 Zn，占比也仅有 15.42%，Cr 和 Cu 累积量基本相同。重金属生物有效性系数 K 值，因元素种类的不同而存在差异，7 种元素 K 值分别为 Cr，0.008；Mn，0.365；Cu，0.039；Ni，0.072；Zn，0.436；Cd，0.493；Pb，0.079。由此可知，Cd、Zn、Mn 三种元素的生物有效性最大，而 Cr 最小。Pb 和 Cr 两种元素主要以残渣态（B4）形式存在于土壤中，占比分别为 80.08%、76.73%，即这两种金属不易被植物所利用；Cu 主要存在形态为可还原态（B2），潜在有效性较大。总体上，乔乔草配置 K 值为 0.315，而可氧化态（B3）和残渣态（B4）两者占比为 51.11%，稳定性较强。

表 7-5　乔乔草配置土壤重金属累积（mg/m^2）特征

形态	Cr	Mn	Cu	Ni	Zn	Cd	Pb	合计	占比（%）
B1	3.81	1639.14	18.36	14.02	458.63	0.61	10.69	2145.28	31.49
B2	35.27	658.23	292.59	15.07	184.25	0.13	0.12	1185.66	17.40
B3	69.94	304.26	42.69	41.38	80.52	0.27	16.23	555.29	8.15
B4	359.43	1891.15	115.79	124.45	327.43	0.23	108.71	2927.20	42.96
总量	468.45	4492.79	469.43	194.93	1050.83	1.23	135.76	6813.43	100.00
占比（%）	6.88	65.94	6.89	2.86	15.42	0.02	1.99	100.00	

2. 根系重金属富集效能

通过计算得出乔乔草配置中国槐、梨树、麦冬三种植物的根系在单位面积上的生物量分别为 5.58kg/m²、0.89kg/m²、3.43kg/m²，据此可知，国槐根系在单位面积上的生物量最大，而梨树根系在单位面积上的生物量最小。重金属在乔乔草配置中的富集效能因植物种类的不同而存在差异（表 7-6），总体上，麦冬根系中的重金属富集效能（804.728mg/m²）＞国槐根系（435.165mg/m²）＞梨树根系（46.218mg/m²）；国槐根系和麦冬根系中 Mn 的富集效能最大，占比分别为 42.91%、48.15%，而梨树根系中富集效能最大的为 Zn，占比为 30.43%，三种植物中 Cd 的富集效能均最小，占比均在 0.2% 以下；三种植物根系对重金属的酸溶态（B1）富集效能较大，占比均在 30% 以上，麦冬最高，达到 42.19%。

表 7-6　乔乔草配置中各植物根系重金属富集效能（mg/m^2）

树种	形态	Cr	Mn	Cu	Ni	Zn	Cd	Pb	合计	占比（%）
国槐	B1	0.488	113.779	6.994	0.787	16.969	0.143	0.594	139.754	32.12
	B2	49.618	49.73	25.959	0.807	21.681	0.146	1.39	149.331	34.32
	B3	18.21	10.783	50.741	2.371	20.332	0.039	3.439	105.914	24.34
	B4	17.134	12.456	2.556	1.711	1.724	0.022	4.562	40.166	9.23
	合计	85.450	186.748	86.250	5.676	60.705	0.351	9.985	435.165	100
	占比（%）	19.64	42.91	19.82	1.3	13.95	0.08	2.29	100	
梨树	B1	0.043	7.043	1.099	0.047	8.547	0.039	0.085	16.903	36.57
	B2	2.287	1.225	3.235	0.156	2.76	0.035	0.179	9.877	21.37
	B3	1.188	0.783	8.738	0.075	2.612	0.007	0.563	13.965	30.22
	B4	3.911	0.906	0.289	0.127	0.143	0.002	0.095	5.472	11.84
	合计	7.429	9.957	13.361	0.404	14.063	0.083	0.921	46.218	100
	占比（%）	16.07	21.54	28.91	0.87	30.43	0.18	1.99	100	
麦冬	B1	1.431	222.634	56.148	0.533	57.816	0.297	0.656	339.516	42.19
	B2	9.586	65.156	39.769	0.457	32.978	0.345	7.731	156.022	19.39
	B3	17.512	31.427	21.401	4.095	6.513	0.031	6.046	87.025	10.81
	B4	116.016	68.23	9.498	6.437	16.681	0.025	5.278	222.165	27.61
	合计	144.545	387.447	126.817	11.522	113.988	0.697	19.712	804.728	100
	占比（%）	17.96	48.15	15.76	1.43	14.16	0.09	2.45	100	

国槐根系中 Mn 的富集效能最大，为 186.748mg/m²，其次是 Cu、Cr，富集效能分别为 86.250mg/m²、85.450mg/m²，而 Cd 的富集效能最低，仅有 0.351mg/m²，占比 0.08%；Cr、Cu、Zn 三种元素主要富集形态为可还原态（B2）和可氧化态（B3），Mn、Cd 两种元素主要富集形态为酸溶态（B1）和可还原态（B2），Ni、Pb 主要富集形态为可氧化态（B3）和残渣态（B4）；整体上，国槐根系可还原态（B2）重金属富集效能大，而残渣态（B4）富集效能小，前者是后者的 3.7 倍。梨树根系中 Zn 富集效能最大，为 14.063mg/m²，占比达到 30.43%，其次是 Cu（13.361mg/m²）、Mn（9.957mg/m²），Cd 的富集效能最小，仅有 0.083mg/m²，占比只有 0.18%；Cr、Ni 主要富集形态为可还原态（B2）和残渣态（B4），Mn、Zn、Cd 主要富集形态为酸溶态（B1）和可还原态（B2），而 Cu 和 Pb 主要富集形态为可氧化态（B3）和可还原态（B2）；麦冬根系中 Mn 富集效能最大，为 387.447mg/m²，占比达 48.15%，Cd 富集效能最小，仅有 0.697mg/m²，占比 0.09%；Mn、Cu、Zn、Cd 四种元素主要富集形态为酸溶态（B1）和可还原态（B2），Cr 和 Ni 为可氧化态（B3）和残渣态（B4），而 Pb 则为可还原态（B2）和可氧化态（B3）。国槐和梨树根系富集形态最少的为残渣态（B4），而麦冬富集形态最少的为可氧化态（B3），可能是物种差异所导致的。

三、乔灌配置

（一）根系中不同形态重金属元素浓度特征

对乔灌配置下国槐的各径级根系、蔷薇根系中不同形态重金属浓度进行测定，结果如表 7-7 所示。国槐根系和蔷薇根系中 7 种重金属的浓度分布规律相似，均表现为 Mn 浓度最高，而 Cd 浓度最低。重金属总浓度在根系中表现为国槐细根＞国槐小根＞蔷薇根系＞国槐中根＞国槐大根。Cr 浓度在国槐细根中最高，其次是小根，中根中最低，其他 6 种重金属元素浓度在根系中呈现国槐细根＞国槐小根＞蔷薇根系＞国槐中根＞国槐大根的变化趋势，且差异均达到显著水平（$P < 0.05$）。

表 7-7　乔灌配置中各植物根系各形态重金属元素浓度（mg/kg）

重金属	形态	国槐				蔷薇
		细根	小根	中根	大根	
Cr	B1	0.093a	0.078b	0.036c	0.030d	0.032d
	B2	5.302d	7.442a	4.169e	7.149b	5.407c
	B3	2.514b	1.285c	0.520e	0.838d	2.827a
	B4	3.366a	2.453b	1.276e	1.565c	1.448d
	总浓度	11.275a	11.258b	6.001e	9.582d	9.714c
Mn	B1	43.613a	21.620b	6.533d	5.974d	15.546c
	B2	12.562a	8.088b	7.061c	4.457d	4.417d
	B3	2.906a	0.593c	0.264d	0.226d	1.423b
	B4	3.671a	1.566b	1.239c	0.705e	0.960d
	总浓度	62.752a	31.867b	15.097d	11.362e	22.346c
Cu	B1	3.156a	1.444c	1.161d	1.121e	1.862b
	B2	11.297a	4.462b	2.423c	1.742d	4.418b
	B3	16.829a	2.889c	0.850d	0.521d	4.558b
	B4	1.231a	0.518b	0.218c	0.164e	0.181d
	总浓度	32.513a	9.313c	4.652d	3.548e	11.019b
Ni	B1	0.092c	0.340a	0.100c	0.053d	0.195b
	B2	0.308b	0.155c	0.094d	0.017e	0.763a
	B3	0.423a	0.026c	0.375ab	0.354b	0.357b
	B4	0.461a	0.181d	0.135e	0.310b	0.216c
	总浓度	1.284b	0.702e	0.704d	0.734c	1.531a

续表

重金属	形态	国槐				蔷薇
		细根	小根	中根	大根	
Zn	B1	15.685a	2.226b	0.772c	0.110d	2.462b
	B2	5.616a	2.584c	1.698d	0.615e	4.311b
	B3	19.739a	2.800c	3.536b	2.028d	2.728c
	B4	1.307a	1.313a	0.314b	0.162c	0.397b
	总浓度	42.347a	8.923c	6.320d	2.915e	9.898b
Cd	B1	0.054a	0.027b	0.015c	0.016c	0.026b
	B2	0.058a	0.021b	0.018b	0.011c	0.012c
	B3	0.008a	0.004b	0.003b	0.005b	0.009a
	B4	0.008b	0.003c	0.011a	0.003c	0.005c
	总浓度	0.128a	0.055b	0.047c	0.035d	0.052bc
Pb	B1	0.136a	0.064c	0.073b	0.062c	0.001d
	B2	0.250a	0.112b	0.066c	0.034d	0.022d
	B3	0.641a	0.260c	0.159d	0.159d	0.525b
	B4	0.519a	0.446b	0.298c	0.309c	0.142d
	总浓度	1.546a	0.882b	0.596d	0.564e	0.690c

不同形态重金属的浓度差异性很大，最高浓度出现在国槐细根中，为 Mn 的酸溶态（B1），浓度为 43.613mg/kg，最低浓度则在国槐大根中，为 Cd 的残渣态（B4），仅为 0.003mg/kg，前者是后者的 14 538 倍。重金属的各个形态浓度因重金属元素种类及根系的不同而表现出较大的差异。

Cr：在根系中各形态浓度变化趋势为可还原态（B2）＞残渣态（B4）＞可氧化态（B3）＞酸溶态（B1），即在根系中以可还原态（B2）为主要存在形态，在各根系中占比均值为 62.57%，其中在国槐大根中占比达到 74.61%；酸溶态（B1）在各根系之间差异不大，最高在国槐细根中，为 0.093mg/kg，在国槐大根和蔷薇根系中浓度较低，分别为 0.030mg/kg、0.032mg/kg，相差不大；可还原态（B2）在国槐小根中浓度最大，国槐大根中次之，可氧化态（B3）和残渣态（B4）在国槐细根和蔷薇根系中浓度显著（$P < 0.05$）高于其他根系；各根系之间浓度均值表现为国槐细根（2.819mg/kg）＞国槐小根（2.815mg/kg）＞蔷薇根系（2.429mg/kg）＞国槐大根（2.396mg/kg）＞国槐中根（1.500mg/kg），基本表现为随着国槐根径级的增长，重金属元素浓度呈下降趋势。

Mn：各形态 Mn 元素浓度大小在国槐根系中为酸溶态（B1）＞可还原态（B2）＞残渣态（B4）＞可氧化态（B3），而在蔷薇根系中则为酸溶态（B1）＞可还原态（B2）＞可氧化态（B3）＞残渣态（B4）；在国槐细根、国槐小根和蔷薇根系中酸溶态（B1）远高于可还原态（B2），在国槐小根中酸溶态（B1）浓度为 21.620mg/kg，可还原态（B2）浓度为 8.088mg/kg，前者是后者的 2.7 倍，而国槐细根和蔷薇根系中酸溶态（B1）是可还原态（B2）的 3.5 倍左右，三种根系中酸溶态（B1）占比均在 65% 以上。

Cu：在国槐细根、国槐小根和蔷薇根系中以可还原态（B2）和可氧化态（B3）为主要存在形态，而在国槐中根与国槐大根中主要存在形态为酸溶态（B1）和可还原态（B2），总体上残渣态（B4）的浓度在四种形态中最低，占比在 4% 左右，在国槐大根中残渣态（B4）浓度最低，仅有 0.164mg/kg，占比不到 2%；国槐细根中浓度最高的为可氧化态（B3），国槐小根、国槐中根、国槐大根中为可还原态（B2），蔷薇根系中可还原态（B2）和可氧化态（B3）浓度差异不大，分别为 4.418mg/kg、4.558mg/kg。

Ni：国槐细根、国槐中根和国槐大根中主要存在形态为可氧化态（B3）和残渣态（B4），国槐小根中为酸溶态（B1）和残渣态（B4），而在蔷薇根系中则为可还原态（B2）和可氧化态（B3），酸溶态（B1）浓度相对较低；整体上，各形态浓度之间差异不大，Ni 在根系中浓度不高，最高是蔷薇根系中的可还原态（B2），也仅有 0.763mg/kg，而最低为国槐大根中的可还原态（B2），为 0.017mg/kg；从浓度平均值来看，国槐细根和蔷薇根系中平均浓度比其他根系稍高，而国槐小根、国槐中根、国槐大根之间平均浓度差异不明显，分别为 0.176mg/kg、0.176mg/kg、0.184mg/kg。

Zn：植物必需重金属元素，在国槐细根中主要以酸溶态（B1）和可氧化态（B3）形式存在，而在其他根系中以可还原态（B2）和可氧化态（B3）存在，相较之下，残渣态（B4）浓度最低；酸溶态（B1）在细根中浓度为 15.685mg/kg，而在其他根系中浓度在 2.5mg/kg 以下，特别是国槐大根中浓度仅为 0.110mg/kg；蔷薇根系和国槐细根中重金属元素浓度显著（$P < 0.05$）高于其他根系，随着国槐根径级的增长，各形态 Zn 的浓度呈现出递减的趋势。

Cd：整体上浓度极低，与其他重金属元素浓度之间差 2～3 个数量级，最高浓度为 0.058mg/kg，最低浓度仅有 0.003mg/kg；在根系中主要赋存形态为酸溶态（B1）和可还原态（B2）占比在 70% 以上，残渣态（B4）浓度最低；国槐细根中各形态 Cd 总浓度显著（$P < 0.05$）高于其他根系，而其他根系中同种形态 Cd 元素浓度之间差异不明显。

Pb：整体上浓度不高，最高仅为 0.641mg/kg，主要以氧化态（B3）和残渣态（B4）形式存在，且酸溶态（B1）浓度最低，其中蔷薇根系中酸溶态（B1）浓度仅 0.001mg/kg；国槐细根中 Pb 元素浓度显著（$P < 0.05$）高于其他根系，蔷薇根系中各形态 Pb 浓度均不高，平均浓度仅有 0.173mg/kg。

总体来讲，国槐细根中重金属元素浓度显著高于其他根系，7 种重金属元素中 Mn 和 Cd 酸溶态（B1）浓度较高，Cr、Cu、Zn 的潜在有效性较强，即可还原态（B2）浓度较高，而 Ni 和 Pb 的残渣态（B4）浓度相对较高，活性较弱；蔷薇根系中重金属元素浓度介于国槐小根和大根之间，而随着国槐根径级的增大，各重金属元素浓度呈降低趋势。

（二）根系重金属富集效能比较

富集系数用以反映植物对重金属的富集效能，通过计算国槐各径级根系及蔷薇根系中重金属富集系数（图 7-3），比较植物根系对不同形态重金属的富集效能，结果发现重金属的富集系数因根系、重金属元素种类和重金属形态的不同而存在着差异。整体上，从富集系数的平均值来看，国槐细根（2.28）＞国槐小根（1.05）＞国槐中根（0.71）＞蔷薇根系（0.65）＞国槐大根（0.58）。Mn、Ni、Zn 三种元素的重金属富集系数较小，从平均值来看，Mn 的富集系数最小，仅有 0.08，而其在根系中的富集系数均低于 0.35；各根系对 Cr、Cd、Pb 三种元素可还原态（B2）的富集效能较强，富集系数均在 1 以上，其中国槐细根 Pb 的可还原态（B2）富集系数达到 24.08；各根系对 Cu 可氧化态（B3）富集效能较强，富集系数最大达到 10.01。随着国槐根径级的增加，各形态重金属的富集系数呈现出下降的趋势。

Cr：从所有态（T）来看，根系的富集系数小于 1，未达到超富集水平，但可还原态（B2）富集系数在 5 左右，明显达到超富集水平，表明乔灌配置下，根系对可还原态（B2）富集效能强；残渣态（B4）富集系数最低，均在 0.2 以下，其中国槐中根残渣态（B4）富集系数仅有 0.07。

Mn：在根系中浓度最高，但是其富集系数最低，几种形态 Mn 元素的富集系数范围仅 0.01～0.31，表明根系对 Mn 的富集效能很差；几种形态之间酸溶态（B1）富集系数最大，而残渣态（B4）富集系数最小，平均仅有 0.02；国槐细根对 Mn 元素的富集系数相对较大，而国槐大根最小。

Cu：相比之下，可氧化态（B3）富集系数较大，残渣态（B4）富集系数最小，其中国槐细根、国槐小根和蔷薇根系中可氧化态（B3）富集系数均大于 1；国槐细根酸溶态（B1）和所有态（T）的富集系数也大于 1，分别为 1.97、1.12；国槐细根和小根的富集系数总体上大于其他根系。

Ni：总体上富集系数比较小，大小范围为 0.02～1.05，只有蔷薇根系可还原态（B2）富集系数超过 1，而其他均在 1 以下；酸溶态（B1）富集系数较大，残渣态（B4）较小；蔷薇根系各形态富集系数最大，国槐细根次之。

Zn：富集系数较小，仅国槐细根酸溶态（B1）和可氧化态（B3）富集系数大于 1，其中可氧化态（B3）富集系数达到 5.06，属于超富集水平，其他形态 Zn 的富集系数均在 1 以下，残渣态（B4）富集系数在 0.01～0.06，表明国槐和蔷薇根系对残渣态（B4）富集效能极差；国槐细根富集系数最大，而国槐大根最小。

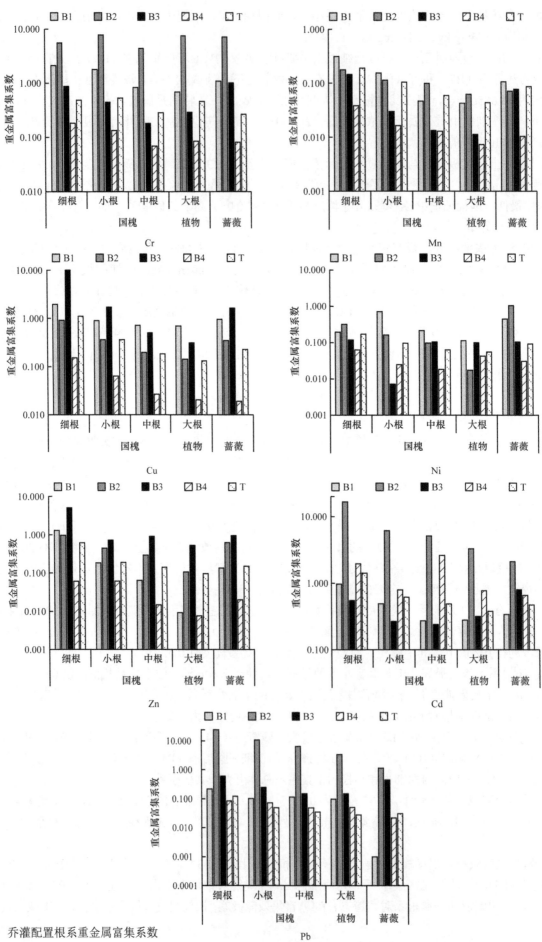

图 7-3 乔灌配置根系重金属富集系数

Cd：在根系中浓度较低，但是其富集系数较高，特别是可还原态（B2），富集系数在 2.10～16.65，差异较大且达到了超富集水平，可氧化态（B3）富集系数最小；国槐细根和国槐小根的富集系数高于其他根系。

Pb：有一定毒性，富集系数范围在 0.001～24.08，跨度较大，说明在根系中差异很大，可还原态（B2）富集效能最强，其中国槐细根的富集系数达到 24.08，蔷薇根系中富集系数最小，但富集系数也在 1.14，达到超富集水平；残渣态（B4）富集系数最小，均在 0.1 以下，富集效能较差；所有态（T）的富集系数很小，表明植物根系对 Pb 的富集效能弱。

（三）重金属富集特征

1. 土壤中重金属的累积特征

将乔灌配置土壤中金属积累量进行平均化，得出土壤重金属累积量。从表 7-8 中可知，土壤重金属总累积量为 5023.76mg/m²，7 种重金属元素平均累积量大小顺序为 Mn（3879.40mg/m²）> Zn（426.77mg/m²）> Cr（287.93mg/m²）> Cu（178.47mg/m²）> Ni（160.08mg/m²）> Pb（90.47mg/m²）> Cd（0.64mg/m²），其中 Mn 占到 77.22%，即乔灌配置土壤中累积的重金属绝大部分为 Mn，累积量第二高的 Zn 占比仅 8.49%，Cd 含量最低，占比仅仅 0.01%。重金属生物有效性系数 K 值 [K=B1/(B1+B2+B3+B4)]，因元素种类的不同而存在差异，7 种元素 K 值分别是 Cr 为 0.002，Mn 为 0.169，Cu 为 0.051，Ni 为 0.022，Zn 为 0.163，Cd 为 0.648，Pb 为 0.036。由此可知，Cd、Zn、Mn 三种元素的生物有效性最大，而 Cr 最小。Cr、Cu、Ni、Zn、Pb 五种元素累积量最高的形态为残渣态（B4），Mn 为可还原态（B2），而 Cd 则为酸溶态（B1）；Cr、Pb 的残渣态（B4）占比分别为 84.74%、85.54%，生物有效性很低。总体上，乔灌配置的土壤 K 值仅有 0.148，而酸溶态（B1）和可还原态（B2）总占比超过 50%，表明此配置下土壤重金属具有一定的潜在活性。

表 7-8　乔灌配置土壤重金属累积效能（mg/m²）

形态	Cr	Mn	Cu	Ni	Zn	Cd	Pb	合计	占比（%）
B1	0.65	656.79	9.04	3.52	69.55	0.41	3.28	743.24	14.79
B2	11.31	1727.97	77.16	18.76	40.46	0.05	0.14	1875.86	37.34
B3	31.97	260.87	8.83	39.42	43.68	0.06	9.66	394.48	7.85
B4	244.00	1233.77	83.45	98.38	273.07	0.12	77.39	2010.18	40.01
总量	287.93	3879.40	178.47	160.08	426.77	0.64	90.47	5023.76	100.00
占比（%）	5.73	77.22	3.55	3.19	8.49	0.01	1.80	100.00	

2. 根系重金属富集效能

通过计算得出乔灌配置中国槐、蔷薇两种植物的根系在单位面积上的生物量分别为 4.14mg/m²、0.89mg/m²，据此可知，国槐根系在单位面积上的生物量较大，而蔷薇根系在单位面积上的生物量较小，前者是后者的 4.6 倍。乔灌配置中重金属的富集效能因植物种类的不同而存在差异（表 7-9），总体上，国槐根系（210.954mg/m²）> 蔷薇根系（47.704mg/m²）；国槐根系和蔷薇根系中 Mn 的富集效能最大，占比分别为 43.75%、40.45%，两种植物中 Cd 富集效能均最小，仅分别为 0.220mg/m² 和 0.045mg/m²，占比均在 0.1% 以下；两者酸溶态（B1）重金属富集效能最大，占比在 30% 以上，残渣态（B4）富集效能最小，占比低于 10%。

国槐根系中 Mn 富集效能最大，为 92.283mg/m²，其次是 Zn、Cr、Cu，这三种元素富集效能分别为 39.869mg/m²、37.685mg/m²、34.556mg/m²，相差不多，而 Ni、Pb 两种元素富集效能为 3.246mg/m²、3.096mg/m²，远小于以上几种元素；Mn 和 Cd 主要富集形态为酸溶态（B1）和可还原态（B2），Cr 为可还原态（B2）和残渣态（B4），Cu 为可还原态（B2）和可氧化态（B3），Zn 为酸溶态（B1）和可氧化态（B3），而 Ni 和 Pb 则为可氧化态（B3）和残渣态（B4）；总体上，国槐根系对重金属的富集形态主要是可还原态（B2），是富集形态最小的残渣态（B4）的 3.9 倍。蔷薇根系中 Mn 富集效能最大，为 19.295mg/m²，占比 40.45%，对

表 7-9　乔灌配置中各植物根系重金属富集效能（mg/m²）

树种	形态	Cr	Mn	Cu	Ni	Zn	Cd	Pb	合计	占比（%）
国槐	B1	0.20	55.87	5.93	0.52	10.46	0.09	0.31	73.37	34.78
	B2	25.50	28.19	14.76	0.41	7.75	0.09	0.34	77.04	36.52
	B3	4.27	2.57	12.33	1.27	19.36	0.02	0.97	40.80	19.34
	B4	7.71	5.64	1.54	1.06	2.30	0.02	1.47	19.74	9.36
	合计	37.69	92.28	34.56	3.25	39.87	0.22	3.10	210.95	100.00
	占比（%）	17.86	43.75	16.38	1.54	18.90	0.10	1.47	100.00	
蔷薇	B1	0.03	13.42	1.61	0.17	2.13	0.02	0.00	17.38	36.42
	B2	4.67	3.81	3.81	0.66	3.72	0.01	0.02	16.71	35.02
	B3	2.44	1.23	3.94	0.31	2.36	0.01	0.45	10.73	22.49
	B4	1.25	0.83	0.16	0.19	0.34	0.00	0.12	2.89	6.06
	合计	8.39	19.30	9.51	1.32	8.55	0.05	0.60	47.70	100.00
	占比（%）	17.58	40.45	19.94	2.77	17.91	0.09	1.25	100.00	

Cd 和 Pb 富集效能较小，分别为 0.045mg/m²、0.596mg/m²，占比也仅分别为 0.09% 和 1.25%；Cr、Cu、Ni、Zn 这四种元素的主要富集形态为可还原态（B2）和可氧化态（B3），Mn 和 Cd 为酸溶态（B1）和可还原态（B2），而 Pb 则为可氧化态（B3）和残渣态（B4）；整体上，蔷薇根系主要富集形态为酸溶态（B1）和可还原态（B2），两者富集效能分别为 17.376mg/m²、16.707mg/m²，两者占比达到 71.44%，表明重金属在蔷薇根系中具有较大的活性潜力。

第二节　国槐根际土中不同形态重金属元素浓度季节变化特征

根际土是重金属直接向植物迁移的重要中介，根际环境的变化极大地影响着重金属的形态及活性，也影响着根系富集重金属的特征，通过分析植物不同生长时期，即落叶前、落叶后、生长初期、生长盛期根际土中重金属元素的总量及不同形态的浓度在 3 种配置下的变化特征，以得出根际土中各重金属元素不同形态的浓度随着生长时期改变的变化特征。

一、重金属总浓度

根际土中重金属元素浓度因植物配置、生长时期及重金属元素种类的不同而呈现出不同的变化特征（图 7-4），各重金属元素浓度大体分为三档，第一档为 Mn，浓度高于 200mg/kg，第二档为 Cr、Cu、Ni、Zn、Pb，浓度在 10 ～ 100mg/kg，第三档为 Cd，浓度低于 0.1mg/kg。每种重金属元素在根际土中的浓度在数值上变化幅度不大，具体各元素浓度变化特征如下。

Cr：三种配置下根际土中 Cr 浓度在不同生长时期的变化趋势相似，均在落叶后浓度达到最大值，分别为乔灌草 29.335mg/kg、乔乔草 27.805mg/kg、乔灌 27.723mg/kg，乔灌草和乔灌配置在落叶后浓度达到最大后，生长初期和生长盛期浓度持续下降，即浓度最低值出现在生长盛期，而乔乔草在落叶后浓度最大，在生长初期浓度下降，生长盛期浓度有所回升，最低浓度出现在生长初期。

Mn：整体浓度较大，最低浓度也达到 210.660mg/kg，3 种配置下重金属在 4 个生长时期中浓度变化趋势相似，均是在落叶后浓度达到峰值，在生长初期和盛期浓度处于下降的趋势，在落叶前和落叶后均是乔灌草根际土中重金属元素浓度最高，而在生长盛期和生长初期则是乔乔草配置下根际土重金属元素浓度最高，除了落叶前，其他三个生长时期乔灌配置下根际重金属元素浓度最低。

Cu：三种配置根际土中 Cu 浓度变化特征各异，乔灌草根际土中 Cu 浓度从落叶前的 18.106mg/kg 在落叶后及生长初期持续上升至 46.723mg/kg，在生长盛期浓度小幅度下降至 44.857mg/kg；乔乔草配置下根际土浓

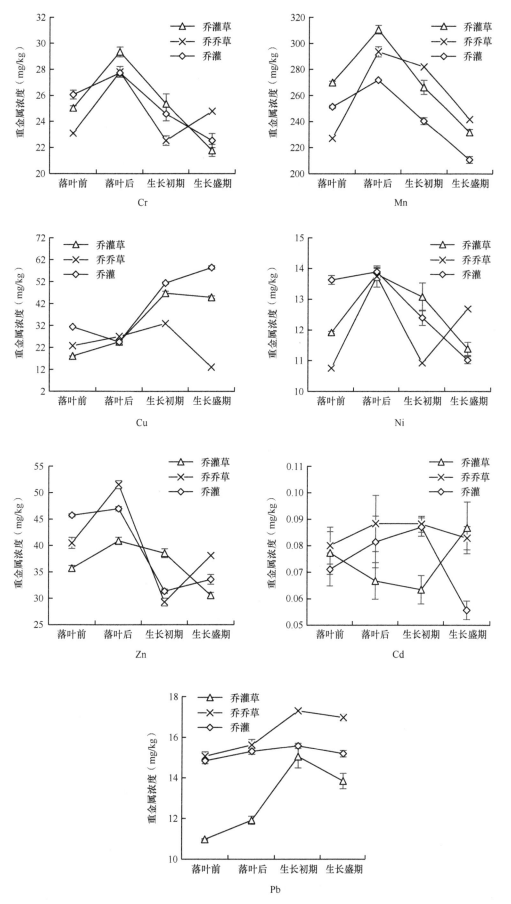

图 7-4　根际土中重金属总浓度的季节性变化

度也是从落叶前一直上升到生长初期的最大值（32.902mg/kg），之后在生长盛期大幅度下降至13.033mg/kg；乔灌配置下，在落叶后浓度最低，之后持续上升至生长盛期，达到最大值58.413mg/kg；三种配置下不同时期，均是乔灌配置下根际土重金属元素浓度最高。

Ni：三种配置下根际土中Ni均在落叶后浓度达到最大值，且浓度差异很小，浓度分别为乔灌草13.807mg/kg、乔乔草13.740mg/kg、乔灌13.888mg/kg；乔灌草和乔灌配置下，根际土中Ni浓度在4个生长时期变化趋势相似，均在落叶后浓度最大，在生长初期和生长盛期浓度持续下降，生长盛期浓度最低；而乔乔草也是在落叶后浓度最大，但生长盛期浓度较生长初期浓度上升。

Zn：三种配置根际土中Zn浓度最大值均在落叶后，浓度分别为乔灌草40.871mg/kg、乔乔草51.529mg/kg、乔灌46.979mg/kg；乔乔草和乔灌配置浓度变化趋势相同，即在落叶后浓度达到最大后，到生长初期浓度有较大幅度下降，降幅分为43.16%、33.27%，而到生长盛期浓度有所上升；乔灌草则在落叶后浓度达到最大后，在生长初期和盛期浓度一直下降，在生长盛期浓度最低。

Cd：浓度极低，范围在0.056～0.088mg/kg，三种配置根际土中Cd随生长时期浓度变化各异；乔灌草从落叶前到生长初期浓度持续下降，在生长初期浓度最低，之后在生长盛期浓度大幅度上升；乔乔草浓度变化不大，落叶后达到最大后浓度持续下降，但最小值在落叶前；乔灌则从落叶前浓度一直上升至生长初期，之后在生长盛期大幅度下降，幅度达36.05%。

Pb：三种配置根际土中Pb浓度在4个生长时期变化趋势一致，即从落叶前到生长初期浓度持续上升，而到生长盛期浓度下降，且各个时期三种配置根系土中重金属元素浓度大小趋势均为乔乔草＞乔灌＞乔灌草。

二、不同形态重金属元素浓度的季节性变化特征

运用BCR连续提取法对根际土中重金属进行了连续性提取，并测定出不同形态重金属元素浓度，因重金属元素种类、形态、植物配置及生长时期的不同，不同形态重金属元素浓度之间有差异性（图7-5），具体特征如下。

Cr：主要存在形态为残渣态（B4）和可氧化态（B3），浓度占比达到90%以上，而酸溶态（B1）和可还原态（B2），浓度在2mg/kg以下，特别是酸溶态（B1），浓度极低，大小均不超过0.35mg/kg；酸溶态（B1）在三种配置下各时期浓度变化趋势较为一致，均在落叶后最低，而在生长初期浓度最高，到生长盛期浓度又有所下降；可还原态（B2）在乔灌草和乔乔草配置中浓度最大值均在生长盛期，但乔灌草配置中最低浓度则是在落叶后，而乔乔草则在落叶前，乔灌配置中浓度在生长初期达到峰值，在生长盛期浓度降低，最低浓度在落叶前；可氧化态（B3）浓度在生长初期和生长盛期明显低于落叶前后；而残渣态（B4）则在生长初期和生长盛期明显高于落叶前后。

Mn：各时期不同配置中酸溶态（B1）浓度最高而可氧化态（B3）浓度最低；从落叶前到落叶后酸溶态（B1）浓度有小幅度下降，在生长初期浓度有较大幅度的上升，之后的生长盛期则又有下降趋势，但在乔灌草中则上升；可还原态（B2）和可氧化态（B3），与落叶前后的浓度相比，生长初期和生长盛期的浓度有所下降，最大浓度可还原态（B2）出现在落叶后，而可氧化态（B3）均出现在落叶前；最低浓度可还原态（B2）出现在生长初期，而可氧化态（B3）则在生长盛期；残渣态（B4）在生长初期和生长盛期浓度比落叶前后大，其峰值在生长初期，而最低浓度在落叶前；四种形态浓度范围分别为酸溶态（B1）110.961～200.322mg/kg，可还原态（B2）31.502～140.432mg/kg，可氧化态（B3）12.246～33.286mg/kg，残渣态（B4）95.837～125.584mg/kg。

Cu：主要存在形态为可还原态（B2），而可氧化态（B3）浓度占比最低；酸溶态（B1）浓度较低，占比也很低，在生长初期和生长盛期浓度有大幅度上升，特别是乔灌配置中，四个生长时期浓度分别为落叶前1.604mg/kg、落叶后0.556mg/kg、生长初期21.409mg/kg、生长盛期23.995mg/kg，变化幅度最大；可还原态（B2）在三种配置下四个生长时期浓度变化呈现倒"N"形趋势，即在落叶前和生长初期浓度较高，而在落叶后和生长盛期浓度较低，且三种配置下浓度峰值均出现在生长初期，但乔灌草和乔灌配置最低浓度在落叶后，而乔乔草配置则在生长盛期；可氧化态（B3）浓度虽然很低，但是明显落叶前后浓度高于生

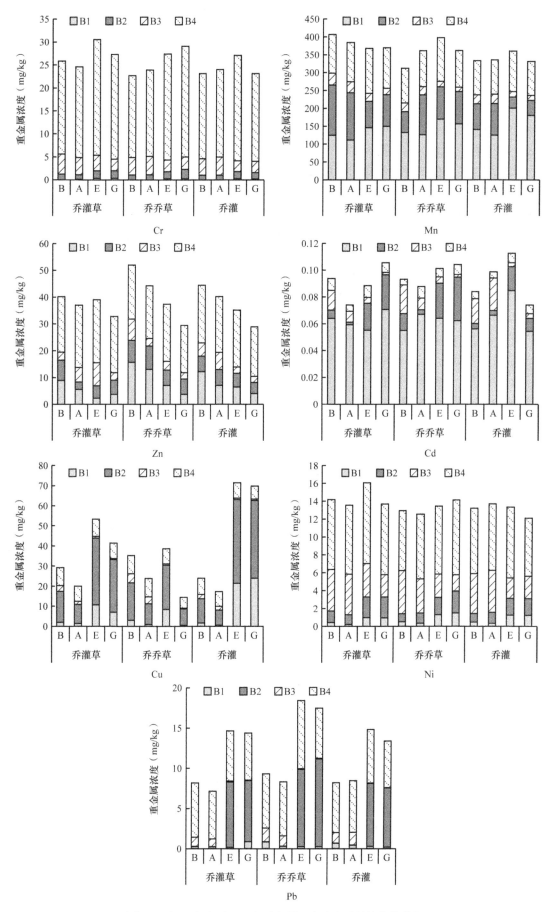

图 7-5　根际土中不同形态重金属元素浓度季节性变化特征

B. 落叶前；A. 落叶后；E. 生长初期；G. 生长盛期

长初期和盛期，在落叶前后浓度在 1.5mg/kg 以上，但在生长初期和盛期浓度均不超过 0.8mg/kg；残渣态（B4）在各个时期浓度变化特征不明显，大小在 7mg/kg 左右。

Ni：相对于其他形态，残渣态（B4）在三种配置下的不同时期，浓度变化幅度不大，大小在 8mg/kg 左右，而其他三种形态随着生长时期的变化，浓度变化特征较为明显；酸溶态（B1）在落叶前后浓度较低，而到生长初期和盛期浓度有较大幅度上升，在落叶后浓度最低而在生长盛期浓度最高；可还原态（B2）从落叶后到生长初期浓度也有较大幅度的上升，且最低浓度在落叶前，最高在生长盛期；可氧化态（B3）则在落叶前后的浓度明显大于生长初期和生长盛期，且在乔灌草和乔乔草配置中浓度在落叶前最高，之后在落叶后、生长初期、生长盛期持续下降，在生长盛期浓度最低，而乔灌配置则在落叶后浓度最高，生长初期浓度最低。

Zn：主要存在形态为残渣态（B4），浓度变化范围在 18.567 ～ 23.541mg/kg，浓度在三种配置中大小顺序为乔灌草＞乔灌＞乔乔草，且在三种配置下，浓度最小值均在生长盛期；酸溶态（B1）在生长初期和生长盛期浓度明显低于落叶前后，且三种配置下浓度均在落叶前浓度最大，之后在落叶后、生长初期、生长盛期浓度呈下降趋势，在生长盛期浓度达到最低值，其中乔乔草配置变化幅度最大，在落叶前浓度为 15.716mg/kg，而到生长盛期浓度仅为 3.758mg/kg；可还原态（B2）在乔灌草配置下落叶后浓度达到谷值，而乔乔草和乔灌配置下浓度最低值分别在生长初期和生长盛期；可氧化态（B3）浓度最大值在乔灌草中出现在生长初期，乔乔草在落叶前，而乔灌则在落叶后，但最小值均在生长盛期。

Cd：各形态浓度均极低，4 种形态浓度大小均在 0.07mg/kg 以下，主要存在形态为酸溶态（B1），浓度占比在四种形态中最大，残渣态（B4）浓度最低，浓度均不超过 0.01mg/kg，且在四个生长时期中浓度变化不大；酸溶态（B1）在三种配置中的变化特征不同，乔灌草中在落叶前浓度较大，之后在落叶后及生长初期浓度持续下降，在生长盛期浓度有所上升，乔乔草中在落叶后浓度达到峰值，之后在生长初期、盛期浓度一直处于下降趋势，而乔灌配置中在落叶前浓度较低，之后在落叶后及生长初期浓度持续上升，在生长初期浓度达到峰值，之后在生长盛期浓度又有所下降；可还原态（B2）在生长初期及生长盛期浓度明显高于落叶前后；可氧化态（B3）则在生长初期和生长盛期浓度明显低于落叶前后，三种配置下，浓度在落叶前最大，之后一直下降，直到生长盛期浓度达到最低值。

Pb：残渣态（B4）浓度变化幅度在四个生长时期中最小，范围在 5.811 ～ 6.746mg/kg，整体上三种配置中浓度大小顺序为乔乔草＞乔灌＞乔灌草；乔乔草和乔灌中酸溶态（B1）浓度在落叶前最大，之后在三个生长时期浓度处于下降趋势，而乔灌草中则从落叶前浓度一直下降至生长初期，之后在生长盛期浓度大幅度上升，且生长盛期浓度为四个时期中最大值；可还原态（B2）在落叶前后浓度均在 0.025mg/kg 以下，而在生长初期和生长盛期浓度最低也有 7.346mg/kg，在乔乔草配置中上升幅度最大，落叶前浓度仅为 0.016mg/kg，而到生长盛期浓度达到了 10.906mg/kg；可氧化态（B3）在生长初期浓度明显低于落叶前后，且在落叶前浓度达到最高之后处于递减趋势，在生长盛期浓度达到最低值，乔灌草在落叶前浓度为 1.146mg/kg 到生长盛期浓度仅为 0.053mg/kg，前者是后者的 21.6 倍。

第三节　不同径级国槐根系各形态重金属富集特征

重金属元素浓度在植物根系中差异性较大，由于植物生长时期、植物配置、根径级、重金属元素种类及重金属形态不同而存在较大差异，为了解国槐各径级根系在不同配置下，不同生长时期重金属富集特征变化，选取了蓝靛厂北路以国槐为主体树种的乔灌草、乔乔草、乔灌配置，将国槐根系分为细根（＜2mm）、小根（2 ～ 5mm）、中根（5 ～ 10mm）、大根（＞ 10mm）4 种径级，研究在不同时期，即落叶前、落叶后、生长初期、生长盛期 4 个时期其重金属富集及迁移变化特征。

一、细根

（一）重金属总浓度

三种配置下在不同生长时期重金属总浓度变化特征如图 7-6 所示，不同重金属元素浓度变化特征均有所差异。总体上，Cr、Mn、Cu、Zn 4 种重金属元素的浓度明显高于其他 3 种元素，相差在 1 个数量级以上。

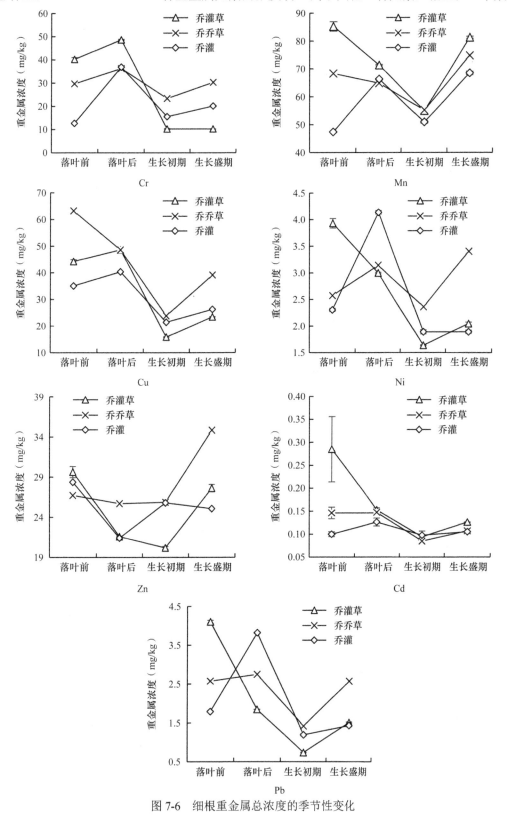

图 7-6　细根重金属总浓度的季节性变化

Cr：三种配置下，在 4 个时期变化趋势相同，均是在落叶后浓度有所上升，到生长初期又降低，而生长盛期又有所上升，其中乔灌配置在落叶前后浓度变化幅度最大，而乔灌草配置在落叶后到生长初期浓度下降幅度最大，乔乔草在各时期之间浓度变化幅度最小。

Mn：乔灌草和乔乔草配置下 4 个生长时期变化趋势相同，即在落叶前浓度最大，在落叶后到生长初期浓度持续下降，而到生长盛期浓度较生长初期有较大幅度的上升；乔灌配置下，浓度在落叶前较低，在落叶后上升，生长初期下降，生长盛期又上升，配置模式的不同可能是差异的原因。

Cu：总体上 3 种配置下 Cu 在不同时期的变化趋势相似，在生长初期的浓度最低，而在生长盛期，浓度有一定幅度的上升；乔乔草配置下，重金属元素浓度在落叶前最大，大小为 63.212mg/kg，之后逐渐减小，在生长初期浓度最低，为 23.842mg/kg，到生长盛期又有所上升；而乔灌草和乔灌配置下，从落叶前到落叶后再到生长初期，浓度先升高后降低；4 个时期中生长初期的浓度最低。

Ni：三种配置下变化特征差异较大，乔灌草配置下，浓度从落叶前的 3.931mg/kg 下降至生长初期的 1.639mg/kg，之后在生长盛期又有所上升；乔乔草配置下，浓度在落叶后上升，生长初期又大幅度下降，下降幅度为 25%，而生长盛期浓度相比生长初期有小幅度上升；乔灌配置中，落叶后浓度大幅度上升，而在生长初期又大幅度下降，下降幅度达 54%，生长初期浓度为 1.891mg/kg，生长盛期浓度为 1.899mg/kg，基本无明显变化。

Zn：乔灌草和乔乔草配置下，落叶后浓度下降而在生长初期浓度变化不大，但生长盛期浓度有较大幅度的上升，乔灌草从 20.180mg/kg 上升到 27.625mg/kg，而乔乔草从 25.871mg/kg 提高到 34.852mg/kg；乔灌配置下落叶后浓度有所下降，到生长初期浓度上升，而生长盛期浓度比生长初期有小幅度的下降。

Cd：整体浓度很低，均不到 0.5mg/kg，乔灌草在落叶后浓度下降较大，而乔乔草和乔灌配置下，落叶后浓度有小幅上升，在生长初期浓度在三种配置下均下降而生长盛期又有小幅度上升。

Pb：乔灌草配置下浓度从落叶前的 4.099mg/kg 一直下降到生长初期的 0.738mg/kg，之后在生长盛期又有回升；乔乔草配置和乔灌配置中，浓度在落叶后有一定程度的上升，之后在生长初期下降最多，随后在生长盛期浓度又上升。

总体来讲，不同重金属元素在相同配置下的不同时期中，生长初期的浓度最低，且在生长盛期时重金属元素浓度有所提高；Cr、Cu、Ni、Cd、Pb 五种重金属元素在四个时期中的不同配置下，浓度变化呈现 "N"形，即在落叶前浓度较低，而落叶后有所提高，生长初期又降低，生长盛期回升；Mn 和 Zn 虽然变化不呈 "N" 形，但是大体上也是在生长初期浓度最低而到生长盛期浓度升高。

（二）不同形态重金属元素浓度

通过测定国槐细根中不同时期，即落叶前（B）、落叶后（A）、生长初期（E）、生长盛期（G）各形态重金属元素的浓度发现，各形态重金属在不同时期、不同植物配置、不同重金属元素之间有不同程度上的变化（图 7-7），不同重金属元素各形态浓度差异较大。

Cr：可以看出酸溶态（B1）浓度很低，而其他形态浓度较高；生长初期和生长盛期主要以可还原态（B2）形式存在，而在落叶前则以可氧化态（B3）或残渣态（B4）形式存在。乔灌草配置中可还原态（B2）浓度在 4 个时期变化不大，在落叶后浓度最高，为 11.874mg/kg，可氧化态（B3）在落叶前浓度为 15.584mg/kg，在落叶后、生长初期持续下降，在生长初期浓度仅为 2.374mg/kg，在生长盛期又小幅上升，残渣态（B4）在落叶后浓度最高，为 25.638mg/kg，之后在生长初期和盛期浓度逐渐降低，到生长盛期浓度仅 0.868mg/kg；乔乔草和乔灌配置中酸溶态（B1）均在落叶前浓度最低，之后几个时期浓度逐渐上升，在生长盛期浓度最高。

Mn：主要存在形态为酸溶态（B1），其次是可还原态（B2），可氧化态（B3）和残渣态（B4）浓度较低；三种配置下，酸溶态（B1）浓度随着生长时期的推移，浓度逐渐升高，在生长盛期浓度达到最大，可还原态（B2）在 4 个时期变化不大，浓度均在 15mg/kg 左右，落叶前后可氧化态（B3）和残渣态（B4）浓度比生长初期高。

Cu：从图中可以看出，在落叶前和落叶后几种形态中浓度最大的为可氧化态（B3），而在生长初期和生

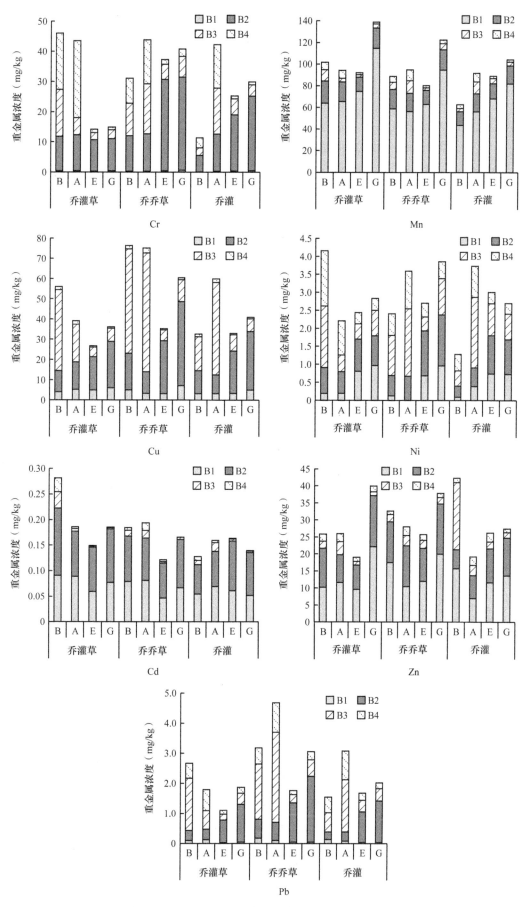

图 7-7　细根不同形态重金属元素浓度季节性变化特征

B. 落叶前；A. 落叶后；E. 生长初期；G. 生长盛期

长盛期浓度最大的形态为可还原态（B2），不同时期、不同配置中均是残渣态（B4）浓度最低，酸溶态（B1）浓度变化不大，平均值在 5mg/kg；可还原态（B2）虽然在乔灌和乔乔草配置中落叶后浓度较落叶前有所降低，但从落叶前到生长盛期浓度呈现上升趋势，乔灌草配置中可还原态（B2）也呈上升趋势；可氧化态（B3）在落叶前后浓度较高，而到生长初期和盛期浓度降低，且降低幅度较大，乔灌草配置下可氧化态（B3）浓度从落叶前的 37.927mg/kg 降低到生长初期的 4.732mg/kg，之后又在生长盛期升高到 6.451mg/kg，而在乔乔草配置下，浓度先在落叶后上升至 58.800mg/kg，之后在生长初期剧烈下降到 5.435mg/kg，生长盛期又上升到 10.805mg/kg，而乔灌配置中浓度先在落叶后达到最大值，而之后持续下降，在生长盛期浓度最低；残渣态（B4）在落叶前后的浓度大于生长初期和生长盛期。

Ni：整体上浓度较低，最高仅为 1.958mg/kg，落叶前后酸溶态（B1）浓度较低，而生长初期和盛期浓度较高，酸溶态（B1）和可还原态（B2）浓度在生长初期和盛期相比落叶前后有所上升，而可氧化态（B3）和残渣态（B4）浓度则在生长盛期和生长初期降低，可能随着植物生长活力的增加，不活跃的可氧化态（B3）和残渣态（B4）转化为酸溶态（B1）和可还原态（B2），从而增加植物对其的利用。

Zn：从图中可以看出，Zn 的主要存在形态为酸溶态（B1）和可还原态（B2），两者占所有态（T）的 80% 左右，残渣态（B4）浓度最低；乔灌草和乔乔草配置下，酸溶态（B1）和可还原态（B2）浓度均在四个时期中的生长盛期最高，而生长初期和落叶后浓度较低，在 B、A、E、G 四个时期浓度呈现"U"性变化，可氧化态（B3）和残渣态（B4）则在落叶后浓度最高，在生长初期和生长盛期浓度较低；而乔灌配置中可还原态（B2）从落叶前到生长盛期浓度一直上升，残渣态（B4）浓度先升高至生长初期的 2.641mg/kg，之后在生长盛期又下降至 1.071mg/kg。

Cd：整体浓度较低，浓度范围在 0.001 ~ 0.091mg/kg，可以看出，浓度最高的形态为酸溶态（B1），可还原态（B2）次之，两种形态浓度占比在 90% 以上，且在各个时期中其浓度变化不大，表明各时期 Cd 有效性均比较大。

Pb：整体上浓度不高，都在 1mg/kg 以下，且酸溶态（B1）浓度最低，落叶前后主要存在形态为可氧化态（B3）和残渣态（B4），但生长初期和生长盛期为可还原态（B2）和可氧化态（B3）；三种配置中酸溶态（B1）、可氧化态（B3）、残渣态（B4）三种形态在落叶前和落叶后的浓度高于生长初期与生长盛期，而可还原态（B2）则是生长初期与盛期的浓度高于落叶前和落叶后，且落叶前浓度较低，之后几个生长时期浓度在整体上呈现上升趋势，至生长盛期浓度达到最高。

（三）富集系数变化特征

富集系数反映植物根系对重金属的富集效能，通过计算乔灌草（Ⅰ）、乔乔草（Ⅱ）、乔灌（Ⅲ）三种配置下，落叶前（B）、落叶后（A）、生长初期（E）、生长盛期（G）四个生长时期国槐细根中各形态重金属元素浓度与根际土中相对应形态重金属元素浓度的比值，得出细根在相应生长时期不同形态重金属的富集系数，变化特征如图 7-8 所示。总体而言，Cr、Cu、Cd、Pb 富集系数较大，而 Mn、Ni、Zn 富集系数较小，特别是 Mn，其富集系数均在 0.8 以下。

Cr：从重金属所有态（T）富集系数上来看，富集系数大多超过 1，表明细根对 Cr 具有一定的富集效能，三种配置下，生长初期的富集系数最小，且达到显著水平（$P < 0.05$）（表 7-10），表明在生长初期细根的富集效能最弱，相比之下生长初期和盛期的富集系数比落叶前后小；除残渣态（B4）富集系数较小外，其他三种形态富集系数较大，其中可还原态（B2）富集系数显著（$P < 0.05$）高于其他形态富集系数，最大富集系数出现在乔乔配置的生长初期，富集系数达到 20.35，且可还原态（B2）富集系数在乔灌草和乔乔草配置中落叶前最大，而在乔灌配置中则是生长盛期最大；酸溶态（B1）在各个时期乔乔草配置的富集系数最大，而乔灌草配置最低，三种配置下富集系数最低的时期为生长初期，而最大的则为落叶后；可氧化态（B3）在落叶前后富集系数较高，而到生长初期有所下降；尽管残渣态（B4）富集系数较小，但落叶前后富集系数显著高于生长初期、盛期。整体上，除乔乔草配置可还原态（B2）富集系数在生长初期显著上升外，其他情况富集系数均在生长初期有明显的下降。

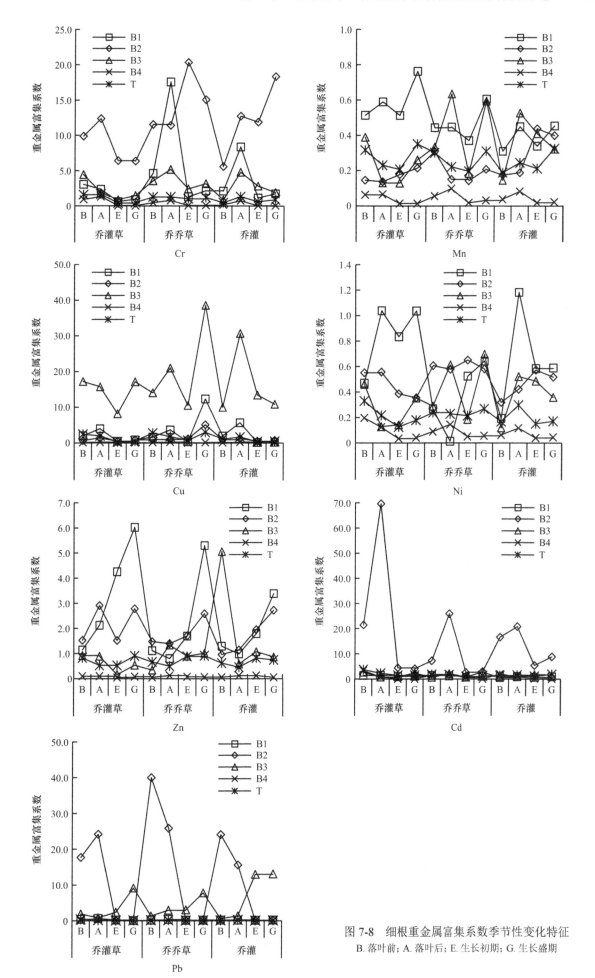

图 7-8　细根重金属富集系数季节性变化特征

B. 落叶前；A. 落叶后；E. 生长初期；G. 生长盛期

表 7-10 细根重金属富集系数季节性变化差异

生长时期	重金属	酸溶态（B1）			可还原态（B2）			可氧化态（B3）			残渣态（B4）			所有态（T）		
		I	II	III	I	II	III	I	II	III	I	II	III	I	II	III
落叶前	Cr	Af	Bd	Bg	Bb	Ca	Dc	Ad	Be	Dj	Bj	Bk	Bl	Bh	Ai	Dk
	Mn	Ca	Bb	Ce	Cg	Ae	Df	Ac	Cd	Dg	Bh	Bh	Bi	Ce	Be	Df
	Cu	Be	Ce	Be	Cf	Df	Bf	Aa	Cb	Cc	Bg	Bg	Bg	Ad	Bd	Bf
	Ni	Cc	Ce	Cg	Ab	Ba	Dd	Ac	Ce	Ci	Ag	Bj	Bk	Ad	Bf	Bh
	Zn	Dcd	Dde	Cc	Bb	Cb	Def	Af	Ch	Aa	Ai	Di	Bi	Bf	Cg	Dg
	Cd	Ad	Ad	Ad	Ba	Bc	ABb	Ad	Bd	Bd	Acd	Ad	Ad	Acd	Ad	BCd
	Pb	Bde	Be	Ae	Bc	Aa	Ab	Be	Cde	Bde	Be	Be	Be	Ade	Ae	Ad
落叶后	Cr	Bf	Aa	Ad	Abc	Cc	Bb	Bfg	Ae	Ae	Afg	Ag	Ag	Afg	Afg	Afg
	Mn	Bb	Bd	Ad	Dhi	Ch	Cg	Ci	Aa	Ac	Al	Aj	Ak	Cef	Cf	Be
	Cu	Ae	Be	Ad	Af	Cfg	Af	Ac	Bb	Aa	Ag	Ag	Ag	Bf	Cf	Af
	Ni	Ab	Dj	Aa	Ade	Ccd	Cf	Ci	Bc	Ae	Bi	Ai	Ai	Bh	Bh	Ag
	Zn	Cb	Cf	De	Aa	Cc	Cd	Aef	Ac	Dg	Ai	Ai	Ai	Cgh	Dgh	Ch
	Cd	Ac	Bc	Ac	Aa	Ab	Abc	Bc	Ac	ABc	Ac	Ac	ABc	Bc	Ac	ABc
	Pb	Ac	Ac	Ac	Aa	Ba	Bb	Bc	BCc	Bc	Ac	Ac	Ac	Bc	Ac	Ac
生长初期	Cr	Dij	Df	Cfg	Cc	Aa	Cb	Dhi	De	Bd	Ck	Dk	Dk	Di	Cgh	Cij
	Mn	Da	Cd	Be	Bh	Di	Ab	Ci	Dgh	Bc	Cj	Dj	Dj	Df	Dfg	Cf
	Cu	Df	Df	Dg	Df	Bd	Df	Bc	Db	Ba	Cg	Cg	Dg	Df	De	Df
	Ni	Ba	Bd	Bc	Cf	Ab	Ac	Ci	Dh	Ae	Cj	Dj	Dj	Di	Cg	Cij
	Zn	Ba	Bc	Bc	Bde	Bc	Bb	Ch	Bf	Be	Dh	Bh	Ah	Cg	Bf	Af
	Cd	Bdef	Cefgh	Befgh	Bb	Cc	Ca	Befg	Befgh	Ad	Ah	Bfgh	Bgh	Bde	Cef	Cdef
	Pb	Cd	Cd	Bd	Cd	Cd	Cd	Bc	Bb	Aa	Dd	Dd	Cd	Dd	Cd	Dd
生长盛期	Cr	Cj	Ce	Bg	Cc	Bb	Aa	Ch	Cd	Cf	Cl	Cl	Cl	Ck	Bi	Bj
	Mn	Aa	Ab	Ac	Ah	Bh	Bd	Bg	Bb	Cf	Ci	Ci	Ci	Ae	Af	Af
	Cu	Cg	Ac	Cg	Bg	Ae	Cg	Ab	Aa	Cd	Bg	Cg	Cg	Cg	Ah	Cg
	Ni	Aa	Ac	Bd	Df	Cd	Be	Bf	Ab	Bf	Ci	Ci	Ci	Ch	Ag	Bh
	Zn	Aa	Ab	Ac	Ad	Ae	Ad	Bi	Bf	Cgh	Cj	Cj	Bj	Afg	Afg	Bh
	Cd	Bef	Bef	Af	Bb	Cc	BCa	Acd	Acd	ABef	Ag	Bg	Bg	Bef	Bef	Ade
	Pb	Dc	Bc	Ac	Cc	Cc	Cc	Ab	Ab	Aa	Cc	Cc	Cc	Cc	Bc	Cc

注：不同小写字母表示同种重金属元素富集系数在各形态及各配置间差异达到显著水平（$P < 0.05$）；不同大写字母表示同一个时期中各重金属富集系数间差异达到显著水平（$P < 0.05$）

　　Mn：整体上，富集系数不到 1，即根系对 Mn 的富集效能较弱，相比之下酸溶态（B1）富集系数比其他形态大。重金属所有态（T）的富集系数最大仅有 0.35，乔灌草和乔乔草配置下，落叶后和生长盛期富集系数高于落叶前及生长初期，而乔灌配置生长盛期富集系数高于其他时期，相对而言，生长初期的富集系数较小；酸溶态（B1）富集系数整体上乔灌草＞乔乔草＞乔灌，且均在生长盛期富集系数最大，生长初期最小；可还原态（B2）富集系数在乔灌草和乔灌配置中落叶前后的富集系数比生长初期、盛期小，而乔乔草配置则大；可氧化态（B3）富集系数最大值出现在落叶前或落叶后，而在生长初期有所下降，到生长盛期又上升，但乔灌配置却在生长盛期有所下降；残渣态（B4）富集系数整体上极低，最大值仅有 0.10，在生长初期和盛期平均值仅有 0.02，在落叶后最大。

　　Cu：富集系数差异很大，大小范围为 0.08 ～ 38.62，富集系数最低的形态为残渣态（B4），最大的为可氧化态（B3）。乔灌草和乔乔草所有态（T）的富集系数在落叶前较大，在落叶后降低，在生长盛期降为最低，之后在生长盛期又上升，而乔灌则在落叶后较大，生长初期下降，生长盛期又升高，总之，生长初期富集系数在 4 个时期中是最低的。相比于其他形态，残渣态（B4）富集系数较低，均集中在 0.25 以下，且落叶前后的富集系数高于生长初期和盛期；可氧化态（B3）富集系数是几种形态下最大的，最低值也有 8.16，表明细根对可氧化态（B3）富集效能强，乔灌草配置中最大富集系数在落叶前，乔乔草配置在生长盛期，而乔灌则在落叶后；酸溶态（B1）和可还原态（B2）在乔灌草和乔灌配置中落叶前后富集系数大于生长初期和生长盛期，而乔乔草配置下，在生长盛期富集系数最大。

Ni：从重金属所有态（T）富集系数来看，细根对 Ni 的富集效能很小，集中在 0.35 以下，在四个时期变化趋势为先在生长初期降至最低，再在生长盛期有所升高；残渣态（B4）富集系数是几种形态中最低的，富集系数集中在 0.10 左右，落叶前后富集系数显著（$P < 0.05$）大于生长初期、盛期；乔乔草中酸溶态（B1）在落叶前后富集系数小于生长初期盛期；可还原态（B2）在各个时期和配置中变化幅度不大；可氧化态（B3）在不同配置中最大富集系数出现在不同时期，乔灌草在落叶前，乔乔草在生长盛期，而乔灌则在落叶后。

Zn：从重金属所有态（T）富集系数来看，细根对其的富集效能不强，但酸溶态（B1）和可还原态（B2）富集系数基本上都超过了 1。乔灌和乔乔草配置中根系对可还原态（B2）富集效能最强的是在生长盛期，而乔灌草则在落叶后；酸溶态（B1）富集系数在生长初期和生长盛期显著（$P < 0.05$）高于落叶前后，因配置的不同富集系数也有较大的差异；乔灌配置下落叶前可氧化态（B3）富集系数最大，而乔灌草和乔乔草配置下则生长盛期酸溶态（B1）富集系数最大。

Cd：细根对可还原态（B2）富集效能最强，特别是在落叶后富集系数最大，乔灌草、乔乔草、乔灌三种配置下富集系数分别达到 69.62、25.96、20.88，在生长初期富集系数最小，之后到生长盛期富集系数小幅上升；所有态（T）富集系数多在 1 以上，也表明细根对 Cd 具有较强的富集效能，且在落叶前富集系数最大，在生长初期最小，之后又升高；酸溶态（B1）在落叶前后富集系数显著（$P < 0.05$）大于生长初期和盛期。

Pb：细根对还原态（B2）和可氧化态（B3）富集效能较强，虽然所有态（T）富集系数不超过 0.40，但可还原态（B2）富集系数最大达到 39.99，且可还原态（B2）富集系数在生长初期和生长盛期剧烈下降，降幅近两个数量级；可氧化态（B3）则在生长盛期富集系数较落叶前后有显著（$P < 0.05$）的增加，基本上从较低的落叶前一直上升至生长盛期；酸溶态（B1）和残渣态（B4）富集系数均较小，在 0.50 以下，富集系数在生长初期和生长盛期小于落叶前后。

整体上，细根对 Cr、Cu、Cd 富集效能强，所有态（T）富集系数多在 1 以上，即达到了超富集水平；而对 Mn、Ni、Zn、Pb 富集效能较弱，总量富集系数在 1 以下。Mn、Ni 的富集系数各个形态均处于较低水平；对 Pb 的可还原态（B2）、Cr 的可还原态（B2）、Cu 的可氧化态（B3）及 Cd 的可还原态（B2）富集效能强，而对 Zn 的酸溶态（B1）和可还原态（B2）富集效能均较强，基本上落叶前或落叶后的富集系数较生长初期和盛期的小；以上重金属的潜在有效态，生长初期和盛期的富集系数大于落叶前后。

二、小根

（一）重金属总浓度

重金属元素浓度的季节性变化特征受重金属元素种类及植物配置类型的影响，通过测定国槐小根重金属在不同生长时期的浓度，结果如图 7-9 所示。总体上，Cr、Mn、Cu、Zn 4 种重金属元素浓度比 Ni、Cd、Pb 浓度高出 1 个数量级。

Cr：不同时期 3 种配置浓度变化特征相似，均呈现单峰状，即在落叶后浓度达到最大，之后在生长初期和生长盛期持续降低；落叶前、生长初期和生长盛期浓度在三种配置下差异不大，但在落叶后浓度大小为乔乔草（28.582mg/kg）＞乔灌（22.350mg/kg）＞乔灌草（16.230mg/kg）。

Mn：整体来看，从落叶前到生长盛期呈上升趋势，乔灌草和乔乔草配置中上升幅度比较接近，分别为 8.434mg/kg、8.280mg/kg，而乔灌配置中上升幅度较大，达到 18.221mg/kg；但在乔灌草和乔乔草配置中，

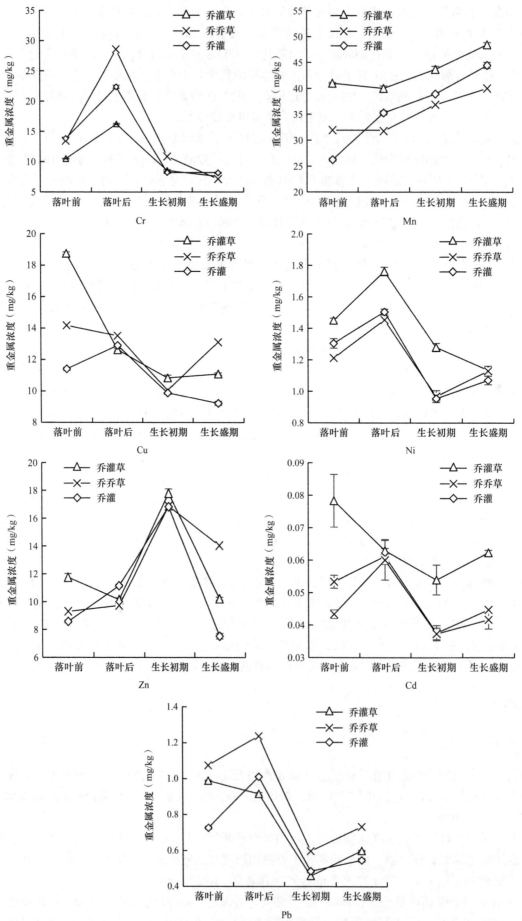

图 7-9 小根重金属总浓度的季节性变化

浓度从落叶前到落叶后有小幅度下降，下降幅度较小，不到1mg/kg。

Cu：乔灌草和乔乔草两种配置中，浓度先从落叶前降低至生长初期后，在生长盛期又有所上升，即在4个时期中落叶前浓度最高，而在生长初期浓度最低；乔灌配置则是在落叶后浓度最高，在生长初期和生长盛期浓度持续降低，在生长盛期浓度达到最低值。

Ni：三种配置中均是在落叶后浓度达到最大值，分别为乔灌草1.762mg/kg、乔乔草1.453mg/kg、乔灌1.505mg/kg，在乔乔草和乔灌配置下，浓度在生长初期最低，而乔灌草配置则是在落叶后达到浓度峰值后，浓度持续下降，在生长盛期达到最低值。

Zn：三种配置下浓度在四个时期变化特征相似，落叶前到落叶后浓度变化幅度较小，而在生长初期浓度较落叶后有大幅度上升，三种配置下上升幅度分别为乔灌草75.31%、乔乔草73.30%、乔灌50.95%，之后在生长盛期下降，其中乔灌草和乔灌两种配置大幅度下降。

Cd：浓度很低，集中在0.08mg/kg以下，每种配置下最低浓度均出现在生长初期；乔灌草在落叶前浓度最大，而之后在落叶后、生长初期持续下降，生长初期达到最低之后，在生长盛期浓度又上升，乔乔草和乔灌配置则在落叶前浓度较低，落叶后浓度上升，生长初期浓度大幅度下降，而生长盛期浓度小幅上升。

Pb：由图7-9可以看出各个时期乔乔草配置中浓度要高于其他两个配置，且三种配置中浓度从落叶后到生长初期有大幅度下降，下降幅度分别为乔灌草49.89%、乔乔草51.70%、乔灌51.91%，且生长初期浓度为四个时期中最低的，之后在生长盛期浓度有小幅上升。

总体来说，不同重金属元素在不同时期浓度变化特征各异，Cr、Ni、Cd、Pb在落叶后浓度达到最大值，Cr在生长盛期浓度持续下降，而Ni、Cd、Pb则在生长盛期浓度有所提高，即Ni、Cd、Pb在四个时期浓度变化呈现"N"形；Mn浓度呈直线上升趋势；Cu浓度呈持续下降趋势；Zn浓度在生长初期浓度最高，四个时期浓度变化趋势呈现反"N"形。

（二）不同生长时期各形态重金属元素浓度的变化特征

运用BCR连续提取法对小根中重金属不同形态浓度进行测定，三种配置下的根系随着重金属元素的种类及生长时期的变化，不同形态重金属元素浓度之间差异较大（图7-10）。

Cr：可以看出，与其他形态相比酸溶态（B1）浓度极低，从大小来看都不超过0.25mg/kg，最小的在落叶前，其中乔灌草配置中浓度仅有0.037mg/kg，落叶后浓度上升幅度较大；四种形态中，浓度最高的为可还原态（B2），其次是可氧化态（B3），可还原态（B2）浓度从落叶前上升至落叶后，达到最大值，之后在生长初期和盛期浓度一直下降；三种配置在落叶前和落叶后可氧化态（B3）浓度较高，而生长初期和盛期则浓度较低，在乔灌草中落叶前可氧化态（B3）浓度为3.648mg/kg，落叶后为6.191mg/kg，生长初期为1.487mg/kg，生长盛期为1.402mg/kg；残渣态（B4）在生长初期和盛期的浓度较落叶前后有较大幅度下降。

Mn：整体来讲，各形态浓度大小顺序为酸溶态（B1）＞可还原态（B2）＞可氧化态（B3）＞残渣态（B4），主要存在形态为酸溶态（B1），所有时期占比均在55%以上，且从落叶前浓度持续上升至生长盛期，在落叶前乔灌草中浓度最高而乔灌中浓度最低，其他时期则乔乔草配置中浓度最低；可还原态（B2）在各个时期浓度变化呈"N"形，在落叶后和生长盛期浓度分别高于落叶前与生长初期；可氧化态（B3）、残渣态（B4）在生长初期和盛期的浓度明显低于落叶前后。

Cu：酸溶态（B1）和可还原态（B2）在落叶前后浓度较低而生长初期和盛期浓度较高，而可氧化态（B3）和残渣态（B4）则在落叶前后浓度较高而生长初期和盛期的浓度较低；酸溶态（B1）各时期浓度均是乔灌草＞乔灌＞乔乔草，而可还原态（B2）在各个时期的不同配置中浓度之间差异不大；可氧化态（B3）和残渣态（B4）浓度在乔灌草中落叶前高于落叶后，而在乔乔草和乔灌中则是落叶后高于落叶前，这表明有可能随着根系活跃度的增加，可氧化态（B3）和残渣态（B4）向酸溶态（B1）和可还原态（B2）转化。

Ni：整体上各个形态浓度较低，基本上在1mg/kg以下，落叶前和落叶后酸溶态（B1）和可还原态（B2）浓度较低，而生长初期和盛期浓度较高，表明植物生理活跃期，重金属的活性较大；除了乔灌配置下落叶前可氧化态（B3）浓度较低外，其他配置下可氧化态（B3）和残渣态（B4）在生长初期和盛期的浓度低于落叶前后。

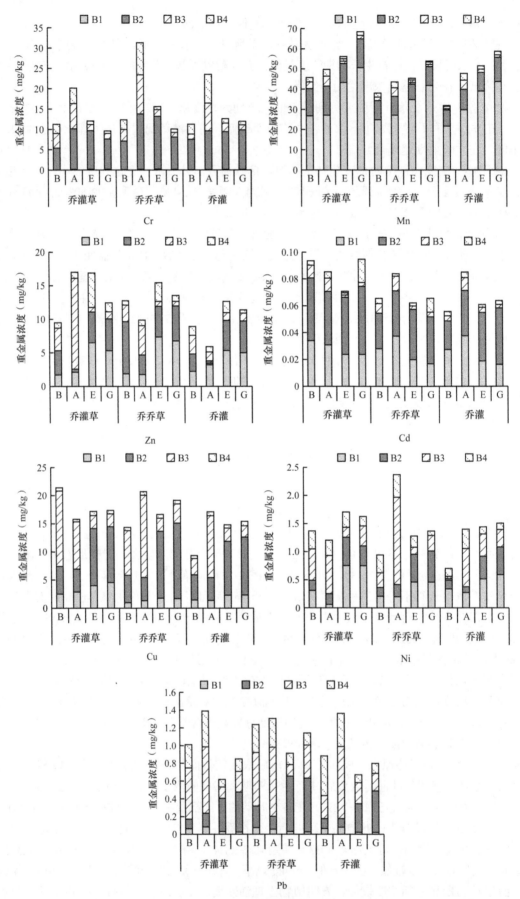

图 7-10　小根不同形态重金属元素浓度季节性变化特征

B. 落叶前；A. 落叶后；E. 生长初期；G. 生长盛期

Zn：乔灌草和乔灌配置下均是落叶前酸溶态（B1）浓度最低，而在生长初期浓度最高，四个生长时期呈现单峰状分布；可还原态（B2）在落叶后浓度达到低谷，其他时期浓度均明显高于该时期，且最大浓度在生长盛期；可氧化态（B3）在乔灌草和乔乔草配置中最高浓度出现在落叶后，而乔灌配置则在落叶前，且最低浓度均在生长初期；总体来看，酸溶态（B1）、可还原态（B2）、残渣态（B4）在落叶前后的浓度较低而生长初期与盛期较高，但是可氧化态（B3）在落叶前后的浓度却明显大于生长初期和生长盛期。

Cd：整体上浓度极低，浓度范围为 $0.0003 \sim 0.047\mathrm{mg/kg}$，四种形态中最大的为可还原态（B2），其次是酸溶态（B1），残渣态（B4）浓度最低；图中可以看出酸溶态（B1）在落叶前后的浓度高于生长初期和盛期，且落叶前和落叶后之间、生长初期和生长盛期之间浓度变化不明显；不同配置中根系可还原态（B2）在各时期浓度变化不大，在 $0.040\mathrm{mg/kg}$ 左右；可氧化态（B3）则在落叶后浓度最高，而其他时期较低；残渣态（B4）整体都很低，乔灌草和乔乔草配置下在生长盛期较高。

Pb：各形态浓度均不高，最高浓度才 $0.813\mathrm{mg/kg}$，且可氧化态（B3）和残渣态（B4）浓度在落叶前后明显高于酸溶态（B1）和可还原态（B2）；图 7-10 中可以看出尽管酸溶态（B1）占比不大，但是落叶前后浓度明显高于生长初期和生长盛期；可还原态（B2）在落叶前后浓度较低，至生长初期和盛期浓度有所升高；可氧化态（B3）和残渣态（B4）在生长初期和盛期浓度下降，特别是可氧化态（B3）下降幅度较大。

整体而言，Cr、Cu、Ni 三种重金属元素的酸溶态（B1）和可还原态（B2）生长初期和盛期的浓度比落叶后与落叶前高，而可氧化态（B3）和残渣态（B4）则在生长初期和盛期的浓度比落叶前后低；Mn 酸溶态（B1）在生长初期浓度比落叶前后高，而可还原态（B2）、可氧化态（B3）、残渣态（B4）则在生长初期浓度下降；Zn 酸溶态（B1）和残渣态（B4）在生长初期和生长盛期浓度高于落叶前和落叶后，而可还原态（B2）和可氧化态（B3）则落叶前后浓度高于生长初期和生长盛期；Cd、Pb 两种元素酸溶态（B1）、可氧化态（B3）、残渣态（B4）落叶前后浓度高于生长初期和盛期，而可还原态（B2）则是生长初期和盛期高于落叶前后。

（三）富集系数变化特征

国槐小根中各形态重金属元素浓度与根际土中相应重金属形态浓度的比值即为国槐小根各形态重金属的富集系数，对其进行方差分析，得出三种配置下不同形态重金属在不同生长时期富集系数的变化特征（图 7-11，表 7-11）。整体来看，Cr、Cu、Cd、Pb 富集系数较大，大都在 1 以上，而 Mn、Ni、Zn 富集系数小，其中 Mn 的富集系数集中在 0.4 以下。

Cr：从图 7-11 中可以看出，可还原态（B2）富集系数明显高于其他形态，且在落叶后各形态富集系数最大，并达到显著水平（$P < 0.05$）；从所有态（T）富集系数来看，富集系数仅乔乔草配置在落叶后超过 1，说明小根对 Cr 富集效能不算很强，但是各形态中可还原态（B2）富集系数最小也有 3.87，表明虽然小根对 Cr 富集效能不强但是对可还原态（B2）富集效能很强，乔乔草配置中最大，达到 12.62；残渣态（B4）富集系数与其他形态相比很低，集中在 0.45 以下，4 种形态富集系数大小为可还原态（B2）＞酸溶态（B1）＞可氧化态（B3）＞残渣态（B4）；3 种配置下，富集系数在各时期变化趋势相似，但也有所差异，基本上各形态富集系数在落叶后达到最大，之后在生长初期和生长盛期持续下降，而乔灌配置中的酸溶态（B1）和可还原态（B2）在落叶后达到峰值，生长初期下降之后在生长盛期有所上升。

Mn：总体富集系数都很小，特别是残渣态（B4），富集系数均在 0.03 以下，从图 7-11 和表 7-11 中可以看出，四种形态富集系数大小为酸溶态（B1）＞可还原态（B2）＞可氧化态（B3）＞残渣态（B4）；从所有态（T）富集系数来看，富集系数均在 0.21 以下，表明小根对 Mn 的富集效能很弱，且富集系数最大值出现在生长盛期，最小值在落叶前或落叶后；酸溶态（B1）在三种配置下富集系数在生长盛期最大，而在落叶前最小，且差异达到了显著水平（$P < 0.05$）；乔灌草和乔灌配置下，生长初期和生长盛期可还原态（B2）富集系数显著（$P < 0.05$）高于落叶前后，而乔乔草则表现为生长初期、盛期低于落叶前；可氧化态（B3）富集系数峰值出现在落叶后，乔灌草和乔乔草配置下富集系数谷值在生长初期，而乔灌配置则在落叶前；落叶前后残渣态（B4）富集系数显著（$P < 0.05$）高于生长初期和盛期。

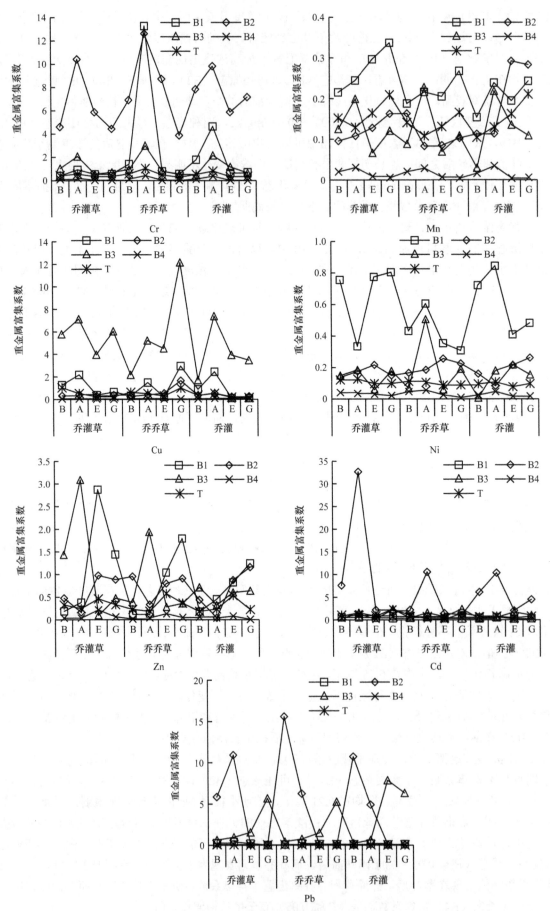

图 7-11 小根重金属富集系数季节性变化特征

B.落叶前；A.落叶后；E.生长初期；G.生长盛期

表 7-11　小根重金属富集系数季节性变化差异

生长时期	重金属	B1			B2			B3			B4			T		
		I	II	III	I	II	III	I	II	III	I	II	III	I	II	III
落叶前	Cr	Cg	Be	Bd	Cc	Cb	Ba	Bf	Bf	Dg	Bh	Bh	Bh	Bg	Bg	Bg
	Mn	Da	Db	Dd	Di	Ac	Cg	Bf	Cj	Dk	Bl	Bl	Bl	Cd	Be	Dh
	Cu	Bd	Chi	Bf	Chi	Di	Bh	Ba	Cb	Dc	Aj	Bj	Bj	Ae	Bg	Bh
	Ni	Aa	Bc	Bb	Cef	Dd	Cd	Bde	Ci	Dl	Ajk	Bj	Bkl	Afg	Agh	Bh
	Zn	Dg	Ch	Dg	Cd	Ab	Cde	Ba	Bef	Ac	Ci	Ci	Bhi	Bf	Cg	Cg
	Cd	Ad	Ad	Bd	Ba	Bc	Bb	Bde	Cd	Cd	BCd	Bcd	Ad	Acd	Ad	Ad
	Pb	Bd	Dd	Cd	Bc	Aa	Ab	Bd	Cd	Bd	Bd	Ad	Ad	Dd	Bd	Bd
落叶后	Cr	Af	Aa	Ac	Ab	Aa	Ab	Ae	Ad	Ade	Af	Af	Af	Af	Af	Af
	Mn	Ca	Bd	Bb	Ch	Ci	Cg	Ae	Ac	Ad	Ajk	Ak	Aj	Df	Dh	Cf
	Cu	Ae	Bf	Ad	Agh	Ch	Ag	Ab	Bc	Aa	Bi	Ai	Ai	Bgh	Cgh	Ag
	Ni	Bd	Ab	Aa	Be	Ce	Dgh	Ae	Ac	Be	Bi	Ahi	Ai	Af	Bfg	Afg
	Zn	Ccd	Cgh	Cc	Dfg	Cde	Dh	Aa	Ab	Cde	Ch	Bh	Ch	Cef	Dfg	Befg
	Cd	Ab	Ab	Ab	Aa	Ab	Ab	ABb	Bb	BCb	ABb	Cb	Ab	Bb	Ab	Ab
	Pb	Aef	Af	Af	Aa	Bb	Bc	Bd	BCde	Bde	Af	Af	Bf	Af	Af	Af
生长初期	Cr	Bf	Bd	Ce	Bb	Ba	Db	Cef	Cd	Bc	Ch	Ch	Ch	Cg	Cf	Dg
	Mn	Ba	Cb	Cc	Bf	Cg	Aa	Ch	Dh	Be	Ci	Ci	Di	Bd	Cef	Bd
	Cu	Dd	Cef	Cfg	Cde	Bc	Ddef	Cb	Ba	Bb	Cg	Dg	Dg	Ddef	Dde	Cef
	Ni	Aa	Cc	Db	Ae	Ad	Be	Ch	Ch	Ae	Ci	Ci	Di	Bf	Cfg	Cg
	Zn	Aa	Bb	Bde	Ac	Be	Bd	Dk	Bi	Bf	Bj	Ak	Ak	Ah	Afg	Ag
	Cd	ABcdef	Bdef	Def	Ba	Bb	Ba	Bcd	Ccde	Aab	Cf	Cf	Bf	ABc	Ccdef	Bcdef
	Pb	Cb	Bb	Db	Cb	Cb	Cb	Bb	Bb	Aa	Db	Cb	Db	Bb	Db	Db
生长盛期	Cr	Be	Be	Cd	Cb	Dc	Ca	Dd	De	Cd	Dh	Dh	Dh	Cf	Dg	Cf
	Mn	Aa	Ac	Ad	Af	Bh	Bb	Bg	Bh	Ch	Di	Di	Ci	Ae	Af	Ae
	Cu	Cfg	Ad	Ch	Bgh	Ae	Cgh	Bb	Aa	Cc	Ch	Ch	Cgh	Af	Dh	
	Ni	Aa	Dc	Cb	BCg	Be	Ad	Af	Bf	Cg	Di	Di	Ci	Bh	Ch	Bh
	Zn	Bb	Aa	Ac	Be	Ae	Ad	Cg	Bh	Bf	Aj	Bj	Dk	Bh	Bh	Bi
	Cd	Bf	Bf	Cf	Bbc	Bde	Ba	Ab	Ab	Bde	Ab	Acd	Bf	Bef	Bef	Aef
	Pb	Db	Cb	Bb	Cb	Cb	Cb	Aa	Aa	Aa	Cb	Bb	Cb	Cb	Cb	Cb

注：不同小写字母表示同种重金属元素富集系数在各形态及各配置间差异达到显著水平（$P < 0.05$）；不同大写字母表示同一个时期中各重金属富集系数间差异达到显著水平（$P < 0.05$）

Cu：可以看出，可氧化态（B3）富集系数明显高于其他形态，所有态（T）富集系数范围在 0.19～1.04，平均值 0.48，表明小根对 Cu 有一定的富集效能；四种形态富集系数大小为可氧化态（B3）＞酸溶态（B1）＞可还原态（B2）＞残渣态（B4），其中残渣态（B4）富集系数最大值仅为 0.09，生长初期、盛期显著（$P < 0.05$）低于落叶前后；可氧化态（B3）在各个时期变化呈现"N"形，即在落叶前和生长初期浓度较低而在落叶后和生长盛期浓度较高，在乔灌草和乔灌配置中最大值出现在落叶后，而乔乔草则出现在生长盛期；可还原态（B2）富集系数除在乔乔草配置中生长盛期富集系数较大外，其他时期及配置下差异不明显，在 0.40 左右；乔灌草和乔灌配置下，在落叶后酸溶态（B1）富集系数达到峰值，且显著高于其他时期，在生长初期处于谷值，而乔乔草配置则是在生长盛期富集系数达到最大，但也是在生长初期富集系数达到最小。

Ni：可以看出，酸溶态（B1）富集系数显著高于其他形态，且整体上各形态富集系数均不超过 0.81，特别是残渣态（B4），富集系数大小仅在 0.01 ~ 0.06；所有态（T）富集系数也很小，在 0.08 ~ 0.12，且落叶前和落叶后、生长初期和生长盛期富集系数之间差异不显著（$P > 0.05$），但生长初期显著（$P < 0.05$）高于落叶后；其他三种形态富集系数大小为酸溶态（B1）＞可还原态（B2）＞可氧化态（B3），三种配置下在不同时期富集系数变化差异较大，乔灌草中酸溶态（B1）富集系数最小在落叶后，乔乔草在生长盛期而乔灌则在生长初期，乔灌草和乔乔草可还原态（B2）富集系数在四个时期变化特征相似，均在落叶前最小而在生长初期最大，但乔灌则是在落叶后最小在生长初期最大；乔灌草和乔乔草可氧化态（B3）富集系数均在生长初期最小，而乔灌则在落叶前最小。

Zn：所有态（T）富集系数为 0.19 ~ 0.58，平均值为 0.33，说明小根对 Zn 的富集效能总体不强，但酸溶态（B1）、还原态（B2）、可氧化态（B3）三种形态富集系数较大，特别是酸溶态（B1）在生长初期和盛期的富集系数多数超过了 1，达到了超富集水平；可还原态（B2）富集系数在生长初期和生长盛期也显著（$P < 0.05$）大于落叶前后，富集系数在四个时期呈"√"形，即在落叶后富集系数最低；乔灌草和乔乔草配置可氧化态（B3）富集系数在落叶后达到最大，在生长初期最小，而乔灌配置可氧化态（B3）富集系数在落叶前最大，而在落叶后最小；残渣态（B4）富集系数较小，在 3 种配置中均为生长初期最大。

Cd：所有态（T）富集系数在 0.5 以上，表明小根对其的富集效能较强，可以看出，对可还原态（B2）富集效能最强，其中在乔灌草中落叶后可还原态（B2）富集系数达到 32.64；四种形态富集系数大小为可还原态（B2）＞可氧化态（B3）＞残渣态（B4）＞酸溶态（B1），酸溶态（B1）和可还原态（B2）落叶前后的富集系数较大，特别是落叶后富集系数为四个时期最大值，而生长盛期最小；乔灌草和乔乔草可氧化态（B3）富集系数在落叶后和生长盛期显著（$P < 0.05$）大于其他时期，而乔灌中则在生长初期和生长盛期显著（$P < 0.05$）大于其他时期。

Pb：所有态（T）富集系数在 7 种重金属元素中最低，范围仅在 0.03 ~ 0.09，且落叶前后显著（$P < 0.05$）高于生长初期和盛期；残渣态（B4）富集系数也极低，范围在 0.01 ~ 0.07，表明国槐小根对 Pb 的富集效能很弱，且对残渣态（B4）富集效能也很弱；可还原态（B2）和可氧化态（B3）富集系数明显高于其他形态，乔灌草中可还原态（B2）富集系数在落叶后达到最大，而乔乔草和乔灌则在落叶前达到最大，生长初期和生长盛期富集系数均在 0.04 ~ 0.06，而落叶前后则均在 5 以上；可氧化态（B3）富集系数则在生长初期和生长盛期显著（$P < 0.05$）高于落叶前后，富集系数在乔灌草和乔乔草中从落叶前到生长盛期持续增长，在乔灌中生长初期富集系数最大，三种配置中在落叶前均不超过 0.65，而到生长盛期则均在 5 以上；酸溶态（B1）富集系数在生长初期和盛期明显小于落叶前后。

三、中根

（一）重金属总浓度

重金属元素浓度的季节性变化特征受重金属元素种类及植物配置的影响，通过测定国槐中根重金属在不同生长时期的浓度（图 7-12）。总体上，Cr、Mn、Cu、Zn 四种重金属元素浓度比 Ni、Cd、Pb 浓度高出 1 个数量级。整体上，各重金属元素浓度在不同配置的不同时期变化特征各异。

Cr：乔灌草和乔灌配置中，浓度在落叶后达到最大值，且在生长盛期浓度较生长初期有所增加，即四个时期浓度变化呈现出"N"形，乔灌草在落叶后的浓度为 33.820mg/kg，而生长初期浓度仅为 5.761mg/kg，下降幅度达 82.97%，而乔灌配置下降幅度较小；乔乔草配置中浓度最大值在落叶前，之后浓度持续下降，在生长盛期达到最小值。

Mn：除了落叶前，另外三个时期三种配置下浓度大小差别不大，特别是在生长盛期，浓度均在 25mg/kg 左右，在落叶前相差较大，乔灌草和乔乔草相差不大，约 29mg/kg，但乔灌仅为 14.898mg/kg；乔灌草配置下，4 个时期浓度呈下降趋势，持续下降到生长初期，之后在生长盛期浓度有所上升，乔灌配置则呈"N"形，并在落叶后浓度最大。

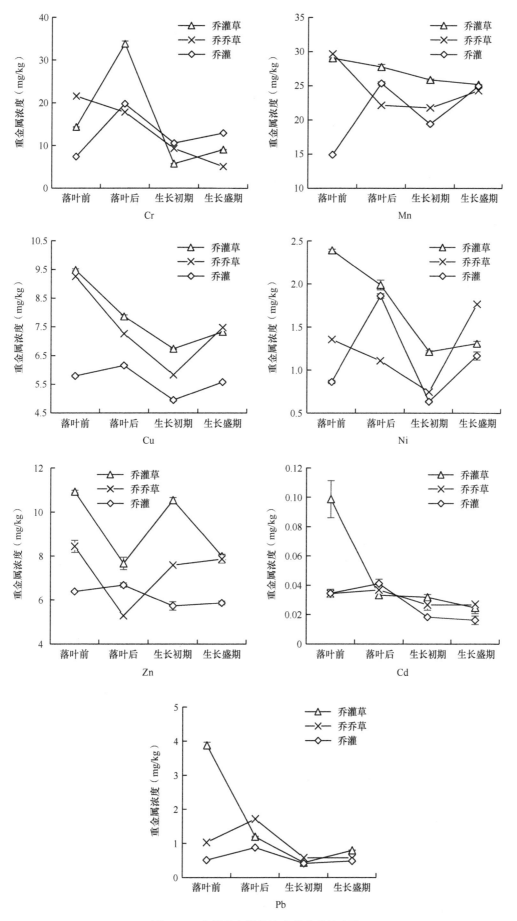

图 7-12　中根重金属总浓度的季节性变化

Cu：乔灌草与乔乔草配置在不同时期浓度变化趋势相似，即在落叶前浓度最高，之后一直下降到生长初期，达到浓度最低值，在生长盛期浓度有所上升；在不同时期浓度表现为乔灌草＞乔乔草＞乔灌；落叶前和生长盛期乔灌草与乔乔草浓度相差不明显，而在落叶后和生长初期则相差较大。

Ni：三种配置在不同时期变化特征差异较大，但均在生长初期浓度达到最小值，分别为乔灌草1.212mg/kg、乔乔草0.747mg/kg、乔灌0.634mg/kg，乔灌草最大浓度在落叶前，乔乔草在生长盛期，而乔灌则在落叶后。

Zn：从图7-12中可以看出，各个时期中基本上呈现乔灌草＞乔乔草＞乔灌，乔灌配置在各个时期浓度之间相差不大，变动区间在5.733～6.682mg/kg，且在落叶后浓度最高，而乔灌草和乔乔草浓度在落叶后最低，在落叶前浓度最高。

Cd：总体浓度极低，只有落叶前在乔灌草中浓度达到0.099mg/kg，其余浓度均在0.05mg/kg以下；乔乔草和乔灌浓度在落叶后达到峰值，但整体而言三种配置在不同时期中，浓度变化幅度不大。

Pb：从图7-12中可以看出，浓度最小值均出现在生长初期，乔乔草和乔灌配置中最大浓度在落叶后，而乔灌草配置中最大浓度则在落叶前，且生长初期和生长盛期浓度明显小于落叶前后。

综上所述，不同重金属元素浓度在国槐中根中时空变化特征差异性较大，Cr、Pb大体上在落叶后浓度较大而在生长初期浓度较小，但三种配置之间差异较大，Mn整体上浓度呈现递减趋势，Cu、Ni在生长初期浓度最低，Zn在落叶后浓度最低，而Cd季节性变化不明显。

（二）不同形态重金属元素浓度

运用BCR连续提取法对国槐中根中重金属不同形态浓度进行测定，三种配置下的根系随着重金属元素种类及生长时期的变化，重金属元素浓度之间差异较大（图7-13）。

Cr：四种形态中酸溶态（B1）浓度最低，而其他形态浓度相对较高；乔灌草可还原态（B2）在落叶后浓度最高，而在生长初期浓度最低，乔乔草则在落叶前浓度最高，而在生长盛期浓度最低，乔灌在生长盛期浓度最高，落叶前浓度最低，即乔灌草和乔乔草生长初期和生长盛期浓度较落叶前后有所降低，而乔灌则升高；可氧化态（B3）和残渣态（B4）在生长初期较落叶后下降幅度较大，特别是残渣态（B4），下降幅度超过90%，在落叶前后主要存在形态为可还原态（B2）和可氧化态（B3），生长初期和盛期则以可还原态（B2）为主要存在形式。

Mn：可以看出，酸溶态（B1）占比在各个时期的不同配置中均是最大的，其次是可还原态（B2），残渣态（B4）浓度最低；酸溶态（B1）在落叶前后浓度较低，而生长初期和盛期浓度上升，浓度最大值出现在生长盛期，浓度在20mg/kg左右；可还原态（B2）、可氧化态（B3）、残渣态（B4）三种形态在生长初期和生长盛期浓度均较落叶前后有所下降，特别是可氧化态（B3）和残渣态（B4）下降幅度较大，但在生长盛期又有上升。

Cu：可以看出，酸溶态（B1）、可还原态（B2）、可氧化态（B3）三种形态浓度明显高于残渣态（B4），酸溶态（B1）和可还原态（B2）浓度与落叶前后相比，生长初期和盛期有明显的增加，而可氧化态（B3）和残渣态（B4）则有明显的降低；酸溶态（B1）与可还原态（B2）在生长初期和生长盛期之间、落叶前和落叶后之间浓度差异不明显，只是在落叶后到生长初期之间发生剧烈变化，酸溶态（B1）浓度在三种配置下为乔灌草＞乔灌＞乔乔草，而可还原态（B2）则为乔乔草＞乔灌草＞乔灌；可氧化态（B3）和残渣态（B4）在落叶后到生长初期变化幅度较大，特别是可氧化态（B3），降低幅度在80%左右，落叶前后可氧化态（B3）浓度在三种配置下为乔灌草＞乔乔草＞乔灌，生长初期、盛期则为乔乔草＞乔灌草＞乔灌，残渣态（B4）均表现为乔灌草＞乔乔草＞乔灌。

Ni：各形态浓度均不高，浓度范围在0.100～0.840mg/kg，酸溶态（B1）和可还原态（B2）在落叶前后的浓度较低，而在生长初期和盛期的浓度较高，且落叶前和落叶后之间、生长初期和生长盛期之间浓度差异不明显，但在落叶后与生长初期之间有较大的差异；可氧化态（B3）和残渣态（B4）则在落叶前后的浓度较高，而在生长初期和盛期的浓度较低；酸溶态（B1）、残渣态（B4）浓度在三种配置下为乔灌草＞乔乔草＞乔灌，而可还原态（B2）、可氧化态（B3）浓度在三种配置下则表现为乔灌草＞乔灌＞乔乔草。

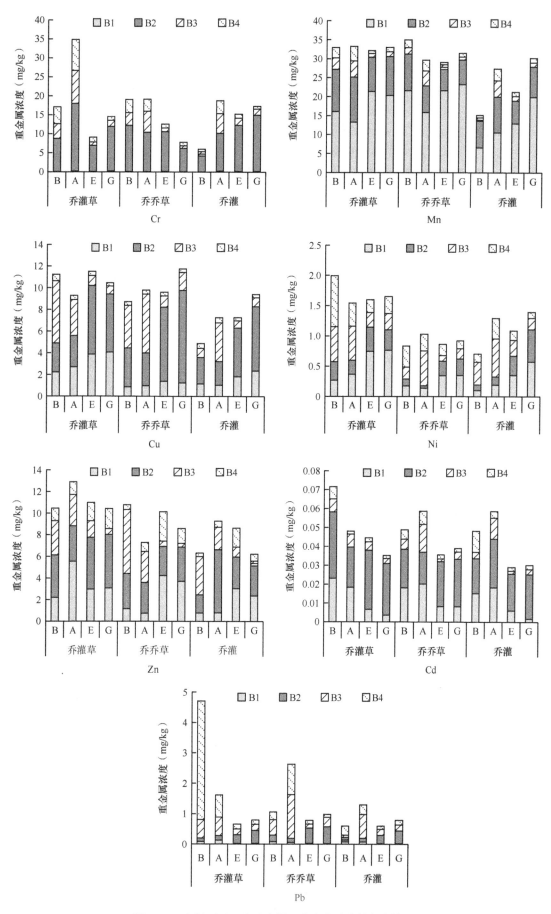

图 7-13　中根不同形态重金属元素浓度季节性变化特征

B. 落叶前；A. 落叶后；E. 生长初期；G. 生长盛期

Zn：乔灌草配置中，酸溶态（B1）最大值在落叶后，而乔乔草和乔灌则是在生长初期，在乔乔草和乔灌中，生长初期和生长盛期的酸溶态（B1）浓度明显高于落叶前和落叶后；可还原态（B2）在乔灌草配置下，生长初期与盛期的浓度高于落叶前后，在乔乔草和乔灌配置下，生长初期与盛期的浓度低于落叶前后；残渣态（B4）在生长初期和生长盛期的浓度明显高于落叶前后；可氧化态（B3）则在生长初期和生长盛期浓度明显低于落叶前和落叶后。

Cd：整体浓度极低，在 0.001 ～ 0.035mg/kg，其中可氧化态（B3）和残渣态（B4）明显低于酸溶态（B1）和可还原态（B2），浓度均在 0.015mg/kg 以下，且大多在 0.001 ～ 0.007mg/kg；可明显看出，中根中 Cd 主要存在形态为酸溶态（B1）和可还原态（B2），酸溶态（B1）在落叶前和落叶后浓度较大，而进入生长初期和生长盛期浓度明显下降；可还原态（B2）在各时期浓度变化不明显，变化幅度较小；可氧化态（B3）和残渣态（B4）虽然浓度较低，但是在生长初期和生长盛期浓度明显低于落叶前和落叶后。

Pb：从图 7-13 中可以看出，在落叶前后主要存在形态为可氧化态（B3）和残渣态（B4），而在生长初期和生长盛期则为可还原态（B2）和可氧化态（B3）；酸溶态（B1）浓度整体上均很低，且在落叶前后的浓度高于生长初期和生长盛期；可还原态（B2）在生长初期和盛期的浓度明显高于落叶前后，而可氧化态（B3）和残渣态（B4）则是生长盛期和生长初期的浓度低于落叶前后，可能是根系的活跃催生了相关生理响应，从而使得 Pb 的有效性降低，减少对植物的毒害作用。

整体而言，Cr 酸溶态（B1）和 Mn 酸溶态（B1）在生长初期和生长盛期的浓度高于落叶前后，而可还原态（B2）、可氧化态（B3）、残渣态（B4）三种形态则表现为落叶前后浓度高于生长初期和生长盛期；Cu 和 Ni 的酸溶态（B1）和可还原态（B2）在生长初期和生长盛期的浓度高于落叶前后，而可氧化态（B3）和残渣态（B4）则表现为落叶前后浓度高于生长初期和生长盛期；Zn 的酸溶态（B1）、可还原态（B2）和残渣态（B4）在生长初期和生长盛期的浓度高于落叶前后，而可氧化态（B3）则表现为落叶前后浓度高于生长初期和生长盛期；Cd 与 Pb 的可还原态（B2）在生长初期和生长盛期的浓度高于落叶前后，而酸溶态（B1）、可氧化态（B3）与残渣态（B4）则表现为落叶前后浓度高于生长初期和生长盛期。

（三）富集系数变化特征

国槐中根中各形态重金属元素浓度与根际土中相应重金属形态浓度的比值即为中根各形态重金属的富集系数，并对其进行方差分析，得出三种配置下不同形态重金属在不同时期富集系数的变化特征，如图 7-14 所示，其显著性特征如表 7-12 所示。从所有态（T）富集系数来看，国槐中根中各重金属元素的富集系数均值顺序为 Cr（0.55）> Cd（0.46）> Cu（0.27）> Zn（0.20）> Ni（0.11）> Mn（0.09）> Pb（0.08），由此可知，国槐中根对 Cr 和 Cd 富集效能较强，而对 Mn 和 Pb 富集效能较弱，虽然所有态（T）富集系数较小，但有的形态富集系数却较大，且均表现为富集系数在生长初期和生长盛期显著低于落叶前与落叶后。

Cr：可以看出，可还原态（B2）富集系数明显大于其他形态，但在各时期及不同配置之间的变化特征差异性较大，在乔灌草配置中，最大富集系数为 18.61，且出现在落叶后，而最小值在生长初期，乔乔草配置中最大富集系数在落叶前，为 11.96，而最小值则在生长盛期，乔灌配置中最大富集系数出现在生长盛期，为 11.00，而最小则出现在落叶前；酸溶态（B1）、可氧化态（B3）、残渣态（B4）在落叶后浓度最大，且落叶前后富集系数显著（$P < 0.05$）高于生长初期和生长盛期，其中酸溶态（B1）和可氧化态（B3）富集系数在落叶前后均大于 1，即达到了超富集水平，但在生长初期和生长盛期富集系数在 1 以下。

Mn：富集系数整体很低，均在 0.25 以下，特别是残渣态（B4）极低，大小在 0.04 以下；酸溶态（B1）在乔灌草和乔乔草配置中的各个时期富集系数差异很小，在 0.13 ～ 0.16，但达到了显著水平（$P < 0.05$），在乔灌配置下富集系数较小，最大 0.11，出现在生长盛期，而乔乔草配置中酸溶态（B1）最大富集系数在生长初期，乔乔草配置出现在落叶前；可还原态（B2）生长初期和生长盛期富集系数显著（$P < 0.05$）高于落叶前后，且落叶前和落叶后之间、生长初期和生长盛期之间富集系数基本相同；可氧化态（B3）与残渣态（B4）富集系数在落叶前后显著（$P < 0.05$）大于生长初期和盛期。

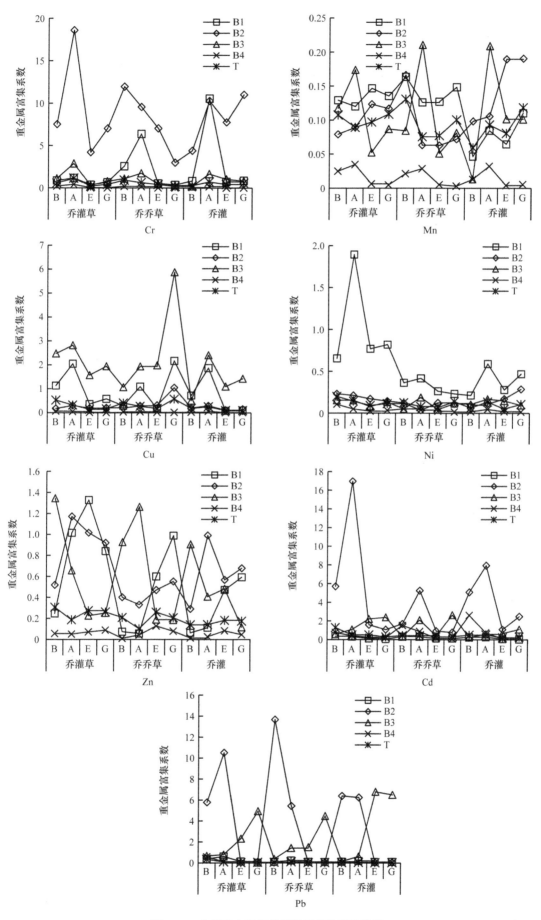

图 7-14　中根重金属富集系数季节性变化特征
B. 落叶前；A. 落叶后；E. 生长初期；G. 生长盛期

表 7-12　中根重金属富集系数季节性变化差异

生长时期	重金属	B1			B2			B3			B4			T		
		I	II	III	I	II	III	I	II	III	I	II	III	I	II	III
落叶前	Cr	Be	Bd	Be	Bb	Aa	Dc	Be	Be	De	Be	Ae	Be	Be	Ae	De
	Mn	BCb	Aa	Dh	Df	Aa	Ce	Bc	Bf	Cj	Bi	Bi	Bj	Ad	Ab	Dg
	Cu	Bb	Cf	Bc	Dg	Dg	Bg	Ba	Cb	Dd	Ah	Bh	Bh	Ad	Be	Bg
	Ni	Ca	Bb	Dcd	Ac	Af	Df	Ae	Cg	Cf	Af	Ag	Bh	Ad	Bf	Cg
	Zn	Def	Cgh	Dh	Dc	Cd	De	Aa	Bb	Ab	Ch	Dh	Dh	Ae	Bf	Bg
	Cd	Ade	Ade	Ae	ABa	Bbc	ABa	Acde	Cde	Be	Acde	Acd	Ab	Acde	Ade	Ade
	Pb	Bc	Bc	Bc	Bb	Aa	Ab	Cc	Cc	Bc	Ac	Bc	Ac	Ac	Bc	Bc
落叶后	Cr	Afg	Ad	Ab	Aa	Bc	Bbc	Ae	Af	Af	Agh	Bh	Ah	Afg	Bgh	Agh
	Mn	Cd	Cc	Bg	Cf	Ci	Be	Ab	Aa	Aa	Aj	Ak	Ajk	Cf	Ch	Bf
	Cu	Ac	Bf	Ae	Ag	Cg	Ag	Aa	Bd	Ab	Bh	Ah	Ah	Bg	Cg	Ag
	Ni	Aa	Ac	Ab	ABd	Bi	Cfgh	Adef	Ade	Adef	Bhi	Bi	Ahi	Befg	Cghi	Aefg
	Zn	Bc	Ci	Ch	Ab	Df	Ac	Bd	Aa	Ce	Di	Ci	Ci	Cg	Ch	Bh
	Cd	Ac	Ac	Ac	Aa	Abc	Ab	Ac	Bc	Bc	Bc	ABc	Bc	Bc	Ac	Ac
	Pb	Aef	Af	Af	Aa	Bc	Ab	Ce	Bd	Bef	Bf	Af	Af	Bf	Af	Af
生长初期	Cr	Dgh	Cf	Be	Cc	Cb	Ca	Dh	Cg	Bd	Cj	Cj	Dj	Di	Cg	Cg
	Mn	Ab	Cc	Cf	Ac	Cf	Aa	Dg	Cg	Bd	Ch	Ch	Dh	Bd	Cc	Ce
	Cu	Dd	Cefg	Cgh	Ce	Bd	Defg	Db	Ba	Cc	Ch	Dh	Dh	Defg	Def	Cfgh
	Ni	BCa	Cc	Cb	BCd	Af	Bd	Cgh	Ci	Be	Dj	Cj	Bj	Dg	Dh	Di
	Zn	Aa	Bc	Bd	Bb	Bd	Cc	Cef	Cf	Bd	Bh	Ag	Agh	Be	Ae	Af
	Cd	Bc	Bc	Bc	Bab	Cbc	Cbc	Aa	Cc	ABbc	Bc	Bc	Bc	Bc	Bc	Bc
	Pb	Cc	Bc	Cc	Cc	Cc	Bc	Bb	Bbc	Aa	Cc	Cc	Bc	Dc	Cc	Cc
生长盛期	Cr	Ce	Cg	Bd	Bb	Dc	Aa	Cd	Dh	Cd	Dj	Dj	Cj	Cg	Di	Bf
	Mn	Bc	Bb	Ae	Bd	Bi	Aa	Cg	Bh	Bf	Dj	Dj	Cj	Ae	Bf	Ad
	Cu	Cf	Ab	Cg	Bg	Ae	Cg	Cc	Aa	Bd	Dg	Cg	Bg	Cg	Af	Cg
	Ni	Ba	Dd	Bb	Ce	Ag	Ac	Bf	Bg	Ch	Ci	Dj	Cj	Cg	Aef	Bg
	Zn	Cc	Aa	Ae	Cb	Af	Bd	Cg	Chi	Dg	Ak	Bk	Bl	Bg	Bh	Ai
	Cd	Bc	Bc	Bc	Bb	Cbc	BCa	Aa	Aa	Ab	Bc	Bc	Bc	Cc	Bc	Bc
	Pb	Dc	Cc	Bc	Cc	Cc	Bc	Ab	Ab	Aa	Cc	Cc	Cc	Cc	Cc	Dc

注：不同小写字母表示同种重金属元素富集系数在各形态及各配置间差异达到显著水平（$P < 0.05$）；不同大写字母表示同一个时期中各重金属富集系数间差异达到显著水平（$P < 0.05$）

Cu：可以看出，可氧化态（B3）富集系数显著（$P < 0.05$）高于其他形态，其次是酸溶态（B1），而残渣态（B4）富集系数最小，大小不超过 0.07；乔灌草和乔灌配置中，4 种形态富集系数在落叶前后显著（$P < 0.05$）高于生长初期和生长盛期，特别是乔灌配置中酸溶态（B1）在落叶前富集系数为 0.72，落叶后 1.87，而生长初期为 0.09，生长盛期为 0.10，下降幅度最大；乔乔草配置中酸溶态（B1）在落叶后和生长盛期富集系数均超过 1，而在落叶前和生长初期却较小，可还原态（B2）和可氧化态（B3）富集系数在生长初期与生长盛期显著高于落叶前后，而残渣态（B4）则是落叶前后显著（$P < 0.05$）高于生长初期和生长盛期。

Ni：可以看出，酸溶态（B1）富集系数显著（$P < 0.05$）高于其他形态，其中残渣态（B4）富集系数最小，集中在 0.04 左右，几种形态富集系数大小为酸溶态（B1）＞可还原态（B2）＞可氧化态（B3）＞残渣态（B4）；大体上各形态在落叶前和落叶后的富集系数显著（$P < 0.05$）大于生长初期与生长盛期，只有

可还原态（B2）在乔灌配置下为生长初期和生长盛期显著大于落叶前与落叶后。

Zn：可看出，富集系数之间差异性很大，但残渣态（B4）富集系数最小，在各时期变化幅度不大，大小集中在 0.06 左右；酸溶态（B1）富集系数最大值在生长初期或生长盛期，而最小值则在落叶前或者落叶后，出现差异的原因可能是配置间的差异；可还原态（B2）富集系数在乔灌草和乔灌配置中最大值在落叶后，最小值在落叶前，而乔乔草配置中富集系数最大值在生长盛期，最小值在落叶后；可氧化态（B3）富集系数均表现为落叶前后显著（$P < 0.05$）高于生长初期和生长盛期。

Cd：总体上可还原态（B2）富集系数显著高于其他形态，且在落叶后达到最大值，三种配置下分别为乔灌草 16.95、乔乔草 5.25、乔灌 7.93，生长初期和生长盛期富集系数较落叶前后有较大幅度的下降；酸溶态（B1）和残渣态（B4）富集系数在生长初期和盛期显著低于落叶前后，而可氧化态（B3）则是生长初期和盛期显著高于落叶前后。

Pb：从图 7-14 中可以看出可还原态（B2）和可氧化态（B3）富集系数明显高于其他形态，可还原态（B2）富集系数在落叶前后显著高于生长初期和生长盛期，乔灌草中落叶前后富集系数分别为 5.78、10.50，而生长初期和盛期分别为 0.04、0.06，乔乔草中落叶前后分别为 13.67、5.44，而生长初期和盛期均为 0.05，乔灌中落叶前后富集系数分别为 6.39、6.25，而生长初期和盛期分别为 0.03、0.06；可氧化态（B3）富集系数在生长初期和生长盛期显著高于落叶前与落叶后，且上升幅度较大，其中乔灌中落叶前后富集系数分别为 0.15、0.61，而生长初期和盛期分别为 6.79、6.50，上升幅度最大；酸溶态（B1）和可残渣态（B4）富集系数较小，且在落叶前后富集系数显著高于生长初期和生长盛期。

四、大根

（一）重金属总浓度

重金属元素浓度的季节性变化特征受重金属元素种类及植物配置的影响，通过测定国槐大根重金属在不同时期的浓度，结果如图 7-15 所示。总体上，Cr、Mn、Cu、Zn 四种重金属元素浓度比 Ni、Cd、Pb 浓度高出 1 个数量级以上。

Cr：可以看出三种配置下均在落叶后达到浓度峰值，而在生长初期浓度急剧下降，三种配置下降幅度分别为乔灌草 83.03%、乔乔草 38.64%、乔灌 70.48%，乔灌草配置中在生长盛期浓度有所上升，即其最小浓度在生长初期，而乔乔草配置和乔灌配置中则在生长盛期浓度持续下降，即最低浓度在生长盛期。

Mn：明显可以看出生长初期和生长盛期浓度低于落叶前和落叶后，在乔乔草和乔灌配置中，落叶后浓度达到峰值，之后在生长初期浓度大幅度下降，且在生长盛期浓度又有小幅度下降，而乔灌草配置中浓度最高值在落叶前，之后一直下降至生长初期，在生长盛期浓度则小幅度上升。

Cu：可以看出，从落叶前到生长盛期浓度呈现下降的趋势，即在落叶前浓度最高，而在生长盛期浓度最低，乔乔草配置中则在落叶后浓度有所上升，但是幅度不大，不到 1mg/kg，而乔灌草配置中则在生长初期到生长盛期浓度也有小幅度提高，提高量仅 0.179mg/kg。

Ni：乔灌草配置中浓度从落叶前的 1.521mg/kg 在各时期持续下降至生长盛期的 0.761mg/kg；而乔乔草和乔灌配置下浓度在落叶后达到峰值，之后在生长初期有较大幅度下降，并在生长盛期下降至最低，整体上浓度在落叶前和落叶后较高，而在生长初期和盛期浓度较低。

Zn：三种配置下 4 个生长时期的浓度变化特征各异，乔灌草配置中在落叶前和生长初期浓度较高，而在落叶后和生长盛期浓度较低，在落叶前浓度最高，达到 8.676mg/kg，在生长盛期浓度最低，为 5.346mg/kg；乔乔草配置中在落叶前浓度最大，为 5.586mg/kg，之后浓度持续下降，到生长初期达到最小值（3.188mg/kg），之后在生长盛期稍有回升；乔灌配置中则表现为落叶前后浓度低于生长初期和盛期，浓度从落叶前的 4.385mg/kg 一直上升至生长盛期的 6.946mg/kg。

Cd：浓度极低，最高浓度也仅有 0.056mg/kg，且整体上在三种配置下随着生长时期的变化，Cd 元素浓度呈下降趋势，即在落叶前浓度最高而在生长盛期浓度达到最低。

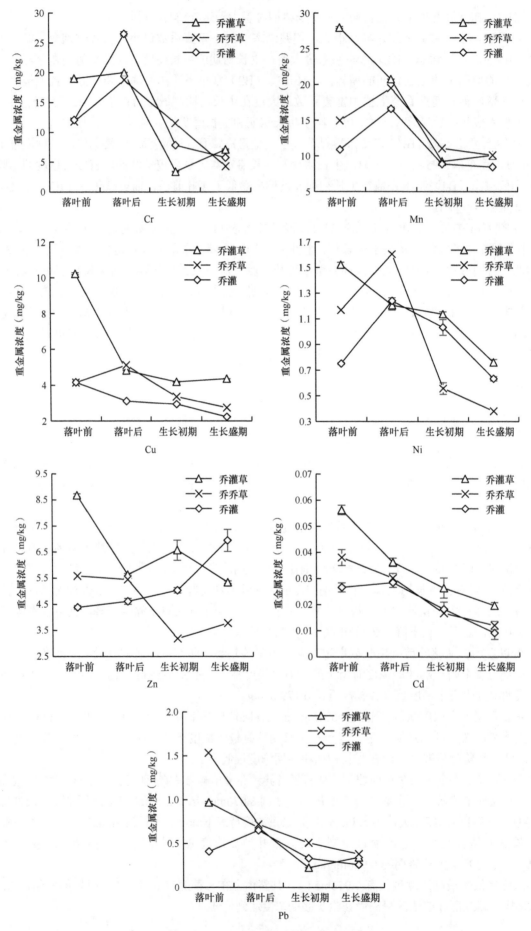

图 7-15　大根重金属总浓度的季节性变化

Pb：4 个生长时期的浓度整体呈现下降趋势，其中乔乔草配置中浓度从 1.532mg/kg 持续下降到生长盛期的 0.382mg/kg，而乔灌草配置则是在生长初期到生长盛期浓度有所回升，乔灌配置则是在落叶前到落叶后浓度上升。

综上所述，重金属元素在国槐大根中季节变化差异性较大，Cr、Mn、Ni 三种元素的变化特征相似，多在落叶后达到峰值；Cu、Cd、Pb 三种元素从落叶后到生长盛期浓度呈现下降趋势，而 Zn 元素在三种配置下各生长时期变化差异性很大。

（二）不同形态重金属元素浓度

运用 BCR 连续提取法对大根中重金属不同形态浓度进行测定，经过分析三种配置下的根系随着重金属元素种类及生长时期的变化，重金属元素浓度具体如图 7-16 所示，不同重金属元素浓度之间差异比较明显。

Cr：可以看出，4 种形态浓度差异性较大。在各个时期酸溶态（B1）的浓度均很低，可还原态（B2）浓度最高，在四个时期中浓度占比均是最大的；乔灌草配置中生长初期和生长盛期可还原态（B2）浓度明显低于落叶前和落叶后，且可氧化态（B3）与残渣态（B4）浓度从落叶前后到生长初期和盛期剧烈下降，可氧化态（B3）在落叶前后浓度分别为 4.900mg/kg、5.182mg/kg，而在生长初期和盛期分别为 0.193mg/kg、1.042mg/kg，残渣态（B4）也从落叶前后的 3mg/kg 左右，下降到生长盛期的 0.25mg/kg；乔乔草可还原态（B2）浓度从落叶前的 6.780mg/kg 上升到生长初期的 14.280mg/kg，达到最大值，之后在生长盛期又下降到 4.828mg/kg，可氧化态（B3）和残渣态（B4）从落叶前后到生长初期和盛期急剧下降；乔灌可还原态（B2）浓度则是在落叶后达到最大值（13.026mg/kg），之后在生长初期和盛期持续下降，可氧化态（B3）与残渣态（B4）浓度从落叶前后到生长初期和盛期也出现较大幅度下降。

Mn：4 种形态浓度总体上大小顺序为酸溶态（B1）＞可还原态（B2）＞可氧化态（B3）＞残渣态（B4），4 种形态在落叶前和落叶后的浓度大多比生长初期和盛期的浓度高，可还原态（B2）、可氧化态（B3）、残渣态（B4）在落叶前后浓度明显高于生长初期和盛期，特别是可氧化态（B3），变化幅度最大，基本上是从 3mg/kg 左右下降到 0.6mg/kg 左右。

Cu：酸溶态（B1）在三种配置下的 4 个生长时期之间浓度变化差异不大，且大体上浓度大小为乔灌草＞乔灌＞乔乔草；可还原态（B2）在落叶前后浓度较低，而在生长初期和生长盛期有较明显的上升，而可氧化态（B3）与残渣态（B4）则在生长初期和盛期浓度有较为显著的下降，特别是在乔灌草中，其落叶前后浓度分别为 5.678mg/kg、1.706mg/kg，而在生长初期和生长盛期浓度仅分别为 0.184mg/kg、0.455mg/kg，下降幅度最小也有 73%。

Ni：整体浓度较低，几种形态浓度变化区间为 0.017～1.075，从图 7-16 中可以看出，在落叶前后主要存在形态为可氧化态（B3）和残渣态（B4），而生长初期和生长盛期则为酸溶态（B1）和可还原态（B2）；三种配置下，可氧化态（B3）和残渣态（B4）从落叶前后到生长初期与生长盛期浓度变化幅度较大，而酸溶态（B1）和可还原态（B2）在乔乔草与乔灌配置下变化幅度则较小，在乔灌草配置下酸溶态（B1）和可还原态（B2）浓度变化幅度较大，特别是酸溶态（B1），在落叶前后仅分别为 0.130mg/kg、0.173mg/kg，而在生长初期和盛期则分别为 0.840mg/kg、0.660mg/kg。

Zn：酸溶态（B1）与可还原态（B2）生长初期和生长盛期浓度较落叶前后有小幅度上升，乔灌草和乔乔草在落叶后酸溶态（B1）浓度最低，而乔灌则在落叶前，可还原态（B2）在三种配置下最小浓度均在落叶前，最大浓度则在生长初期或生长盛期；可氧化态（B3）大体上在生长初期和盛期的浓度较落叶前后有所下降，且下降幅度较大，基本上从 3mg/kg 左右下降至 0.6mg/kg 左右，幅度达 80% 左右；残渣态（B4）在乔灌草配置中最大浓度在生长初期，而最小浓度在生长盛期，乔乔草和乔灌配置中最小浓度在落叶前后，最大浓度在生长初期或盛期。

Cd：浓度极低，最大值为 0.035mg/kg，且大部分集中在 0.01mg/kg 以下；可以看出各形态在落叶前后浓度较高，而在生长初期和盛期浓度较低；酸溶态（B1）多在落叶前浓度最大，而在生长盛期浓度最小；可还原态（B2）在三种配置之间的不同时期变化幅度不大；可氧化态（B3）和残渣态（B4）则在生长初期和盛期浓度有所下降。

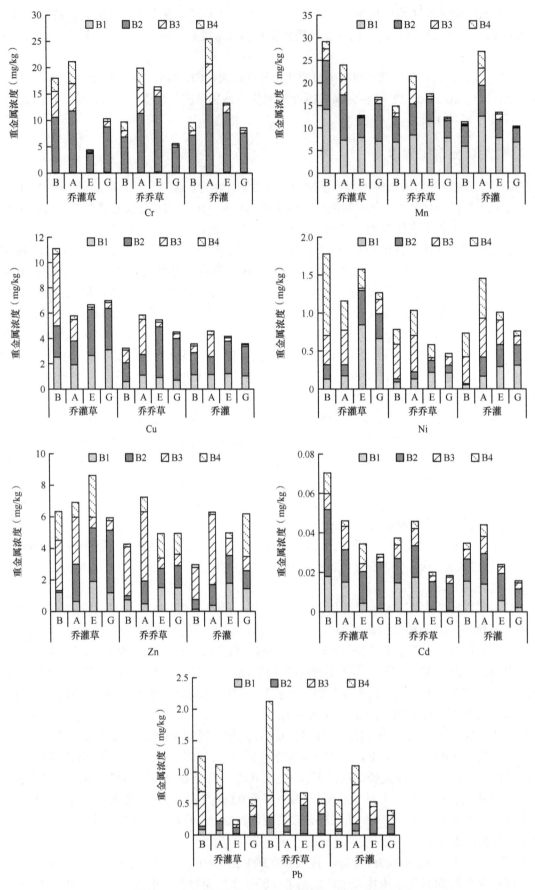

图 7-16　大根不同形态重金属元素浓度季节性变化特征

B. 落叶前；A. 落叶后；E. 生长初期；G. 生长盛期

Pb：酸溶态（B1）和可氧化态（B3）在落叶前后的浓度明显高于生长初期和生长盛期，可还原态（B2）在落叶前后的浓度明显低于生长初期和盛期，其中酸溶态（B1）变化幅度较小，而可还原态（B2）和可氧化态（B3）则变化幅度较大，乔乔草配置下残渣态（B4）变化幅度最大，在落叶前后浓度分别为 1.491mg/kg、0.377mg/kg，生长初期、盛期则分别为 0.096mg/kg、0.070mg/kg。

整体上，Cr 的酸溶态（B1）在生长初期和生长盛期的浓度高于落叶前后，而可还原态（B2）、可氧化态（B3）、残渣态（B4）三种形态则表现为落叶前后浓度高于生长初期和生长盛期；Mn 和 Cd 4 种形态大多表现为落叶前后浓度高于生长初期和生长盛期；Cu 和 Ni 的酸溶态（B1）和可还原态（B2）在生长初期和生长盛期的浓度高于落叶前后，而可氧化态（B3）和残渣态（B4）则表现为落叶前后浓度高于生长初期与生长盛期；Zn 的酸溶态（B1）、可还原态（B2）和残渣态（B4）在生长初期和生长盛期的浓度高于落叶前后，而可氧化态（B3）则表现为落叶前后浓度高于生长初期和生长盛期；Pb 的可还原态（B2）在生长初期和生长盛期的浓度高于落叶前后，而酸溶态（B1）、可氧化态（B3）和残渣态（B4）则表现为落叶前后浓度高于生长初期与生长盛期。

（三）富集系数变化特征

国槐大根中各形态重金属元素浓度与根际土中相应重金属形态浓度的比值即为国槐大根各形态重金属的富集系数，对其进行方差分析，得出三种配置下不同形态重金属在不同生长时期富集系数的变化特征，如图 7-17 所示，其显著性特征如表 7-13 所示。从所有态（T）富集系数来看，国槐大根中各重金属元素的富集系数均值顺序为 Cr（0.48）> Cd（0.35）> Cu（0.17）> Zn（0.15）> Ni（0.08）> Mn（0.05）> Pb（0.04），由此可知，国槐大根对 Cr 和 Cd 富集效能较强，而对 Mn 和 Pb 富集效能较弱，虽然所有态（T）富集系数较小，但有的形态富集系数却较大，且表现为富集系数在生长初期和生长盛期显著低于落叶前与落叶后。

Cr：可以看出，可还原态（B2）富集系数显著高于其他形态，且在三种配置下最大富集系数均在落叶后，分别为乔灌草 12.20、乔乔草 10.41、乔灌 13.50，但最小富集系数乔灌草配置在生长初期，而乔乔草配置和乔灌配置则在生长盛期；在乔灌草配置中落叶前的酸溶态（B1）富集系数最大，而酸溶态（B1）、可氧化态（B3）、残渣态（B4）均在落叶后富集系数达到最大，且显著（$P < 0.05$）高于其他时期，大小相差也很大，乔灌配置残渣态（B4）在落叶后富集系数为 0.25，在落叶前为 0.08，而在生长初期和生长盛期均为 0.01。

Mn：各形态富集系数很小，大小均在 0.18 以下，且大多数不超过 0.10，特别是残渣态（B4），富集系数极低，大小不超过 0.04，且在落叶后达到最大；可氧化态（B3）富集系数均在落叶后达到峰值，乔灌草、乔乔草、乔灌三种配置中分别为 0.14、0.18、0.18，而最小值在不同配置间差异较大，乔灌草配置中最小值在生长初期，乔乔草、乔灌配置中则在落叶前或生长盛期富集系数最小；可还原态（B2）在不同时期变化较大，乔灌草配置中富集系数在生长盛期达到最大，乔乔草配置中最大值在落叶前，而乔灌配置中则在生长初期；而各配置下酸溶态（B1）在落叶前后的富集系数比生长初期和盛期稍高。

Cu：可以看出，酸溶态（B1）和可氧化态（B3）富集系数较大，而可还原态（B2）和残渣态（B4）较小，特别是残渣态（B4），富集系数均在 0.05 以下；酸溶态（B1）在三种配置中的富集系数均在落叶后达到峰值，但乔灌草和乔乔草配置中最小浓度在生长初期，而乔灌配置中则在生长盛期；可氧化态（B3）富集系数在乔灌草配置中落叶前最大，在生长初期浓度最小，在乔乔草配置中生长盛期富集系数最大，在落叶前最小，而乔灌配置中则在落叶后最大，在生长盛期最小；可还原态（B2）在乔灌草和乔灌配置中富集系数从落叶前后到生长初期有所下降，而乔乔草配置中则上升。

Ni：可以看出，酸溶态（B1）富集系数明显高于其他形态的富集系数，但整体上 Ni 的富集系数均在 1 以下，残渣态（B4）富集系数最低，均在 0.14 以下，且集中在 0.04 左右，最大值出现在落叶前或是落叶后；酸溶态（B1）富集系数峰值均在落叶后，且在乔灌草与乔乔草配置中生长初期和生长盛期富集系数呈现下降趋势，三种配置中整体上乔灌草富集系数最大，而乔乔草配置富集系数最小；可还原态（B2）在乔灌草和乔乔草配置中富集系数最大在生长初期，最小在生长盛期，而在乔灌配置中则是在落叶后最大，落叶前

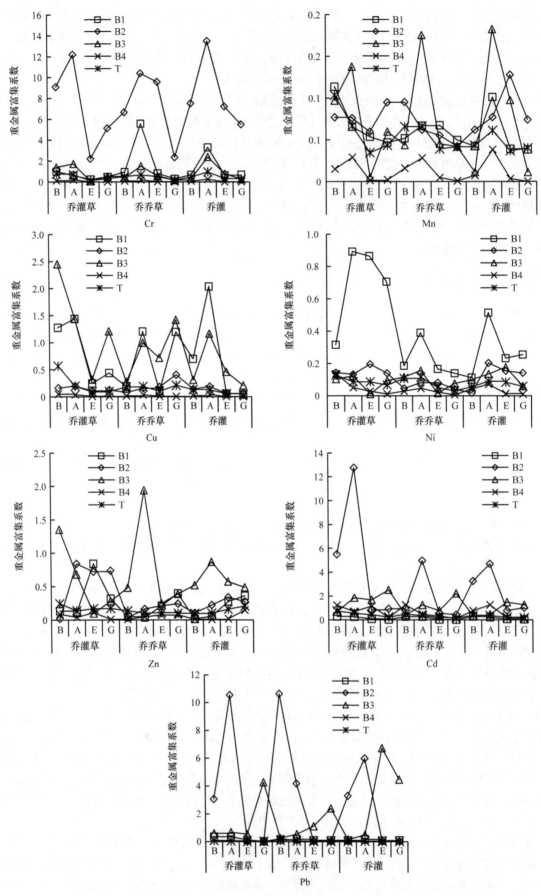

图 7-17　大根重金属富集系数季节性变化特征

B. 落叶前；A. 落叶后；E. 生长初期；G. 生长盛期

表 7-13　大根重金属富集系数季节性变化差异

生长时期	重金属	B1			B2			B3			B4			T		
		I	II	III	I	II	III	I	II	III	I	II	III	I	II	III
落叶前	Cr	Ae	Be	Befg	Ba	Cc	Bb	Bd	Cfgh	Cgh	Bh	Bh	Bh	Aef	Bfg	Bfgh
	Mn	Aa	Bf	Bg	Bd	Ac	Ce	Bc	Bg	Chi	Bh	Bh	Bj	Ab	Ae	Bg
	Cu	Bb	Bf	Bc	Bf	Dgh	Bf	Aa	De	Ce	Ahi	Bi	Bi	Ad	Cfg	Afg
	Ni	Da	Bb	Ddef	Bc	Bg	Ci	Bef	Bde	Cf	Ac	Bhi	Bgh	Acd	Bef	Bg
	Zn	Cd	Cef	Df	Cf	Def	Dde	Aa	Bb	Bb	Bdef	Cf	Bf	Ac	Ad	Cdef
	Cd	Ac	Ac	Ac	ABa	Bc	Ab	Ac	Cc	Bc	Ac	Ac	Ac	Ac	Ac	Ac
	Pb	Ac	Bc	Bc	Bb	Aa	Bb	Bc	Cc	Bc	Ac	Ac	Ac	Ac	Ac	Bc
落叶后	Cr	Bhi	Ad	Ae	Ab	Ac	Aa	Ag	Ag	Af	Ai	Ai	Ai	Bhi	Ahi	Ah
	Mn	Bf	Af	Ad	Be	Bg	Be	Ac	Ab	Aa	Ai	Ai	Ah	Bf	Af	Ag
	Cu	Ab	Ac	Aa	Af	Cg	Af	Bb	Be	Ad	Bi	Ai	Ai	Bf	Bf	Bh
	Ni	Aa	Ac	Ab	Bef	Aghi	Ad	Aefg	Ae	Bef	Bi	Ai	Ahi	Bfgh	Aefgh	Afgh
	Zn	Cdef	Cef	Cef	Ad	Cde	Cd	Bc	Be	Ab	Cef	Bef	Bf	Cdef	BCdef	Cdef
	Cd	Ac	Ac	Bc	Aa	Ab	Abc	Abc	Bbc	Bc	ABbc	Ac	Abc	Bc	Bc	Ac
	Pb	Ad	Ad	Ad	Aa	Bc	Ab	Bd	Cd	Bd	Bd	Ac	Ad	Bd	Bd	Ad
生长初期	Cr	Dg	Bd	Be	Dc	Ba	Cb	Dhi	Bef	Bd	Di	Ci	Ci	Dh	Bf	Cg
	Mn	Cd	Ac	Cf	Cd	Cd	Aa	Dg	Be	Bb	Dg	Cg	Cg	Df	Cf	Df
	Cu	Dd	Bf	Cfg	Df	Be	Cfg	Dc	Ca	Bb	Cg	Cg	Cg	Df	Df	Cfg
	Ni	Ba	Bde	Cb	Ac	Af	Be	Chi	Dh	Acd	Ch	Ch	Ch	Bf	Cg	Af
	Zn	Aa	Bfg	Be	Bb	Bfg	Ad	Di	Bef	Bc	Ai	Ai	Bj	Bgh	Bi	Bh
	Cd	Bef	Bf	Cef	Bbcd	Bcdef	Bcde	Aa	BCcde	Aab	Aabc	Adef	Bdef	Cdef	Cdef	Bdef
	Pb	Bb	Cb	Cb	Cb	Cb	Cb	Bb	Bb	Aa	Db	Cb	Bb	Db	Cb	Bb
生长盛期	Cr	Ce	Bfg	Bd	Cb	Dc	Da	BCe	Dh	Cg	Ci	Di	Ci	Cf	Ch	Dg
	Mn	De	Bd	Ch	Aa	Df	Bb	Cc	Bfg	Ci	Cj	Djk	Dk	Cf	Bfg	Cg
	Cu	Cc	Ab	Cfg	Ce	Ac	Cefg	Cb	Aa	Dd	Dg	Dg	Dg	Cef	Ad	Dfg
	Ni	Ca	Cc	Bb	Bc	Bg	Bc	Bd	Ce	Df	Di	Di	Di	Cef	Dh	Bf
	Zn	Bd	Ac	Ac	Ba	Aef	Be	Ce	Bc	Bb	Dj	Ai	Ah	Bgh	Ci	Afg
	Cd	Cd	Bd	Cd	Bbcd	Bbcd	Bbc	Aa	Aa	Ab	Bcd	Acd	Bcd	Dcd	Ccd	Bcd
	Pb	Cc	Cc	Bc	Cc	Cc	Cc	Aa	Ab	Aa	Cc	Cc	Bc	Cc	Dc	Dc

注：不同小写字母表示同种重金属元素富集系数在各形态及各配置间差异达到显著水平（$P < 0.05$）；不同大写字母表示同一个时期中各重金属富集系数间差异达到显著水平（$P < 0.05$）

最小；可氧化态（B3）富集系数在乔灌草和乔乔草配置中，生长初期和生长盛期显著（$P < 0.05$）高于落叶前与落叶后，在乔灌配置中则生长初期富集系数最大，而生长盛期最小。

Zn：相对来说，可氧化态（B3）富集系数最大，在乔灌草配置中落叶前和乔乔草配置中落叶后富集系数分别为 1.35、1.94，达到了超富集水平，而乔灌配置中最大富集系数在落叶后，为 0.87，即可氧化态（B3）在落叶前后的富集系数较大，而在生长盛期和生长初期较小；残渣态（B4）富集系数最小，在 0.08 左右，最大值出现在乔灌草配置中的生长初期，而在乔乔草乔灌配置中则在生长盛期；酸溶态（B1）和可还原态（B2）富集系数在整体上落叶前后显著（$P < 0.05$）小于生长初期和生长盛期，特别是酸溶态（B1），相差都在 3 倍以上。

Cd：可以看出，可还原态（B2）和可氧化态（B3）富集系数明显高于其他形态，且四种形态中酸溶态（B1）富集系数最小，在落叶前后富集系数显著（$P < 0.05$）高于生长初期和生长盛期，富集系数从落叶前到生长盛期一直处于下降趋势，但在落叶前、后之间和生长初期、盛期之间富集系数差异不显著（$P > 0.05$），落叶后富集系数都在 0.20 以上，而生长初期则都在 0.08 以下；可还原态（B2）、可氧化态（B3）和残渣态（B4）富集系数均有超过 1 的，特别是可还原态（B2）落叶后富集系数在乔灌草、乔乔草、乔灌三种配置下分别达到 12.75、4.97、4.69，可还原态（B2）和残渣态（B4）富集系数在落叶前都高于生长初期和盛期，而可氧化态（B3）富集系数则在落叶前后都低于生长初期和生长盛期。

Pb：可以看出，可还原态（B2）和可氧化态（B3）富集系数明显高于其他形态，特别是可还原态（B2）在落叶前后富集系数很大，最大在乔乔草配置中落叶前为 10.63，且显著（$P < 0.05$）高于生长初期和盛期，落叶前后富集系数均在 3 以上，而在生长初期和盛期富集系数均不超过 0.05；酸溶态（B1）和残渣态（B4）富集系数较低，大小不超过 0.40，且落叶前后富集系数显著（$P < 0.05$）高于生长初期和盛期，但落叶前和落叶后之间、生长初期和生长盛期之间差异不明显；可氧化态（B3）富集系数在生长初期和生长盛期显著（$P < 0.05$）高于落叶前与落叶后，且在生长初期和生长盛期富集系数均在 1 以上，达到了超富集水平。

五、迁移变化

（一）转运系数变化

通过计算得到各时期国槐小根、国槐中根、国槐大根的重金属转运系数（图 7-18），可知随着重金属元素种类、重金属形态、根系径级及生长时期的不同，重金属转运系数有较大差异。

Cr：不同径级根系转运系数有较大差异，小根转运系数大小范围在 0.373 ~ 0.905，几种形态中，可还原态（B2）转运系数较大，且在落叶前和落叶后转运系数明显大于生长初期与生长盛期，可还原态（B2）和可氧化态（B3）在落叶后转运系数达到最大，酸溶态（B1）、残渣态（B4）和所有态（T）均在生长初期转运系数最大；中根转运系数范围在 0.685 ~ 1.474，可还原态（B2）转运系数相对较大，而可氧化态（B3）较小，且酸溶态（B1）、可还原态（B2）最大值在落叶前，可氧化态（B3）和残渣态（B4）最大值在生长盛期，所有态（T）则在落叶后，但各形态转运系数最小值均在生长初期；大根转运系数在 0.361 ~ 1.170，可还原态（B2）转运系数相对较大，而酸溶态（B1）较小，酸溶态（B1）在生长初期转运系数最大而落叶后最小，可还原态（B2）、可氧化态（B3）和所有态（T）转运系数在落叶前达到最大，而残渣态（B4）则在落叶后，但这四种形态最小转运系数均出现在生长盛期。

Mn：小根转运系数大小范围在 0.263 ~ 0.742，相对而言可还原态（B2）转运系数较大，而残渣态（B4）较小，且除了残渣态（B4）转运系数在生长盛期达到最小值外，其他形态均在落叶前最小，而可氧化态（B3）转运系数最大值在落叶后，其他形态则在生长初期；中根转运系数范围在 0.470 ~ 1.027，图 7-18 中可见残渣态（B4）转运系数在各形态中最大，而酸溶态（B1）转运系数最小，除了可氧化态（B3）转运系数在落叶后达到最大外，其他几种形态最大值都在落叶前，酸溶态（B1）和可还原态（B2）转运系数最小值在生长盛期，而可氧化态（B3）、残渣态（B4）和所有态（T）则在生长初期；大根转运系数在 0.252 ~ 1.010，各形态转运系数最大值均在落叶后而最小值则均在生长盛期。

Cu：可以明显看出，酸溶态（B1）在不同时期、各径级根系中的转运系数明显高于其他几种形态，而可氧化态（B3）则明显低于其他几种形态；小根转运系数在 0.221 ~ 0.694，各形态转运系数变化具有明显的季节性，除残渣态（B4）外的其他形态最大值均在生长初期，即在生长初期迁移能力最强；中根转运系数在 0.346 ~ 0.884，酸溶态（B1）、可氧化态（B3）和所有态（T）转运系数最大值在生长盛期，最小值则在落叶后，而可还原态（B2）和残渣态（B4）最大转运系数在落叶后，最小值则在生长初期或盛期；大根转运系数在 0.328 ~ 0.963，各形态转运系数最大值在落叶前或落叶后，而最小值则在生长盛期或生长初期。

Ni：各形态转运系数在各个生长时期变化差异较大，小根转运系数在 0.277 ~ 1.610，除了酸溶态（B1）转运系数在落叶前为 1.610 外，其他形态在不同生长时期转运系数均在 1 以下，可还原态（B2）、残渣态（B4）和所有态（T）转运系数最大值在生长初期，而酸溶态（B1）转运系数最大值在落叶前，可氧化态（B3）则在落叶后，但各形态转运系数最小值均出现在落叶前或落叶后；中根转运系数在 0.656 ~ 1.484，

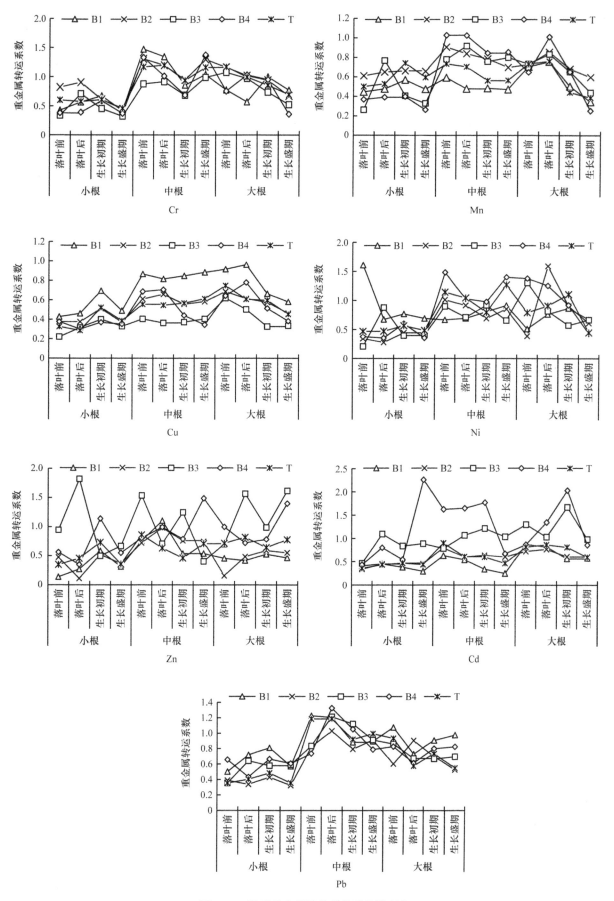

图 7-18　根系重金属转移系数季节性变化

残渣态（B4）转运系数各时期最大，除了酸溶态（B1）转运系数落叶前在各时期最小及可还原态（B2）转运系数落叶前在各时期最大外，其他几种形态在各时期中转运系数最大和最小值均出现在生长初期或生长盛期；大根转运系数在 0.430～1.592，且酸溶态（B1）和所有态（T）在生长初期转运系数最大，而其他形态均在落叶前或落叶后最大。

Zn：小根转运系数大小范围在 0.138～1.822，跨度较大，除了可氧化态（B3）最大转运系数在落叶后之外，其余形态均在生长初期达到最大值，而最小值可氧化态（B3）在生长初期，其他形态则在落叶前后；中根转运系数在 0.404～1.537，除了残渣态（B4）转运系数在生长盛期达到最大外，其他形态均在落叶前或落叶后最大，最小值均在生长初期或生长盛期；大根转运系数大小在 0.158～1.616，且可氧化态（B3）转运系数相对较大，而可还原态（B2）较小，转运系数最大值基本上均在生长初期或生长盛期，而最小值则在落叶前或落叶后。

Cd：可以看出，可氧化态（B3）和残渣态（B4）转运系数相对较大，而酸溶态（B1）则相对较小，小根转运系数在 0.292～2.262，各形态之间转运系数变化差异较大，酸溶态（B1）在落叶后最大，而在生长盛期最小，可还原态（B2）和所有态（T）在生长初期最大，在落叶前最小，可氧化态（B3）在落叶后最大落叶前最小，而残渣态（B4）则在生长盛期最大落叶前最小；中根转运系数 0.246～1.768，酸溶态（B1）、可还原态（B2）和所有态（T）在落叶前转运系数最大，而可氧化态（B3）和残渣态（B4）则在生长初期最大最值出现在各个时期；大根转运系数在 0.568～2.034，虽然最大值酸溶态（B1）在落叶前、可还原态（B2）和所有态（T）在落叶后、可氧化态（B3）和残渣态（B4）在生长初期，但是最小值均出现在生长盛期。

Pb：可以看出，转运系数大小为中根＞大根＞小根，小根转运系数在 0.324～0.811，除可氧化态（B3）转运系数最大值在落叶后外，其余形态最大值均在生长初期，而最小值除了可还原态（B2）在生长盛期外，其他均在落叶前或落叶后；中根转运系数范围为 0.737～1.326，最大转运系数均在落叶后，而最低值酸溶态（B1）、可还原态（B2）和所有态（T）在生长初期、可氧化态（B3）和残渣态（B4）则在落叶前；大根转运系数在 0.526～1.076，转运系数最大值除了可还原态（B2）在落叶后外，其余均在落叶前，而最小值则多在落叶后和生长盛期。

（二）滞留率变化

重金属的滞留率比较直观地反映了重金属在植物体内的转移情况，滞留率高说明重金属在植物体根系内向地上部分转移少，而滞留在根系中较多，且在各级根系中迁移量少，即滞留在较小径级根系中的量较大。通过公式重金属滞留率=（小径级根系重金属元素浓度−大径级根系同种重金属元素浓度）/小径级根系重金属元素浓度×100，计算出国槐细根、国槐小根、国槐中根的滞留率如表 7-14 所示。重金属的滞留率随着重金属元素种类，重金属形态、生长时期的不同及根径级的大小变化而存在较大的差异。

Cr：国槐细根的滞留率大小范围在 9.49%～67.63%，且各种形态滞留率均在生长盛期达到最大，可氧化态（B3）在各个时期中滞留率相对较大，而可还原态（B2）较小，酸溶态（B1）、残渣态（B4）和所有态（T）滞留率最小值在生长初期而可还原态（B2）和可氧化态（B3）则在落叶后；小根滞留率在−47.42%～31.52%，且大部分情况下滞留率表现为负值，即表明该重金属较多滞留在小根中，不同形态在生长初期滞留率达到最大，酸溶态（B1）和可还原态（B2）在落叶前滞留率最低、可氧化态（B3）和残渣态（B4）在生长盛期最低，而所有态（T）则在落叶后最低；中根的滞留率最大值除了酸溶态（B1）在落叶后之外，其余形态均在生长盛期，可还原态（B2）、可氧化态（B3）和所有态（T）在落叶前滞留率最低、酸溶态（B1）与残渣态（B4）则分别在生长初期和落叶后最低，且最低值大都在 0 以下。

Mn：总体上各径级根系的滞留率大小范围在−2.68%～74.80%，且不同径级根系滞留率有较大差异，细根中不同形态的滞留率最大值除了残渣态（B4）在生长盛期外，其余形态包括所有态（T）均在落叶前达到最大值，可氧化态（B3）滞留率在落叶后最低，但是其他形态则在生长初期最低；小根中酸溶态（B1）和可还原态（B2）在生长盛期滞留率最高，而可氧化态（B3）和残渣态（B4）及所有态（T）则在生长初

表 7-14　各径级根系重金属滞留率（%）变化特征

重金属	形态	细根				小根				中根			
		落叶前	落叶后	生长初期	生长盛期	落叶前	落叶后	生长初期	生长盛期	落叶前	落叶后	生长初期	生长盛期
Cr	B1	57.37	43.23	32.76	58.03	-47.42	-34.32	14.28	-3.89	22.43	42.90	0.02	22.80
	B2	17.75	9.49	38.75	55.19	-30.54	-19.69	5.24	-29.75	-16.18	-1.94	5.86	32.62
	B3	66.23	29.22	54.45	67.63	12.12	8.41	31.52	1.01	-7.50	2.75	26.20	47.59
	B4	62.14	60.86	40.93	62.69	-32.93	-1.24	31.38	-37.58	24.45	-3.08	4.75	63.95
	T	39.77	42.39	39.06	53.97	-16.86	-19.76	6.15	-15.97	-16.96	0.49	14.38	30.50
Mn	B1	55.40	52.34	43.15	52.67	40.93	52.39	51.84	53.01	29.59	24.23	49.82	65.68
	B2	38.99	35.10	33.91	34.47	9.52	16.27	21.57	30.33	27.35	14.55	31.87	40.31
	B3	73.69	23.12	59.36	67.18	22.03	8.40	24.25	20.19	26.64	16.67	34.55	56.14
	B4	63.13	60.88	60.14	73.73	-2.68	-2.32	15.64	14.62	35.34	-0.98	34.79	74.80
	T	49.93	47.29	25.79	40.68	26.56	29.71	43.98	43.75	26.69	23.90	55.94	61.48
Cu	B1	57.24	53.83	30.57	51.03	13.33	18.41	15.18	11.59	8.37	3.69	33.65	41.89
	B2	62.42	62.47	48.92	62.96	39.03	34.18	44.29	41.67	31.35	38.57	42.43	53.67
	B3	77.94	68.59	59.85	67.14	59.47	63.55	62.67	59.43	38.03	49.66	67.24	66.36
	B4	62.42	70.08	63.06	64.87	31.37	29.46	55.86	65.43	35.73	22.02	48.62	61.67
	T	67.54	71.45	47.77	61.41	44.44	45.37	43.25	38.75	25.22	39.23	40.40	54.67
Ni	B1	-60.95	32.70	23.29	30.93	33.36	30.89	19.45	8.71	49.00	23.83	13.45	32.87
	B2	65.80	72.32	55.67	56.12	-1.06	8.62	30.97	14.83	61.27	-59.20	9.86	38.98
	B3	79.34	12.23	60.37	59.63	10.26	28.96	8.32	34.45	-30.16	18.37	42.76	33.43
	B4	62.27	64.48	39.95	64.32	-48.43	-2.72	2.40	-40.08	-38.02	-25.23	8.02	56.98
	T	53.11	52.89	43.50	51.54	-14.17	-4.24	20.54	-26.72	20.99	9.38	-10.35	55.28
Zn	B1	86.15	72.90	41.63	68.49	24.41	-10.51	46.27	46.27	54.43	58.27	47.50	53.52
	B2	52.55	88.87	47.87	63.47	27.85	-300.51	24.03	25.69	84.23	51.66	41.20	44.86
	B3	5.50	-82.18	50.20	33.36	-10.11	29.36	-24.82	59.56	30.02	-56.61	1.24	-147.04
	B4	43.77	65.10	-118.10	45.06	19.58	0.58	21.29	-204.13	0.19	27.93	21.63	-39.83
	T	65.08	54.34	27.10	64.22	13.97	36.76	53.92	29.28	28.59	18.12	35.94	22.25
Cd	B1	58.88	55.02	62.02	70.78	37.30	46.04	66.22	75.37	13.02	17.84	43.25	41.88
	B2	66.01	55.17	53.13	54.87	20.43	40.13	36.53	39.64	27.54	22.99	39.02	39.40
	B3	53.72	-9.51	16.16	11.10	21.48	-6.76	-21.40	-3.68	-29.92	-3.37	-67.31	1.65
	B4	56.74	20.01	45.81	-126.24	-124.66	-64.77	-76.81	32.81	13.25	-34.68	-191.18	13.83
	T	64.21	56.61	53.19	56.27	10.04	39.45	40.21	53.55	18.34	13.46	18.58	40.08
Pb	B1	49.74	28.20	18.90	42.73	-22.71	-20.56	11.61	10.36	-7.64	27.04	9.16	2.28
	B2	61.10	66.19	57.03	67.58	17.58	-3.05	20.42	8.60	39.61	9.28	29.80	47.38
	B3	64.48	35.85	42.05	40.81	16.32	-21.36	-12.10	8.62	13.75	32.47	33.14	30.18
	B4	34.30	56.72	33.52	39.25	-63.57	-91.00	-5.32	20.95	17.13	38.74	19.82	17.39
	T	64.54	59.62	51.63	64.48	-18.71	-18.75	7.86	0.46	6.50	42.43	26.36	45.16

期最高，除了可氧化态（B3）的滞留率在落叶后最低外，其余几种形态均在落叶前最低；中根中几种形态的滞留率均在生长盛期达到最高，而在落叶后最低。

Cu：细根、小根、中根不同形态的滞留率随生长时期的变化有较大的差异，细根滞留率在30.57%～77.94%，各形态在不同时期滞留率变化不大，相比之下可氧化态（B3）滞留率较大且各时期变化幅度最大，在生长初期滞留率最小，在落叶前最大，酸溶态（B1）滞留率最小，且生长初期滞留率最小而落叶前最大；小根总体上滞留率大小范围在11.59%～65.43%，所有态（T）的滞留率在落叶后最大而在生长盛期最小，剩下的几种形态中酸溶态（B1）和可氧化态（B3）滞留率在落叶后达到最大，在生长盛期最小，可还原态（B2）和残渣态（B4）分别在生长初期、生长盛期滞留率最高，而在落叶后最小；中根中各形态的滞留率在3.69%～67.24%，除了可氧化态（B3）在生长初期达到最大外，其他均在生长盛期达到峰值，滞留率最低值酸溶态（B1）和残渣态（B4）在落叶后，而其余形态滞留率则在落叶前最低。

Ni：不同径级根系滞留率之间有较大的差异，细根滞留率最大值均在落叶前或落叶后，其中可氧化态（B3）和所有态（T）在落叶前而其他均在落叶后，滞留率最低值则除可氧化态（B3）在落叶后外，其他形态均在生长初期较小；小根滞留率大小范围在-48.43%～34.45%，除了酸溶态（B1）在落叶前和可氧化态（B3）在生长盛期滞留率达到最大值外，其他形态均在生长初期最大，而最小值酸溶态（B1）和所有态（T）在生长盛期，可还原态（B2）和残渣态（B4）在落叶前，而可氧化态（B3）则在生长初期；中根的滞留率大小随重金属形态的不同差异很大，极值基本上分布在各个生长时期，且滞留率大小范围在-59.20%～56.98%。

Zn：细根和中根最大滞留率大体上都出现在落叶前或者是落叶后，而最小滞留率则在生长初期或生长盛期，且残渣态（B4）的最小值在细根的生长初期，达到-118.10%，而中根中可氧化态（B3）的最小值在生长盛期，为-147.04%；小根中酸溶态（B1）和可氧化态（B3）滞留率最大值在生长盛期、可还原态（B2）在落叶前、残渣态（B4）和所有态（T）则在生长初期，最小值酸溶态（B1）和可还原态（B2）在落叶后、可氧化态（B3）在生长初期、残渣态（B4）在生长盛期、所有态（T）则在落叶前，且最小值除了所有态（T）之外的其他形态均小于1，其中可还原态（B2）在落叶后滞留率达到-300.51%。

Cd：细根滞留率大小在-126.24%～70.78%，由此可知滞留率在细根中具有较大的差异性，除了酸溶态（B1）的滞留率在生长盛期达到最大值外，其他形态均在落叶前最大；酸溶态（B1）和可氧化态（B3）滞留率最小值在落叶后，可还原态（B2）和所有态（T）在生长初期，残渣态（B4）则在生长盛期，为-126.24%；小根滞留率最小值除可氧化态（B3）在生长初期外，其他均在落叶前，而最大值随形态的改变而存在差异，酸溶态（B1）、残渣态（B4）和所有态（T）在生长盛期而可还原态（B2）和可氧化态（B3）则分别在落叶后与落叶前，整体滞留率大小在-124.66%～75.37%；中根滞留率大小在-191.18%～43.25%，滞留率最大值除了酸溶态（B1）在生长初期外其他形态均在生长盛期，滞留率最小值酸溶态（B1）在落叶前，可还原态（B2）和所有态（T）在落叶后，而可氧化态（B3）和残渣态（B4）则在生长初期。

Pb：细根的滞留率大小在18.90%～67.58%，最低值除了可氧化态（B3）在落叶后外，其他形态均在生长初期最低，而酸溶态（B1）、可氧化态（B3）和所有态（T）滞留率最大值在落叶前，可还原态（B2）和残渣态（B4）则分别在生长盛期与落叶后；小根滞留率在-91.00%～20.95%，最小值除酸溶态（B1）在落叶前外，其他形态均在落叶后，且大小均在0以下，其中残渣态（B4）滞留率达到-91.00%，而最大值除了可氧化态（B3）在落叶前、残渣态（B4）在生长盛期外，其他形态均在生长初期；中根的滞留率大小处于-7.64%～47.38%，最小滞留率除了可还原态（B2）在落叶后外，其他形态均在落叶前，而最大值分布在除了落叶前的各个时期中。

第四节　土壤-根系中的重金属元素浓度相关性分析

植物根系通过吸收作用，对土壤中的重金属进行富集，而根际土作为土壤与植物之间物质交换的重要区域，对植物根系的富集作用起到一定的积极影响。本研究通过分析表层土与根际土之间、根际土与细根之间重金属元素浓度的相关关系，试图找出重金属在生物地球化学循环中的内在联系，同时也对根际土中各重金属元素之间、不同根径级之间的重金属元素浓度进行相关性分析，以期得到重金属之间的协调与拮抗作用机理及重金属元素浓度在各径级间的变化关系。

一、不同土层-根际土

（一）不同土层重金属元素浓度

对不同土层中不同形态的重金属元素浓度进行相关性分析，结果如表 7-15 所示，从中可知，不同形态下，各层土壤重金属元素浓度之间均呈极显著（$P < 0.01$）正相关，且相关系数较大，均大于 0.8，表明各层土壤之间重金属元素浓度相关性较强。

表 7-15　不同土层各形态重金属元素浓度之间相关性分析

形态	土层深度（cm）	土层深度（cm）			
		0～20	20～40	40～60	>60
B1	0～20	1			
	20～40	0.969**	1		
	40～60	0.996**	0.952**	1	
	>60	0.963**	0.961**	0.964**	1
B2	0～20	1			
	20～40	0.979**	1		
	40～60	0.973**	0.984**	1	
	>60	0.843**	0.926**	0.884**	1
B3	0～20	1			
	20～40	0.934**	1		
	40～60	0.934**	0.866**	1	
	>60	0.963**	0.892**	0.917**	1
B4	0～20	1			
	20～40	0.959**	1		
	40～60	0.991**	0.973**	1	
	>60	0.986**	0.986**	0.997**	1
T	0～20	1			
	20～40	0.994**	1		
	40～60	0.989**	0.985**	1	
	>60	0.974**	0.992**	0.970**	1

** 表示在 0.01 水平（双侧）上显著相关

（二）不同土层-根际土重金属元素浓度相关性分析

通过分析不同土层-根际土中重金属元素浓度之间的相关性强弱，探索根际土与哪一层土的关系最为密切，以期为今后土壤经营管理起到一定的指导作用。

1. 0～20cm 土层

对 0～20cm 土层（表层土）中与根际土中各重金属元素不同形态的浓度进行相关性分析，以了解表层土与根际土不同形态重金属元素浓度之间的相互关系（表 7-16）。相关性分析表明，重金属元素种类与形态影响着相关性水平。所有态（T）浓度上，大体上表层土中重金属与根际土中重金属之间呈负相关，并且多数达到显著水平（$P < 0.05$），除了根际土中 Cd 与表层土中各重金属元素浓度之间相关性未达到显著水平外，其他根际土与表层土中的重金属浓度大多达到了显著水平，特别是根际土中的 Cu 均与表层土中的重金属

元素浓度之间达到显著相关水平（$P < 0.05$），且除了和 Cu 达到显著负相关外，其他均达到了极显著水平（$P < 0.01$）。

表 7-16　根际土与 0～20cm 土层中各形态重金属元素浓度的相关性分析

形态	0～20cm 土层重金属	根际土重金属						
		Cr	Mn	Cu	Ni	Zn	Cd	Pb
B1	Cr	−0.461*	−0.181	0.001	0.314	0.143	−0.239	0.087
	Mn	−0.306	−0.354	0.03	0.271	0.047	−0.3	−0.077
	Cu	−0.586**	−0.013	−0.025	0.342	0.227	−0.182	0.239
	Ni	−0.423*	−0.224	0.008	0.308	0.12	−0.256	0.049
	Zn	0.731**	−0.898**	0.147	−0.192	−0.474*	−0.332	−0.829**
	Cd	0.862**	−0.704**	0.128	−0.329	−0.487*	−0.177	−0.772**
	Pb	−0.539**	−0.056	−0.016	0.356	0.205	−0.184	0.196
B2	Cr	−0.078	−0.599**	0.018	−0.194	0.194	0.619**	−0.018
	Mn	0.006	0.544**	−0.039	0.131	−0.232	−0.640**	−0.018
	Cu	0.166	−0.388	0.088	0.03	0.31	0.704**	0.097
	Ni	−0.839**	−0.514*	−0.258	−0.722**	−0.500*	−0.591**	−0.408*
	Zn	0.878**	0.855**	0.246	0.830**	0.38	0.242	0.408*
	Cd	0.02	−0.512*	0.043	−0.108	0.234	0.664**	0.042
	Pb	0.440*	0.839**	0.094	0.513*	0.011	−0.391	0.184
B3	Cr	−0.012	−0.297	0.530**	−0.081	0.371	0.433*	0.374
	Mn	0.122	0.410*	−0.558**	0.124	−0.407*	−0.454*	−0.438*
	Cu	0.165	−0.119	0.521**	−0.076	0.289	0.285	0.22
	Ni	−0.1	0.146	−0.465*	0.096	−0.255	−0.223	−0.201
	Zn	0.495*	0.623**	−0.284	0.109	−0.364	−0.489*	−0.538**
	Cd	−0.024	−0.333	0.583**	−0.106	0.399	0.441*	0.399
	Pb	−0.189	−0.471*	0.540**	−0.1	0.443*	0.548**	0.511*
B4	Cr	−0.043	−0.075	−0.448*	0.484*	−0.289	0.588**	−0.211
	Mn	0.002	0.006	−0.439*	0.562**	−0.295	0.648**	−0.184
	Cu	0.044	0.084	−0.411*	0.615**	−0.29	0.682**	−0.15
	Ni	−0.023	−0.038	−0.442*	0.517**	−0.286	0.612**	−0.194
	Zn	−0.084	−0.147	−0.441*	0.393	−0.272	0.515**	−0.231
	Cd	0.043	0.065	0.177	−0.104	0.154	−0.181	0.114
	Pb	0.179	0.314	0.312	−0.037	0.159	−0.213	0.242
T	Cr	−0.539**	−0.238	−0.774**	−0.540**	−0.515*	0.165	−0.331
	Mn	−0.081	0.539**	−0.657**	−0.443*	−0.802**	−0.257	−0.893**
	Cu	−0.508*	−0.481*	−0.492*	−0.346	−0.161	0.287	0.066
	Ni	−0.003	0.582**	−0.546**	−0.371	−0.741**	−0.273	−0.860**
	Zn	−0.394	0.172	−0.905**	−0.619**	−0.822**	−0.066	−0.759**
	Cd	−0.307	0.298	−0.872**	−0.593**	−0.857**	−0.152	−0.841**
	Pb	−0.535**	−0.392	−0.622**	−0.439*	−0.313	0.237	−0.099

** 表示在 0.01 水平（双侧）上显著相关；* 表示在 0.05 水平（双侧）上显著相关；下同

酸溶态（B1）：根际土中的 Cr 除与表层土中的 Zn、Cd 呈极显著（$P < 0.01$）正相关外，与其他 5 种重金属元素浓度之间均为负相关，且与 Cr、Cu、Ni、Pb 之间达到显著水平（$P < 0.05$），但与 Mn 之间的相关性没达到显著水平；表层土中的 Zn、Cd 均与根际土中的 Mn、Zn、Pb 之间呈显著（$P < 0.05$）负相关，而其他重金属之间相关性不强，没达到显著水平。

可还原态（B2）：表层土中的 Ni 与根际土中各重金属元素浓度之间均呈负相关，且除了和 Cu 之间的相关性未达到显著水平外，与其他 6 种重金属元素浓度间均达到显著水平（$P < 0.05$），其中与 Cr、Ni、Cd 之间达到极显著水平（$P < 0.01$）；而表层土中的 Zn 则与根际土中的重金属元素浓度之间呈正相关，且与 Cr、Mn、Ni、Pb 之间达到显著水平（$P < 0.05$）；表层土中的 Pb 也与根际土中的重金属元素浓度之间呈正相关（Cd 除外），且与 Cr、Mn、Ni 之间达到显著水平（$P < 0.05$）；表层土中 Cr 与根际土中 Mn 之间极显著（$P < 0.01$）负相关，与 Cd 之间极显著（$P < 0.01$）正相关，而表层土中 Mn 与根际土中 Mn 之间极显著（$P < 0.01$）正相关，与 Cd 之间极显著（$P < 0.01$）负相关。

可氧化态（B3）：根际土中的 Cr 仅与表层土中的 Zn 之间达到显著（$P < 0.05$）正相关，与其他重金属元素浓度间相关性不强；根际土中的 Mn 与表层土中的 Mn、Zn 之间达到显著（$P < 0.05$）正相关，而与 Pb 之间却是显著（$P < 0.05$）负相关；根际土中的 Cu 与表层土中重金属元素浓度之间有较强的相关性，除了与 Zn 之间的相关性未达到显著水平外，与其他均达到了显著水平，其中除了和 Mn、Ni 之间为负相关外，与其他 4 种重金属元素浓度之间均呈极显著（$P < 0.01$）正相关；根际土中的 Zn 与表层土中的 Mn 之间呈显著（$P < 0.05$）负相关，而与 Pb 之间呈显著（$P < 0.05$）正相关；根际土中的 Cd 与表层土中的 Cr、Cd、Pb 之间呈显著（$P < 0.05$）正相关，而与 Mn、Zn 之间呈显著（$P < 0.05$）负相关；根际土中的 Pb 则与表层土中的 Mn、Zn 之间呈显著（$P < 0.05$）负相关，而与 Pb 之间呈显著（$P < 0.05$）正相关。

残渣态（B4）：根际土中的 Cr、Mn、Zn、Pb 与表层土重金属元素浓度之间相关性较低，而根际土中的 Cu 与表层土中的 Cr、Mn、Cu、Ni、Zn 之间呈显著（$P < 0.05$）负相关，与 Cd、Pb 之间为正相关关系，但未达到显著水平；根际土中的 Ni、Cd 与表层土中的 Cr、Mn、Cu、Ni、Zn 之间呈正相关，而与 Cd、Pb 之间则为负相关，且正相关大部分达到了显著水平（$P < 0.05$）。

2. 20 ~ 40cm 土层

对 20 ~ 40cm 土层与根际土中各重金属元素不同形态的浓度进行相关性分析，以了解该土层与根际土重金属元素浓度之间的相互关系（表 7-17）。Pearson 相关性分析表明，重金属元素种类与形态影响着相关性水平。所有态（T）浓度上，根际土与 20 ~ 40cm 土层中重金属元素浓度之间多为负相关关系，土层中 Cr 与根际土中 Cr、Mn、Cu 之间，土层中 Cu 与根际土中 Cr、Mn 之间，土层中 Zn 与根际土中 Cr、Cu、Ni、Zn、Pb 之间，土层中 Cd 与根际土中 Cu、Zn、Pb 之间，以及土层中 Pb 与根际土中 Cr、Mn、Cu 之间显著（$P < 0.05$）负相关，而土层中 Mn 与根际土中 Cr、Mn 之间，土层中 Ni 与根际土中 Cr、Mn 之间及土层中 Cd 与根际土中 Mn 之间却显著（$P < 0.05$）正相关。

表 7-17　根际土与 20 ~ 40cm 土层中各形态重金属元素浓度的相关性分析

形态	20 ~ 40cm 土层重金属	根际土重金属						
		Cr	Mn	Cu	Ni	Zn	Cd	Pb
	Cr	0.345	−0.834**	0.122	0.02	−0.308	−0.399	−0.632**
	Mn	−0.275	−0.38	0.036	0.265	0.03	−0.3	−0.107
	Cu	0.857**	−0.554**	0.109	−0.355	−0.452*	−0.09	−0.682**
B1	Ni	−0.519**	−0.101	−0.01	0.334	0.185	−0.195	0.157
	Zn	−0.099	−0.543**	0.065	0.205	−0.072	−0.344	−0.276
	Cd	−0.339	−0.296	0.024	0.294	0.073	−0.289	−0.029
	Pb	−0.557**	−0.05	−0.02	0.347	0.209	−0.18	0.204

续表

形态	20~40cm 土层重金属	根际土重金属						
		Cr	Mn	Cu	Ni	Zn	Cd	Pb
B2	Cr	0.345	-0.834**	0.122	0.02	-0.308	-0.399	-0.632**
	Mn	-0.275	-0.38	0.036	0.265	0.03	-0.3	-0.107
	Cu	0.857**	-0.554**	0.109	-0.355	-0.452*	-0.09	-0.682**
	Ni	-0.519**	-0.101	-0.01	0.334	0.185	-0.195	0.157
	Zn	-0.099	-0.543**	0.065	0.205	-0.072	-0.344	-0.276
	Cd	-0.339	-0.296	0.024	0.294	0.073	-0.289	-0.029
	Pb	-0.557**	-0.05	-0.02	0.347	0.209	-0.18	0.204
B3	Cr	-0.027	-0.333	0.581**	-0.111	0.395	0.433*	0.393
	Mn	0.169	0.468*	-0.576**	0.114	-0.452*	-0.525**	-0.505*
	Cu	-0.021	-0.328	0.581**	-0.11	0.393	0.429*	0.39
	Ni	0.472*	0.666**	-0.399	0.109	-0.448*	-0.595**	-0.618**
	Zn	0.544**	0.661**	-0.259	0.091	-0.381	-0.544**	-0.582**
	Cd	0.504*	0.675**	-0.358	0.107	-0.431*	-0.589**	-0.614**
	Pb	0.522**	0.440*	0.119	0.019	-0.123	-0.259	-0.323
B4	Cr	-0.081	-0.153	0.379	-0.644**	0.3	-0.709**	0.136
	Mn	-0.064	-0.123	0.398	-0.636**	0.309	-0.710**	0.154
	Cu	0.001	-0.007	0.450*	-0.569**	0.324	-0.678**	0.209
	Ni	-0.09	-0.17	0.367	-0.648**	0.291	-0.704**	0.126
	Zn	-0.154	-0.28	-0.319	0.097	-0.142	0.207	-0.202
	Cd	-0.112	-0.197	-0.372	0.28	-0.188	0.383	-0.208
	Pb	-0.046	-0.091	0.416*	-0.624**	0.308	-0.705**	0.169
T	Cr	-0.505*	-0.495*	-0.471*	-0.332	-0.138	0.283	0.091
	Mn	0.474*	0.548**	0.366	0.268	0.029	-0.341	-0.202
	Cu	-0.484*	-0.535**	-0.395	-0.281	-0.056	0.304	0.176
	Ni	0.418*	0.620**	0.15	0.137	-0.169	-0.382	-0.401
	Zn	-0.423*	0.123	-0.910**	-0.621**	-0.802**	-0.057	-0.722**
	Cd	0.084	0.626**	-0.444*	-0.297	-0.674**	-0.369	-0.824**
	Pb	-0.501*	-0.504*	-0.455*	-0.322	-0.122	0.283	0.108

酸溶态（B1）：土层中 Cr 与根际土中 Mn、Pb 之间，土层中 Mn 与根际土中 Mn、Zn、Pb 之间，土层中 Ni 与根际土中 Cr 之间，土层中 Zn 与根际土中 Mn 之间，土层中 Pb 与根际土中 Cr 之间为显著（$P < 0.05$）负相关关系，土层中 Cu 与根际土中 Cr 之间显著（$P < 0.05$）正相关，其他均未达到显著性水平。

可还原态（B2）：根际土中 Cr 与土层中 Cu 之间显著（$P < 0.05$）正相关，而与土层中 Ni、Pb 之间显著（$P < 0.05$）负相关；根际土中 Mn 与土层中 Cr、Cu、Zn 之间，根际土中 Zn 与土层中 Cu 之间及根际土中 Pb 与土层中 Cr、Cu 之间显著（$P < 0.05$）负相关，其他相关性没达到显著性水平。

可氧化态（B3）：根际土中 Cr 与土层中 Ni、Zn、Cd、Pb 之间，根际土中 Mn 与土层中 Mn、Ni、Zn、Cd、Pb 之间，根际土中 Cu 与土层中 Cr、Cu 之间及根际土中 Cd 与土层中 Cr、Cu 之间呈显著（$P < 0.05$）正相关，而根际土中 Zn 与土层中 Mn、Ni、Cd 之间，根际土中 Cd 与土层中 Mn、Ni、Zn、Cd 之间，根际土中 Pb 与土层中 Mn、Ni、Zn、Cd 之间及根际土中 Cu 与土层中 Mn 之间为显著（$P < 0.05$）负相关。

残渣态（B4）：根际土中 Cu 与土层中 Cu、Pb 之间显著（$P < 0.05$）正相关，而根际土中 Ni、Cd 均分别与土层中 Cr、Mn、Cu、Ni、Pb 之间呈极显著（$P < 0.01$）负相关关系。

3. 40 ~ 60cm 土层

对 40 ~ 60cm 土层中与根际土中各重金属元素不同形态的浓度进行相关性分析，以了解该土层与根际土重金属元素浓度之间的相互关系（表 7-18）。Pearson 相关性分析表明，重金属元素种类与形态影响着相关性水平。在所有态（T）浓度上，根际土与土层中重金属元素浓度之间大多为负相关，但多数未达到显著水平，根际土中 Cr 与土层中 Ni 之间显著（$P < 0.05$）正相关而根际土中 Mn 与土层中 Mn、Ni、Cd、Pb 之间为极显著（$P < 0.01$）正相关；根际土中 Cr 与土层中 Cr、Cu、Zn 之间，根际土中 Mn 与土层中 Cr、Cu 之间，根际土中 Cu 与土层中 Cr、Zn、Pb 之间，根际土中 Ni 与土层中 Zn 之间及根际土中 Zn、Pb 分别与土层中 Mn、Zn、Cd、Pb 之间呈显著（$P < 0.05$）负相关，而其他均没达到显著性水平。

表 7-18　根际土与 40 ~ 60cm 土层中各形态重金属元素浓度的相关性分析

形态	40 ~ 60cm 土层重金属	根际土重金属						
		Cr	Mn	Cu	Ni	Zn	Cd	Pb
B1	Cr	0.507*	−0.894**	0.137	−0.056	−0.384	−0.389	−0.734**
	Mn	−0.216	−0.438*	0.046	0.248	−0.005	−0.318	−0.166
	Cu	−0.042	−0.592**	0.073	0.184	−0.105	−0.363	−0.328
	Ni	−0.677**	0.128	−0.047	0.367	0.293	−0.113	0.358
	Zn	0.758**	−0.880**	0.147	−0.201	−0.478*	−0.308	−0.831**
	Cd	0.683**	−0.246	0.068	−0.239	−0.305	0.042	−0.431*
	Pb	−0.659**	0.2	−0.051	0.395	0.312	−0.052	0.393
B2	Cr	0.578**	0.08	0.198	0.435*	0.460*	0.735**	0.288
	Mn	−0.124	0.428*	−0.076	0.01	−0.293	−0.688**	−0.077
	Cu	0.237	−0.317	0.108	0.097	0.34	0.722**	0.131
	Ni	−0.480*	0.047	−0.173	−0.334	−0.432*	−0.745**	−0.244
	Zn	0.718**	0.933**	0.184	0.733**	0.209	−0.083	0.326
	Cd	0.382	−0.131	0.144	0.245	0.38	0.751**	0.206
	Pb	0.121	0.585**	0.002	0.224	−0.148	−0.580**	0.032
B3	Cr	0.537**	0.481*	0.068	0.03	−0.161	−0.296	−0.363
	Mn	0.456*	0.663**	−0.421*	0.114	−0.455*	−0.596**	−0.618**
	Cu	−0.058	−0.365	0.586**	−0.112	0.411*	0.460*	0.422*
	Ni	0.36	0.617**	−0.511*	0.124	−0.477*	−0.597**	−0.601**
	Zn	0.489*	0.452*	0.034	0.039	−0.16	−0.259	−0.337
	Cd	0.236	0.504*	−0.523**	0.122	−0.432*	−0.506*	−0.505*
	Pb	−0.112	0.13	−0.451*	0.082	−0.25	−0.206	−0.19
B4	Cr	0.201	0.354	0.248	0.088	0.107	−0.076	0.219
	Mn	0.212	0.376	0.015	0.405*	−0.06	0.292	0.117
	Cu	−0.06	−0.102	−0.457*	0.460*	−0.298	0.587**	−0.232
	Ni	−0.118	−0.207	−0.428*	0.303	−0.261	0.445*	−0.248
	Zn	−0.082	−0.145	−0.448*	0.397	−0.293	0.513*	−0.239
	Cd	0.124	0.227	−0.31	0.648**	−0.253	0.657**	−0.078
	Pb	−0.017	−0.023	−0.456*	0.545**	−0.319	0.660**	−0.213

形态	40 ~ 60cm 土层重金属	根际土重金属						
		Cr	Mn	Cu	Ni	Zn	Cd	Pb
T	Cr	−0.503*	−0.510*	−0.448*	−0.321	−0.115	0.311	0.118
	Mn	0.17	0.657**	−0.306	−0.199	−0.577**	−0.353	−0.755**
	Cu	−0.488*	−0.534**	−0.402	−0.289	−0.064	0.313	0.169
	Ni	0.457*	0.568**	0.316	0.229	−0.026	−0.318	−0.257
	Zn	−0.498*	−0.042	−0.879**	−0.614**	−0.703**	0.059	−0.569**
	Cd	0.159	0.575**	−0.316	−0.201	−0.528**	−0.338	−0.681**
	Pb	0.072	0.598**	−0.433*	−0.299	−0.661**	−0.329	−0.799**

酸溶态（B1）：根际土中 Cr 与土层中 Cr、Zn、Cd 之间为显著（$P < 0.05$）正相关关系，而根际土中 Cr 与土层中 Ni、Pb 之间，根际土中 Mn 与土层中 Cr、Mn、Cu、Zn 之间，根际土中 Zn 与土层中 Zn 之间及根际土中 Pb 与土层中 Cr、Zn、Cd 之间呈显著（$P < 0.05$）负相关。

可还原态（B2）：根际土中 Cr 与土层中 Ni 之间，根际土中 Zn 与土层中 Ni 之间及根际土中 Cd 与土层中 Mn、Ni、Pb 之间显著（$P < 0.05$）负相关，而根际土中 Cr 与土层中 Cr、Zn 之间，根际土中 Mn 与土层中 Mn、Zn、Pb 之间，根际土中 Ni 与土层中 Cr、Zn 之间，根际土中 Zn 与土层中 Cr 之间及根际土中 Cd 与土层中 Cr、Cu、Cd 之间呈显著（$P < 0.05$）正相关关系。

可氧化态（B3）：根际土中 Cr 与土层中 Cr、Mn、Zn 之间，根际土中 Mn 与土层中 Cr、Mn、Ni、Zn、Cd 之间及根际土中 Cu、Zn、Cd、Pb 与土层中 Cu 之间呈显著（$P < 0.05$）正相关关系，而根际土中 Cu 与土层中 Mn、Ni、Cd、Pb 之间，根际土中 Zn 与土层中 Mn、Ni、Cd 之间，根际土中 Cd 与土层中 Mn、Ni、Cd 之间及根际土中 Pb 与土层中 Mn、Ni、Cd 之间为显著（$P < 0.05$）负相关。

残渣态（B4）：根际土中 Cu 与土层中 Cu、Ni、Zn、Pb 之间呈显著（$P < 0.05$）负相关关系，而根际土中 Ni 与土层中 Mn、Cu、Cd、Pb 之间及根际土中 Cd 与土层中 Cu、Ni、Zn、Cd、Pb 之间则为显著（$P < 0.05$）正相关关系。

4. 60cm 以上土层

对 60cm 以上土层中与根际土中各重金属元素不同形态的浓度进行相关性分析，以了解该土层与根际土重金属元素浓度之间的相互关系（表 7-19）。Pearson 相关性分析表明，重金属元素种类与形态影响着相关性水平。从所有态（T）浓度来看，根际土中 Cr 与土层中 Mn、Ni、Cd、Pb 之间，根际土中 Mn 与土层中 Zn、Cd、Pb 之间，根际土中 Cu、Ni、Zn 与土层中 Mn、Ni 之间，以及根际土中 Pb 与土层中 Cr、Ni 之间为显著（$P < 0.05$）正相关，而根际土中 Cr 与土层中 Cu 之间为显著（$P < 0.05$）负相关，根际土中 Mn 与土层中 Cr 之间，根际土中 Cu 与土层中 Cu、Zn 之间，根际土中 Ni 与土层中 Cu 之间及根际土中 Zn、Pb 与土层中 Cu、Zn 之间则为极显著（$P < 0.01$）负相关。

酸溶态（B1）：根际土中 Cr 与土层中 Cd 之间及根际土中 Mn 与土层中 Cu 之间呈极显著（$P < 0.01$）正相关，而根际土中 Cr 与土层中 Ni 之间及根际土中 Mn、Pb 与土层中 Cr、Mn、Zn 之间则为显著（$P < 0.05$）负相关。

可还原态（B2）：根际土中与土层中重金属元素浓度之间具有较强的相关性，除了根际土中 Cu 和 Pb 与土层中重金属元素浓度之间相关性不显著外，其他 5 种重金属元素浓度与之相关性大多达到了显著性水平，其中土层中 Cr 与根际土中 Cr、Zn、Cd 之间，土层中 Cu 与根际土中 Cr、Mn、Ni、Zn、Cd 之间及土层中 Zn、Cd 与根际土中 Cr、Mn、Ni 之间为显著（$P < 0.05$）正相关关系，而土层中 Mn 与根际土中 Cr、Ni、Zn、Cd 之间及土层中 Ni、Pb 与根际土中 Cr、Mn、Ni、Zn、Cd 之间则呈显著（$P < 0.05$）负相关关系。

表 7-19　根际土与 60cm 以上土层中各形态重金属元素浓度的相关性分析

形态	60cm 以上土层重金属	根际土重金属						
		Cr	Mn	Cu	Ni	Zn	Cd	Pb
B1	Cr	0.32	−0.828**	0.119	0.032	−0.297	−0.4	−0.615**
	Mn	0.366	−0.849**	0.124	0.01	−0.32	−0.404	−0.647**
	Cu	0.04	0.594**	−0.074	−0.18	0.107	0.361	0.33
	Ni	−0.486*	−0.146	−0.005	0.325	0.16	−0.234	0.121
	Zn	0.143	−0.729**	0.098	0.107	−0.208	−0.397	−0.484*
	Cd	0.529**	0.026	0.023	−0.309	−0.202	0.145	−0.209
	Pb	0.249	0.269	−0.023	−0.252	−0.052	0.159	0.058
B2	Cr	0.531**	0.019	0.186	0.386	0.446*	0.742**	0.265
	Mn	−0.756**	−0.351	−0.241	−0.626**	−0.495*	−0.665**	−0.368
	Cu	0.804**	0.444*	0.251	0.681**	0.496*	0.624**	0.386
	Ni	−0.819**	−0.475*	−0.254	−0.700**	−0.495*	−0.609**	−0.395
	Zn	0.800**	0.923**	0.214	0.789**	0.284	0.045	0.366
	Cd	0.681**	0.637**	0.199	0.650**	0.32	0.144	0.317
	Pb	−0.810**	−0.568**	−0.244	−0.705**	−0.441*	−0.473*	−0.369
B3	Cr	0.486*	0.525**	−0.1	0.041	−0.266	−0.441*	−0.458*
	Mn	0.202	0.498*	−0.571**	0.116	−0.461*	−0.560**	−0.530**
	Cu	0.539**	0.508*	0.023	0.034	−0.196	−0.352	−0.403
	Ni	0.261	0.548**	−0.560**	0.122	−0.474*	−0.582**	−0.564**
	Zn	−0.508*	−0.673**	0.35	−0.109	0.424*	0.574**	0.607**
	Cd	−0.082	0.209	−0.537**	0.076	−0.34	−0.36	−0.306
	Pb	−0.076	0.223	−0.555**	0.088	−0.346	−0.369	−0.311
B4	Cr	0.177	0.324	0.238	0.037	0.079	−0.064	0.187
	Mn	0.151	0.268	0.382	−0.185	0.212	−0.338	0.246
	Cu	0.203	0.368	0.033	0.359	−0.069	0.264	0.113
	Ni	−0.207	−0.367	−0.226	−0.136	−0.106	0.003	−0.206
	Zn	−0.211	−0.381	−0.029	−0.395	0.044	−0.304	−0.116
	Cd	−0.08	−0.107	0.148	−0.337	0.126	−0.275	0.043
	Pb	−0.088	−0.152	−0.450*	0.387	−0.296	0.533**	−0.248
T	Cr	−0.385	−0.638**	−0.107	−0.089	0.227	0.365	0.457*
	Mn	0.522**	0.182	0.811**	0.557**	0.568**	−0.115	0.401
	Cu	−0.496*	−0.048	−0.879**	−0.611**	−0.697**	0.047	−0.562**
	Ni	0.490*	0.07	0.868**	0.594**	0.667**	−0.044	0.532**
	Zn	−0.018	0.581**	−0.586**	−0.393	−0.768**	−0.314	−0.884**
	Cd	0.412*	0.550**	0.198	0.174	−0.087	−0.331	−0.298
	Pb	0.456*	0.567**	0.313	0.223	−0.028	−0.328	−0.259

可氧化态（B3）：根际土中 Cr 与土层中 Cr、Cu 之间显著（$P < 0.05$）正相关，而根际土中 Cr 与土层中 Zn 之间显著（$P < 0.05$）负相关；根际土中 Mn 与土层中 Cr、Mn、Cu、Ni 之间显著（$P < 0.05$）正相关，而根际土中 Mn 与土层中 Zn 之间极显著（$P < 0.01$）负相关；根际土中 Cu 与土层中 Mn、Ni、Cd、Pb 之

间极显著（$P < 0.01$）负相关；根际土中 Zn 与土层中 Mn、Ni 之间显著（$P < 0.05$）负相关，而与土层中 Zn 之间显著（$P < 0.05$）正相关；根际土中 Cd、Pb 与土层中 Cr、Mn、Ni 之间显著（$P < 0.05$）负相关，而与土层中 Zn 之间极显著（$P < 0.01$）正相关。

残渣态（B4）：根际土与土层中重金属元素浓度之间相关性较弱，除根际土中 Cu 和土层中 Pb 之间显著（$P < 0.05$）负相关及根际土中 Cd 与土层中 Pb 之间极显著（$P < 0.01$）正相关外，其他均未达到显著性水平。

二、根际土-根系

根际是土壤养分、水分及重金属元素等进入根系的门户，而且根际土的生化物理环境也有别于非根际土壤，通过分析根际土与根系之间重金属元素浓度的相关关系，以期得出根系吸收重金属的可能特征，为接下来的研究提供一个方向。

（一）根际土壤与植物根系中重金属元素浓度

1. 根际土中重金属元素浓度

将根际土中各重金属元素的不同形态进行相关性分析，以了解各形态重金属之间的相互作用（表7-20）。Pearson 相关性分析表明，同一重金属元素，由于形态的不同，相互之间相关性差异较大。在所有态（T）浓度上，Mn-Ni 之间显著（$P < 0.05$）负相关，Cu-Zn、Cu-Pb、Zn-Pb 之间呈极显著（$P < 0.01$）正相关，而 Ni-Pb、Cd-Pb 之间呈显著（$P < 0.05$）正相关。

表 7-20　根际土中各形态重金属元素浓度之间相关性分析

形态	重金属	Cr	Mn	Cu	Ni	Zn	Cd	Pb
	Cr	1						
	Mn	−0.607*	1					
	Cu	0.603*	0.032	1				
B1	Ni	0.177	0.116	0.786**	1			
	Zn	−0.206	0.733**	0.619*	0.709**	1		
	Cd	−0.662**	0.833**	−0.35	−0.28	0.385	1	
	Pb	−0.637*	0.940**	−0.081	−0.06	0.574*	0.788**	1
	Cr	1						
	Mn	0.843**	1					
	Cu	0.037	0.153	1				
B2	Ni	0.983**	0.826**	−0.129	1			
	Zn	0.183	0.093	0.707**	0.042	1		
	Cd	0.473	0.116	−0.576*	0.545*	−0.283	1	
	Pb	0.053	0.017	−0.249	0.077	0.395	0.032	1
	Cr	1						
	Mn	0.694**	1					
	Cu	−0.266	−0.716**	1				
B3	Ni	0.371	0.860**	−0.918**	1			
	Zn	0.204	−0.429	0.684**	−0.585*	1		
	Cd	−0.249	−0.512	0.272	−0.358	0.638*	1	
	Pb	−0.728**	−0.867**	0.431	−0.571*	0.407	0.785**	1

续表

形态	重金属	Cr	Mn	Cu	Ni	Zn	Cd	Pb
	Cr	1						
	Mn	0.975**	1					
	Cu	0.663**	0.662**	1				
B4	Ni	-0.441	-0.393	-0.932**	1			
	Zn	0.861**	0.881**	0.436	-0.154	1		
	Cd	0.124	0.107	-0.199	0.211	-0.147	1	
	Pb	0.896**	0.838**	0.846**	-0.746**	0.594*	0.141	1
	Cr	1						
	Mn	0.214	1					
	Cu	0.298	-0.016	1				
T	Ni	0.172	-0.530*	0.011	1			
	Zn	0.461	-0.186	0.866**	0.275	1		
	Cd	-0.126	0.078	0.332	0.36	0.449	1	
	Pb	0.258	-0.418	0.784**	0.515*	0.936**	0.539*	1

酸溶态（B1）：Cr-Mn、Cr-Pb 之间呈显著（$P < 0.05$）负相关，Cr-Cd 之间呈极显著（$P < 0.01$）负相关，而 Cr-Cu 之间却呈显著（$P < 0.05$）正相关；Mn 与 Zn、Cd、Pb 之间，Cu 与 Ni 之间及 Cd 与 Pb 之间均呈极显著（$P < 0.01$）正相关关系，而 Cu 与 Zn 之间及 Zn 与 Pb 之间呈显著（$P < 0.05$）正相关，其他元素之间虽然存在一定的相关性，但相关性没有达到显著水平。

可还原态（B2）：Cr 与 Mn、Ni 之间，Mn-Ni、Cu-Zn 之间均呈极显著（$P < 0.01$）正相关，Cu-Cd 之间呈显著（$P < 0.05$）负相关，而 Ni-Cd 则呈显著（$P < 0.05$）正相关，其他相关性则没达到显著性水平。

可氧化态（B3）：Cr-Mn、Mn-Ni、Cu-Zn、Cd-Pb 之间有较强的正相关关系，且达到了极显著（$P < 0.01$）水平，Zn 与 Cd 之间呈显著（$P < 0.05$）正相关，而 Cr 与 Pb 之间，Mn 与 Cu、Pb 之间均呈极显著（$P < 0.01$）负相关，而 Ni 与 Zn、Pb 之间呈显著（$P < 0.05$）负相关，其他元素之间相关性均没达到显著水平。

残渣态（B4）：Cr 与 Mn、Cu、Zn、Pb 之间，Mn 与 Cu、Zn、Pb 之间及 Cu 与 Pb 之间具有较强的相关性，相关性系数在 0.60 以上，且相关性达到极显著水平（$P < 0.01$）；Cu 与 Ni 之间及 Ni 与 Pb 之间则呈极显著（$P < 0.01$）负相关，相关性系数分别为 -0.932、-0.746；而 Zn 与 Pb 之间呈现显著（$P < 0.05$）的正相关关系。

2. 根际土与植物根系中重金属元素浓度

将根际土与植物根系中各重金属元素不同形态的浓度进行相关性分析，以了解各形态重金属与植物根系之间的相互影响（表 7-21）。Pearson 相关性分析表明了重金属元素各形态的浓度影响相关性的大小及程度。从所有态（T）浓度来看，根际土中 Cr 和 Cd 与根系中的重金属元素浓度之间有一定的相关关系，但相关性未达到显著水平；根际土中 Mn 与植物根系中各重金属元素浓度之间均呈现显著（$P < 0.05$）的正相关关系，其中与 Cr、Mn、Ni、Zn、Cd 之间的正相关关系达到了极显著水平（$P < 0.01$）；根际土中的 Cu、Ni、Zn、Pb 与根系中的重金属元素浓度均呈负相关关系，但除了根际土中的 Cu 与根系中 Zn、Cd 之间，根际土中 Ni 与根系中 Zn 之间，根际土中 Zn 与根系中 Cr、Cu、Zn、Cd 之间及根际土中 Pb 与 Cr、Cu、Zn、Cd 之间达到显著水平（$P < 0.05$）外，其他均未达到显著水平。

酸溶态（B1）：可以看出，根际土中与根系中重金属元素浓度之间的相关性不大，大多相关性处于不显著（$P > 0.05$）水平，只有根际土中的 Cr 与根系中的 Zn 之间，根际土中 Mn 与根系中 Ni 之间，根际土中 Ni 与根系中 Zn 之间，根际土中 Cd 与根系中 Ni 之间呈显著（$P < 0.05$）正相关，以及根际土中 Mn 与根系中 Zn 之间，根际土中 Cd 与根系中 Zn 之间，根际土中 Pb 与根系中 Zn、Cd、Pb 之间呈显著（$P < 0.05$）负相关。

表 7-21 根际土与植物根系中各形态重金属元素浓度的相关性分析

形态	植物根系重金属	根际土重金属						
		Cr	Mn	Cu	Ni	Zn	Cd	Pb
B1	Cr	-0.118	-0.208	-0.46	-0.318	-0.289	0.177	-0.376
	Mn	0.08	-0.189	-0.107	-0.016	-0.04	0.079	-0.429
	Cu	-0.09	-0.198	-0.489	-0.407	-0.334	0.21	-0.35
	Ni	-0.134	0.521*	-0.087	-0.298	0.291	0.728**	0.388
	Zn	0.560*	-0.635*	0.456	0.542*	-0.02	-0.669**	-0.821**
	Cd	0.416	-0.492	0.361	0.496	0.057	-0.472	-0.725**
	Pb	-0.072	-0.45	-0.186	0.211	-0.175	-0.277	-0.627*
B2	Cr	-0.138	0.388	-0.017	-0.11	-0.186	-0.449	0.16
	Mn	0.354	0.334	-0.205	0.368	0.44	0.144	0.849**
	Cu	0.409	0.394	-0.241	0.43	0.388	0.18	0.829**
	Ni	-0.947**	-0.700**	0.17	-0.958**	-0.182	-0.585*	-0.261
	Zn	0.206	0.155	0.892**	0.043	0.930**	-0.372	0.071
	Cd	0.727**	0.629*	-0.002	0.707**	0.522*	0.254	0.626*
	Pb	0.298	-0.02	0.011	0.261	0.697**	0.244	0.704**
B3	Cr	0.279	0.684**	-0.171	0.423	-0.35	-0.521*	-0.697**
	Mn	0.297	0.413	0.239	0.018	0.044	-0.293	-0.521*
	Cu	0.05	-0.028	-0.196	0.043	0.276	0.783**	0.381
	Ni	0.216	0.39	0.242	0.022	-0.026	-0.351	-0.513
	Zn	-0.696**	-0.469	0.013	-0.155	0.041	0.735**	0.792**
	Cd	-0.118	0.369	-0.03	0.235	-0.435	-0.476	-0.417
	Pb	0.252	0.047	0.592*	-0.394	0.434	0.019	-0.22
B4	Cr	-0.671**	-0.506	-0.545*	0.592*	-0.452	-0.026	-0.771**
	Mn	-0.473	-0.278	-0.175	0.266	-0.311	-0.135	-0.511
	Cu	-0.406	-0.206	-0.122	0.236	-0.247	-0.137	-0.456
	Ni	-0.536*	-0.348	-0.249	0.32	-0.381	-0.096	-0.570*
	Zn	-0.361	-0.167	-0.055	0.158	-0.289	-0.012	-0.363
	Cd	-0.302	-0.185	0.2	-0.207	-0.37	0.001	-0.103
	Pb	-0.233	-0.036	0.147	-0.022	-0.145	-0.174	-0.225
T	Cr	-0.4	0.735**	-0.35	-0.363	-0.552*	0.178	-0.574*
	Mn	-0.262	0.836**	-0.204	-0.417	-0.371	0.266	-0.453
	Cu	-0.461	0.583*	-0.484	-0.158	-0.590*	0.247	-0.540*
	Ni	-0.273	0.788**	-0.168	-0.313	-0.296	0.371	-0.351
	Zn	0.106	0.643**	-0.617*	-0.599*	-0.593*	-0.353	-0.800**
	Cd	-0.088	0.782**	-0.590*	-0.491	-0.665**	-0.113	-0.791**
	Pb	-0.053	0.626*	-0.315	-0.09	-0.148	0.464	-0.211

可还原态（B2）：根际土与根系中重金属元素浓度之间的相关性多呈正相关，但根系中的 Ni 与根际土中的 Cr、Mn、Ni、Cd 之间呈显著（$P < 0.05$）负相关，其中与 Cr、Mn、Ni 之间达到极显著水平（$P < 0.01$）；根系中的 Mn、Cu 和 Pb 均与根际土中的 Pb 呈极显著（$P < 0.01$）的正相关关系，且相关系数达到 0.7 以上；

根系中的 Zn 与根际土中 Cu、Zn 之间呈极显著（$P < 0.01$）的正相关关系，而根系中的 Cd 与根际土中的 Cr、Mn、Ni、Zn、Pb 之间均呈显著（$P < 0.05$）正相关，其中与 Cr、Ni 之间达到极显著水平（$P < 0.01$）。

可氧化态（B3）：根际土与根系中的重金属元素浓度之间相关性较弱，虽然有一定的相关性，但大多数没达到显著水平，只有根际土中的 Mn 与根系中 Cr 之间，根际土中 Cu 与根系中 Pb 之间，根际土中 Cd 与根系中 Cu、Zn 之间，根际土中 Pb 与 Zn 之间呈显著（$P < 0.05$）正相关及根际土中 Cr 与根系中 Zn 之间，根际土中 Pb 与根系中 Cr、Mn 之间呈显著（$P < 0.05$）负相关。

残渣态（B4）：根系中与根际土中重金属元素浓度之间相关性虽然大多呈负相关关系，但基本上大多数均未达到显著水平，只有根系中的 Cr 与根际土中的 Cr、Cu、Pb 之间及根系中 Ni 与根际土中 Cr、Pb 之间呈显著（$P < 0.05$）负相关，根系中 Cr 与根际土中 Ni 之间达到显著（$P < 0.05$）正相关。

（二）不同季节国槐根际土-根系中重金属元素浓度

根际土中重金属元素浓度随着植物生长时期的改变有着明显的变化，通过分析各生长时期根际土与国槐根系中重金属元素浓度之间的相关性，以期找出随生长时期的改变国槐根系重金属富集特征的变化规律。

1. 落叶前

对落叶前国槐根际土与根系中重金属元素的浓度进行相关性分析，以了解落叶前根际土与国槐根系间各形态重金属元素浓度间的相互影响（表 7-22）。Pearson 相关性分析表明，在落叶前重金属元素的种类影响着国槐根际土与根系中重金属元素浓度之间相关性的大小与显著性。就重金属元素所有态（T）浓度而言，根际土中的 Cr、Cu、Ni、Zn、Pb 与根系中的重金属元素浓度之间呈负相关关系，且根际土中的 Cu 与根系中的 Cr、Mn、Ni、Cd、Pb 之间，根际土中的 Ni 与根系中的 Cr 之间，根际土中的 Zn 与根系中的 Cr、Mn、Ni、Cd、Pb 之间，根际土中的 Pb 与根系中的 Ni、Cd、Pb 之间的相关性达到显著水平（$P < 0.05$）；而根际土中的 Mn、Cd 与根系中的重金属元素浓度之间多呈正相关，但未达到显著水平。

酸溶态（B1）：根际土与国槐根系中的重金属元素浓度之间多呈负相关，但相关性大多没有达到显著水平，根际土中的 Cr 与根系中的 Cu、Ni 之间，根际土中的 Cu 与根系中的 Pb 之间，根际土中的 Zn 与根系中的 Pb 之间以及根际土中的 Cd 与根系中的 Ni 之间达到显著（$P < 0.05$）正相关，但相关系数均不超过 0.45；而根系中的 Cr 与根际土中的 Mn 之间，根系中的 Cu 与根际土中的 Ni、Pb 之间及根系中的 Ni 与根际土中的 Mn、Ni、Zn、Pb 之间却呈显著（$P < 0.05$）负相关，且相关性也较小，相关系数绝对值都不超过 0.40。

可还原态（B2）：根际土与国槐根系中的重金属元素浓度之间基本上呈正相关关系，其中根系中的 Cr 与根际土中的 Cr、Cu、Zn、Cd、Pb 之间，根系中的 Mn 与根际土中的 Cr、Mn、Ni、Zn、Pb 之间，根系中的 Ni 与根际土中的 Cr、Mn、Ni、Pb 之间，根系中的 Zn 与根际土中的 Cu 之间，根系中的 Cd 与根际土中的 Cr、Mn、Ni、Pb 之间及根系中的 Pb 与根际土的 Cu、Zn、Cd 之间相关性达到显著水平（$P < 0.05$）。

可氧化态（B3）：根际土中的 Cr 与根系中的 Cr、Mn、Ni、Cd 之间，根际土中的 Mn 与根系中的 Cr、Mn、Ni、Cd 之间呈极显著（$P < 0.01$）正相关，而根际土中的 Cr 与根系中的 Pb 之间的相关性只达到显著水平（$P < 0.05$）；根系中的 Pb 与根际土中的 Cu、Ni 之间也是显著（$P < 0.05$）正相关，而根际土中的 Cd 却与根系中的 Cd 之间呈显著（$P < 0.05$）负相关。

残渣态（B4）：整体上根系与根际土重金属元素浓度之间呈正相关关系，但只有根系中的 Ni 与根际土中的 Cr、Mn、Cu、Ni、Cd、Pb 之间，根系中的 Zn 与根际土中的 Cr、Mn、Ni、Cd 之间，根系中的 Cr 与根际土中的 Cr、Mn 之间，根系中的 Cd 与根际土中的 Ni 之间及根系中的 Pb 与根际土中的 Mn 之间呈显著（$P < 0.05$）正相关，其他相关性均未达到显著水平。

表 7-22 落叶前国槐根际土与根系重金属元素浓度的相关性分析

形态	国槐根系重金属	根际土重金属						
		Cr	Mn	Cu	Ni	Zn	Cd	Pb
B1	Cr	0.256	−0.351*	0.201	−0.183	−0.061	0.185	−0.147
	Mn	0.17	−0.234	0.134	−0.123	−0.041	0.123	−0.098
	Cu	0.367*	−0.328	−0.061	−0.340*	−0.29	0.307	−0.336*
	Ni	0.406*	−0.356*	−0.089	−0.386*	−0.335*	0.339*	−0.381*
	Zn	−0.091	0.056	0.066	0.097	0.102	−0.079	0.102
	Cd	0.19	−0.208	0.058	−0.148	−0.096	0.161	−0.14
	Pb	−0.204	0.009	0.397*	0.281	0.374*	−0.215	0.321
B2	Cr	0.344*	0.14	0.513**	0.169	0.528**	0.416*	0.442**
	Mn	0.500**	0.430**	0.239	0.441**	0.334*	0.095	0.484**
	Cu	−0.027	−0.108	0.168	−0.097	0.136	0.178	0.035
	Ni	0.402*	0.358*	0.153	0.365*	0.236	0.042	0.382*
	Zn	0.157	0.013	0.329*	0.032	0.32	0.287	0.244
	Cd	0.414*	0.386*	0.122	0.393*	0.216	0.002	0.376*
	Pb	−0.013	−0.259	0.510**	−0.223	0.433**	0.516**	0.167
B3	Cr	0.495**	0.431**	0.215	0.285	−0.161	−0.238	−0.132
	Mn	0.527**	0.482**	0.14	0.227	−0.241	−0.308	−0.213
	Cu	0.22	0.153	0.241	0.253	0.043	−0.014	0.06
	Ni	0.464**	0.429**	0.106	0.183	−0.225	−0.284	−0.202
	Zn	−0.288	−0.215	−0.262	−0.292	−0.015	0.048	−0.035
	Cd	0.513**	0.490**	0.053	0.157	−0.295	−0.351*	−0.273
	Pb	0.348*	0.255	0.337*	0.361*	0.032	−0.051	0.058
B4	Cr	0.331*	0.399*	0.295	0.247	−0.15	0.254	0.303
	Mn	0.208	0.296	0.315	0.119	−0.203	0.165	0.31
	Cu	0.134	0.181	0.175	0.086	−0.105	0.104	0.174
	Ni	0.660**	0.721**	0.372*	0.555**	−0.11	0.496**	0.403*
	Zn	0.666**	0.619**	0.067	0.649**	0.176	0.492**	0.128
	Cd	0.305	0.308	0.119	0.336*	0.196	0.159	0.155
	Pb	0.325	0.377*	0.25	0.258	−0.092	0.245	0.265
T	Cr	−0.288	0.05	−0.454**	−0.379*	−0.436**	0.221	−0.283
	Mn	−0.154	0.155	−0.400*	−0.253	−0.400*	0.153	−0.327
	Cu	−0.181	−0.062	−0.172	−0.202	−0.154	0.11	−0.051
	Ni	−0.042	0.321	−0.449**	−0.178	−0.471**	0.12	−0.471**
	Zn	0.001	0.116	−0.14	−0.044	−0.149	0.037	−0.158
	Cd	−0.019	0.321	−0.413*	−0.143	−0.442**	0.095	−0.453**
	Pb	−0.143	0.28	−0.538**	−0.29	−0.549**	0.182	−0.491**

2. 落叶后

对落叶后国槐根际土与根系中各重金属元素不同形态的浓度进行相关性分析,以了解落叶后根际土与国槐根系间各形态重金属元素浓度间的相互影响(表 7-23)。Pearson 相关性分析表明,落叶后重金属元素的种类影响着国槐根际土与根系中重金属元素浓度之间相关性的大小及显著性。从重金属所有态（T）浓度来说，基本上根系与根际土中重金属元素浓度之间呈负相关，但是所有相关性都未达到显著性水平，其相关系数绝对值均不超过 0.25，也说明相关性极低。

表 7-23　落叶后国槐根际土与根系重金属元素浓度的相关性分析

形态	国槐根系重金属	根际土重金属						
		Cr	Mn	Cu	Ni	Zn	Cd	Pb
B1	Cr	0.283	−0.276	0.176	−0.278	−0.295	−0.183	−0.105
	Mn	0.029	−0.029	0.022	−0.029	−0.024	−0.02	−0.016
	Cu	0.569**	−0.559**	0.510**	−0.566**	−0.378*	−0.385*	−0.428**
	Ni	0.107	−0.1	−0.169	−0.094	−0.439**	−0.063	0.288
	Zn	0.227	−0.226	0.233	−0.229	−0.111	−0.155	−0.212
	Cd	0.022	−0.029	0.051	−0.023	0.028	−0.015	−0.063
	Pb	0.586**	−0.565**	0.451**	−0.583**	−0.492**	−0.358*	−0.335*
B2	Cr	−0.035	0.316	0.203	−0.306	−0.19	−0.193	−0.195
	Mn	−0.259	0.29	0.023	−0.292	−0.379*	−0.242	−0.362*
	Cu	−0.011	0.148	0.099	−0.142	−0.084	−0.09	−0.087
	Ni	−0.041	0.074	0.026	−0.076	−0.071	−0.074	−0.077
	Zn	0.167	0.008	0.126	0	0.147	0.034	0.132
	Cd	−0.025	0.087	0.04	−0.084	−0.072	−0.063	−0.068
	Pb	0.208	0.126	0.235	−0.106	0.116	−0.025	0.088
B3	Cr	0.253	−0.31	0.24	−0.161	−0.13	0.131	0.247
	Mn	0.25	−0.294	0.198	−0.112	−0.076	0.181	0.279
	Cu	0.217	−0.283	0.256	−0.201	−0.179	0.047	0.168
	Ni	0.343*	−0.439**	0.373*	−0.278	−0.24	0.118	0.296
	Zn	−0.325	0.339*	−0.175	0.044	−0.006	−0.32	−0.414*
	Cd	0.334*	−0.504**	0.386*	−0.301	−0.24	0.171	0.353*
	Pb	0.334*	−0.463**	0.462**	−0.392*	−0.364*	−0.009	0.206
B4	Cr	0.214	0.211	−0.093	0.194	0.212	−0.08	−0.193
	Mn	−0.039	−0.029	0.032	−0.041	−0.042	0.021	0.039
	Cu	−0.121	−0.08	0.113	−0.128	−0.126	0.083	0.121
	Ni	−0.034	−0.037	0.007	−0.026	−0.031	0.001	0.029
	Zn	0.085	0.163	0.078	0.047	0.077	0.052	−0.06
	Cd	−0.362*	−0.189	0.429**	−0.422*	−0.402*	0.312	0.369*
	Pb	−0.107	0.041	0.266	−0.165	−0.128	0.172	0.132
T	Cr	0.169	0.128	−0.126	−0.003	−0.189	−0.149	−0.191
	Mn	0.107	0.08	−0.08	0.001	−0.119	−0.092	−0.12
	Cu	0.038	0.071	0.045	−0.023	−0.004	−0.011	−0.033
	Ni	−0.018	−0.099	−0.138	0.041	−0.061	−0.032	−0.004
	Zn	−0.001	0.018	0.027	−0.017	0.013	0.007	0.001
	Cd	0.044	0.065	0.012	−0.027	−0.029	−0.034	−0.049
	Pb	−0.209	−0.18	0.107	−0.001	0.204	0.165	0.222

酸溶态（B1）：国槐根系中的 Cu、Pb 与根际土中的各重金属元素浓度之间相关性较强，两种元素均和根际土中的 Cr、Cu 呈极显著（$P < 0.01$）正相关，而与另外 5 种重金属元素浓度之间呈显著（$P < 0.05$）的负相关关系；根际土中的 Zn 与根系中的 Ni 之间也呈负相关，且相关性达到极显著水平（$P < 0.01$）。

可还原态（B2）：根际土与根系中重金属元素浓度之间相关性较弱，除了根系中的 Mn 与根际土中的 Zn、Pb 之间呈显著（$P < 0.05$）负相关之外，其他相关性均未达到显著性水平。

可氧化态（B3）：根际土中的 Cr 与根系中的 Ni、Cd、Pb 之间，根际土中的 Cu 与根系中的 Ni、Cd、Pb 之间，根际土中的 Mn 与根系中的 Zn 之间及根际土中的 Pb 与根系中的 Cd 之间呈显著（$P < 0.05$）正相关，而根际土中的 Mn 与根系中的 Ni、Cd、Pb 之间，根际土中的 Ni、Zn 与根系中的 Pb 之间及根际土中的 Pb 与根系中的 Zn 之间却呈显著（$P < 0.05$）的负相关关系。

残渣态（B4）：根际土与根系中重金属元素浓度之间的相关性不强，除了根系中的 Cd 与根际土中的 Cu、Pb 之间呈显著（$P < 0.05$）正相关，与根际土中的 Cr、Ni、Zn 之间呈显著（$P < 0.05$）的负相关关系之外，其他重金属元素之间的相关性均未达到显著性水平。

3. 生长初期

对生长初期国槐根际土与根系中不同形态重金属元素的浓度进行相关性分析，以了解落叶前根际土与国槐根系间各形态重金属元素浓度间的相互影响（表 7-24）。Pearson 相关性分析表明，在生长初期重金属元素的种类影响着国槐根际土中与根系中重金属元素浓度之间相关性的大小及显著性。就所有态（T）浓度而言，只有根系中的 Cr、Pb 与根际土中的重金属元素浓度之间相关性较大，且大多数达到了显著水平，其他均未达到显著水平，且相关系数较低；其中根系中的 Cr 与根际土中的 Cr、Cu、Ni、Zn 之间为显著（$P < 0.05$）负相关，而与根际土中的 Cd、Pb 之间呈极显著（$P < 0.01$）正相关；根系中的 Pb 与根际土中的 Cr、Ni、Zn 之间为显著（$P < 0.05$）负相关，而与根际土中的 Pb 之间呈显著（$P < 0.05$）正相关。

酸溶态（B1）：根系中的 Cu、Ni 与根际土中的重金属元素浓度之间相关性较强，其中与根际土中的 Cr 之间的正相关关系达到极显著水平（$P < 0.01$），而与根际土中除 Cu 外的其他 5 种重金属元素浓度之间的相关性为极显著（$P < 0.01$）负相关，另外，根系中的 Cr 与根际土中的 Ni、Zn 之间呈显著（$P < 0.05$）正相关。

表 7-24　生长初期国槐根际土与根系重金属元素浓度的相关性分析

形态	国槐根系重金属	根际土重金属						
		Cr	Mn	Cu	Ni	Zn	Cd	Pb
B1	Cr	−0.203	0.102	−0.192	0.385*	0.390*	0.032	0.298
	Mn	0.086	−0.081	−0.044	−0.089	−0.089	−0.073	−0.092
	Cu	0.620**	−0.535**	−0.144	−0.742**	−0.746**	−0.448**	−0.709**
	Ni	0.632**	−0.553**	−0.173	−0.738**	−0.743**	−0.468**	−0.715**
	Zn	−0.037	0.011	−0.063	0.088	0.089	−0.007	0.063
	Cd	0.027	−0.006	0.051	−0.067	−0.068	0.011	−0.048
	Pb	−0.117	0.046	−0.189	0.271	0.278	−0.017	0.198
B2	Cr	−0.575**	−0.049	−0.17	−0.651**	0.611**	0.23	0.348*
	Mn	0.133	−0.027	0.071	0.123	−0.141	−0.075	−0.104
	Cu	−0.18	0.132	−0.172	−0.092	0.181	0.15	0.192
	Ni	0.026	0.031	−0.016	0.052	−0.031	0.003	0
	Zn	0.058	−0.025	0.042	0.047	−0.066	−0.045	−0.056
	Cd	0.122	−0.061	0.092	0.08	−0.118	−0.08	−0.111
	Pb	−0.407*	0.236	−0.339*	−0.258	0.416*	0.304	0.399*

续表

形态	国槐根系重金属	根际土重金属						
		Cr	Mn	Cu	Ni	Zn	Cd	Pb
B3	Cr	−0.390*	−0.373*	0.05	−0.389*	−0.393*	−0.097	−0.234
	Mn	−0.262	−0.189	0.311	−0.268	−0.241	−0.202	−0.382*
	Cu	−0.119	−0.103	0.071	−0.12	−0.117	−0.048	−0.108
	Ni	−0.291	−0.188	0.454**	−0.302	−0.263	−0.242	−0.506**
	Zn	−0.165	−0.135	0.166	−0.164	−0.164	−0.074	−0.151
	Cd	0.032	0.072	0.323	0.038	0.023	−0.029	−0.039
	Pb	−0.438**	−0.358*	0.348*	−0.444**	−0.421*	−0.211	−0.481**
B4	Cr	0.035	0.223	0.012	−0.045	0.032	−0.038	0.163
	Mn	0.009	0.082	0	−0.021	0.009	−0.015	0.062
	Cu	0.135	0.154	0.132	0.115	0.125	0.083	−0.012
	Ni	0.316	0.399*	0.301	0.249	0.291	0.186	0.007
	Zn	0.302	0.331*	0.295	0.261	0.279	0.186	−0.042
	Cd	0.353*	0.305	0.360*	0.345*	0.332*	0.26	−0.123
	Pb	−0.329*	−0.247	−0.340*	−0.331*	−0.307	−0.234	0.131
T	Cr	−0.508**	0.195	−0.398*	−0.534**	−0.543**	0.492**	0.520**
	Mn	0.03	0.052	−0.015	0.036	0.074	−0.081	−0.027
	Cu	−0.081	0.049	−0.074	−0.083	−0.073	0.062	0.082
	Ni	0.09	0.045	0.021	0.099	0.151	−0.156	−0.089
	Zn	0.015	0.005	0.005	0.016	0.023	−0.023	−0.016
	Cd	0.126	0.011	0.057	0.129	0.157	−0.149	−0.11
	Pb	−0.342*	0.157	−0.286	−0.360*	−0.351*	0.311	0.354*

可还原态（B2）：根系与根际土中的重金属元素浓度之间相关性较小，只有根系中的 Cr、Pb 与根际土中的重金属元素浓度之间的相关性较大，其中根系中的 Cr 与根际土中的 Cr、Ni 之间呈极显著（$P < 0.01$）负相关，而根系中的 Pb 则与根际土中的 Cr、Cu 之间呈显著（$P < 0.05$）负相关，根系中的 Cr、Pb 则均与根际土中的 Zn、Pb 之间呈显著（$P < 0.05$）正相关。

可氧化态（B3）：根际土中的 Cr、Mn、Ni、Zn 分别与根系中的 Cr、Pb 之间及根际土中的 Pb 与根系中的 Mn、Ni、Pb 之间呈显著（$P < 0.05$）负相关，而根际土中的 Cu 则与根系中的 Ni、Pb 之间呈显著（$P < 0.05$）正相关。

残渣态（B4）：根系中的 Cd 与根际土中的 Cr、Cu、Ni、Zn 之间相关关系较强，达到显著正相关水平（$P < 0.05$），而根系中的 Pb 则与根际土中的 Cr、Cu、Ni 呈显著（$P < 0.05$）负相关；根际土中的 Mn 与根系中的 Ni、Zn 之间呈显著（$P < 0.05$）正相关。

4. 生长盛期

对生长盛期国槐根系与根际土中各重金属元素的浓度进行相关性分析，以了解生长盛期根际土与国槐根系间各形态重金属元素浓度间的相互影响（表 7-25）。Pearson 相关性分析表明，在生长盛期重金属元素的种类影响着国槐根际土与根系中重金属元素浓度之间相关性的大小及显著性。从重金属元素所有态（T）浓度来看，根际土与根系中重金属元素浓度之间相关性较弱，且均未达到显著性水平，相关系数绝对值也都不超过 0.30。

表 7-25 生长盛期国槐根际土与根系重金属元素浓度的相关性分析

形态	国槐根系重金属	根际土重金属						
		Cr	Mn	Cu	Ni	Zn	Cd	Pb
B1	Cr	0.02	−0.012	−0.003	−0.019	−0.013	0.02	0.021
	Mn	0.119	−0.106	−0.07	−0.076	−0.108	0.109	0.113
	Cu	0.398*	−0.274	−0.11	−0.359*	−0.285	0.336*	0.414*
	Ni	0.477**	−0.27	−0.039	−0.509**	−0.288	0.376*	0.522**
	Zn	0.117	−0.153	−0.154	−0.001	−0.152	0.124	0.086
	Cd	0.13	−0.134	−0.104	−0.062	−0.135	0.125	0.118
	Pb	0.211	−0.263	−0.25	−0.02	−0.264	0.219	0.158
B2	Cr	−0.083	−0.188	0.068	−0.167	−0.16	−0.142	0.017
	Mn	−0.042	0.104	0.06	0.071	0.06	0.036	−0.153
	Cu	0.176	0.078	−0.185	0.104	0.111	0.127	0.221
	Ni	0.03	−0.048	−0.039	−0.03	−0.024	−0.011	0.087
	Zn	0.097	0.166	−0.086	0.153	0.148	0.136	0.022
	Cd	0.024	0.101	−0.015	0.083	0.077	0.062	−0.043
	Pb	0.225	0.135	−0.232	0.16	0.167	0.181	0.254
B3	Cr	0.1	−0.101	−0.089	−0.121	−0.048	−0.055	0.107
	Mn	0.082	−0.005	−0.128	−0.086	0.042	−0.093	0.092
	Cu	0.191	−0.166	−0.195	−0.232	−0.064	−0.126	0.212
	Ni	0.049	0.005	−0.09	−0.055	0.033	−0.063	0.056
	Zn	0.004	−0.068	0.063	−0.001	−0.07	0.062	−0.015
	Cd	0.465**	−0.432**	−0.326	−0.424**	−0.047	−0.252	0.618**
	Pb	0.334*	−0.301	−0.330*	−0.406*	−0.126	−0.209	0.361*
B4	Cr	0.14	−0.045	−0.046	0.062	0.166	−0.119	0.17
	Mn	−0.048	0.027	0.007	−0.014	−0.059	0.054	−0.061
	Cu	0.174	0.161	−0.193	0.192	0.164	0.096	0.161
	Ni	0.224	0.232	−0.263	0.26	0.206	0.153	0.2
	Zn	0.123	0.148	−0.158	0.154	0.109	0.108	0.105
	Cd	−0.083	0.034	0.023	−0.032	−0.1	0.079	−0.102
	Pb	0.198	0.227	−0.247	0.241	0.178	0.158	0.172
T	Cr	0.14	−0.045	−0.046	0.062	0.166	−0.119	0.17
	Mn	−0.048	0.027	0.007	−0.014	−0.059	0.054	−0.061
	Cu	0.174	0.161	−0.193	0.192	0.164	0.096	0.161
	Ni	0.224	0.232	−0.263	0.26	0.206	0.153	0.2
	Zn	0.123	0.148	−0.158	0.154	0.109	0.108	0.105
	Cd	−0.083	0.034	0.023	−0.032	−0.1	0.079	−0.102
	Pb	0.198	0.227	−0.247	0.241	0.178	0.158	0.172

酸溶态（B1）：根系中的 Cu、Ni 与根际土中的重金属元素浓度之间相关性较根系中其他重金属与根际土中重金属元素浓度之间的相关性要大，且根系中的 Cu、Ni 与根际土中的 Cr、Cd、Pb 之间呈显著（$P < 0.05$）的正相关关系，而与根际土中的 Ni 之间则呈显著（$P < 0.05$）的负相关关系，其他重金属浓度间的相关性均未达到显著水平。

　　可还原态（B2）：根际土与根系中重金属元素浓度之间相关性较弱，且均未达到显著水平，相关性系数绝对值也都在 0.30 以下。

　　可氧化态（B3）：根系中的 Cd 与根际土中的 Cr、Pb 之间呈极显著（P＜0.01）的正相关关系，而与根际土中的 Mn、Ni 之间则呈极显著（P＜0.01）的负相关关系；根系中的 Pb 与根际土中的 Cr、Pb 之间呈显著（P＜0.05）的正相关关系，而与根际土中的 Cu、Ni 之间则呈显著（P＜0.05）的负相关关系，其他重金属元素浓度之间的相关性均未达到显著性水平。

　　残渣态（B4）：根际土与根系中重金属元素浓度之间相关性较弱，且大多呈负相关，但相关性均未达到显著水平，相关系数绝对值均不超过 0.3。

三、各径级国槐根系

　　对不同时期不同根径级间国槐根系中重金属元素浓度进行相关性分析，以了解各重金属元素浓度在不同生长时期中各径级根系之间的相互影响（表 7-26）。Pearson 相关性分析表明，不同时期中各径级国槐根系中重金属元素浓度之间相关性较强，均达到极显著（P＜0.01）正相关。从相关系数上来看，落叶前：细根-小根＞小根-中根＞中根-大根＞小根-大根＞细根-中根＞细根-大根；落叶后：中根-大根＞细根-小根＞小根-中根＞小根-大根＞细根-中根＞细根-大根；生长初期：小根-中根＞中根-大根＞小根-大根＞细根-中根＞细根-小根＞细根-大根；生长盛期：小根-中根＞中根-大根＞小根-大根＞细根-中根＞细根-大根＞细根-小根。

表 7-26　不同时期各径级间国槐根系重金属元素浓度相关性分析

时期	根径级	细根	小根	中根	大根
落叶前	细根	1			
	小根	0.928**	1		
	中根	0.854**	0.914**	1	
	大根	0.784**	0.872**	0.896**	1
落叶后	细根	1			
	小根	0.916**	1		
	中根	0.805**	0.869**	1	
	大根	0.730**	0.859**	0.932**	1
生长初期	细根	1			
	小根	0.816**	1		
	中根	0.846**	0.984**	1	
	大根	0.803**	0.938**	0.957**	1
生长盛期	细根	1			
	小根	0.419**	1		
	中根	0.457**	0.951**	1	
	大根	0.435**	0.816**	0.926**	1

第八章　城市行道树重金属富集效能与培育技术探讨

关于植物对土壤重金属的吸收、富集，学者们开展了较多的研究，但是以城市行道树为对象开展系统研究的较少。本书以北京市行道树或道路林带为研究对象，进行了重金属富集特征和富集效能方面的研究，同时，开展行道树圆柏与国槐重金属富集时空分布、行道树国槐及不同配置植物中不同形态重金属富集机理方面的研究，内容较为系统，也得出了初步的研究结果。但是，由于各部分的研究内容都是在北京市不同区域针对某一个问题开展的，各部分内容相对独立，因此，对于城市行道树重金属富集格局、影响因素及生物循环机制的科学问题有待于讨论，关于城市行道树的培育技术也需要进行总结和探讨，以为北方地区建设污染防控型城市道路景观林带提供理论依据。

第一节　城市行道树重金属富集效能影响因素

一、城市行道树重金属富集格局

（一）时空分布

1. 时间分布

树木年轮留下了大自然变化的痕迹，可以作为研究气候变化、环境污染情况的材料。为了探寻城市行道树重金属富集的时间规律，选择落叶树种国槐和常绿树种圆柏为研究对象，测定不同年轮段树芯中 7 种重金属元素的浓度，发现树木生长过程中大多数重金属元素浓度并不是简单的线性变化。对于不同的重金属元素，两种行道树重金属元素浓度在时间分布上具有一定差异。总体而言，在行道树国槐中，Cu 元素的浓度呈现出由髓心到树皮升高的趋势，而其他 6 种元素的浓度都是降低的趋势。在行道树圆柏中，除 Cd 外，其他各元素浓度随时间的分布均呈现出由髓心向树皮方向先减小后增大的趋势。重金属元素在树木年轮中存在横向迁移现象，但一般发生在相邻年份间，因为重金属元素在树干中存在形态的影响，不能发生跨度太大的横向迁移，故选择以年轮段为对象进行研究，利用各年轮段中重金属元素浓度均值进行重金属元素污染史的推测，能有效地克服重金属元素的横向迁移现象对实验结果造成的影响。

2. 垂直分布

为了揭示树干重金属元素浓度在垂直尺度上的分布规律，通过对不同高度国槐、圆柏和毛白杨树干中重金属元素浓度进行分析，发现不同树种没有一致的变化规律。在树干的垂直方向上，随树干高度的上升，国槐树干中 Cr、Mn、Ni 浓度呈现 "双峰" 型分布，Cr、Ni 和 Zn 元素在行道树国槐树干中的浓度分别在6.1m、6.1m 和 2.1m 出现最大值，其余元素浓度均随高度的增加呈现降低的趋势。圆柏树干中除 Cd 和 Cr 元素外其他元素浓度均随树高增加不断降低，Cd 和 Cr 元素浓度呈现先降低后升高再降低的趋势。对首都机场高速路旁毛白杨进行重金属元素浓度测定分析，也发现在树干的垂直方向上，从树基到树梢，随树干高度的上升，不同的重金属元素浓度并不是完全呈现线性变化规律，Cd、Mn 和 Zn 元素的浓度总体呈上升趋势；Cu 和 Pb 元素在树基处的浓度最高，胸径处浓度急剧降低，之后随高度的增加，元素浓度值波动幅度不大；Ni 元素浓度总体为先降低后升高的趋势。从毛白杨树干各区段中重金属的富集量来看，随树干高度的增加，重金属元素富集量先上升后降低，其中峰值出现在 3.5 ~ 7.5m。树干中各种重金属元素浓度的垂直变化没有呈现一致的变化规律，一方面可能与树干中元素的纵向迁移能力有关，另一方面可能与树干分枝情况有关，树干分枝可能使重金属侧向迁移而使树干重金属元素浓度稀释，但是具体原因有待于进一步研究。

（二）树木器官中重金属元素浓度分布

植物中的重金属主要来源于根系对土壤中重金属的吸收，但地上部分的树皮、树枝、树叶通过吸附、滞留大气中重金属颗粒也能吸收部分重金属。植物体内不同器官间重金属累积量的差异受到各器官生物量和重金属元素浓度的影响（唐丽清等，2015），因此，相对于草本和灌木，乔木树种对重金属污染物有更强的吸收积累作用，如同一污染地，树木重金属元素累积量为草本植物的 10 ～ 100 倍甚至数百倍（余国营和吴燕玉，1996），因此在防治重金属污染方面有很大的利用价值。行道树对土壤重金属元素的净化作用，不同器官表现出的作用不同，而树皮、树根、树干、树叶具有至关重要的作用，因此，有必要分别对其进行探讨。

行道树树皮中的重金属元素浓度普遍高于其他器官，说明行道树树皮对重金属有较强的富集作用，其中对 Pb 的富集尤为突出，且树皮中的重金属元素处于相对稳定状态。

根系是养分和重金属吸收的主要器官，根系中重金属元素浓度一般高于除树皮外的其他器官，树木通过根系吸收的土壤重金属主要滞留在根系中（王焕校，2002），部分输送到地上部分器官，乔木树种根系生物量较大，因此根系能够贮存大量的重金属。

树干作为单株植株中生物量最大的器官，其吸收留存的重金属元素一般不直接参与人类食物链，而是作为贮存库将重金属贮存在体内，对重金属污染起到屏蔽和缓冲作用。从城市行道树的树干重金属元素浓度看，虽然低于其他器官，但由于树干中生物量占地上部分 50% ～ 60%，因此树干仍是贮存重金属的主要"库"，而且树干生物量随着树龄不断增大，贮存的重金属量也会增加，重金属通过树干的贮存和累积而得到长期稳固，从而降低土壤和大气环境中重金属元素浓度，避免重金属回归环境造成再次污染。

树木从环境中吸收到体内的重金属元素一般都会在各个器官中得以贮存，很难重新回到环境中，而树叶是唯一可以通过凋落形式将重金属迁移到体外的器官，树木通过此途径，一方面可以减少因重金属元素过多积累对树木生长及健康造成的损害，另一方面也可以对重金属污染起到净化作用。树木叶片与树干相比较，生物量较小，重金属的总富集量相对较低，如果从现贮量看，叶片对重金属元素的净化似乎较弱，然而，对落叶树种而言，叶片每年会凋落更新，如果以多年累计量看，其对于重金属的富集量远超其他器官，对土壤重金属的净化作用较大。但是，由于落叶中重金属以相对活跃的酸溶态存在，落叶回到地面，如果没被移出生态系统，极易对环境造成二次污染。

同一重金属在树木不同器官中的浓度存在一定差异，可能与各重金属元素在土壤中的存在形态及树木对重金属元素的选择性吸收及不同器官之间的迁移有密切关系。植物通过土壤摄取 Pb 和 Cd 等有害重金属元素与其他元素相同，主要通过根细胞膜进入根系（Krämer et al.，2007；Komal et al.，2015）。根系组织中很大一部分重金属元素积累在细胞壁表面（Hossain et al.，2012），这可能导致重金属从树根向树干迁移能力较弱，使树根对重金属元素向上运输产生截留作用，出现根系中 Cr、Mn、Cu、Pb 4 种元素浓度均高于其他器官（不包括树皮）的现象。从对国槐不同形态重金属元素浓度季节动态变化研究来看，树干向树枝转运重金属的能力很强，重金属元素也极易由树干向树皮转运，但相关研究表明重金属的长距离运输由木质部和韧皮部共同完成，并且韧皮部的运输能力更强（Yadav，2010）；同时周皮和木栓层形成的死组织导致重金属元素在树皮积累。国外研究显示重金属元素被根部吸收以后以离子形态进入木质部，并以有机酸和氨基酸螯合物的形式通过木质部导管从根部向芽尖运输（Manara，2012）。

二、城市行道树器官中重金属元素浓度的影响因素

（一）树种特性

1. 树种

由于树种生物学特性，不同树种对重金属的富集效能不同，不同树种各器官中重金属元素浓度不同。在北京市不同功能区 5 个共有树种中，毛白杨叶片中重金属元素浓度都明显高于其他树种。毛白杨叶片中 Cd 元素浓度在春、夏、秋季都明显高于同季节其他树种，春季国槐叶片中 Cu 元素浓度及夏、秋两季毛白

杨叶片中 Zn 元素浓度也相应较高。在北京市学院路乔木型配置中，毛白杨、国槐、栾树、臭椿 4 种行道树重金属元素浓度总体上表现为毛白杨＞栾树＞国槐＞臭椿；各器官重金属元素浓度为树皮＞树叶＞树枝＞树干，其中毛白杨树枝、树叶、树干中重金属元素浓度较高，尤其是 Zn、Cd 浓度明显高于其他树种相应元素，而栾树树皮重金属元素浓度也较高，国槐树根中重金属元素浓度高于其他树种。这些测定结果说明不同树种各器官对不同重金属的富集效能有所不同。毛白杨对 Cd 元素的吸收能力较强，而且毛白杨生长快、适应性强、枝叶茂密、分布广泛，使其能在城乡绿化特别是 Cd 污染严重区域得到广泛应用。另外，树种本身也有一定的局限性，某一树种只在生长期的某一阶段，或在某种环境中对某一种重金属具有较强的吸收能力。因此，在城市绿化特别是重金属污染地绿化中，除要考虑经济、景观因素外，同时应着重考虑选取什么树种、怎样进行配置以便更好地发挥城市绿地系统的生态效益。

2. 生长期

植物在不同时期由于生长快慢程度不同，重金属吸收能力及贮存器官中的重金属元素浓度也会相应出现差异。通过对首都机场高速路旁行道树毛白杨不同年轮段树芯重金属元素浓度测定，1992 ～ 1996 年轮段为苗木移植后的初适应期，此阶段树木生长较为缓慢，而重金属元素 Pb、Cd、Ni、Cu 和 Zn 在此阶段的浓度均相对较高；在 10 年之后，毛白杨的生长速率逐渐增大，树干重金属元素浓度反而下降，当树龄达到一定期限时，生长速率趋于稳定，树木生长缓慢，重金属元素浓度又有上升的趋势。这种现象说明树干对重金属元素的吸收与生长时期有很大的关系，当树木处于快速生长期时，树干中重金属元素的浓度由于稀释效应反而较小，而当树木生长缓慢时，树干中重金属的迁移较慢，反而重金属元素浓度可能较高。

3. 生长季节

植物在不同生长季节，重金属元素浓度变化特征可能与树种、重金属种类有关。春季，树木开始生长，叶片萌发，树木生长旺盛，重金属元素随水分和养分从根部或其他器官经木质部与韧皮部输送到叶片，造成叶片和表皮中重金属元素浓度均较高，但不同重金属在树木体内的迁移能力不同，导致春季叶片中重金属元素浓度存在差异。夏季树木叶片生长代谢最为旺盛，有些元素可能吸收量较大，树木夏季生长依靠叶片制造养分，叶片由库变为源，叶片内重金属元素随养分运输向其他器官转移，同时叶片生物量在不断增大，因稀释效应而浓度降低。秋季温度降低，树木生长代谢减弱，而有些元素可能从其他器官转移到叶片从而运出体外，导致有些元素浓度下降，而有的元素浓度值有所增加，如 Pb、Cd 等元素，植物可能通过落叶避害趋势，将有害元素尽可能多地转移出树体，避免毒害作用。

（二）环境因素

1. 土壤因素

植物体内的重金属元素浓度通常与环境中重金属污染程度相关。从城市行道树土壤重金属元素浓度测定分析可知，土壤中 Zn、Mn、Cr 浓度较高，Cu、Pb、Ni 其次，Cd 浓度最低，其与绿化植物中重金属元素浓度大小的变化规律比较一致。有研究表明植物对重金属的吸收与环境中的重金属元素浓度呈正相关（王爱霞等，2010），绿化植物对重金属的吸收可能受土壤中重金属元素浓度的影响。此外，智颖飙等（2007）研究发现土壤重金属中有效态浓度与植物对其吸收和利用有很大关系，有效态浓度占比越大越利于重金属的富集。对行道树国槐器官中 7 种重金属元素浓度与土壤、TSP 中重金属元素浓度相关性分析后，发现三者中仅少数重金属元素浓度之间达到显著或极显著相关，有些元素之间呈显著正相关、有些为显著负相关，如国槐中 Cu、Ni 元素分别与土壤中 Cu、Cd 元素达到显著正、负相关（$P < 0.05$），相关系数分别为 0.972、−0.981，即土壤中 Cu、Cd 元素升高分别对国槐吸收 Cu、Ni 元素起促进、抑制作用。因此，树木对环境中重金属元素的吸收不是简单的线性关系，元素之间可能会相互影响。另外，植物中重金属元素浓度可能与环境中重金属有效态含量有关，同时，土壤的理化性质（pH 大小、离子强度、有机质浓度等）也可能会影响国槐对重金属的吸收，相关问题有待于今后进一步深入研究。

2. 气候因素

吸收到植物体内的大气中的重金属主要来源于大气干湿沉降中的重金属，由于大风及降雨对大气的干湿沉降影响重大，植物直接吸收的部分是溶解于土壤溶液中的水溶性及吸附到植物体表面的重金属化合物。通过分析毛白杨树干重金属元素浓度与历年气象因子之间的相关性性，发现 Pb、Zn、Cu、Cd 在不同年轮段中的分布与年降水量、日照时数和年大风日数呈极显著、显著或强正相关性，所以相比车流量增加引起的毛白杨年轮中重金属 Pb、Zn、Cu、Cd 浓度的增高，由大气干湿沉降所引起的年轮中重金属 Pb、Zn、Cu、Cd 浓度增高的作用更为明显。

3. 车流量

从首都机场高速路距路肩最近的毛白杨树干重金属元素浓度测定结果来看，虽所选样地主要污染源为交通运输，且车流量逐年增长，从 1993 年通车开始，2000 年车流量为 5.5 万辆/日，2005 年增加到 11.9 万辆/日，2007 年达到 15 万辆/日，2011 年已高达 21 万辆/日，但不同年轮段中重金属的浓度并非随时间推移呈单调递增趋势，除 Mn 和 Cr 与车流量呈正相关趋势外，其余元素则呈负相关趋势。这与栾以玲等（2009）的研究结果不同，其认为行道树雪松、法国梧桐和水杉年轮中重金属 Cd、Cr、Cu、Fe、Mn、Ni、Pb、Ti 和 Zn 的浓度随时间推移呈逐渐上升的趋势，且相关性分析表明年轮中重金属的增长规律与南京市机动车保有量的变化规律具有极显著的正相关关系。可能原因之一是树种不同，随树龄增长，年轮中重金属元素浓度的分布也不同；二是可能与燃油品质和国家机动车污染物排放标准逐步提高有关。1993 年（国家标准 GB 14761.1—1993、GB 14761.5—1993）、1998 年（北京市地方标准 DB 11/105—1998，比我国当时的国家标准值高 80% 以上）、1999 年（国家标准 GB 14761—1999、GB 17691—1999）、2001 年（国家标准 GB 18352.1—2001、GB 18352.2—2001、GB 17691—2001）、2004 年（国家标准 GB 19578—2004）、2007 年（国家标准 GB 20997—2007），2012 年（北京市地方标准 DB 11/238—2012、DB 11/239—2012）都分别颁布了新的机动车污染物排放标准，且北京市对汽车用油和汽车尾气排放标准比国家标准或其他地方都有更高及更严格的要求，使汽车污染排放浓度降低。

三、城市行道树重金属富集效能评价指标

（一）富集系数

目前，植物对重金属的富集，主要是通过富集系数来进行评价的，它较好地解决了不同土壤重金属元素浓度环境背景下，植物对土壤重金属的吸收净化能力。重金属富集系数是指植物某一部位的元素浓度与土壤中相应元素浓度之比，它在一定程度上反映沉积物-植物系统中元素迁移的难易程度，说明重金属在植物体内的富集情况。而重金属在植物体内的迁移，与重金属在植物体内存在的形态密切相关。

植物体中某一重金属元素浓度特征可以反映重金属在植物体内的富集特点，但重金属在植物体内的转移特征及生物毒性无法直观显示，而重金属在植物体内的形态差异直接影响其生物毒性的强弱及迁移转化的能力。为了更好揭示植物对重金属的迁移转化机理和耐性机制，对植物体内重金属进行形态分析就显得尤为必要。重金属在植物中存在形态有 4 种，即酸溶态、可还原态、可氧化态、残渣态，酸溶态在重金属各种形态中，较易迁移，因此有效性最强，可还原态重金属次之，可氧化态只有在强氧化条件下分解后才能被植物利用，而残渣态的生物有效性是 4 种形态中最低的，且即使环境发生剧烈变化，其生物有效性也不会有所改变。

因此，运用富集系数评价植物对土壤重金属吸收净化能力时，可进一步通过分析植物中某一部位的不同形态元素浓度与土壤中相应形态元素浓度之比，揭示植物对重金属的吸收能力与净化机理。

（二）平面富集效能与立体富集效能

平面富集效能与立体富集效能都是通过重金属贮量来评价植物对重金属的富集效能，对于评价多年生植物或城市森林净化土壤重金属的能力，将更为客观和科学，特别是在城市土地资源非常紧缺的背景下，改善城市环境生态用地有限，提高有限生态用地上绿化植物的生态功能已成为当前城市建设和科学研究亟须探讨和解决的关键问题。

树木与草本植物比较而言，应用富集系数评价植物对重金属的富集效能，虽然简便，但存在以下几个方面的缺陷。

一是树木器官由根、茎、叶、花、果实、种子等部分组成，仅用某一器官重金属富集系数评判富集效能，难以客观、全面评价树木的富集效能。

二是富集系数仅局限于用浓度比较，而树木普遍比一般草本植物高大，单位面积或单位空间的生物量与草本植物生物量相差悬殊，其单位面积或单位空间对重金属的富集量也非草本植物可比，如果仅用富集系数来评价富集效能，特别是目前仅用叶片重金属富集系数，往往会得出树木比草本植物富集效能弱，会误导实践中对防护植物的选择与应用。

三是针对城市森林而言，城市森林多为以乔木树种为主体的多种植物组成的群落，仅用富集系数也难以评价城市森林植物群落对重金属的净化效能。

基于此，作者首次提出平面富集效能和立体富集效能指标用于评价不同植物配置模式的重金属富集效能，能更好地反映出城市森林对重金属的净化效能。

在实际应用中，选用富集系数或者选用平面富集效能与立体富集效能评价植物对重金属的净化能力，应视具体情况而定。一般来说，富集系数用于评价植物对土壤重金属的吸收能力效果较好，特别是同一生活型或同一类型植物之间的比较与选择，如一般草本植物之间的评价，应用重金属富集系数较为简单、方便。平面富集效能和立体富集效能较适合于评价多年生木本植物在一定生长期内对土壤的净化效率，同时，对不同生活型植物之间或植物群落之间的重金属富集效能评价时，平面富集效能、立体富集效能也更为客观、科学。

第二节　基于重金属富集效能的城市行道树培育技术探讨

一、高速路林带建设宽度

植物叶片中重金属主要来源于根部从土壤中的吸收，吸收到根部的重金属，一部分可输送到植物体的地上部分，从而转移到叶片中，另外由于植物叶片的滞尘效应，吸附于植物叶片表面的重金属元素可以通过渗透或气孔进入叶片，因此行道树毛白杨叶片中重金属元素浓度的水平分布与土壤及大气颗粒物中重金属的水平分布有很密切的关系。另外，植物体内重金属的浓度也与植物对重金属的选择吸收、环境中可利用重金属元素的有效性及环境中重金属的交互效应等因素相关。

从首都机场高速路林带距路肩不同距离毛白杨叶片中重金属元素浓度看，7 种重金属元素浓度与距路肩距离的变化并不是简单的线性负相关，不同元素的水平分布趋势也不尽相同。总体上，随距路肩距离的增加，叶片中 Ni 元素呈逐渐降低的趋势；Cd、Cr、Cu、Pb、Mn 元素出现先升高后降低的趋势，各元素的浓度峰值主要出现在 15～50m 处，但 Zn 元素出现先降低后升高的趋势。

仅从不同距离叶片中重金属元素浓度的最高值和最低值来看，一定宽度的毛白杨林带能够对交通重金属污染起到明显的防护效应，如 7 种重金属元素大部分（Zn 除外）在 50m 处出现浓度谷值或较低值，说明至少 50m 宽的毛白杨林带可起到较好的重金属防护效应，因此，仅从重金属防护效应来看，北方地区道路林带 50m 的宽度基本可以满足要求。

二、城市行道树植物选择

植物对重金属的吸收主要通过根系从土壤中吸收并贮存到各组织器官中，其对重金属的吸收能力大小受植物种类、重金属种类、环境因素等多方面因素的影响。从城市道路和不同功能区绿化植物对重金属吸收能力的研究结果看，没有一个树种能够同时对 7 种重金属元素均表现有最强的吸收、富集效能。不同植物对重金属元素吸收能力不同，而同一种植物不同器官、同一种植物在不同的土壤环境中对重金属元素的吸收能力也有差异，因此，为了比较不同植物对重金属的吸收能力，采用目前较为常用的富集系数指标来衡量植物对重金属元素富集效能的强弱。

从城市不同功能区 5 个树种对 7 种重金属元素的富集系数来看，毛白杨对 Cd、Mn、Zn 元素的富集系数最大，国槐对 Cr、Cu、Ni 元素的富集系数最大，银杏对 Pb 元素的富集系数最大；从 5 个树种各器官对 7 种重金属元素的综合富集系数来看，毛白杨树叶、树枝、树干、树皮对重金属的富集系数都较大，国槐树根对重金属的富集系数大于其他 4 个树种。从各树种对重金属元素的迁移系数来看，除 Mn 元素外，余下 6 种重金属元素的富集系数最大值都是在阔叶树种毛白杨、国槐和银杏中。从北京市学院路 11 种绿化植物地上部分和地下部分器官混合样的 7 种重金属元素浓度测定，11 种绿化植物的重金属富集系数为黑麦草＞早熟禾＞铺地柏＞白蜡树＞萱草＞金叶女贞＞麦冬＞大叶黄杨＞臭椿＞木槿＞紫叶李；城市不同功能区 5 个共有树种重金属富集系数大小为毛白杨＞国槐＞圆柏＞银杏＞油松；北京市蓝靛厂北路道路林 5 种绿化植物的重金属富集系数大小为麦冬＞国槐＞金银木＞蔷薇＞梨树。王新和贾永锋（2007）的研究表明，杨树对重金属元素的富集系数、迁移能力要大于落叶松；陶宝先等（2011）对南京近郊针、阔树种杉木和麻栎对重金属元素的吸收与累积规律的研究也表明，麻栎对土壤中 Cr、Cu、Ni、Pb、Zn 5 种重金属元素的平均富集系数要大于杉木，净化效果也优于杉木。阔叶树种对重金属的吸收、富集效能优于针叶树种，可能是蒸腾作用产生的拉力是营养元素、水分、重金属元素向上运输的主要动力，针叶树种的叶子表面附有油脂层，能防止水分蒸发，阔叶树种叶表面虽具有角质层或蜡质层，但其蒸腾作用要高于针叶树种。

综合以上分析可知，道路林重金属防护植物材料选择时，乔木树种可选择毛白杨、国槐、圆柏等树种；灌木树种可选择铺地柏、金叶女贞、大叶黄杨等树种；草本植物可选择黑麦草、早熟禾和萱草等植物。

三、植物配置

绿化植物作为城市道路的组成部分，在防护和净化土壤重金属污染方面具有重要的作用。树木通过发达的根系及树叶、树枝、树皮器官可有效吸收土壤和大气中的重金属元素，并将其长期稳固在树体中，从而降低或减缓周边环境中的重金属污染。当前，对道路绿化植物重金属吸收能力的研究还局限于不同植物或树种叶片中重金属元素浓度的比较，很少有人从植物群落探讨不同配置模式中植物群体对土壤重金属的净化能力。

乔、灌、草植物中，单一使用某一种植物作为城市道路绿化带，从某一器官重金属元素浓度或富集系数来看，可能效果很好，特别是一些高富集效能的草本植物，但计算其平面富集效能时常低于灌木树种，更远低于一般的乔木树种；而仅使用某一乔木树种作为城市行道树绿化带时，单位面积重金属富集量也不一定是最高的。通过对北京城区道路两侧 4 种乔木型、3 种灌木型、4 种乔草型、4 种乔灌草型绿化模式中的绿化植物进行 7 种重金属元素浓度测定和分析，从道路绿化面积和立体空间两个角度，评价不同绿化模式的重金属富集效能，发现平面富集效能大小依次为乔灌草型＞乔草型＞乔木型＞灌木型，乔灌草型配置重金属平面富集效能是灌木型配置的 10.43 倍；从绿化立体空间来看，重金属立体富集效能大小依次为乔灌草型＞乔草型＞灌木型＞乔木型，乔灌草型配置重金属立体富集效能是乔木型配置的 7.37 倍。总体上，乔灌草型配置模式对重金属的富集效能最高。

从重金属富集效能的角度，城市道路林带植物配置选择时，尤其是针对重金属污染道路的绿化，为了更好地提高有限空间和道路绿化用地对重金属的净化效率，要避免盲目性栽植绿化植物，应科学选择并合理配置，尽量选择重金属富集效能强的乔、灌、草植物，丰富植物群落结构，从而提高对重金属污染的净化效果。

四、行道树管护

（一）修剪和截干

行道树在管护过程中，为了保障安全，要对枯枝或濒死枝进行修剪，对影响行车安全的树枝或电线上方的树枝、树干也要进行适度修剪或截干，有时为了透光或促进相邻行道树生长也要进行适当修剪。对绿篱而言，为了造型或控制高度，修剪更为普遍。因此，城市行道树相比其他区域的城市森林，修枝、截枝、截干的现象较为常见。

城市森林一直倡导近自然管护，一般不提倡过度修剪。过度修剪会加大树木伤口，易造成病菌感染，引发病虫害，降低了树木对环境的适应能力和抗性。过度修剪还会严重减少树冠的枝叶量，改变对各器官光合产物的供应，影响生物量和养分的再分配（孟庆英和田砚亭，1984）。从重金属吸收方面来说，对环境中重金属污染的修复作用也因过度修剪而降低。

通过对截干、截枝和修枝3种修剪方式的城市行道树国槐进行研究，比较其各器官中重金属元素浓度发现，截枝国槐枝叶中重金属元素的浓度普遍高于截干和修枝方式的国槐，截枝国槐树干和树皮中重金属元素浓度也比修枝方式的国槐低。对首都机场高速路截干毛白杨的研究表明，截干均导致了毛白杨所有器官 Mn 元素浓度的升高；在树根、树干和树皮中，截干植株中的 Zn 和 Cu 浓度要高于未截干植株。而在树叶和树枝中，则表现为截干植株中的 Cu 和 Zn 浓度低于未截干植株。这可能是由于修剪方式的不同影响了树木各器官中重金属的分配，而未修剪的树木对重金属元素浓度可能产生了一定的稀释作用。但是对于过度修剪的行道树，由于其生物量明显减小，树木重金属总贮量也会随之降低，重金属平面富集效能或立体富集效能都会降低。因此，无论从树木生长、交通安全还是重金属污染修复角度，今后行道树在经营管理过程中可进行适当的修枝，促进下层枝叶的生长，但不建议过度修剪，如截枝或截干。

（二）土壤管理

城市行道树生长环境受人为干扰较大，适度的土壤管理，可改善土壤理化性质，促进行道树的生长，同时也能促进行道树对土壤重金属的净化作用。在北方地区，生长初期植物生长较活跃，对养分的需求较大，对水分和养分有较强的吸收能力，重金属也伴随着养分的吸收而从地球化学循环进入到生物地球化学循环，因此，在生长初期进行适当的灌溉、施肥及松土等土壤管理措施，对于木本植物来说，会提高细根的生物量（张小全，2001），促进植物的健康生长，从而在一定程度上增大对土壤重金属的富集效能，减少重金属对环境的威胁。对于草本植物而言，其根系均为吸收根，通过相应的土壤管理措施，如施肥、灌溉等，也可增大其根系生物量。因此，适当的土壤管理措施可以促进植物对土壤重金属的吸收、净化。

参考文献

毕波, 刘云彩, 陈强, 等. 2011. 榉树对大气污染物的净化能力研究 [J]. 西部林业科学, 40(4): 77-79.

毕君, 黄则舟, 王振亮. 1993. 刺槐单株生物量动态研究 [J]. 河北林学院学报, 8(4): 278-282.

常学秀, 文传浩, 王焕校. 2000. 重金属污染与人体健康 [J]. 云南环境科学, 19(1): 59-61.

陈怀满, 陈能杨, 陈英旭, 等. 1996. 土壤-植物系统中的重金属污染 [M]. 北京: 科学出版社.

陈江, 张海燕, 何小峰, 等. 2010. 湖州市土壤重金属元素分布及潜在生态风险评价 [J]. 土壤, 42(4): 595-599.

陈立新, 赵淑苹, 段文标. 2007. 哈尔滨市不同绿地功能区土壤重金属污染及评价 [J]. 林业科学, 43: 65-71.

陈玉梅, 王思麒, 罗言云. 2010. 基于抗重金属铅、镉污染的城市道路绿化植物配置研究 [J]. 北方园艺, (8): 92-95.

褚建民, 王燕, 王琼, 等. 2012. 油松和侧柏常绿树种对典型污染物的吸滞与富集作用 [J]. 气象与环境学报, 28(3): 15-20.

杜振宇, 邢尚军, 宋玉民. 2011. 山东省高速公路两侧的铅污染及绿化带的防护作用 [J]. 水土保持学报, 25(1): 105-109.

方凤满, 林跃胜, 王海东, 等. 2011. 城市地表灰尘中重金属的来源、暴露特征及其环境效应 [J]. 生态学报, 23: 7301-7310.

方颖, 张金池, 王玉华. 2007. 南京市主要绿化树种对大气固体悬浮物净化能力及规律研究 [J]. 生态与农村环境学报, 23(2): 36-40.

付晓萍. 2004. 重金属污染物对人体健康的影响 [J]. 辽宁城乡环境科技, 24(6): 8-9.

管东生, 陈玉娟, 阮国标. 2001. 广州城市及近郊土壤重金属含量特征及人类活动的影响 [J]. 中山大学学报 (自然科学版), 40(4): 93-101.

郭峰, 周运超. 2010. 不同密度马尾松林针叶养分含量及其转移特征 [J]. 南京林业大学学报 (自然科学版), 34(4): 93-96.

郭广慧, 雷梅, 陈同斌, 等. 2008. 交通活动对公路两侧土壤和灰尘中重金属含量的影响 [J]. 环境科学学报, 28(10): 1937-1945.

何连生, 祝超伟, 席北斗, 等. 2013. 重金属污染调查与治理技术 [M]. 北京: 中国环境出版社: 1-3.

何强, 井文涌, 王翊亭. 2004. 环境学导论 [M]. 北京: 清华大学出版社: 161.

胡海辉, 徐苏宁. 2013. 哈尔滨市不同绿地植物群落重金属分析与种植对策 [J]. 水土保持学报, 27(4): 166-170.

黄广远. 2012. 北京市城区城市森林结构及景观美学评价研究 [D]. 北京: 北京林业大学博士学位论文.

黄会一, 蒋德明. 1989. 镉土治理林业生态工程的研究 [J]. 中国环境科学, 6: 419-426.

黄会一, 张春兴, 张有标. 1982. 木本植物对大气重金属污染物铅、镉吸收积累作用的初步研究 [J]. 林业科学, 18(1): 93-97.

黄会一, 张有标, 张春兴, 等. 1984. 木本植物对大气重金属污染物耐性的研究 [J]. 植物生态学与地植物学丛刊, 8(2): 123-132.

黄益宗, 朱永官. 2004. 森林生态系统镉污染研究进展 [J]. 生态学报, 24(1): 101-108.

黄勇, 郭庆荣, 任海, 等. 2005. 城市土壤重金属污染研究综述 [J]. 热带地理, 25(1): 14-18.

吉启轩, 薛建辉, 沈雪梅. 2013. 不同年龄枫香对土壤中重金属污染物吸收能力比较 [J]. 山东林业科技, 1: 1-7.

蒋高明. 1996. 承德木本植物不同部位 S 及重金属含量特征的 PCA 分析 [J]. 应用生态学报, 7(3): 310-314.

李崇, 李法云, 张营. 2008. 沈阳市街道灰尘中重金属的空间分布特征研究 [J]. 生态环境, 17(2): 560-564.

李寒娥, 李秉滔, 蓝盛芳. 2005. 城市行道树对交通环境的响应. 生态学报 [J], 25(9): 2180-2187.

李红婷, 董然. 2015. 铅在 4 种宿根花卉中的亚细胞分布及迁移转化特点 [J]. 南京林业大学学报 (自然科学版), (4): 57-62.

李建华, 李春静, 彭世揆. 2007. 杨树人工林生物量估计方法与应用 [J]. 南京林业大学学报 (自然科学版), 31(4): 37-40.

李剑, 马建华, 宋博. 2009. 郑汴路路旁土壤-小麦系统重金属积累及其健康风险评价 [J]. 植物生态学报, 33(3): 624-628.

李淑英. 2011. 重金属胁迫培养对微生物蛋白质含量的影响 [J]. 安徽农业科学, 39(31): 19051-19053.

廖斌, 邓冬梅, 杨兵, 等. 2004. 铜在鸭跖草细胞内的分布和化学形态研究 [J]. 中山大学学报 (自然科学版), (2): 72-75.

刘春华, 岑况. 2007. 北京市街道灰尘的化学成分及其可能来源 [J]. 环境科学学报, 27(7): 1181-1188.

刘俊, 周坤, 徐卫红, 等. 2013. 外源铁对不同番茄品种生理特性、镉积累及化学形态的影响 [J]. 环境科学, 34(10): 4126-4131.

刘廷良, 高松武次郎, 佐濑裕之. 1996. 日本城市土壤的重金属污染研究 [J]. 环境科学研究, 9(2): 299-310.

刘彤, 常醉, 王洋, 等. 2011. 树龄和性别对天然东北红豆杉中紫杉醇及三尖杉宁碱质量分数的影响 [J]. 东北林业大学学报, 39(12): 51-53,76.

刘维涛, 张银龙, 陈喆敏, 等. 2008. 矿区绿化树木对镉和锌的吸收与分布 [J]. 应用生态学报, 19(4): 752-756.

刘云鹏, 施卫东, 潘林, 等. 2010. 7 个造林树种对重金属污染的吸滞能力评价试验 [J]. 江苏林业科技, 37(6): 13-17.

柳玲, 吕金印, 张微. 2010. 铬在芹菜中的累积、亚细胞分布及化学形态分析 [J]. 核农学报. 24(5): 1093-1098.

卢宁川, 冉文静, 杨芳. 2010. 交通源路域土壤-植物系统中重金属污染研究 [J]. 安徽农学通报, 16(1): 142-145.

鲁如坤. 2000. 土壤农业化学分析方法 [M]. 北京: 中国农业科学技术出版社.

陆东晖, 殷云龙, 徐建华, 等. 2006. 绿化林带对公路环境中重金属和 S、N 元素的吸收效应研究 [J]. 江苏林业科技, 33(5): 12-17.

栾以玲, 姜志林, 阮宏华. 2009. 南京市几种行道树年轮重金属元素含量的变化 [J]. 南京林业大学学报, 6: 147-150.

栾以玲, 姜志林, 吴永刚. 2008. 栖霞山矿区植物对重金属元素富集效能的探讨 [J]. 南京林业大学学报 (自然科学版), 32(6): 69-72.

骆永明, 查宏光, 宋静, 等. 2002. 大气污染的植物修复 [J]. 土壤, (3): 113-119.

孟庆英, 田砚亭. 1984. 用 14C 研究杨树苗期光合产物的运输和分配 [J]. 北京林学院学报, (1): 11-20.

莫江明, Browns S, 孔国辉, 等. 1999. 鼎湖山马尾松林营养元素的分布和生物循环特征 [J]. 生态学报, 19(5): 635-640.

庞静. 2008. 北京耐土壤重金属污染城市绿化植物的筛选与评价 [D]. 北京: 北京林业大学硕士学位论文.

钱君龙, 柯晓康, 柯善哲, 等. 1999. 江西红壤地区马尾松的年轮与其根部土壤中化学元素含量的相关性研究 [J]. 土壤学报, (3): 348-353.

郄光发, 王成. 2011. 北京单位区树木三维结构与绿化空间辐射占有量研究 [J]. 中南林业科技大学学报, 31(9): 160-165.

秦俊发. 1997. 铅污染的危害与防治研究 [M]. 香港: 香港国际新闻出版社: 150-292.

任继凯, 陈灵芝, 缪有贵, 等. 1985. 矿质元素在油松树干中分布的研究 [J]. 植物学报, 27(2): 196-202.

阮宏华, 姜志林. 1999. 城郊公路两侧主要森林类型铅含量及分布规律 [J]. 应用生态学报, 10(3): 362-364.

史贵涛, 陈振楼, 李海雯, 等. 2006. 城市土壤重金属污染研究现状与趋势 [J]. 环境监测管理与技术, 18(6): 9-12, 24.

苏继申, 庄家尧, 韩诚, 等. 2011. 雪松、龙柏在城市不同功能区的重金属累积特征 [J]. 林业科技开发, 25(6): 57-60.

孙海, 张亚玉, 孙长伟, 等. 2014. 林下参土壤中重金属形态分布及生态风险评估 [J]. 农业环境科学学报, 33(5): 928-934.

孙龙, 韩丽君, 何东坡, 等. 2009. 绥满公路两侧森林区土壤-植被重金属的分布特征及污染评价 [J]. 林业科学, 45(9): 72-78.

孙贤斌, 李玉成, 王宁. 2005. 铅在小麦和玉米中活性形态和分布的比较研究 [J]. 农业环境科学学报, (4): 666-669.

唐丽清 邱尔发, 韩玉丽. 2015. 不同径级国槐行道树重金属富集效能比较 [J]. 生态学报, 35(16): 5353-5363.

陶宝先, 张金池, 俞元春. 2011. 南京近郊主要森林类型对土壤重金属的吸收与累积规律 [J]. 环境化学, 30(2): 447-453.

万坚, 徐程扬, 周睿智, 等. 2008. 北京市主要路旁绿化灌木中重金属元素分布特征 [J]. 东北林业大学学报, 36(3): 22-23, 30.

万欣, 关庆伟, 邱靖, 等. 2010. 3 种垂直绿化植物叶片对 Zn、Cu、Pb 的富集效能 [J]. 城市环境与城市生态, 23(2): 33-35.

王爱霞, 张敏, 方炎明, 等. 2010. 行道树对重金属污染的响应及其功能型分组 [J]. 北京林业大学学报, 32(2): 177-183.

王成, 郄光发, 杨颖, 等. 2007. 高速路林带对车辆尾气重金属污染的屏障作用 [J]. 林业科学, 43(3): 1-7.

王丹丹, 孙峰, 周春玲, 等. 2010. 城市道路植物圆柏叶片重金属含量及其与滞尘的关系 [J]. 生态环境学报, 21(5): 947-951.

王迪生. 2009. 基于生物量计测的北京城区园林绿地净碳储量研究 [D]. 北京: 北京林业大学博士学位论文.

王定勇, 牟树森. 1999. 酸沉降地区大气汞对土壤-植物系统汞累积影响的调查研究 [J]. 生态学报, 19(1): 140-144.

王焕校. 2002. 污染生态学 [M]. 北京: 高等教育出版社: 7-15.

王新, 贾永锋. 2007. 杨树、落叶松对土壤重金属的吸收及修复研究 [J]. 生态环境, 16(2): 432-436.

吴新民, 李恋卿, 潘根兴, 等. 2003. 南京市不同功能区城区土壤中重金属 Cu、Zn、Pb 和 Cd 的污染特征 [J]. 环境科学, 24(3): 105-111.

解宇. 2007. 抚顺市 TSP 中的金属元素分布特征 [J]. 环境科学与管理, 32(4): 79-80.

徐学华, 黄大庄, 王秀彦, 等. 2009. 河道公路绿化植物毛白杨对重金属元素的吸收与分布 [J]. 水土保持学报, 23(3): 78-81.

徐永荣, 冯宗炜, 王春夏, 等. 2002. 绿带对公路两侧土壤重金属含量的影响研究 [J]. 湖北农业科学, (5): 75-77.

许嘉琳, 杨居荣. 1995. 陆地生态系统中的重金属 [M]. 北京: 中国环境科学出版社: 6.

闫军, 叶芝祥, 闫琰, 等. 2008. 成雅高速公路两侧大气颗粒物中重金属分布规律研究 [J]. 四川环境, 27(1): 19-22.

余国营, 吴燕玉. 1996. 杨树落叶前后重金属元素内外迁移循环规律研究 [J]. 应用生态学报, 7(2): 201-206.

曾小平, 赵平, 彭少麟, 等. 1999. 三种松树的生理生态学特性研究 [J]. 应用生态学报, 10(6): 275-278.

翟立群, 郑祥民, 周立旻, 等. 2010. 上海市交通干道沿线大气颗粒物及其重金属含量分布特征 [J]. 城市环境与城市生态, 23(1): 10-13.

张翠萍, 温琰茂. 2005. 大气污染植物修复的机理和影响因素研究 [J]. 云南地理环境研究, 17(6): 82-86.

张继飞, 陈青云, 吴名, 等. 2011. 重金属镉对粗梗水蕨生长及叶片中蛋白质含量的影响 [J]. 江汉大学学报 (自然科学版), 39(4): 92-94.

张建强, 白石清, 渡边泉. 2006. 城市道路粉尘、土壤及行道树的重金属污染特征 [J]. 西南交通大学学报, 1(41): 68-73.

张金屯, Pouyat R. 1997. "城-郊-乡" 生态样带森林土壤重金属变化格局 [J]. 中国环境科学, 17(5): 410-413.

张乃明. 2001. 大气沉降对土壤重金属累积的影响 [J]. 土壤与环境, 10(2): 91-93.

张炜鹏, 陈金林, 黄全能, 等. 2007. 南方主要绿化树种对重金属的积累特性 [J]. 南京林业大学学报, 31(5): 125-128.

张小全. 2001. 环境因子对树木细根生物量、生产与周转的影响 [J]. 林业科学研究, 14(5): 566-573.

张永志, 徐建民, 柯欣, 等. 2006. 重金属 Cu 污染对土壤动物群落结构的影响 [J]. 农业环境科学学报, 25(增刊): 127-130.

赵丽琼. 2010. 北京山区森林碳储量遥感估测技术研究 [D]. 北京: 北京林业大学硕士学位论文.

赵庆龄, 张乃弟, 路文如. 2010. 土壤重金属污染研究回顾与展望 II——基于三大学科的研究热点与前沿分析 [J]. 环境科学与技术, 33(7): 102-106, 137.

赵兴敏, 赵蓝坡, 花修艺. 2009. 长春市大气降尘中重金属的分布特征和来源分析 [J]. 城市环境与城市生态, 22(4): 30-32.

智颖飙, 王再岚, 王中生, 等. 2007. 公路绿化植物油松 (Pinus tabulaeformis) 和小叶杨 (Populus simonii) 对重金属元素的吸收与积累 [J]. 生态学报, 27(5): 1863-1872.

周群英, 陈少雄, 韩斐扬, 等. 2010. 不同林龄尾细桉人工林的生物量和能量分配 [J]. 应用生态学报, 21(1): 16-22.

朱贤英. 2006. 论有毒重金属污染对人体健康的危害及饮水安全 [J]. 湖北教育学院学报, 23(2): 72-74.

庄树宏, 王克明. 2000. 城市大气重金属 (Pb, Cd, Cu, Zn) 污染及其在植物中的富积 [J]. 烟台大学学报 (自然科学与工程版), 13(1): 31-37.

邹海明, 李粉茹, 官楠, 等. 2006. 大气中 TSP 和降尘对土壤重金属累积的影响 [J]. 中国农学通报, 22(5): 393-395.

邹良东, 吴昊. 1996. 关于我国城市道路交通环境问题的思考 [J]. 环境导报, 6: 22-23.

Achilleas C, Nikolaos S. 2009. Heavy metal contamination in street dust and roadside soil along the major national road in Kavala's region, Greece[J]. Geoderma, 151(3-4): 257-263.

Aksoy A, Sahin U, Duman F, et al. 2000. *Robinia pseudo-acacia* L. as a posssible biomonitor of heavy metal pollution in Kayseri[J]. Turkish Journal of Botany, 24(5): 279-284.

Aksoy A, Sahin U. 1999. *Elaeagnus angustifolia* L. as a biomonitor of heavy metal pollution[J]. Turkish Journal of Botany, 23(2): 83-88.

Al-Khashman O A. 2007. The investigation of metal concentrations in street dust samples in Aqaba City, Jordan[J]. Environment Geochemistry Health, 29: 197-207.

Al-Yousuf M H, El-Shahawi M S, Al-Ghais S M. 2000. Trace metals in liver, skin and muscle of *Lethrinus lentjan* fish species in relation to body length and sex[J]. The Science of Total Environment, 25, 6(2-3): 87-94.

Apeagyei E, Bank M S, Spengler J D. 2011. Distribution of heavy metals in road dust along an urban-rural gradient in Massachusetts[J]. Atmospheric Environment. 45: 2310-2323.

Ault W U, Senechal R G, Erlebach W E. 1970. Isotopic composition as a natural tracer of lead in the environment[J]. Environmental Science & Technology, 4 (4): 305-313.

Baes C F, McLaughlin S B. 1987. Trace metal uptake and accumulation in trees as affected by environmental pollution // Hutchinson T C, Meema K M. Effects of Atmospheric Pollutants on Forests, Wetlands and Agricultural Ecosystems[C]. Berlin : Springer-Verlag: 307-319.

Bakirdere S, Yaman M. 2008. Determination of lead, cadmium and copper in roadside soil and plants in Elazig, Turkey[J]. Environmental Monitoring and Assessment, 136(1-3): 401-410.

Barnes D, Hammadah M A, Ottaway J M. 1976. The lead, copper, and zinc con-tents of tree rings and barks, a measurement of local pollution[J]. Science of the Total Environment. 5(1): 63-67.

Berlizov A N, Blum O B, Filby R H, et al. 2007. Testing applicability of black poplar (*Populus nigra* L.) bark to heavy metal air pollution monitoring in urban and industrial regions[J]. Science of the Total Environment, 372(2-3): 693-706.

Bessonova V P. 1993. Effect of environmental pollution with heavy metals on hormonal and trophic factors in buds of shrub plants[J]. Russian Journal Ecology, 24(2): 91-95.

Brooks R R, Lee J, Reeves R D, et al. 1977. Detection of nickeliferous rocks by analysis of herbarium specimens of indicator plants[J]. Journal of Geochemical Exploration, (7): 49-57.

Chan Y C, Simpson R W, McTainsh G H, et al. 1997. Characterization of chemical species in PM 2.5 and PM10 aerosols in Brisbane[J]. Australia Atmospheric Environment. 31(22): 3733-3785.

Chaney R L. 1983. Plant uptake of inorganic waste constituents // Parr J F, Marsh P D, Kla J M. Land Treatment of Hazardous Wastes[C]. NJ: Noyes Data Comporation: 50-76.

Chatterjee J, Chatterjee C. 2000. Phytotoxicity of cobalt, chromium and copper in cauliflower[J]. Environmental Pollution, 109: 69-74.

Cosio C, Vollenweider P, Keller C. 2006. Localization and effects of cadmium in leaves of a cadmium-tolerant willow (*Salix viminalis* L.) I. Macrolocalization and phytotoxic effects of cadmium[J]. Environmental and Experimental Botany, 58: 64-74.

Ding Z H, Hu X. 2011. Transfer of heavy metals (Cd, Pb, Cu, and Zn) from roadside soil to ornamental plants in Nanjing, China[J]. Advanced Materials Research. 356-360: 3051-3054.

Dmuchoswski W, Bytnerowicz A. 1995. Monitoring environmental pollution in Poland by chemical analysis of Scots pine (*Pinus sylvestris* L.) needles[J]. Environmental Pollution. 87(1): 87-104.

Dongarra G, Sabbatino G, Triscari M, et al. 2003. The effects of anthropogenic particulate emissions on roadway dust and *Nerium oleander* leaves in Messina (Sicily, Italy)[J]. Journal of Environmental Monitoring, 5(5): 766-773.

Dragovića S, Mihailovića N, Gajićb B. 2008. Heavy metals in soils: Distribution, relationship with soil characteristics and radionuclides and multivariate assessment of contamination sources[J]. Chemosphere. 72(3): 491-495.

Duffus J H. 2002. "Heavy metals"—A meaningless term[J]. Chemistry International Newsmagazine for Iupac, 74(5): 793-807.

El-Hasana T, Al-Omaria H, Jiries A, et al. 2002. Cypress tree (*Cupressus semervirens* L.) bark as an indicator for heavy metal pollution in the atmosphere of Amman City, Jordan[J]. Environment International. 28: 513-519.

Fakayode S O, Olu-Owolabi B L. 2003. Heavy metal contamination of roadside topsoil in Osogbo, Nigeria: its relationship to traffic density and proximity to highways[J]. Environmental Geology. 44: 150-157.

Fayiga A, Ma L. 2005. Arsenic uptake by two hyperaccumulator ferns from four arsenic contaminated soils[J]. Water, Air and Soil Pollution. 168(1/4): 71-89.

Grace N, Hannington O, Miriam D. 2006. Assessment of lead, cadmium, and zinc contamination of roadside soils, surface films, and vegetables in Kampala City, Uganda[J]. Environmental Research, 101: 42-52.

Grill D. 1981. Confining and mapping of air-polluted areas with coniferous barks[J]. Archiwum Ochrony Środowiska, 2-4: 63-70.

Harrison R M, Laxen D P H, Wilson S J. 1981. Chemical associations of lead, cadmium, copper, and zinc in street dusts and roadside soils[J]. Environment Science and Technology, 15 (11): 1378-1383.

Hossain M A, Piyatida P, Silva J A T D, et al. 2012. Molecular mechanism of heavy metal toxicity and tolerance in plants: central role of glutathione in detoxification of reactive oxygen species and methylglyoxal and in heavy metal chelation[J]. Journal of Botany, 2012: 10.1155/2012/872875.

Komal T, Mustafa M, Ali Z, et al. 2015.Heavy metal uptake and transport in plants // Sherameri I, Varma A. Heavy Metal Contamination of Soils[C]. New York: Springer: 181-194.

Kowk L L, Po W K, Judy K W, et al. 1998. Metal toxicity and metallothionein gene expression studies in common carp and tilapia[J]. Marine Environmental Research, 46(1): 563-566.

Krämer U, Talke I N, Hanikenne M. 2007. Transition metal transport[J]. FEBS Letters, 581(12): 2263-2272.

Laaksovirta K. 1976. Observations on the lead content of lichen and bark adjacent to a highway in Southern Finland[J]. Environmental Pollution, 11(4): 247-255.

Li X D, Poon C, Liu P S. 2001. Heavy metal contamination of urban soils and street dusts in Hong Kong[J]. Applied Geochemistry. 16(11-12): 1361-1368.

Lombardo M, Melati R M, Orecchio S. 2001. Assessment of the quality of the air in the city of Palermo through chemical and cell analyses on Pinus needles[J]. Atmospheric Environment, 35(36): 6435-6445.

Maher B A, Moore C, Matzka J. 2008. Spatial variation in vehicle-derived metal pollution identified by magnetic and elemental analysis of roadside tree leaves[J]. Atmospheric Environment, 42: 364-373.

Maiti S K. 2007. Bioreclamation of coalmine overburden dumps-with special empasis on micronutrients and heavy metals accumulation in tree species[J]. Environmental Monitoring and Assessment, 125: 111-122.

Manara A. 2012. Plant responses to heavy metal toxicity // Plants and Heavy Metals[C]. Netherlands: Springer: 27-53.

Markus J A, Mcbratney A B. 1996. An urban soil study: heavy metals in Glebe, Australia[J]. Australian Journal of Soil Research, 34(3): 453-465.

Morris C. 1992. Academic Press Dictionary of Science and Technology[M], San Diego: Academic Press.

Navas A , Machin J. 2002. Spatial distribution of heavy metals and arsenic in soils of Aragon: Controlling factors and environmental implications[J]. Applied Geochemistry, 17: 962-973.

Perleman A L. 1972. Landscape Geochemistry[M]. Moscow: Department of the Secretary of State, CAO.

Pouyat R V, McDonnell M J. 1991. Heavy metal accumulations in forest soils along an urban-rural gradient in southeastern New York, USA[J].Water, Air and Soil Pollution. 1(57-58): 797-807.

Rauret G, Lópezsánchez J F, Sahuquillo A, et al. 1999. Improvement of the BCR three step sequential extraction procedure prior to the certification of new sediment and soil reference materials[J]. Journal of Environmental Monitoring Jem, 1(1): 57.

Rodriguez M, Rodriguez E. 1982. Lead and cadmium levels in soils and plants near highways and their correlations with traffic density[J]. Environmental Pollution Series B (Chemical and Physical), 4(4): 281-290.

Ross A S, Christina A T. 2001. Variation in total and extractable elements with distance from roads in an urban waters ged. Honolulu, Hawaii[J]. Water, Air and Soil Pollution, 127: 315-338.

Saeedi M, Hosseinzadeh M, Jamshidi A, et al. 2009. Assessment of heavy metals contamination and leaching characteristics in highway side soils, Iran[J]. Environmental Monitoring and Assessment, 151(14): 231-241.

Schulz H, Popp P, Huhn G, et al.1999. Biomonitoring of airborne inorganic and organic pollutants by means of pinetree barks. I. Temporal and spatial variations[J]. SCI TOTAL ENVIR. 232: 49-58.

Skye E. 1968. Lichens and air pollution: a study of cryptogamic epiphytes and environment in the Stockholm region[J]. Acta Phytogeographica Suecica, 52: 123.

Sun S L, Chen L Z. 2001. Leaf nutrient dynamics and resorption efficiency of Quercus liaotungensis in the Dongling Mountain region[J]. Acta Phytoecologica Sinica, 25(1): 76-82.

Szopa P S, McGinnes E A, Pierce J O. 1973. Distribution of lead within the xylem of trees exposed to air-borne lead compounds[J]. Wood Science, 6(1): 72-77.

Tian D, Zhu F, Yan W, et al. 2009. Heavy metal accumulation by panicled goldenrain tree (Koelreuteria paniculata) and common elaeocarpus (Elaeocarpus decipens) in abandoned mine soils in southern China[J]. Journal of Environmental Sciences, 21(3): 340-345.

Tomašević M, Rajšić S, Đorđević D. et al. 2004. Heavy metals accumulation in tree leaves from urban areas[J]. Environmental Chemistry Letters. 2(3): 151-154.

Unterbrunner R. Puschenreiter M, Sommer P, et al. 2007. Heavy metal accumulation in trees growing on contaminated sites in Central Europe[J]. Environmental Pollution. 148: 107-114.

Ward N I, Brooks R R, Reeves R D. 1974. Effect of lead from motor-vehicle exhausts on trees along a major thoroughfare in Palmerston North[J]. Environmental Pollution, 6(2): 149-158.

Wei B G, Yang L S. 2010. A review of heavy metal contaminations in urban soils, urban road dusts and agricultural soils from China[J]. Microchemical Journal. 94(2): 99-107.

Wilcke W, Muller S, Kanchanakool N, et al. 1998. Urban soil contamination in Bangkok: heavy metal and aluminium partitioning in topsoils[J]. Geoderma, 86(3/4): 211-228.

Yadav S K. 2010. Heavy metals toxicity in plants: an overview on the role of glutathione and phytochelatins in heavy metal stress tolerance of plants[J]. South African Journal of Botany, 76(2): 167-179.

Yang Y G, Campbell C D, Clark L, et al. 2006. Microbial indicators of heavy metal contamination in urban and rural soils[J]. Chemosphere. 63(11): 1942-1952.